U0262004

美国环境政策与环保立法研究：

以环境政治史为视角

滕海键 / 著

中国社会科学出版社

图书在版编目(CIP)数据

美国环境政策与环保立法研究：以环境政治史为视角／滕海键著．
—北京：中国社会科学出版社，2016.12（2018.8 重印）
ISBN 978-7-5161-9518-5

Ⅰ.①美… Ⅱ.①滕… Ⅲ.①环境政策—研究—美国②环境保护法—立法—研究—美国 Ⅳ.①X-0171.2②D971.226

中国版本图书馆 CIP 数据核字（2016）第 305423 号

出 版 人 赵剑英
责任编辑 郭 鹏
责任校对 韩天炜
责任印制 李寡寡

出 版 中国社会科学出版社
社 址 北京鼓楼西大街甲 158 号
邮 编 100720
网 址 http://www.csspw.cn
发 行 部 010-84083685
门 市 部 010-84029450
经 销 新华书店及其他书店

印 刷 北京明恒达印务有限公司
装 订 廊坊市广阳区广增装订厂
版 次 2016 年 12 月第 1 版
印 次 2018 年 8 月第 2 次印刷

开 本 710×1000 1/16
印 张 22.5
字 数 350 千字
定 价 89.00 元

目 录

第二部分 美国环境政策与环保立法的历史考察

第三部分 美国历史上的环保立法个案研究

美国环境政治史研究的兴起和发展

环境政治史是以因环境问题而衍生的各种政治现象、政治关系及其演变历史为研究对象的一门新兴学科，它是环境问题与政治学结合的产物。环境政治史的研究内容十分庞杂，既涉及一定社会的与环境问题相关联的组织、管理和制度，也包括各种行为体及其围绕环境政策、环境权力和环境目标等而在公共政治领域展开的权力较量和利益博弈，及其发生的矛盾和斗争。其中，各个环境政治行为体为获得和扩大公共权力而展开的博弈是环境政治史的研究重心。

美国的环境政治史研究极其发达。自20世纪60年代，尤其是20世纪80、90年代以来，美国学术界对环境政治做了大量研究，积累了大量成果。在此，拟以时间、研究内容、研究主题为经纬，尝试对美国的环境政治史研究历程进行梳理和回顾，以便对美国的环境政治史研究概貌形成一个历史的整体认识，进而总结其学术特点和研究价值，以利于今后的进一步深入研究。

一　20世纪50年代至80年代：美国环境政治史研究的兴起

在美国环境史学界有一种观点，即把1959年塞缪尔·海斯出版的《资源保护与效率原则：进步主义资源保护运动（1890—1920）》视为环境政治史研究的起点，国内有学者则称其为环境政治史研究的开山之作。这有一定的道理，但并不完全正确。因为尽管海斯在书中考察了进步主义时期围绕资源保护而发生的政治斗争，但其主旨是尝试从资源保护角度来解释和理解进步主义时代的社会政治与经济，当时也尚未出现环境政治一词。在此书出版后的相当长时间里，海斯主要还是一个研究政治与社会学的学者。直到20世纪70年代，他开始转入环境史领域，并将社会政治学理论运用于环境史研究，探索新的研究范式。①

不可否认，海斯这部著作对于环境政治史研究的兴起具有重要影响，因为该书将资源保护问题引入政治领域，环境问题开始进入政治学视域。并且，它也推动了美国学界对资源保护运动及其政治的研究。

此后的20世纪60、70年代，资源保护运动，尤其是进步主义时期的资源保护运动备受学界关注。② 1962年，埃尔莫·理查森出版了《资源保护的政治：改革与论争（1897—1913）》一书，该书讨论了19世纪末20世纪初的资源保护运动及其论战，首次明确将资源保护作为一个政治问题来考察。此后，美国学术界围绕资源保护运动史中的重要人物和重要机构、重大事件等展开研究。重要的自然资源，比如土地和森林、水和矿物等也愈来愈多地被纳入学者们的视野。因资源开发、利用、分配和保护而发生的政治斗争和政治冲突，利益集团对联邦机构和政策的影响，水权与官僚机构，政府的保护政策等，成为了研究主题。

20世纪60、70年代，关于资源保护史的研究对环境政治史研究的兴起具有一定的促进作用。因为这些研究大都关注资源保护中的政治冲突，促使人们从历史的视角思考资源保护中的政治现象和政治关系。20世纪80年代，在现实环境问题日益复杂、环境政治斗争日趋尖锐的形势下，越来越多的学者将视野由资源保护扩至更为广泛的环境议题，并有意识地把社会政治

---

① 20世纪80、90年代，海斯出版了几部重要著作：《美丽、健康与持久：美国环境政治（1955—1985)》《环境史探究》和《1945年以来的环境政治史》，系统地研究了第二次世界大战后美国的环境政治，构建了环境政治史的分析架构，也奠定了他在该领域的地位和声望。美国著名环境史学家克罗农说过："20世纪在影响我们对环境政治的理解方面，没人能与海斯媲美。" Samuel P. Hays, *Explorations in Environmental History*, Pittsburgh: University of Pittsburgh Press, 1998, Foreword, xi。

② 这其间出版的几部研究资源保护的重要著作是：Elmo R. Richardson, *The Politics of Conservation: Crusades and Controversies, 1897 - 1913*, Berkeley: University of California Press, 1962; Donald C. Swain, *Federal Conservation Policy, 1921 - 1933*, Berkeley: University of California Press, 1963; Gifford Pinchot, *The Fight for Conservation*, Seattle: University of Washington Press, 1967; James Jr. Penick, *Progressive Politics and Conservation: The Ballinger-Pinchot Affair*, Chicago: University of Chicago Press, 1968; Frank Smith, *Conservation in the United States: A Documentary History*, New York: Chelsea House, 1971。这些著作对资源保护运动做了初步考察，概括了运动的主旨和特点——资源保护的国家主义、科学主义和效率原则。

学理论与环境问题结合起来，从而促进了环境政治史研究的兴起。20 世纪 70 年代中期兴起的环境史也加速了这一进程。

20 世纪 80 年代环境政治史研究的兴起尤以学科交融为背景。20 世纪 60、70 年代，在美国兴起了一场史无前例的现代环保运动，面对日趋严峻的生态危机和声势浩大的社会运动，各学科都从自身角度出发，认真思考和研究环境问题，从而促发了诸多交叉学科——环境政治学、环境经济学、环境社会学、环境伦理学、环境法学和环境史学等学科的兴起，跨学科研究成为一种时尚。在此背景下，政治学家、经济学家、社会学家和历史学家等纷纷介入环境领域，并尝试以学科交融的方法与模式开展研究，从而推进了环境政治史、环境社会史等学科的兴起和发展。

20 世纪 80 年代，美国有两位著名学者——沃尔特·罗森鲍姆与塞缪尔·海斯对环境政治研究进行了卓越探索，前者于 1985 年出版的《环境政治与政策》和后者于 1987 年出版的《美丽、健康与持久：美国环境政治（1955—1985）》具有代表意义，这两本书是该时期美国环境政治综合性研究的标志性著作。①

沃尔特·罗森鲍姆是美国佛罗里达大学政治学教授，以及环境和能源政策领域专家，他的《环境政治与政策》一书以政治学的视角来考察环境问题，是将环境问题与政治学结合的系统尝试。它全面考察了美国的环境政治与政策，将几乎所有环境政治议题都纳入其视野。② 该书被视为全面了解美国的环境政治与政策的最好著作，罗森鲍姆本人也因此被誉为该领域的先驱和最具学术影响的学者。③

---

① 此前的 1982 年，塞缪尔·海斯在《环境评论》杂志上发表了《从资源保护到环境：二战以来美国的环境政治》一文，考察了第二次世界大战后美国由资源保护转为环境主义的深刻背景。这篇文章是在 20 世纪 80 年代初激烈的环境政治斗争背景下发表的，不仅明确提出了环境政治概念，也对当时的研究起了导向作用。Samuel P. Hays, "From Conservation to Environment: Environmental Politics in the United States Since World War Two", *Environmental Review*, Volume 6, Issue 2, Fall 1982, pp. 14 - 41。

② Walter A. Rosenbaum, *Environmental Politics and Policy*, Washington, DC.: Congressional Quarterly, Inc., 1985, Third Edition.

③ By Roger C. Anderson, "Bowing Green State University", *Environmental Review*, Volume 10, Issue 1, Spring 1986。罗森鲍姆自 20 世纪 70 年代就开始在这一领域从事研究，其著作有：*The Politics of Environmental Concern*, New York: Praeger Publishers, 1973; *Energy, Politics, and Public Policy*, Washington, DC.: Congressional Quarterly Press, 1981; *Achieving Sustainable Development: The Challenge of Governance across Social Scales*, Westport, Conn.: Praeger, 2003。其中，《环境政治与政策》出版后影响最大，2010 年，此书第八版面世。

塞缪尔·海斯是匹兹堡大学一位享有极高声誉的历史学教授，也是美国第一代著名环境史学家，他的《美丽、健康与持久：美国环境政治（1955—1985）》[①] 一书，从历史学的视角考察了第二次世界大战后美国的环境政治史。该书被视为第一本由出色的历史学家描述第二次世界大战后美国环境政治史的专著。与罗森鲍姆不同，海斯将环境政治置于第二次世界大战后美国社会变革的大背景下考察，认为环境政治的出现植根于第二次世界大战以后公众价值观方面的深刻变化，即从一个追求效率的物质生产和为达到这一目的而日益集权化的制度，向更加平等、以消费为导向的舒适生活（追求自然的美丽、公众健康和生态意识方向）转变，后者与旧的生产经济以及与之相联系的旧的价值观和制度相冲突。海斯认为，环境政治的较量实际上是价值观的较量，第二次世界大战后美国环境政治在很大程度上是代表新价值观的新兴力量的兴起和出现的结果。

罗森鲍姆和海斯的上述两部专著，对美国的环境政治研究做出了突出贡献，是该时期美国环境政治研究的代表之作，也是美国环境政治史研究兴起的重要标志。

尽管如此，我们也注意到，罗森鲍姆的《环境政治与政策》是由一位政治科学家从政治学角度考察环境问题的政治学著作，他采纳的是政治学的结构与功能分析的方法。海斯的《美丽、健康与持久：美国环境政治（1955—1985）》也存在着诸多问题，如尚未在环境政治诸因素之间建立起逻辑关系，内容不够精练等。[②] 这些都反映了环境政治史研究还处于探索和兴起阶段，理论方面尚不够成熟。

二　20 世纪 80、90 年代：美国环境政治史研究的发展

20 世纪 80 年代以前，美国环境史研究的主题有很大局限性，自然资源保护的政治问题是学术界关注的主要领域。20 世纪 80 年代，尤其是到了 90

---

① Samuel P. Hays, *Beauty, Health, and Permanence: Environmental Politics in the United States, 1955 - 1985*, Cambridge: Cambridge University Press, 1987.

② 参阅《环境史》杂志对塞缪尔·海斯的采访录，*Environmental History*, Volume 12, Issue 3, July 2007, pp. 666 - 677。

年代以后，研究内容得到了很大程度的拓展。各种环境力量和运动，包括环保组织和环保运动、“反环保”势力及其政治、环境公正运动等纷纷进入研究视域；新的环境问题，比如有机化学合成杀虫剂、核电及核废料、大气污染等也被更多地纳入讨论范围。研究主题和内容的上述变化，是以环境问题的发展和环境政治变化的现实为背景的。

1962 年，海洋生物学家蕾切尔·卡逊出版了《寂静的春天》一书，此书在美国引起了巨大的政治波澜，直接引发了现代环保运动，这场运动促使资源保护向环境主义转型，现代环境政治由此而起。20 世纪 80 年代，当现代环保运动尘埃落定后，人们开始关注和研究这场深刻的社会政治运动。1985 年，拉尔夫·鲁茨在《环境评论》上发表了《化学沉降物：蕾切尔·卡逊的“寂静的春天”、放射性沉降物和环境运动》一文[①]，该文充分肯定《寂静的春天》在激发现代环保运动中的作用，认为在推动个人、公众和政府采取行动来纠正环境问题方面，没有哪本书能够如此成功。就社会影响而言，《寂静的春天》堪与《汤姆叔叔的小屋》相比。

20 世纪 90 年代初，美国现代环保运动经历着某种转型，以主流环保组织为核心、以自然环境为关注重心的传统环保主义面临着各种挑战。在这种形势下，一方面需要对环保运动史及过去的相关研究进行回顾和总结，另一方面需要对环境运动的现状和未来发展趋势做出预测。以此为背景，研究现代环保运动的著述明显增多。[②]

1990 年，美国科学促进会举行了一次环境主义专题研讨会，以考察过去 20 年间环境运动的发展历程，并评估其现状，尤其是日益增长的多样性等问题，会后美国科学促进会将与会论文编辑成册，这就是《美国的环境主

---

① Ralph H. Lutts, “Chemical Fallout: Rachel Carson's Silent Spring, Radioactive Fallout, and the Environmental Movement”, *Environmental Review*, Volume 9, Issue 3, Fall 1985, pp. 211 – 225.

② 较重要的有：Philip Shabecoff, *A Fierce Green Fire: The American Environmental Movement*, New York: Hill and Wang, A Division of Farrar, Straus and Giroux, Inc. 1993; Kirkpatrick Sale, *The Green Revolution: The American Environmental Movement, 1962 – 1992*, New York: Hill and Wang, 1993; Robert Gottlieb, *Forcing the Spring: The Transformation of the American Environmental Movement*, Washington, DC.: Island Press, 1993; Riley E. Dunlap and Angela G. Mertig, *American Environmentalism: The U. S. Environmental Movement, 1970 – 1990*, Philadelphia: Taylor & Francis, 1992; Benjamin Kline, *First Along the River: A Brief History of the U. S. Environmental Movement*, San Francisco: Acada Books, 1997。

义：美国环保运动（1970—1990）》。这部论文集讨论了以下问题：环保运动的历史及其源头，全国性环境组织的成功及环境运动的政治动向，基层环境运动的成长，深层生态学、激进环境主义和主流环境运动之间的区别，环境运动的全球化，公共舆论的趋势，环保运动取得的成就及局限等。这部论文集带有总结特点，体现了一种时代思考。

20 世纪 90 年代有两部研究环保运动的著作有一定的代表性，这就是罗伯特·戈特利布的《发动一场变革：美国环保运动的转型》和本杰明·克兰的《追本溯源：美国环境运动简史》。前者认为环境运动正经历着某种重大变化和转型，新的运动缘起于草根而非主流环保组织，它强调城市污染而不是自然和荒野问题，其社会基础是少数族裔、妇女和工人。后者追溯了 20 世纪 40 年代以来美国环境运动的历史，将其分为“环境的十年”的前奏（即 20 世纪 40 至 60 年代）、保护主义运动发展或成熟时代（20 世纪 70 年代）、保守主义反弹时代（20 世纪 80 年代）、政府削弱环境保护和公众对环保兴趣淡漠的时代（20 世纪 90 年代）几个阶段。前者反映了环境运动的新动向，后者是对现代环境运动发展史的一种高度概括。

20 世纪 70 年代末以来，在美国有两股力量——“反环保”势力和环境公正运动兴起并介入环境政治[①]，对传统的环保运动形成了有力的挑战，引发了尖锐的社会冲突和激烈的政治对抗，并引起学者们的关注，环境政治史的研究内容因此得以拓宽。

20 世纪 60、70 年代的环保运动以白人中上层为主。他们关注自然环境，而无视少数族裔和弱势群体的环境权益，这引起了后者的不满。20 世纪 80 年代初，以“沃伦抗议事件”为引子，在美国掀起了一场新的运动——环境公正运动（Environmental Just Movement），该运动兴起后发展迅速，到 20 世纪 90 年代初，其影响几乎与主流环保组织相差无几。环境公正运动的兴起不仅对主流环保组织提出了挑战，同时也对政府的环境政策形成了强大压力，以至于他们不得不做出回应。这样，美国环境政治领域又增添了新的角色，环境政治变得更加错综复杂。

环境公正运动的兴起为环境政治史提供了新的研究主题。1982 年，纽约

---

① 前者以“山艾树反抗运动”为起始标志，后者以“爱河事件”为开端。

州立大学副教授艾德琳·莱文在对“爱河事件”调查之后，出版了《爱河：科学、政治和人民》一书[①]，自此，环境公正问题走进学者的视野。1988年，彼得·温兹出版了《环境公正》一书[②]，该书对环境公正问题进行了理论探讨。20世纪90年代，特别是2000年以来，有关环境公正问题的研究成果大量问世，研究内容涉及的问题很多；环境公正运动的起源和历史[③]，环境不公正与种族、阶级和性别及环境史的关系[④]，城市的环境公正运动[⑤]，争取环境公正的政治斗争及其对公共政策的影响等[⑥]。其中，环境公正运动的缘起及其社会影响尤为引人瞩目。一些学者把这场运动与20世纪60、70年代的环保运动、民权运动联系起来，甚至将源头追溯到19世纪末20世纪初的进步主义时代，认为进步主义时期对公平的诉求和改革为环境公正运动埋下了

---

① Adeline Gordon Levine, *Love Canal Science*, *Politics*, *and People*, Lexington, Mass.: DC. Heath and Co., 1982.

② Peter S. Wenz, *Environmental Justice*, *Albany*, New York: State Universty of New York Press, 1988.

③ Luke W. Cole, and Sheila R. Foster, *A History of the Environmental Justice Movement*, *From the Ground up*: *Environmental Racism and the Rise of the Environmental Justice Movement*, New York: New York University Press, 2001, pp. 21–31; Richard Hofrichter, ed., *Toxic Struggles*: *The Theory and Practice of Environmental Justice*, Salt Lake City: University of Utah Press, 2002; "From NIMBY to Civil Rights: The Origins of the Environmental Justice Movement", *Environmental History*, Volume 2, Issue 3, July 1997, pp. 301–323.

④ Bunyan Bryant and Paul Mohai, eds., *Race and the Incidence of Environmental Hazards*: *A Time of Discourse*, Boulder, CO.: Westview Press, 1992; Andrew Hurley, *Environmental Inequalities*: *Class*, *Race*, *and Industrial Pollution in Gary*, *Indiana*, *1945–1980*, Chapel Hill: University of North Carolina Press, 1995; Donald S. Moore, Jake Kosek and Anand Pandian, eds., *Race*, *Nature*, *and the Politics of Difference*, Durham, N. C.: Duke University Press, 2003; Elizabeth D. Blum, *Love Canal Revisited*: *Race*, *Class*, *and Gender in Environmental Activism*, Lawrence, KS.: University Press of Kansas, 2008; Martin V. Melosi, "Equity, Eco-racism and Environmental History", *Environmental History Review*, Volume 19, Issue 3, Fall 1995, pp. 2–16; Alan Taylor, "Unnatural Inequalities: Social and Environmental Histories", *Environmental History*, Volume 1, Issue 4, October 1996, pp. 6–19.

⑤ Julie Sze, *Noxious New York*: *The Racial Politics of Urban Health and Environmental Justice*, Cambridge: MIT Press, 2007; Maureen A. Flanagan, "Environmental Justice in the City: A Theme for Urban Environmental History", *Environmental History*, Volume 5, Issue 2, April 2000, pp. 159–164.

⑥ Robert D. Bullard, ed., *The Quest for Environmental Justice*: *Human Rights and the Politics of Pollution*, San Francisco: Sierra Club Books, University of California Press, 2005; Patrick Novotny, *We Live*, *Work*, *and Play*: *The Environmental Justice Movement and the Struggle for a New Environmentalism*, Westport, Conn.: Praeger, 2000; Robert D. Bullard and Glenn S. Johnson, "Environmental Justice: Grassroots Activism and its Impact on Public Policy Decision Making", *Journal of Social Issues*, 2000 (3), pp. 556–562; Daniel Faber, Deborah McCarthy, "The Evolving Structure of the Environmental Justice Movement in the United States: New Models for Democratic Decision-Making", *Social Justice Research*, 2001 (4), pp. 415–417.

伏笔，指出这场运动在很大程度上改变了美国公共政策的传统范式。

美国的环保事业始终面临着各种阻力。自20世纪70年代“环境的十年”以来，美国颁行了大量环保法规和政策，给企业和污染者带来了诸多限制和沉重的负担，引起了他们激烈的抵抗。自20世纪70年代末发源于西部的“山艾树反抗运动”开始，美国的“反环保”势力逐渐成为一支不容忽视的政治力量，它们以各种名目发起形形色色的“反环保”运动，通过游说、捐赠、宣传、诉讼和参与立法等活动对联邦政府和国会施加影响和压力。20世纪80年代初，里根政府上台后，推行反环保政策。20世纪90年代初，“反环保”势力形成了强大的环保阻力。20世纪90年代中期，保守的104届国会对过去的环境法规和政策展开了自20世纪80年代初以来最猛烈的攻击。在这样的历史背景下，学术界开展了对“反环保”势力及其运动的研究。

1984年，乔纳森·拉希与凯瑟琳·吉尔曼等人合著出版了《破坏的季节：里根政府对环境的进攻》一书①，该书对美国西部的公共土地政策及其引发的政治斗争，“山艾树反抗运动”等相关问题进行了考察，将反环保势力引入了环境政治的研究领域。

20世纪90年代，美国学界对反环保势力的研究明显加强，其间出版了许多有影响的著述，内容涉及各种“反环保”运动，如“山艾树反抗运动”“明智利用运动”“县权至上运动”和“财产权利运动”等，以及资源开发公司和污染企业、利益集团的反环保斗争和活动策略等。② 其中，《失去的

---

① Jonathan Lash, Katherine Gillman and David Sheridan, *A Season of Spoils: The Reagan Administration's Attack on the Environment*, New York: Pantheon Books, 1984.

② "The Sagebrush Rebellion, The Wise Use Movement, The County Supremacy Movement, The Property Rights Movement", Jacqueline Vaughn Switzer, *Green Backlash: The History and Politics of Environmental Opposition in the U. S*, Boulder London: Lynne Rienner Publishers, 1997; R. McGreggor Cawley, *Federal Land, Western Anger: The Sagebrush Rebellion and Environmental Politics*, Lawrence: university Press of Kansas, 1993; David Helvarg, *The War Against the Green: The "Wise Use" Movement, The New Right, and Anti-Environmental Violence*, San Francisco: Sierra Club Books, 1994; J. Echeverria and Booth-Eby, *Let the People Judge: Wise Use and the Property Rights Movement*, Washington, DC.: Island Press, 1995; Jacqueline Vaughn Switzer, *Green Backlash: The History and Politics of Environmental Opposition in the U. S*, Boulder, Colorado: Lynne Rienner Publishers, 1997; Andrew Rowell, *Green Backlash: Global Subversion of the Environmental Movement*, NY.: Routledge, 1997; Harvey M. Jacobs, *Who owns America: Social Conflict over Property Rights*, Madison: University of Wisconsin Press, 1998; Nicky Hager, *Secrets & Lies: The Anatomy of an Anti-Environmental PR Campaign*, Monroe ME.: Common Courage, 1996; Mark Dowie, *Losing Ground: American Environmentalism at the Close of the Twentieth Century*, Massachusetts: MIT Press, 1995.

地盘：20 世纪结束时期的美国环境主义》一书考察了 20 世纪末环保主义遭受的重大挑战，认为其原因在于，环境保护主义就其本质而言威胁到了美国文化最神圣的制度内核——私有产权。《绿色反弹：美国反环保势力的历史与政治》和《绿色反弹：环境运动的全球颠覆》分别从美国和国际两个纬度考察了“反环保”主义的历史和政治。相对来说，“反环保”势力及其运动是美国环境政治史研究的薄弱环境。这两本书填补了这方面的空白。①

自 20 世纪 40 年代以来，有机化学合成杀虫剂在美国农业及其他生产和生活中被大量使用，核能自 20 世纪 50 年代也被用于发电，这些新兴的科技在给人类带来“福音”的同时也隐含着巨大风险。20 世纪 60、70 年代，在现代环保运动的推动下，美国民众的生态意识普遍提高，现代科技的环境风险也逐渐被愈来愈多的公众所认识，于是，围绕这些新兴的科技和新的环境问题，美国社会发生和演绎了错综复杂的政治斗争，这为包括政治学、社会学及历史学在内的诸多学科提供了新的研究主题。

把杀虫剂作为一个政治问题研究始于 20 世纪 80 年代初。1978 年，《环境评论》第二卷（总第 5 期）发表了一系列讨论杀虫剂问题的文章，这开启了系统研究化学杀虫剂及其环境影响等诸多相关问题的序幕。1981 年，托马斯·邓拉普出版了《滴滴涕：科学家、公众和公共政策》一书，该书以滴滴涕为中心，考察了科学家、公众和公共政策之间的复杂关系，指出自资源保护运动兴起以来，没有哪一个问题像滴滴涕问题一样引起过如此激烈的争议。② 1987 年，克里斯托弗·博索出版了《杀虫剂和政治：一个公共问题的生命周期》一书，该书从历史和政治的广阔视角考察了第二次世界大战后美国的杀虫剂政策、国会法令和行政决策的变化，从 20 世纪 40 年代促进农业化学杀虫剂的使用一直持续到 20 世纪 70 年代制定法令和加强对杀虫剂的管制。此书最具特色的内容是对化学制造商、国会委员会和农业部之间的所谓铁三角政治权力关系的分析，尤能体现环境政治史研究的特点。③

---

① Reviewed by Samuel P. Hays, *Environmental History*, Volume 3, Issue 1, January 1998, pp. 102 – 103.

② Thomas R. Dunlap, *DDT: Scientists, Citizens and Public Policy*, Princeton: Princeton University Press, 1981.

③ Christopher J. Bosso, *Pesticides and Politics: The Life Cycle of a Public Issue*, Pittsburgh, PA.: University of Pittsburgh Press, 1987.

美国民用核能自兴起以来一直存在着分歧和矛盾，最初是关于应由政府还是民间来控制和开发等问题，后来是关于核电的风险和是否应发展核电以及核废料的处理和选址等问题。关于核能政治的研究始于20世纪70年代末。1979年，史蒂文·塞斯托出版了《科学、政治和论战：美国的民用核能（1946—1974）》一书，该书回顾了1964—1974年民用核能的发展，试图说明"原子反应堆如何在20世纪70年代中期卷入激烈的纷争"；还重点考察了核能许可证发放制度的不同意见和听证会关于发展核能的争论，核能发展的历程，原子能管理机构——原子能联合委员会、原子能委员会的创立及政府与工业界围绕核能开发项目发生的关系。该书讲到："核争论的要意是技术最终服务于人类，还是人类服务于技术。"此话意味深长。①

空气污染在美国是一个老的环境问题，其治理也经历了很长的历史。20世纪40、50年代，因为经济高速增长，美国的空气污染越发严重，大气质量急剧恶化，其间发生的"多拉诺事件"和"洛杉矶光化学烟雾事件"最为典型。面对严重的大气污染局势，美国公众要求治理大气污染、改善空气质量的呼声日渐高涨，美国联邦政府与国会自20世纪50年代开始也采取了一些措施，颁行了几部控制大气污染的法案。在此过程中，美国联邦政府与国会、最高法院之间，联邦与各州、各地方之间，围绕大气污染的控制和治理发生和演绎了错综复杂的政治斗争和纠葛，并为学者所关注。

1983年，罗伯特·柯兰道尔出版了《管制工业污染：清洁空气中的经济与政治》一书②，此书对联邦政府的空气污染治理立法进行了考察，这是较早一部将大气污染治理作为一个经济、政治问题研究的著作。此后直到2000年前，有关大气污染控制和治理中的政治关系的研究有了一定进展，出版了许多颇有影响的成果。③ 这些研究考察的内容十分广泛，涉及许多方

---

① Steven L. Del Sesto, *Science, Politics, and Controversy: Civilian Nuclear Power in the United States, 1946 - 1974*, Boulder, CO.: Westview Press, 1979.

② Robert W. Crandall, *Controlling Industrial Pollution: The Economics and Politics of Clean Air*, Washington DC.: The Brookings Institution, 1983.

③ Gary C. Bryner, *Blue Skies, Green Politics: The Clean Air Act of 1990*, Washington, DC.: Congressional Quarterly Press, 1993; Indur M. Goklany, *Clearing the Air: The Real Story on the War on Air Pollution*, Washington, DC.: Cato Institute, 1999; David Stradling, *Smokestacks and Progressives: Environmentalists, Engineers, and Air Quality in America, 1881 - 1951*, Baltimore: Johns Hopkins University Press, 1999.

面：美国历史上治理和控制大气污染的政策措施，环境主义者、专家等与空气污染控制政策和政治的关系，联邦与各州及地方政府围绕大气污染控制政策的责权分配及政治关系，国会、各州及地方在大气污染控制问题上的权力和作用等。这些论著以文献资料的充分利用见长，缺欠的是没能把围绕空气污染而发生的政治斗争充分整合起来，论述也较为松散和宽泛。

三 2000 年前后：美国环境政治史研究的体系化

2000 年前后，一方面，随着新千年的到来，在美国整个社会都在思考环境保护所面临的诸多挑战，预测环境政治的未来发展趋势；另一方面，经过几十年的努力，美国的环境政治史研究已经取得了一定成就，环境史与跨学科研究也日渐成熟。在这样的背景之下，学者们纷纷对过去的研究进行回顾与总结，对未来的环境政治走向进行分析和预测，出版了许多系统考察和研究美国环境政治与政策史的成果。以此为契机，美国的环境政治史研究进入了一个新的阶段。

2000 年，塞缪尔·海斯出版了《1945 年以来的环境政治史》一书，这本书是海斯对自己过去研究的总结和升华，代表了当时美国环境政治史研究的水平，是美国环境政治史研究走向成熟的重要标志。①

此前的 1998 年，海斯曾出版过《环境史探究》一书，该书是海斯确立环境政治史研究主题的独立地位及分析范式的重要尝试。在该书中，海斯提出了环境政治的三重结构分析模式，认为环境政治要研究环保力量、“反环保”势力和中间阵营之间的政治关系。②《环境史探究》出版两年后，海斯的另一部重要著作——《1945 年以来的环境政治史》问世了。在这本书中，海斯对环境政治的特点、影响和前景做了深刻的分析，发展了《环境史探究》中的三重结构分析模式，把环境政治中的三种力量简化为致力于保护和改善环境的个人和团体、环境保护的反对者、环境政策制定和实施的主要行

① Samuel P. Hays, *A History of Environmental Politics since 1945*, University of Pittsburgh Press, 2000.

② Samuel P. Hays, *Explorations in Environmental History*, Pittsburgh: University of Pittsburgh Press, 1998, Introduction, xxii.

为体，并着重研究其在公共政治领域的相互作用和相互关系。除环保力量和联邦的环境政治外，海斯也重视对“反环保”势力和各州环境政治的研究。美国环境史学家奥佩指出，当代环境政治中两个被忽视的纬度——作为环保支持者对立面的反对派的重要性及各州的环境政治和制度的日益集中化，被纳入环境政治的宏观分析框架内，这是海斯的一个主要贡献。①

《1945年以来的环境政治》是环境政治史研究的典范之作，该书将美国的环境政治史研究推向了高峰，从而也确立了海斯在这一领域的地位和声望。奥佩指出，在环境政治领域，也有其他一些重要学者：比如林登·考德威尔，他做了许多工作来阐释国家和国际环境政治；理查德·安德鲁斯，他为我们提供了一个值得称赞的综合的美国环境政策史；乔·佩图拉，他帮助我们理解环境政治和政策的概况。此外，其他的学者还有：诺曼·维格，约翰·赫德，苏珊·巴克和罗伯特·戈特利布。然而，在对历史和政治的整合方面，他们均无法与海斯相提并论。没有人比海斯更好地抓住了环境政治的结点。海斯是现代环境主义的伟大阐释者。②

除海斯之外，迈克尔·克拉夫特和诺曼·维格是两位在美国环境政策与政治研究领域有着卓越贡献的学者。自20世纪90年代后期以来，他们围绕环境政策与政治问题，出版和再版了一系列专著③，这些著述在一定程度上代表了美国在环境政治，尤其是环境政策领域的研究水平。其中，《面向21世纪的环境政策新方向》是较近时间出版的一部专著，该书对20世纪90年代美国的环境政策进行了全面考察，从全球、国家和地方维度描述了美国环境政策的历史变迁，以及环保机构和体制的演化及未来的政策走向等。

此间，美国学术界从不同角度和视阈对美国的环境政治与政策进行了综

---

① Reviewed by John Opie, *Environmental History*, Volume 6, Issue 4, October 2001, pp. 629 – 630.

② Ibid.

③ Michael E. Kraft, *Environmental Policy and Politics: toward the Twenty-First Century*, New York, NY.: Harper Collins, 1996; Michael E. Kraft, *Environmental Policy and Politics*, New York: Longman, 2001; Norman J. Vig, Michael E. Kraft, *Environmental Policy in the 1990s: Reform or Reaction?* Washington, DC.: CQ Press, 1997; Norman J. Vig and Michael E. Kraft, *Environmental Policy: New Directions for the Twenty-First Century*, Washington, DC.: CQ Press, 2003.

合研究，出版了几部重要著作。[1]《管理环境、管理我们自己：一部美国环境政策史》是一部美国环境政策通史，从殖民地时期一直叙述到全球化的当代。该书认为，就环境政策而言，20 世纪 70 年代是一个历史性的转折点，在那以后，环境保护成了美国公共政治中令人瞩目的议题之一。《环境保护的公共政策》一书汇集了一些公共政策学者和经济学家的研究成果，论述了环境管制的必要性和环境领域公共政策的内容。《环境政治与政策（1960 年代—1990 年代）》一书的作者来自不同学科，体现了环境问题研究的跨学科性质。该书考察了环境政治和政策间的关系，指出了环境问题、环境政治和环境政策的区别和联系，以及环境问题与国家安全的关系及环境问题的全球化等问题。《当代环境政治：从边缘到前台》源自一份专门研究环境政治的杂志——《环境政治》，该书对 20 世纪 90 年代早期以来的绿色政治思想做了精炼的概括。《环境政治：国内和全球纬度》从国内和国际两个纬度考察了环境政治。《美国环境政策（1990—2006）：打破僵局》考察了 1990 年至 2006 年间围绕环境政策而发生的各种争论、联邦政府层面的冲突和僵持、各州和地方政府的环境政策创新和环境行动等。《拯救地球：20 世纪美国对环境问题的回应》和《环境选择：对绿色要求的政治回应》则考察了美国政府和社会是如何对环境危机的挑战做出回应的。

2000 年前后，美国学术界关于环境政治的综合性研究成果的集中问世，反映了该领域研究的深化和水平的提升，这些研究成果对于我们系统、全面地了解和把握美国现代环境政治及其演变历史是非常有价值的。

综观 20 世纪 90 年代末以来美国环境政治史研究概况，我们发现有以下几个特点：相关研究成果大量涌现，数量成倍增长[2]；在这些研究成果中除

---

① Richard N. L. Andrews, *Managing the Environment, Managing Ourselves: A History of American Environmental Policy*, New Haven: Yale University Press, 2006; Paul R. Portney and Robert N. Stavins, *Public Policies for Environmental Protection*, Washington, DC.: Resources for the Future. 2000; Piers H. G. Stephens with John Barry and Andrew Dobson, *Contemporary Environmental Politics: from Margins to Mainstream*, New York: Routledge, 2006; Jacqueline Vaughn, Gary Bryner Switzer, *Environmental Politics: Domestic and Global Dimensions*, New York: St. Martin's Press, 1998; Christopher McGrory Klyza and David Sousa, *American Environmental Policy, 1990 – 2006: Beyond Gridlock*, Cambridge: MIT Press. 2008; Hal K. Rothman, *Saving the Planet: The American Response to the Environment in the Twentieth Century*, Chicago: Ivan R. Dee, 2000; Lawrence S. Rothenberg, *Environmental Choices: Policy Responses to Green Demands*, Washington, DC.: CQ Press, 2002.

② 仅通过检索《环境史》杂志的 BIBLIOSCOPE 就能发现这一现象。

部分属于综合研究外，专题研究居多，视角更加多元化；环境与政治及历史的结合更加紧密，环境政治的学科独立性增强；研究内容进一步拓展，出现了许多新趋势、新动向，比如对于美国最高权力体系的联邦总统、国会和法院在环境政治中的地位和作用，环境政治诸多影响要素，环境政治的国际纬度及国际环境政治，环境政治及其学术研究的国际影响等的研究，这些都反映了该时期的美国环境政治史研究进入了一个深化和提升阶段。

2000年以来，美国学术界关于环境政治的研究成果不仅卷帙浩繁，涉及内容也十分广泛，限于篇幅，笔者拟选取大气污染、大坝政治、总统与环境三个主题进行介绍，以管窥这一时期美国环境政治史研究的动态和趋势。

如前所述，美国学术界关于大气污染的社会政治学研究在20世纪80年代虽然有一定进展，但缺欠是没有把因大气污染而衍生的政治斗争充分整合起来，视角也比较单一。2000年出版的《不要呼吸这里的空气：1945—1970年的大气污染和美国环境政治》弥补了这一缺憾。该书是一部颇具代表性的综合性著作。它追溯了空气污染控制的历史，重点考察了20世纪60年代美国的空气污染治理，说明了来自基层的力量是如何促进现代环保运动和联邦环境政策发展的。作者选取了三个典型城市——洛杉矶、纽约和中弗罗里达进行个案和比较研究，发现这三个城市尽管在空气污染源和治理措施及治理成效等方面有很大区别，但由联邦承担污染控制的责任是共同特点和趋势。其结论是：在地方空气污染控制政治中，作为平衡工业力量的联邦政府的存在和干预是必要的，尽管在很多情况下联邦政府并不情愿。[①]

20世纪90年代，美国的大气状况虽有所好转，但围绕大气污染而衍生的社会政治关系却越来越复杂。学术研究也开始注意从不同视角来考察围绕大气污染而衍生的复杂的社会政治关系。《北美冶炼厂的烟雾：跨界污染的政治》一书主要以20世纪20年代至80年代美国、加拿大、墨西哥之间的跨界烟气污染的国际法的演变为考察对象，以国际视角，集中讨论了相关立法的政治争论。[②]《环境骗局和反对污染的战斗》一书的作者是一位研

① Scott Hamilton Dewey, *Don't Breathe the Air: Air Pollution and U. S. Environmental Politics, 1945 - 1970*, College Station: Texas A & M University Press, 2000.

② John D. Wirth, *Smelter Smoke in North America: The Politics of Transborder Pollution*, Lawrence: University Press of Kansas, 2000.

究疾病环境成因的病毒学家，该书以一位科学家的视角揭露了科学在环境问题中被利益集团利用的事实，指出污染企业及其雇佣的科学家往往提供虚假数据和信息并操纵科学程序——比如同行审查以继续排放有害污染物，呼吁应采纳新的有害污染物判定标准和制度。[①]《掩饰真相：大气污染的政治与文化》一书收录了15篇研究过去150年大气污染的论文；在该书编者看来，大气污染不单是一个经济问题，也是社会文化关系的真实写照。[②]《使空气民主化：盐湖，妇女商会与大气污染（1936—1945）》一书考察了1936年至1945年间盐湖城妇女商会在该市大气污染控制工作中的作用，提供了大气污染控制政治研究的女性视角。[③]

在历史上，围绕着水利开发，尤其是筑坝问题，在美国一直存在着不同声音，有时甚至是激烈的政治对抗。美国学术界对修筑水坝的关注很早就已开始，只不过从生态学视角来研究水坝问题始于20世纪90年代中期以后。[④]这主要是基于对水坝的生态学认知及环境政治学的发展。建造水坝不再是一个孤立的问题，其背后隐含着复杂的社会及政治关系。

美国学术界有关筑坝问题的社会学、政治学研究，异彩纷呈，仁者见仁、智者见智。《新政时代的大坝：工程学与政治学的融合》一书的作者是几位著名的工程师，他们从工程学与政治学之间关系的角度考察了20世纪

① Devra Lee Davis, *When Smoke Ran Like Water: Tales of Environmental Deception and the Battle Against Pollution*, New York: Basic Books, 2002.

② E. Melanie DuPuis, *Smoke and Mirrors: The Politics and Culture of Air Pollution*, New York: New York University Press, 2004.

③ Ted Moore, *Democratizing the Air, The Salt Lake: Women's Chamber of Commerce and Air Pollution, 1936 - 1945*, Environmental History, Volume 12, Issue 1, January 2007, pp. 80 - 106.

④ 研究美国历史上的水坝之争的著述很多：Elmo R. Richardson, "The Struggle for the Valley: California's Hetch Hetchy Controversy, 1905 - 1913", *California Historical Society Quarterly*, Volume 38, 1959; Robert W. Righter, *The Battle over Hetch Hetchy: America's Most Controversial Dam and the Birth of Modern Environmentalism*, New York: Oxford University Press, 2005; Mark W. T. Harvey, *A Symbol of Wilderness Echo Park and the American Conservation Movement*, Albuquerque: University of New Mexico Press, 1994; Byron E. Pearson, *Still the Wild River Runs: Congress, The Sierra Club, and the Fight to Save Grand Canyon*, Tucson: University of Arizona Press, 2002; Karl Boyd Brooks, *Public Power, Private Dams: The Hell's Canyon High Dam Controversy*, Seattle: University of Washington Press, 2006; Harvey Meyerson, *Nature's Army: When Soldiers Fought for Yosemite*, Lawrence: University Press of Kansas, 2001; Tim Palmer, *Stanislaus: The Struggle for a River*, Berkeley, CA. University of California Press, 1982.

30年代初到60年代中期美国巨型水坝建设迅速增加的原因。[①] 在《美国西北修建水坝的历史》一书中，唐纳德·杰克逊探讨了20世纪早期（“新政”以前）修坝技术、资本主义和政治（工程师、商人和官员）之间的关系[②]，认为个人和社会因素往往凌驾于科学之上，这导致伊斯特伍德发明的拱坝技术不能及时被采纳，修坝成本极为昂贵，联邦政府进行干预在所难免。《大坝政治学：恢复美国的河流》首次将水坝作为一个政治学问题进行研究；作者威廉·劳里描述了美国河流政策的新变化——尤其是拆坝行为，分析了影响这一变化的因素——包括公众认识和态度的变化，政治上可接受的程度等等；该书被认为是对环境政治和政策研究的重大贡献。[③]

在美国现代历史上，总统在环境政治中具有重要地位，是最主要的环境政治行为体。在20世纪初的进步主义时代和20世纪30年代“新政”其间，西奥多·罗斯福和富兰克林·罗斯福先后发动了两次史无前例的保护美国自然资源的运动，掀起了两次环保高潮。第二次世界大战后，肯尼迪和约翰逊总统的施政措施也包含着环保内容。20世纪60年代末70年代初，在尼克松就任美国总统后，将环境问题提升到国家战略高度，颁行《国家环境政策法》，成立环保署，开启了“环境的十年”。20世纪80年代初，里根上台后，在环保政策上全面倒退，并引发了激烈的政治纷争。此后的克林顿政府和小布什政府在环境政治与政策上的立场同样举足轻重，引人注目。

早在1959年，在塞缪尔·海斯的《资源保护与效率原则：进步主义资源保护运动》一书及此后出版的一系列研究资源保护史的成果中，西奥多·罗斯福就一直是研究中的焦点人物。1985年出版的《西奥多·罗斯福：一个资源保护的始作俑者》专以西奥多·罗斯福本人为考察对象。[④] 但这些研究有一个共同之处，即对西奥多·罗斯福的研究着眼点是资源保护运动，而非从美国政治结构和功能角度来研究西奥多·罗斯福并阐释他与环境的关系，

---

① David P. Billington and Donald C. Jackson, *Big Dams of the New Deal Era: A Confluence of Engineering and Politics*, Norman: University of Oklahoma Press, 2006.

② Donald C. Jackson, *Building the Ultimate Dam: John S. Eastwood and the Control of Water in the West*, Lawrence, Kansas: University Press of Kansas, 1995.

③ Lowry William, *Dam Politics: Restoring America's Rivers*, Georgetown University Press, 2003.

④ Paul Russell Cutright, *Theodore Roosevelt: The Making of A Conservationist*, Urbana and Chicago: University of Illinois Press, 1985.

因此有很大局限。20 世纪 80 年代，以里根推行环境政策改革为背景，美国学界出版了几部专门研究里根政府环境政策的著述，如《一个破坏的季节：里根政府对环境的进攻》《里根政府行政命令下的环境政策》《里根与公共土地》等[1]，这些研究大多关注里根政府的环境政策趋向、政策本身、公共土地政策等，偏重于具体事件的描述和介绍，部分内容带有明显的感情色彩。

20 世纪 90 年代，特别是到了 2000 年以来，美国总统在环境问题中的地位和作用备受关注。[2] 其中，《富兰克林·罗斯福与环境》一书从不同角度考察了富兰克林·罗斯福与环境的关系，尤其是他作为国家领导人在环境保护中的地位和作用，认为环境问题是新政的重要组成部分。[3]《尼克松与环境》一书采用编年史方式考察了尼克松政府环境政策的演化历程，认为尼克松的环保动机是纯粹政治性的，在很大程度上其环保举措是为了获得日益壮大的环保运动的支持和击败政治上的竞争对手。正因为如此，尼克松的环境政策带有一定的投机性。《布什反环境》一书比较系统地阐述了小布什上任以来在环保问题上的政策趋向，认为小布什背后有大企业大财团背景，小布

---

① Jonathan Lash, Katherine Gillman and David Sheridan, *A Season of Spoils: The Reagan Administration's Attack on the Environment*, New York: Pantheon Books, 1984; Paul R. Portney, *Natural Resources and the Environment: The Reagan Approach*, Washington, DC.: Urban Institute Press, 1984; C. Brant Short, *Ronald Reagan and the Public Lands: America's Conservation Debate, 1979 - 1984*, College Station, Tex.: Texas A&M University Press, 1989; *Wilderness Society, Environmental Catastrophe: The Park, Wilderness & Public Lands Policies of the Reagan Administration, 1981 - 1984*, Washington, 1984.

② 具代表性的有：David B. Woolner and Henry L. Henderson, *Franklin D. Roosevelt and Environment*, New York: Palgrave Macmillan, 2005; J. Brooks Flippen, *Nixon and the Environment*, Albuquerque: University of New Mexico Press, 2000; Jacqueline Vaughn Switzer and Hanna J. Cortner, *George W. Bush's Healthy Forests: Reframing the Environmental Debate*, Boulder, Colo: University Press of Colorado, 2005; Elisabeth Croll and David Parkin, *Bush Base: Forest Farm: Culture, Environment, and Development*, New York: Routledge, 1992; Robert F. Kennedy, *Crimes Against Nature: How George W. Bush & His Pals Are Plundering the Country & Highjacking Our Democracy*, NY.: HarperCollins, 2004; Norman J. Vig, "Presidential Leadership and the Environment: From Reagan to Clinton", *In Environmental Policy*, pp. 98 - 120; Robert S. Devine, *Bush Versus the Environment*, New York, NY: Anchor Books, 2004; Norman J. Vig, "Presidential Leadship and the Environment", *Environmental Policy: New Direction for the Twenty-First Century*, Fifth Edition, pp. 104 - 105; Byron W. Daynes and Glen Sussman, *White House Politics and the Environment: Franklin D. Roosevelt to George W. Bush*, College Station: Texas A&M University Press, 2010。

③ 研究富兰克林·罗斯福的资源保护政策的重要著作还有：A. L. Riesch Owen, *Conservation Under FDR*, New York, NY: Praeger, 1983; Irving Brant, *Adventures in Conservation with Franklin D. Roosevelt*, Flagstaff, AZ.: Northland Publishing, 1989。

什政府也很难不顾及这些集团的利益，在环保问题上倒退。《总统领导与环境：从里根到克林顿》对从里根政府到克林顿时期美国总统在环境问题上所发挥的作用进行了历史回顾。《白宫政治与环境：从富兰克林·罗斯福到乔治·布什》考察了从富兰克林·罗斯福到小布什总统之间历届政府有关环境问题的政治沟通、立法领导、行政行动及环境外交等方面的历史，试图说明美国总统是如何引领环境政治的。①

四 美国环境政治史研究的主要特点、学术价值和现实意义

通过对美国环境政治史研究历史的考察，大致可以把美国的环境政治史研究划分为三个阶段：20世纪80年代前的萌芽阶段，20世纪80、90年代的兴起和初步发展阶段，20世纪90年代末以来的深入和系统化阶段。环境政治史研究萌芽于20世纪60、70年代的资源保护史研究。20世纪80、90年代以环境政治的现实和学科交融为背景，环境政治研究兴起，研究内容得到拓宽，环境与政治实现交融。2000年前后，以总结过去、面向未来为主旨，在以往研究基础上，美国的环境政治史研究步入了一个新阶段。以塞缪尔·海斯的《1945年以来的环境政治史》为标志，美国的环境政治史研究走向深入，表现为大量高水平的、综合性的研究成果不断问世，研究内容进一步拓宽，理论与实证相结合，国际环境政治和比较研究受到关注，以前重视不足的问题——如美国总统在环境政治中的作用等受到重视。

纵观美国的环境政治史研究，大致可以归结出以下几个特点。

首先，就时空范围而言，美国的环境政治史研究主要关注的是美国的现代环境政治，即20世纪，尤其是20世纪60、70年代以后的历史。美国的环境政治史研究基本上属于现代历史和当代政治研究的范畴。

其原因首先在于美国环境政治的现实。20世纪60、70年代以来，随着环境问题的日益增多和日趋严重，愈来愈多的环境行为体被卷入到环境问题

---

① Byron W. Daynes, and Glen Sussman, *White House Politics and the Environment: Franklin D. Roosevelt to George W. Bush*, College Station: Texas A&M University Press, 2010.

中来，围绕环境问题发生和演绎了错综复杂的社会政治关系。以注重现实为特点的美国学术界，自然不会无视对这种政治现象、政治关系的研究。虽然早在19世纪美国社会围绕资源开发和环境保护就曾发生过政治纷争和冲突，但直到第二次世界大战后的现代环保运动的兴起，以及环境问题成为一个全国性的政治问题之前，它从未进入主流政治研究领域。第二次世界大战后现代环保运动和20世纪70年代的环境改革改变了这一切，环保力量与日渐壮大的反环保势力之间围绕环境权力与利益的角逐开始成为这个国家政治生活中难以忽视的现象，受到了学术界高度关注，成为学术研究的重要内容。美国环境政治史的研究成果大多问世在20世纪80年代后，说明了环境政治形势及其变化与环境政治史研究的关系。

美国环境政治史研究的这一特点对中国的环境史研究具有一定的参考借鉴价值。中国的环境史研究偏重于古代，而对近现代环境史的研究十分薄弱。导致这种反差的原因很多、也很复杂，其中包括环境政治内容的特点，以及两国对当代问题之学术研究的开放程度的差异等。但无论如何，环境史的学科特点要求我们更多地关注当代及现实环境问题，尤其是围绕环境问题而衍生的社会、政治关系，这样才能体现和发挥环境史的价值。不同历史阶段，环境史研究的内容、特点、模式和方法也不尽相同，现代环境史研究，尤其是现代环境政治史研究与古代存在很大差异，如何加快中国的近现代环境政治史研究，美国学界能够给我们提供许多借鉴。

其次，美国环境政治史研究的内容、主题十分广泛和庞杂。

环境政治史研究首先要研究参与环境政治的行为体（参与主体）。换句话说，环境政治行为体是环境政治史的首要研究对象。由于环境问题本身涉及的利益关系的复杂性和多样性，以及美国社会文化的多元性及政治体制的分权等特征，其环境政治的参与主体十分广泛，几乎涉及社会各个领域、各个阶层，既包括社会底层的农民和工人、有色族裔及其他弱势群体，也包括环保组织，工商企业、土地所有者及利益集团，联邦、各州及地方政府，议会和法院，总统和各级环境机构等。这些具有不同利益诉求、不同政治倾向和思想价值观、不同经济背景和不同社会地位的形形色色的多元环境政治行为体，围绕环境领域的公共事务而发生的各种政治关系，在不同时空背景及不同历史条件下，成为不同的环境势力和环境运动。

对于上述诸多环境政治行为体及其运动的研究，包括它们在环境政治或有关环境问题的公共事务中的作用及相互关系，环境运动的起源、意识、行动策略和社会功能等，均构成了美国环境政治史研究的重要内容。

环境政治史研究的是因环境问题而衍生出的社会政治关系，美国环境政治研究领域大量成果正是围绕具体的环境问题而展开的。从美国学术界的研究情况看，这些环境问题涉及的范围十分广泛，大体上可以分为资源开发和保护的政治（包括公共土地政策、水利开发和水权、森林和国家公园的开发和保护、围绕荒野保护而发生的政治纷争、反坝运动及其政治、环境保护与财产权、矿物资源和原子能的开发等），环境保护和污染控制的政治（包括固体废弃物、有毒和危险废弃物、超级基金、城市垃圾和城市卫生、杀虫剂、空气和水污染等）、环境权利的政治（环境公正和动物权利问题）、生态政治（气候变化、酸雨、全球温室效应、濒危物种和生物多样性及湿地保护问题），城市环境政治和国际环境政治等。

环境政治史还要研究诸多环境政治影响要素，包括特定国家和社会的政治制度和政治体制，政治结构与功能，科学、技术、经济、信息、媒体等在环境政治中的作用，等等。海斯在《美丽、健康与持久：美国环境政治（1955—1985）》一书中系统地把这些要素纳入环境政治的分析框架内，此后，环境政治影响要素愈发受到研究者重视，成了美国环境政治史研究的主要趋势之一。美国的环境政治史也包括对环境政策、环保制度和环境管理等方面问题的研究。尽管在一些学者看来，这些问题与环境政治并不能画等号，但对这些问题的研究很难不涉及环境政治。

最后，美国环境政治史研究的学科交融特点尤为突出。

环境政治史研究将环境问题与社会、政治及历史结合起来，尤能体现环境史研究的跨学科特点。以塞缪尔·海斯为例，他在《资源保护与效率原则：进步主义资源保护运动（1890—1920）》一书中把资源保护问题引入政治领域，初步实现了环境与政治的结合。在此后的研究中，他进一步把更加广泛的环境问题纳入政治学视野，除了沿袭政治学的结构与功能分析方法外，他还引入社会学的分层研究方法，在解析美国政治体制、运行机制及其与环境问题的交互作用基础上，既考察身居高位、处于社会上层的政治家和决策者，以及作为社会良知和时代代言人的科学家和知识分子，也考察“反环保”运动的主要推动力量——商人、企业家和资本家，以及生活在社会底层的普通劳动者——农民和工人。海斯也注意从文化和历史的角度构建其环境政治史研究体系。这样，海斯将社会学、政治学的理论和研究方法运用于环境史研究，把社会史、政治史与环境史结合起来，从而推动了环境政治史的产生。不过，需要指出的是，美国环境政治的许多研究成果并非出自历史学家，而是出自政治学家和社会学家之手，环境政治研究中的历史话语和历史感尚感缺乏，这说明环境政治的历史学研究亟待强化。

从一般意义上，环境政治史研究具有较高的学术价值和很强的现实意义。

首先，环境政治史研究的是因环境问题而衍生的社会政治关系，它尤能体现环境史研究对象的特点。

环境史并非以环境为考察中心，环境与人类社会的关系亦非环境史研究的单一纬度，环境史研究的归结点还是文化，特别是人类社会围绕自然资源开发、环境保护、污染控制、环境权力与利益分配、公共政策等而发生的各种经济、社会、文化及政治关系，尤其是社会政治关系。正如国外学者指出的：若生态学从经济的、政治的和社会的背景中分离出来，它只有“很少的阐释价值”，环境现象也只有作为政治和社会历史的解释才有意义。①

其次，环境政治史是环境史学科研究体系的重要研究内容和有机组成部分，环境政治史研究有助于推进环境史学科体系的构建。

国内外学术界围绕什么是环境史、环境史研究的对象和方法、理论基础和学术价值等问题做了大量探讨，但对作为一个学科的环境史的研究体系的讨论显得很薄弱，美国学术界以环境政治史的大量研究成果为此提供了一份答案——环境史要研究因环境问题衍生的社会政治关系，环境政治史是环境史研究的一个“亚领域”，是环境史研究体系的一个重要组成部分。

在美国许多著名环境史学家的有关环境史研究内容的论述中，均把环境政治纳入环境史研究范畴。麦克尼尔认为，环境史包括物质、思想和文化、政治三个基本维度，其中环境政治史把法律和国家政策视为它与自然世界的

---

① ［德］约阿希姆·拉德卡：《自然与权力：世界环境史》，王国豫等译，河北大学出版社2004年版，第33页。

关联。[①] 麦克尼尔还分析了环境政治史的性质，认为它是全新的现代史学。泰特认为环境史研究应包括四个方面，其中第四个方面是公众对有关环境问题的辩论、立法、政治规定以及对“旧保护史”中大量文献的思考。[②] 贝利认为，环境史的研究包括四个层次，其中，第三个层次是森林与水资源保护——即资源保护和环境运动的历史，第四个层次是专业团体的作用——如科学家、工程师的贡献及其与环境思想和运动的关系。[③] 克罗农认为环境史应包括三个研究范围，其中第三个研究范围是对环境政治与政策的研究。[④]

最后，环境政治史研究具有很强的现实意义。

环境政治史是环境史研究价值的典型体现。环境政治史研究就是要通过考察人类社会因环境问题衍生的各种社会及政治关系史及其演变规律，为解决现实环境问题，实现环境公正，建立和谐的人与自然、人与人、人与社会的关系，维护大自然的权利与公民的环境权，来提供学术咨询。美国环境政治史涉及大量社会关系，包括联邦、各州与地方之间的关系，立法、司法和行政机构之间的关系，环保组织与“反环保”势力之间的关系，公民与社团之间的关系，国家之间的关系，等等。对美国社会如何认识、对待、处理和平衡这些关系进行研究，对于中国的生态文明建设，是很有启发意义的。从学科发展角度来看，环境政治史不仅给传统政治学，也给历史学注入了新鲜血液，增添了新的话语和内容。此外，环境政治史还提供了观察美国政治体制及运行机制，以及政治结构及其功能的新视角，这也有助于推进对美国政治体制的研究。

---

① John. R. McNeill, “Observations on the Nature and Culture of Environmental history”, *History and Theory: Studies in the Philosophy of History*, Vol. 42, No. 4 (Dec 2003), p. 6.

② T. W. Tate, “Problems of Definition in Environmental History”, *American Historical Association Newsletter* (1981), pp. 8 – 10.

③ K. E. Bailes, *Environmental History: Critical Issues in Comparative Perspective*, Lanham, 1985, p. 4.

④ William Cronon, “Modes of Prophecy and Production: Placing Nature in History”, *Journal of American History*, Vol. 76, No. 4 (March, 1990), pp. 1122 – 1131.

第一部分

美国环境政治史研究的架构和内容

从环境政治史角度考察美国的环境政策与环保立法，应当包括以下维度和内容：首先是环境政策与环保立法的主要行为体，包括联邦与各州及地方相关的权力和职能机构及核心人物、社会组织、企业与个人；其次是主要的环境政治工具，即上述诸多行为体在环境政策与环保立法酝酿、制定和实施中为达成各自目标而凭靠的工具，如媒体、科学和技术等，以及这些因素在环境政治中发挥了怎样的作用；最后是都有哪些因素影响、如何影响环境政治，以及围绕环境政策与环保立法的政治斗争和博弈所涉及的主要领域等。

第一章
环境政治的主要行为体

环境政治行为体是环境政治史研究的首要对象。由于环境问题本身涉及的利益关系的复杂性和多样性，加上美国社会文化的多元性及政治体制的分权等特征，其环境政治的参与主体十分广泛，涉及社会各个领域、各个阶层：既包括普通劳动者，比如农民和工人，以及处于社会下层的有色族裔及其他弱势群体，也包括居于社会上层的政治家和决策者；既包括环境保护的推动力量，比如自然与环保组织等，也包括“反环保”势力，比如商人、企业家及其利益集团；既包括作为社会良知和时代代言人的知识分子与科学家，也包括环境政策的主角如联邦、各州及地方政府，议会和法院，总统和环保机构等。这些具有不同利益要求、不同政治倾向和诉求、不同价值观、不同经济背景和社会地位的形形色色的多元环境政治行为体，就是美国环境政治史研究的主要对象之一。

美国环境史学家塞缪尔·海斯将环境政策制定中牵涉的政治力量归为三类：致力于保护和改善环境的个人和团体；“反环保”力量；发展和实施环保政策的机构。[①] 这三股力量就是环境政治中的主要行为体。我们重点考察联邦最高行政长官——美国总统、拥有最高立法权的国会、环保组织和“反环保”势力这几种环境政治行为体，探讨它们在环境政治中的角色和作用。

一　联邦政府与总统

从联邦层面来看，环境政策是由联邦政府，包括白宫和相关的资源与环

① Samuel P. Hays, *A History of Environmental Politics since 1945*, Pittsburgh: University of Pittsburgh Press, 2000, p. 2.

境保护机构来制定和实施的，由此，美国总统、内政部、土地管理局、国家公园管理局、环保署等，就是环境政治史的主要研究对象。

美国宪法赋予了美国总统很大的权力。美国总统掌握着最高行政和外交大权、立法倡议权，美国总统还是武装部队总司令，以及所属党派主席。美国总统拥有广泛的资源，他们通常利用这些资源和宪法赋予的权力推进或迟滞某项政策或议程。他们会向国会和民众提出他们认为值得关注的问题，也会给出为何这些问题应该得到高度关注的解释。他们能够在很大程度上影响公共议程。[①] 就环境政策而言，美国总统的角色和地位是最重要的。具体来说，美国总统可以任命白宫和总统顾问人选，改组行政机构，提出预算建议和环境立法倡议，行使立法否决权，发布行政命令，评估现有政策或提出政策改革建议等，并以此来影响环境政策。[②]

对于如何评估美国总统在环保政策上的取向和作为，诺曼·维格提出了七个方面的考察维度。第一，通过其竞选其间的发言或演讲、就职演说和国情咨文、政策文件等，来考察总统的环境议程，即在政策议程设定方面是否给予环境保护以优先地位；第二，考察总统在关键的政府部门和白宫工作人员任命中是否优先考虑倾向于赞成或支持环保的人士；第三，考察总统在政府预算中是否给环保项目以优先考虑；第四，考察总统是否乐于提出环保立法倡议还是否决环保法案；第五，考察总统是否经常发布行政命令支持还是抵制环保政策措施；第六，考察总统加强还是削弱对环保法规的监管；第七，考察总统支持还是反对加强国际环境合作和协议。[③]

拜伦·戴恩斯与格伦·苏斯曼在其主编的《白宫政治与环境：从富兰克林·罗斯福到乔治·布什》一书中考察了从富兰克林·罗斯福到小布什其间美国 12 位总统在环境问题上的作为，提出了四个方面的评估尺度，即政治沟通（Political Communication）、立法领导（Legislative Leadership）、行政活

① Byron W. Daynes and Glen Sussman, *White House Politics and the Environment: Franklin D. Roosevelt to George W. Bush*, College Station, TX.: Texas A & M University Press, 2010.

② Norman J. Vig, "Presidential Leadship and the Environment", *Environmental Policy: New Direction for the Twenty-First Century*, Washington, DC.: CQ Press, 2003, Fifth Edition, p. 104.

③ Ibid., p. 105.

动（Administrative Actions）和环境外交（Environmental Diplomacy）。[1]

所谓“政治沟通”是指总统针对环境问题及环境政策等以正式和非正式的方式向美国民众发布演讲和发言，包括发表国情咨文，以及举行记者招待会，公开传达某种政策信息，动员民众关注他认为重要的问题，并使这些问题成为国家议程的一部分或成为联邦政府的优先政策议程。总统还可以向国会致信，以表达其政策倾向。在这方面，富兰克林·罗斯福就很典型。他在任美国总统其间，经常利用各种媒介以多种方式说服民众支持其政策，包括自然资源保护政策。在美国这样一个多元社会及政治体制框架内，总统的“政治沟通”能力至关重要，其言论是评估其环保政策的重要根据。

所谓“立法领导”是指在国会立法过程中总统发挥的重要作用。美国联邦权力设置机制为三权分立，国会掌有立法权，但国会通过的法案要有总统签署才能生效，总统亦可行使否决权。总统还可以凭借向国会发出立法倡议和咨文等方式传递某种信息，表明政策倾向，说服国会支持其政策。对总统来说，国会的支持至关重要。如果没有国会的支持，总统在环保问题上也难有作为。总统在环保问题上的作为，常常取决于他与国会的关系及其“立法领导”能力。而总统与国会的关系，又受制于国会中政党的构成。如果总统所属政党控制国会两院的多数，他往往会遭遇更少阻力，否则不然。在历史上，有的总统，比如富兰克林·罗斯福和林登·约翰逊在国会中很有影响力；而有的总统，比如比尔·克林顿在国会那里遭遇的阻力很大，其环保政策的制定和践行也颇为艰难。

所谓“行政活动”是指作为最高行政首脑的美国总统有着多方面的行政权力。总统可以通过组阁和任命新的政府机构人选，设立或废止机构，发布行政命令，编制预算等多种方式和手段来影响环境政策。如果总统能够有效控制联邦行政组织体系，他可能会更加容易、更加顺利地实现其目标。理查德·尼克松就任美国总统后，主要通过设立环保署和环境质量委员会来推行其环保政策。罗纳德·里根出任总统后主要通过任命“反环保”人士担任要职及削减环保预算资金来达成其政策目标。当国会与总统出现对抗状态

---

[1] See Byron W. Daynes and Glen Sussman, *White House Politics and the Environment: Franklin D. Roosevelt to George W. Bush*, College Station, TX.: Texas A & M University Press, 2010.

时，总统可能会更多地选择和利用行政手段，绕过国会，利用行政手段来推进或迟滞环境政策。比如，面对顽固的共和党控制的国会，克林顿总统就利用行政命令和声明建立和保护公共土地和国家纪念地。

不过，由于美国宪法在一定程度上分散了行政机构的权力，对于任何一位总统来说，要想完全控制所有行政机构和权力都是相当困难的。在环境政策制定和实施过程中，一些重要的联邦机构和关键人物往往影响着总统的行为，发挥着重要作用。比如从富兰克林·罗斯福到林登·约翰逊时期，内政部和农业部在环境政策制定中就发挥着重要作用。哈罗德·伊克斯（Harold Ickes）、斯图尔特·尤德尔（Stewart Udall）、塞西尔·安德勒斯（Cecil Andrus）、布鲁斯·巴比特在促进公共土地保护方面都发挥了重要的作用。

"环境外交"是指总统在地区和全球环境问题及双边、多边和国际环境会议及环境协议中的角色与发挥的作用。在外交领域，美国总统有更大权力和更多行动灵活性。鉴于美国的国际地位和重要影响，美国总统愈加干预全球政治、军事、经济事务，包括环境事务。在这方面，像西奥多·罗斯福就发挥了积极的作用，而像小布什则树立了一个反面形象。

依据前述标准，加上考察总统是加强还是削弱环境政策，诺曼·维格把尼克松以后几任总统分为三种类型，即所谓的"机会主义型"（Opportunistic Leaders）、"挫折后进型"（Frustrated Underachievers）和"退却者"（Rollback Advocates），他们分别是尼克松和老布什、卡特和克林顿、里根和小布什。[①] 根据领导风格，总统可有偏好集中、等级管理和倾向开放、分权管理两种类型，前者以尼克松和里根为代表，他们多有可能在环境政策上采取一种单边路线，后者以比尔·克林顿为典型，他更乐于听取来自各方面的声音，采取某种"折中"的环境政策。[②]

在尼克松和老布什就任总统之初，公众和社会舆论要求保护环境的呼声高涨，民众积极要求政府采取行动加强环境保护，在此背景下，二人在任职前期推行了一些较为积极的环境政策和保护举措。但他们不愿采取进一步行

---

① Norman J. Vig, "Presidential Leadship and the Environment", *Environmental Policy: New Direction for the Twenty-First Century*, Washington, DC.: CQ Press, 2003, Fifth Edition, pp. 104 – 106.

② See Norman J. Vig, "Presidential Leadship and the Environment", *Environmental Policy: New Direction for the Twenty-First Century*, Washington, DC.: CQ Press, 2003, Fifth Edition, pp. 105 – 106.

动，在其任职后期退却到一种保守的立场。尼克松否决了《水污染控制法修正案》，而老布什则宣布暂停所有新的环境监管措施，拒绝支持有约束力的国际环境协议。

民主党总统卡特与克林顿在竞选其间都获得了环保选区的有力支持，两人均提出了雄心勃勃的环保目标，但上任后没能实现预期。卡特政府没能成功地应对20世纪70年代末期出现的能源危机，而克林顿政府在环保领域取得的成就也有限。原因之一是两位总统均缺乏国会的支持。在任职后期和离任前，两人都采取了一些环保举措，在保护公共土地和加强环保立法方面都取得了一些进展。卡特政府保护了阿拉斯加数万平方公里的荒野，推动国会通过了《超级基金法》。克林顿政府通过发布行政命令创建和扩建了22个国家历史纪念地，将数万平方公里的森林纳入联邦保护体系中。

共和党总统里根和小布什就任美国总统后推行消极的环境政策，两人奉守共和党反对政府强化监管的信条，试图反转和削弱现有环保政策。里根发起了一场讨伐他认为不必要的政府对社会经济监管的运动。他认为这种监管阻碍了经济增长。里根的环境政策引起了环保力量的抵制和反弹，在社会舆论的巨大压力下，1984年他不得不调整其保守的环境政策。[①]

《白宫政治与环境：从富兰克林·罗斯福到乔治·布什》一书提出，可以将从富兰克林·罗斯福到小布什的12位美国总统分为三类：第一类是对环境问题有积极影响的总统，包括富兰克林·罗斯福、哈里·杜鲁门、约翰·肯尼迪、林登·约翰逊、理查德·尼克松、吉米·卡特和比尔·克林顿；第二类是在任内环境政策前后不一，既有作为又存在问题的总统，包括德怀特·艾森豪威尔、杰拉尔德·福特和老布什；第三类是反对利用其政治影响推进环境保护，在环境问题上起着消极作用的总统，包括罗纳德·里根和小布什。[②]

美国历届总统在环境政策上的差异，取决于多种因素。美国总统的环境政策取向会受到环境状况、公众舆论、环境意识、国会立场和经济形势等因

---

① Norman J. Vig, "Presidential Leadship and the Environment", *Environmental Policy: New Direction for the Twenty-First Century*, Washington, DC.: CQ Press, 2003, Fifth Edition, pp. 106 - 107.

② Byron W. Daynes and Glen Sussman, *White House Politics and the Environment: Franklin D. Roosevelt to George W. Bush*, College Station, TX: Texas A & M University Press, 2010.

素的影响。一般来说，当环境状况恶化，公众舆论呼吁政府采取有力措施保护环境，国会支持或配合白宫行动，经济形势良好时，总统就会发挥积极作用，反之则可能为之设置阻力。这其中，公众舆论往往至关重要。1970 至 1972 年间和 1988 至 1990 年间就是两个典型时段，那时严峻的环境危机和高涨的环保呼声促使两位共和党总统采取了积极的环保措施。[1]

美国总统的环境政策取向还会受到总统个人对环境问题的偏好、所属党派在环保问题上的立场、选民基础等诸多复杂因素的影响。

塞缪尔·海斯研究发现，美国总统在环保问题上的立场和态度与其所属党派及政治倾向有着很大程度的关联，民主党较共和党更倾向于支持保护环境。[2] 民主党信奉国家干预的“新自由主义”政治哲学，而共和党坚守市场效率的“新保守主义”意识形态，后者反对国家干预，更可能抵制带有更多国家干预色彩的环境保护政策。尼克松、里根、老布什、小布什等均属共和党。里根和小布什上任之初就积极推行某种“反环保”政策，只是在遇到公众的强大阻力后才有所止步；面对高涨的环保呼声，尼克松和老布什在任职前期虽推出了一些积极的环保政策，但后期却趋向保守。相比之下，作为民主党的卡特和克林顿在竞选其间许下不少环保诺言，在任内也持较为积极的环保立场，尤其是在任职届满之时，他们采取了类似于 20 世纪初西奥多·罗斯福总统的那种“午夜行动”，把大批自然资源纳入国家保护体系。

西奥多·罗斯福与富兰克林·罗斯福两人在出任美国总统之前，对环境和自然情有独钟，前者喜欢狩猎并亲近自然，后者有着长期的资源保护的实践经历。两人成为美国总统后，借助行政大权，在全国范围大规模地推行自然资源保护政策。这两个例子说明，美国总统的环境政策与他们本人过去的经历和经验、环境价值观和环境意识有着十分密切的关系。

在多数情况下，在总统的日常工作议程中，经济、就业、外交和国防等

---

① Norman J. Vig, “Presidential Leadship and the Environment”, *Environmental Policy*: *New Direction for the Twenty-First Century*, Washington, DC.: CQ Press, 2003, Fifth Edition, pp. 104 – 106.

② Samuel P. Hays, *Beauty*, *Health*, *and Permanence Environmental Politics in the United States*, *1955 – 1985*, Cambridge: Cambridge University Press, 1987; Samuel P. Hays, *A History of Environmental Politics since 1945*, Pittsburgh: University of Pittsburgh Press, 2000.

居于优先地位，资源保护和环境政策往往处于总统政策议程的外围。但在某些时期，比如20世纪30年代美国社会经济与生态大危机，以及20世纪60、70年代空前严重的污染背景下，环境保护也得到了总统的高度重视。

在美国这样的社会中，公众意见和舆论倾向对总统的政策选择有很大影响。特别是在大选之前，竞选者为了获得更多选票，会做出一些环保承诺。林登·约翰逊和理查德·尼克松在任期内都对环境问题做出了积极回应，主要是因为民众高度关注，国会也支持变革环境政策。克林顿在竞选总统时选择拥有良好环保形象的戈尔为搭档，就是把环保当成了一张牌。

美国总统比国会有更大的机会设置政策议程。由于其拥有的广泛的行政权力，总统能够主导联邦机构贯彻实施环境政策的进程。历届美国总统在环境问题上的角色和作用是不同的。当总统积极利用其权力时，他们能够对塑造环境政策发挥重要影响——无论是促进还是反对和迟滞环境保护。从第二次世界大战后的历史来看，美国总统深深卷入了环境政策和环保立法的政治化中。

二　国会

美国联邦政治体制的主要特征是三权分立，由国会、总统和最高法院分掌立法权、行政权和司法权，三权相互制约。三权分立的目的是为了限制公权，以保障民权。三权内部，尤其是国会内部也设置了权力制衡机制。

美国国会掌有立法权，包括环境政策审查监督权与环境立法权，在实践层面颇为有效的是其对环保预算资金的审议权。历史地看，国会较白宫对国家环境政策的总体方向有更大、更持久的影响力。广义上，美国联邦层面的环保政策大多是以国会立法的形式制定和确立并定期更新修订的。就环境立法而言，国会拥有广泛的权力。国会可以制定新的环境立法，修正或废止旧法；可以在管制项目中利用拨款权来改变经费支持额度和职员人数；在年度财政预算审查、国会委员会听证会和调查中对环境机构实施奖罚；可以行使监督权来推迟或加速项目的贯彻和实施；还可以采取大量协议、传统的非正式安排等方式，来影响环境政策和环保项目的实施。[1]

在不同时期和不同条件下，国会的环境政策取向有很大不同。有时，国会能够在环境政策和环保立法上取得积极进展，但也会经常陷入僵局，从而导致面对重要公共问题时不能作为，或对究竟做什么不能达成共识。对既有环境政策和环保法案，只能做小幅度的修改，直到对改革的目标达成一致。使得到期的环保项目或其他相关项目及拨款等不能通过审查和更新，从而导致了一系列问题。影响国会环境政策和环保立法的因素很复杂，美国知名环境政策与政治史学家米歇尔·克拉夫特对此有过深入的研究。[2]

第一，不同党派在意识形态上的差异。美国两大政党，民主党与共和党的意识形态是有一定差异的，前者多倾向于国家干预，后者更主张发挥市场的作用，因此，后者较前者更有可能反对或抵制带有更多干预倾向的环境政策和环保立法。历史地看，两党在几乎所有重大环境和自然资源保护问题上都存在着分歧。两党在环保问题上的政治倾向可以通过国会投票记录反映出来，并且显示出在环境问题上的党派差异一直在增大而不是减弱。资源保护选民联合会（League of Conservation Voters）做过一项追踪调查，发现自20世纪70年代早期至20世纪90年代末期，民主党与共和党围绕环境政策的裂痕和分歧在逐渐扩大。进入2000年后，这一趋势依然十分突出。这在第107届国会第一次会议中表现的更加典型。资源保护选民联合会的调查记录发现，当时参议院民主党平均得分82%，共和党得分9%；而众议院民主党平均得分81%，共和党为16%。[3]

由于以上因素，当国会两院由某一政党控制多数席位时，环境政策无论进步还是退却，一般来说更容易达成一致；反之，当国会两院由两大政党分别控制时，达成政策一致的可能性就会减少。如果总统所属党派控制两院多

---

① Walter A. Rosenbaum, *Environmental Politics and Policy*, Washington, DC.: Congressional Quarterly, Inc., 1985, p. 129.

② See Michael E. Kraft, "Enrironmental Policy in Congress: From Consensus to Gridlock", Norman J. Vig, *Environmental Policy: New Direction for the Twenty-First Century*, Washington, DC.: CQ Press, 2003, Fifth Edition, pp. 127 – 150; Michael E. Kraft, *Environmental Policy and Politics*, University of Wisconsin, Green Bay, Sixth Edition, pp. 88 – 91.

③ League of Conservation Voters, *National Environmental Scorecard*, Washington, DC.: LCV, February 2002.

数席位，总统的环境政策在国会遭遇的阻力会较小；如果总统和国会分由不同党派控制，制定和实施一致的环境政策的难度就会加大。在不同党派分别控制国会和白宫的情况下，要推进环境政策和环保立法，达成合作和妥协十分必要。国会在多大程度上与白宫合作，取决于他们之间意识形态和政治分歧情况，以及对总统的评判，如总统的公众支持率和领导能力等。[①]

第二，两院制与权力的分立。在美国政治制度中，权力的重叠交叉设置，本来是为了限制政府的权力，但在客观上却容易导致决策陷入僵局。分权可以在政府机构之间形成权力制衡，限制国会或总统滥用权力，但也会导致政策出现僵持，使得环境问题不能被快速解决。美国宪法将立法权在总统与国会之间、众议院与参议院之间进行分割。各个机构在某种程度上反映了不同选区的不同利益诉求，这就为相互之间的冲突提供了可能。总统提出的政策和提交的预算建议国会可能不接受，国会可能会支持总统不准备签署的立法。当总统、众议院与参议院分别由不同党派控制时，这种政治冲突更有可能发生。即使在国会内部，众议院和参议院之间也可能彼此对立，特别是当他们面对环境与自然资源政策时，这种对立更有可能发生。不仅如此，国会委员会赞成的法案也可能得不到国会两院的充分支持。

美国的议会制度有一个重要特点，就是在众议院和参议院设置了众多常设或临时委员会，许多重要政策和立法的酝酿与制定，都出自这些委员会。众议院有 7 个主要委员会，参议院有 5 个主要委员会，负责环境政策的不同方面。委员会制度使美国议会的权力更加分散，无论是环保组织、环保主义者还是其批评者都能在委员会中找到表达意见的渠道，这使得制定综合性的政策十分困难，各方常常难以就某一政策达成一致。面对多种多样的利益诉求，以及其中错综复杂的关系，国会往往难以决策。例如，一个委员会提出一个新的项目或法案，结果却发现拨款委员会不能提供资助，或资助的数额远低于项目实际所需资金，从而在事实上使项目的实施无法实现。[②]

---

① Charles O. Jones, *Separate but Equal Branches: Congress and the Presidency*, Chatham, N. J.: Chatham House, 1995.

② Michael E. Kraft, *Environmental Policy and Politics*, University of Wisconsin, Green Bay, 2015, Sixth Edition, pp. 89 – 91.

第三，环境问题的复杂性。很多环境问题，从科学上来看具有很大程度的不确定性，甚至在科学家之间也难以达成共识，由此也必然减少国会议员之间达成一致的可能性。在美国这样一个典型的资本主义社会，环境政策的成本和收益之比在促成环境政策决策中至关重要。但是，由于科学上的不确定性以及其他因素，事关诸如气候变化和生物多样性保护等问题的环境政策，其短期成本容易确定，但长期收益则较难确定。除非有令人信服的科学证据证明某些环境问题对人类健康或经济福祉有危害，否则国会议员不愿接受某些环境政策决策建议。在很多情况下充分的证据不可得，而且没有简单的方法来评估 1 美元投入的环境收益是多少。因此，关注点往往集中于政策措施的短期成本或某个特定的州或地区利益的国会议员们，很难就政策变革达成一致。鉴于围绕环境问题存在多样化的诉求，政策制定者和立法制定者又是多元化的，加上环境问题本身又具有的复杂性特点，要在各方之间达成妥协实属不易，政策立法极易陷入僵持。

第四，公众共识较难形成一致。一般而言，公众就基本的政策目标的共识越多，国会就更容易达成一致。民意调查显示，美国公众一直普遍关注环境问题，支持环境保护。然而民意调查也表明，环境问题在公众中不是最重要的，他们对环境问题的理解相当有限。公众的思想和行动往往不一致。例如，他们会赞成节能，但几乎没有迹象表明人们愿意放弃耗能高的运动型多功能汽车而改用功率更小的汽车。政客们注意到了这一情况，他们敏锐地意识到环境问题很少决定选举结果。没有明确有力的公众呼声，国会议员不会轻易回应选民普遍关注的环境问题，尤其是在利益集团的影响之下。

第五，利益集团的影响。自 20 世纪 70 年代以来，越来越多的利益集团加强了在华盛顿的存在与活动——特别是游说和宣传。代表这些利益集团的组织的数量、活动规模、努力强度都在急剧扩大和增强。工商界等利益集团的活动尤其突出，它们比环保组织拥有更多资源来推动有利于它们的立法议程。[1] 这些利益集团的数量越多，国会就越难在环境问题上达成一

① Jeffrey M. Berry, *The Interst Group Society*, ed., New York: Addison Wesley Longman, 1997, chap. 2.

致。事实表明，工商业利益集团和环保组织越来越擅长影响国会以阻止对方的行动，结果导致总统与国会之间、国会两院及内部之间愈来愈容易陷入僵局。

第六，国会中政治领导的强弱。美国政治体制的一大特点是存在很大程度的制度碎化和权力分散。利益集团影响的增强使这一问题在过去几十年里更为严重。国会议员在政治上的独立性也在增长。竞选筹资方面的因素促使议员更加侧重追求所代表的州或地区的利益。[①] 国会议员由选举产生，在政治上代表各地区和各州，因此必然首先考量地方关切。选举动机总是促使国会议员优先关注环境政策对地方和本地区的影响，更加关注和重视环境政策的短期效应，特别是环境政策对地方经济的影响。要超越地方利益，就需要某种能代表国家利益的强有力的领导。学者认为，国会委员会和政党内部强有力的领导对于推动形成立法所需要的多数是必要的。但是，这样的领导在近年来越来越少。对民主党来说情况尤其如此，因为该党在意识形态上愈发多元化。在白宫或国会，没有有效的领导，达成政策共识越发困难。

国会选举周期也会影响立法。宪法规定了联邦国会的选举周期，这种不同的选举周期会对国会的环境政策和立法产生影响。在评估项目时，议员的短期考虑要比长期更重要。立法者常常更关注项目对下一届选举的影响，而非该项目对后代的长久影响。当公众舆论较弱或意见分歧较大时，国会往往忽视公众意见；反之，会重视这种民意。[②]

作为国家立法机构，国会议员由选举产生，在政治上代表着不同地区和各州及地方的利益与诉求，因此，国会议员的意见往往反映了地方和地区的关切。事实上，选举因素一直促使国会议员像关切国家利益一样关切环境和资源政策对地方和地区的影响，比如经济影响或由此引发的争论等。

同联邦政府一样，国会在环境问题上的政策倾向也是反复无常、不断变化的，这种变化同样受经济形势、公众情绪和舆论、环境危机，特别是重大环境危机的影响。突发环境事件会促使国会达成一致并迅速采取行动。例如

---

① Gary C. Jacobson, *The Politics of Congressional Elections*, 5th ed., New York: Addison Wesley Longman, 2001.

② Walter A. Rosenbaum, *Environmental Politics and Policy*, Washington, DC.: Congressional Quarterly, Inc., 1985, p. 105.

1978 年的"爱河事件"加速了《综合环境反应、赔偿和责任法》（*Comprehensive Environmental Response*, *Compensation and Liability of Act of 1980*）的通过和颁布；1984 年印度博帕尔化学工厂爆炸事件促进了 1985 年的《超级基金修正案和再授权法案》（*Superfund Amendments and Reauthorization Act*）中"社区知情权"条款的通过。另外一个典型事例是 1988 年通过的《海洋废弃物倾倒法》（*Ocean Dumping Act*），该法是在这年夏季发生在纽约东海岸海滨浴场严重的废弃物污染事件的促发下通过的。[①]

主要在 1970 年至 1976 年间，美国国会在环境政策与环保立法方面取得了显著成就，一系列重要的环保法案，比如《国家环境政策法》《清洁空气法》《清洁水法》《濒危物种法》《资源保护和恢复法》等等，都是在 20 世纪 70 年代成为法律的，其间，国会在环境政策与环保立法上取得很大成绩是因为该时期公众和国会对环境政策达成了共识，诸如清洁这个国家所受到的严重污染的空气和水体及解决其他环境问题，得到了公众广泛的关注和支持，环保组织发起声势浩大的现代环保运动，形成了一股代表公众利益的社会力量，对国会形成了巨大的压力和影响。

但这种局面持续时间不长。到 20 世纪 70 年代末，伴随着能源危机和经济滞涨等问题，国会对环境政策的热情逐渐让位于担心其对经济的影响，这样，环境政策在 20 世纪 80 年代早期陷入停滞。这种变化与政治气候和意识形态有更多的联系。里根当选总统后，改变了美国的政治气候。自 1955 年以来，共和党首次控制了参议院，给保守派和"反环保"势力阻碍和削弱环境政策提供了历史机遇。1980 年到 1982 年的经济衰退和能源的高成本也为里根政府的环境政策提供了根据——环境政策服从于经济复苏。里根政府在环境政策方面的退步促使国会做出回应，导致了总统与国会之间的冲突，这一冲突贯穿于里根总统第一任期的大部分时间。两党之间达成一致变得更加困难，从而使环境政策陷入僵持局面。

20 世纪 80 年代，日趋复杂的环境问题在公众的意识中不再像 20 世纪 70 年代那样居有突出地位，环境问题因政治气候和经济形势变得更加具有

① Walter A. Rosenbaum, *Environmental Politics and Policy*, Washington, DC.: Congressional Quarterly, Inc., 1985, p. 130.

争议性，国会也失去了20世纪70年代那种引领环境政策的动因。加上环保组织和工商业利益集团越来越多的交叉压力，围绕环境政策的党派争论加剧了，国会与总统之间围绕环境项目和预算问题不断发生冲突。这些因素的综合作用导致了20世纪80年代初国会不能就新的环境政策达成一致，已经存在的环保法案的延续和拨款授权亦是阻力重重。第97届国会其间，8个需要授权的环境项目，仅有2个获得通过。①

至1983年末，公众强力抵制和否决里根政府的“反环保”议程。环保组织也努力推动国会抵制里根政府的“反环保”政策。1984年经国会批准，修改了1976年的《资源保护与恢复法》，此法要求环保署制定控制危险化学废弃物的规则并设定新的达标时限。第99届国会继续取得进展。1986年，《安全饮用水法》获得修订和加强。国会批准了《超级基金法修正案和再授权法》，增加了包括应急计划和社区知情权等内容。该法要求在全国范围内报告生产、使用和储存在社区的有毒和危险化学品，这就是后来的“有毒物质排放清单”以及各州和地方应对有毒物质泄露的应急计划。

1986年大选后，民主党控制了参议院多数席位，新当选的众议院和参议院议员积极地回应环保组织的诉求。1987年，国会抵制了里根总统的否决，批准了《清洁水法修正案》。1988年，针对传统的环境问题，包括能源问题，国会再度陷入僵持。然而，在20世纪90年代初，国会与总统达成妥协，制定和通过了更为严厉的1990年《清洁空气法修正案》和1992年的《能源政策法》。《能源政策法》是促进能源节约的一个重要法案。《清洁空气法修正案》是国会在环境政策上取得的重大进展。该法案能够获得通过，主要是因为议员认识到，美国公众不再容忍延迟应对空气质量恶化的问题。老布什发誓要打破僵局，支持更新该法。缅因州新当选的参议院多数党领袖乔治·米歇尔同样下决心支持通过一部新的《清洁空气法》。

遗憾的是，1990年的《清洁空气法修正案》的问世并非两党合作支持环保政策新时代的开始，民主党总统和副总统候选人克林顿和戈尔在1992年的选举也不是——尽管这次选举使民主党控制了国会两院。在那时，多数

① Norman J. Vig, *Environmental Policy*: *New Direction for the Twenty-First Century*, Washington, DC.: CQ Press, 2003, Fifth Edition, p. 134.

主要环保法有待更新。但第103届国会围绕多数环保法案的更新依然矛盾重重。面对环保组织、工商业利益集团的冲突，国会领导人和克林顿政府不能应对。1994年大选之后，共和党控制了国会，这便是第104届国会。第104届国会其间，保守的共和党对已有的环保政策立法发起了猛烈进攻，环境政策在国会中遭遇了20世纪70年代以来最大的阻力。

三 环保组织

环保组织是"环保运动"的主要发起者和推动者。[①] 美国的环保组织兴起于19世纪，颇具影响的环保组织有19世纪末成立的塞拉俱乐部、20世纪30年代成立的荒野协会等。环保组织发展最迅速的时期是20世纪60、70年代。该时期已有的自然和资源保护组织会员人数急剧增加，例如塞拉俱乐部成员人数从1960年的1.5万人增至1970年的11.3万人，增长了7倍。新的环保组织也在迅速增长。[②] 1960到1970年间，全国性环保组织人数从12.3万人增加到82万人。[③] 正是在环保组织的推动下，20世纪60、70年的美国兴起了史无前例的现代环保运动。20世纪80年代中期以来，美国的环保组织在数量和规模上不断增长。像全国奥杜邦协会、环境保卫基金会、地球之友、全国野生生物联盟、塞拉俱乐部、荒野协会、自然资源保卫委员会等环保组织发展都很快。这些组织在1983年会员人数是175.2万人，1989年增至742.4万人，1992年达到了793.5万人。荒野协会、地球之友、塞拉俱乐部和野生动物保护协会4个环保组织在1990年共有会员270万人，1993年"地球日"那天增至300万人。今天，在美国主要的全国性环保组织总人数可能超过800万，这还不包括几千个草根和地方环保组织。全国性环保组织

---

① 塞缪尔·海斯认为使用"环境参与"（Environmental Engagement）比"环保运动"合适。见*A History of Environmental Politics since 1945*一书，p. 94。

② Michael E. Kraft, *Environmental Policy and Politics*, University of Wisconsin, Green Bay, 2015, Sixth Edition, p. 112.

③ Robert Cameron Mitchell, Angela G. Mertig and Riley E. Dunlap, "Twenty Years of Environmental Mobilization: Trends among National Environmental Organizations", In *American Environmentalism: The US Environmental Movement, 1970 – 1990*, eds., Riley E. Dunlap and Angela G. Mertig, Philadelphia: Taylor and Francis, 1991, p. 13.

以及州、地方性环保组织总数估计超过一万个。[①]

第二次世界大战后美国环保组织的思想基础是环境主义。很多环保组织是在环境主义旗帜下发展壮大的。作为一种与美国主流文化相异的意识形态，环境主义有其核心价值观，对于这种价值观的思想内容，美国环境政治学教授罗森鲍姆在《环境政治与政策》一书中做了深入探讨。[②]

第二次世界大战后，美国环保组织的形成和发展源于一种思想或意识——环境主义。环境主义者认为人是自然的有机组成部分，不能独立于自然而存在。人在伦理道德上有责任、有义务去保护自然的生态完整性。在环境主义者看来，地球上的自然资源是有限的，人类必须学会利用其科学才智管理好地球上的资源，避免资源的滥用和浪费。环境主义者强调要重视自然生态系统的相互依赖性、稳定性，以及资源开发利用的可持续性；强调自然造物的神圣性，警告人类对自然的行为要保持谨慎，认为那种将人类自身凌驾于自然造物之上或者认为人类独立于自然的认识是错误的。用生态学家的语言来表述，就是人类生活在"地球飞船"上，地球如同飞行在浩瀚宇宙中的一艘飞船，非常脆弱，人类赖其而生存，因而须倍加呵护。

从历史角度来看，上述认识是对近代以来资本主义物质文明以及人与自然关系恶化反思的结果。从文化层面，环境主义对资本主义市场经济及社会政治制度是持批判立场的，认为资本主义造就了技术乐观主义，导致人类盲信技术，偏信依靠技术人类就可以支配自然而无须付出任何代价。

环境主义与美国社会主流文化相悖。首先，环境主义对美国基于市场经济的信心形成了挑战，认为市场经济重视经济增长和物质消费，而忽视对生态平衡和生态系统整体的关注；认为市场经济追逐利润最大化，加剧了有限的自然资源的消耗和枯竭，最终破坏了生态稳定。很多人，像威廉姆·奥菲尔斯等就认为，市场经济在生态上是不计后果的；认为不加规制或约束的市场经济不可避免地会加速资源的枯竭和生态退化——因为市场经济鼓励高水平的生产和消费。鉴于市场经济体系所形成的大量资源消耗，从哲学和实践

---

① Margaret Kriz, "A New Ball Game?" *National Journal*, Jan. 2, 1993, p. 391.

② See Walter A. Rosenbaum, *Environmental Politics and Policy*, Washington, DC.: Congressional Quarterly, Inc., 1985.

上来看，市场经济与生态是不相容的。[①] 其次，环境主义对技术的作用的认识也不同以往，声称它们并不反对技术本身，而是反对盲目迷信技术，认为技术不能解决任何生态问题。环保主义者确信，美国社会对技术的盲目崇拜是导致各种难以解决的环境问题的主要缘由或根源，比如核能与化学杀虫剂的商业开发和利用就非常典型。

在环境主义者看来，支持技术进步的背后是经济和政治的力量。若要保护生态，就必须对国家的社会政治结构进行改革。苏珊·利森认为：美国的政治思想和政治制度在鼓励人们通过物质获取来追求幸福与快乐方面是成功的，但就防止生态灾难而言，这种思想和制度是有局限性的。[②] 可以说，环境主义涉及资本主义体系的经济、政治、社会和文化的各个方面，为了追求和实现健康的生态，环境主义需要一场广泛的社会变革。

20 世纪 70 年代，随着环保运动的发展，环境主义和环保组织的多元化趋势更加明显，它们在思想意识、组织形式和斗争策略等方面的分野也越来越大。20 世纪 80 年代中期以后，里根政府的“反环保”行为引发了“绿色反弹”，环保组织出现了新的发展，同时内部分化更加突出。到了 20 世纪 90 年代，在环保组织这个大联盟内，在意识形态上日趋复杂。在温和派与激进派之间、在全国性环保组织与地方草根组织之间，意识形态的分歧愈来愈大。进入 21 世纪，这种分歧更加明显。

根据不同标准，可以把美国的环保组织分为不同类型。有全国性环保组织和地区及地方性环保组织之分，有主流、基层（草根）环保组织和激进环保组织之别。不同类型的环保组织，其关注的环境问题、斗争策略、影响范围等都有区别。

主流环保组织大多是全国性的，像塞拉俱乐部、全国奥杜邦协会、全国野生生物联盟、自然资源保护委员会等规模和影响都较大，是在政治上较为活跃的全国性环保组织。主流环保组织的总部大多设在首都华盛顿，在管理上高度专业化。它们关注全国性的环境问题，聚焦污染治理、自然资源保

---

① William Ophuls, *Ecology and the Politics of Scarcity*, San Francisco: W. H. Freeman, 1997, p. 171.

② A. Susan Leeson, Philosophic Implications of the Ecological Crisis: The Authoritarian Challenge to Liberalism, *Policy 11*, no. 3 (Spring 1979), p. 305.

护、土地开发利用和保护。主流环保组织将工作重心放在公共政策领域，积极参与环境政策的制定。它们侧重通过传统的政治模式，比如通过协商谈判和建立联盟等，游说国会议员和政府官员，来影响华盛顿的环境政策。塞拉俱乐部首席执行官迈克尔·麦克洛斯基讲到：我们的策略是与那些能够同意其意见的人建立联盟，以渐进的方式来影响公共政策。麦克洛斯基强调，作为实用主义者，他不认为整个已有的政治、经济系统需要改变，他相信环境保护在现存的政府机构和制度框架内能够完成和实现。[①] 这些人积极收集和传播有关环境问题和环境政策的相关信息，他们也介入诉讼领域，捍卫和应对那些通过司法程序做出的有关环境问题的裁决。20 世纪 90 年代，全国野生生物联盟就安排在华盛顿办公室的工作人员去跟踪立法进程。

在主流环保组织内部，有自然保持主义和资源保护主义之分。自然保持主义组织——比如塞拉俱乐部和荒野协会等，它们都强调保护自然，但保护的目的不是开发。资源保护主义者——比如 20 世纪初以吉福德·平肖为代表的资源保护主义者，认为保护的目的是开发和利用。前者反对艾萨克·沃尔顿联盟和国家野生生物联盟等组织的宗旨，因为后者赞成和支持为了公众的物质利益和经济增长而谨慎地开发和利用资源。

美国环境主义和主流环保组织的社会基础是中上等阶层、白人、受到良好教育和富有的公民。罗伯特·米切尔在 1978 年调查了 4 个主要环保组织，发现大约有一半成员接受过两年或两年以上的研究生教育。主流环保组织因此遭到批评。遭受的指责是，所谓绿色是属于白人和富人的，他们是种族主义者和白人精英，他们考虑的是自身的利益和诉求，而漠视、忽视或无视少数族裔和经济地位低下的社会阶层的境况和环境诉求。批评者指责环境主义是为清洁空气而斗争，而不是为了平等的就业机会；是为了上流社会的娱乐需求而促进荒野保护，而不是为了让穷人获得更好的教育；只关注国家公园里的污染，而不关注城市内部的衰退。环境主义的议程在很大程度上源于中产阶层和白人。针对这些批评，主流环保组织也不断扩大其议程以获得更多

---

① Michael McCloskey, "Twenty Years of Change in the Environmental Movement: An Insider's View", In *American Environmentalism: The US Environmental Movenment, 1979*, eds., Riley E. Dunlap and Angela G. Mertig, Philadelphia: Taylor and Francis, 1991, p. 78.

的社会支持，许多全国性环保组织发起了行动，联合劳工和少数族裔，关注诸如工作环境和环境不公正等问题。一个典型的实例是，自然资源保护委员会联合一个主要由低收入的西班牙族裔美国人构成的草根组织，反对在东洛杉矶建设大规模的有毒物质焚烧场所。[①] 大部分全国性环保组织都对少数族裔的环境诉求做出了回应，支持环境公正运动。

第二次世界大战后，美国环保运动的全国性领导集中于几个政治上比较成熟且有较大影响的环保组织——十大环保组织。十大环保组织形成了一种非正式联盟，通常在全国性问题上开展合作。它们是全国野生生物联盟、塞拉俱乐部、奥杜邦协会、荒野协会、地球之友、环境保卫基金、国家公园和资源保护协会、艾萨克—沃尔顿联盟、自然资源保护委员会、环境政策研究会。这些环保组织坚守实用主义政治，并且职业化，其工作人员在政治上都非常老练，配有高科技工具和现代宣传手段，开展游说是其主要工作之一。

主流环保组织领导层的日益职业化也带来很多问题，比如失去了以往的活力，招致很多批评。批评者指责其更加官僚化，热衷于游说和妥协。罗伯特·卡梅伦·米切尔、赖利·邓拉普等人通过对全国性环保组织研究发现：日益增长的职业化带来了很多弊端，包括追求名利、过分程序化、派系斗争等。主流环保组织内部的争论也在媒体上引起不良后果。一个典型事例是环保组织围绕《北美自由贸易协定》发生了分裂，支持该协定的有全国野生生物联盟和奥杜邦协会，反对者有塞拉俱乐部、地球之友、绿色和平组织、雨林行动联盟等。因对全国性环保组织领导层的不满，以及针对华盛顿不断削弱各州和地方的环境管理权的行为，各州和地方环保组织不断增加，激进环保组织也因此快速发展，从而导致环境运动更趋多元化和复杂化。

激进派环保组织出现于20世纪80年代，诸如绿色和平组织、地球解放阵线及地球第一等都属于这类组织。它们强调公共教育、社会变革，倾向直接行动而不是游说或行政干预。激进环境主义的代表比尔·德瓦尔认为：激进环境主义者不满主流环保组织的妥协态度、组织的官僚主义或官僚化与科

---

① Michael E. Kraft, *Environmental Policy and Politics*, University of Wisconsin, Green Bay, 2015, Sixth Edition, p. 28.

层化、领导人的职业化及其偏离草根等。它们实施一种不同的策略。[1] 激进的环保组织支持“直接行动”策略，包括不合作和街头抗议，以及非暴力游行和示威等。对于激进的环保组织来说，诸如骚扰在公海上的商业捕鲸船，组织绿色和平抗议，等等，可以以此来吸引媒体和公众的关注，要比主流环保组织的改良主义政治模式更有效果。激进环保组织确信，地球上的生命会因一种进步的现代文化引发的生态退化而遭遇致命的威胁，因此，激进环保组织支持一种文化转向，它们拒绝大多数现今社会的主导性政治经济制度，拒绝大多数与维持全球生态稳定不协调的社会。它们要求转变人类生活方式，强调人与自然和谐，重建一种合作的生态社会。[2] 其中，“绿党”在生态哲学和应对环境问题的人类价值观等方面贡献颇多。[3]

激进环保组织虽然声称采取非暴力的斗争策略，但在实践中往往背离非暴力原则。像地球第一这样的环保组织就突破了非暴力原则。它们认为，为了护卫自然，拯救原始林和成材林，需要采取一些过激行动。绿色和平组织和海洋守护者协会等被指控其非暴力行动引起了暴力冲突——例如在保护深海海豚中就发生了这样的冲突。2008 年 3 月，地球解放阵线的一些极端分子声称对烧毁西雅图附近树木繁茂地区新建的 5 座豪华住宅负责，以示他们反对这样的开发。联邦调查局将这种行为描述为“国内恐怖主义”。[4] 大部分主流环保组织反对激进组织的这种做法，认为这样做适得其反，会使所有环保主义者留给公众负面形象。[5] 激进的环保组织因此饱受诟病。

就意识形态而言，深层生态学对“绿色”环境组织的影响是不容忽视的。深层生态学认为，人类仅仅是自然的一部分，而且并非最重要的部分。它们相信所有生命形式都有平等的生存权，社会政治和经济制度都应以增强

---

① Bill Devall, “Deep Ecology and Radical Environmentalism”, In *American Environmentalism*, eds., Riley E. Dunlap and Angela G. Mertig.

② A Sampling of Radical Environmentalist Literature Includes David Foreman, *Ecodefense*, rev. eds., Tucson, Ariz.: Ned Ludd Books, 1988.

③ Michael E. Kraft, *Environmental Policy and Politics*, University of Wisconsin, Green Bay, Sixth Edition, 2015, p. 115.

④ William Yardley, “Ecoterrorism Suspected in House Fires in Seattle Suburb”, *Times*, March 4, 2008.

⑤ Michael E. Kraft, *Environmental Policy and Politics*, University of Wisconsin, Green Bay, Sixth Edition, p. 115.

造物的生态活力为主旨，国家制度和社会生活方式的变革对于保护全球生态系统的完整性是必要的。在它们看来，现有社会制度已经成为人类开发利用自然的工具。深层生态学挑战既有的政治经济和社会的制度结构，以及社会价值观。信奉深层生态学的环保组织在美国各州和地方都有一定影响。

除了全国性环保组织外，各州和地方也建立了很多环保组织。比如20世纪60年代晚期，在华盛顿州、俄勒冈州、爱达荷州成立的环境委员会；几乎同一时期，在缅因州和佛蒙特州成立的自然资源委员会；在佛罗里达州成立的环境捍卫者联盟——该环保组织承担着将佛罗里达驳船运河的横渡口转化为一种区域性的环境资产的重任。[①] 到了20世纪70年代晚期和80年代初期，大量州立环保组织在美国中西部地区、南部地区以及东部地区纷纷成立，其中有很多环保组织都明确地将其关注点聚焦到该州正在出现的一些环境问题上，并且格外热衷于开展一些诸如游说该州立法机构的活动。[②] 基层和地方环保组织主要关注和处理地方性环境问题——比如危险废弃物、城市扩张、具有生态和美学价值的土地的破坏，等等。这类环保组织有些隶属于全国性环保组织的地方分会，但多数是独立的，反映本地公众的关切，组织应对社区和地区性环境问题——包括河流湖泊的恢复、重要土地和水域的保护、城市土地利用方式的改进以及能源的利用效率和公共交通等。[③] 基层组织发起的最具代表性的运动就是环境公正运动，该运动由少数族裔和低收入群体发起，后来成为一股波及全国范围的运动，以争取环境权利的公平分配为主旨，这股运动也得到了主流环保组织一定程度的回应和支持。

还有一些与上述组织完全不同的环保组织。这类组织侧重的不是行动主义，而是超越党派的环境教育、政策分析和科学研究。这样做，它们在环境政策制定中发挥了至关重要且与众不同的作用。这类组织颇为典型的有未来资源研究所、忧思科学家联盟、气候与能源解决方案研究中心、世界观察研究所和世界资源研究所，还包括数百个其他科学和专业组织。这些组织的主

---

① Samuel P. Hays, *A History of Environmental Politics since 1945*, Pittsburgh: University of Pittsburgh Press, 2000, p. 95.

② Ibid.

③ Michael E. Kraft, *Environmental Policy and Politics*, University of Wisconsin, Green Bay, 2015, Sixth Edition, p. 115.

要工作是就环境状况和政策选择开展研究，环境政策制定中常常依赖于它们的研究成果和报告。[①] 这类组织的重要性得到了各方面的重视。

形形色色的环保组织在主旨目标、斗争策略等方面有很大差别，但也有很多共性。对于环保组织的活动，塞缪尔·海斯做了较详细的阐述。[②] 首先，环保组织通过各种途径和形式传播与环境问题相关的知识，促进公众的环境兴趣和环保意识，比如通过艺术、摄影、文学等来宣传自然之美。赞助出版书刊杂志，向公众传播如何保护和改善环境的知识。第二次世界大战后的一段时间，全国性环保组织出版的各种杂志一直是公众了解全国性环境事务的主要渠道，各州环保组织众多的出版物则是了解各州环境事务的主要途径。其次，积极推进环境教育，尤其是对青年人的环境教育，倡导提升学校教育中环境教育的比重。最后，聘请环境专业人士开展环境科学研究，探索与环境相关的公共政策，建立一些自然活动中心，组织公民参与组建一些环境监督小组，利用现代媒体工具，增强媒体在评价环境事务中的作用等。

"政治参与"（Political Engagement）是环保组织最重要的活动。许多环保组织自成立之日起就被深深卷入了环境政治行动。政治参与和政治活动最有效的是对立法和行政机构的游说。几乎每个环境组织都发现游说立法和行政部门对于实现其目标至关重要。最初，游说活动较为分散，由一些关注空气和水质、荒野、森林或牧场管理立法的公共组织发起；之后发展为由领受薪金的专职人员开展更具持久性和常态化的立法游说活动。

立法者对其立法涉及的领域很少有深入了解，他们拥有的时间和资源也很有限，游说者带给他们的信息常常成为政策制定的重要依据。为了确保信息的可靠性，很多环保组织成立了一些专业小组，就某个具体的环境问题进行深入研究，并搜集更多的相关信息。环境问题大都涉及公众利益，因此获得公众的支持非常必要。环保组织努力从专业人士或企业界寻找支持者，争取将部分对环保不甚友好的立法者转变为环境友好型立法者。环保组织在这方面做了大量工作，事实证明这一策略非常有效。早在20世纪70年代，环

---

① Michael E. Kraft, *Environmental Policy and Politics*, University of Wisconsin, Green Bay, 2015, Sixth Edition, p. 117.

② Samuel P. Hays, *A History of Environmental Politics since 1945*, Pittsburgh: University of Pittsburgh Press, 2000, pp. 98 - 108.

保主义者联盟就制作了一份支持环保的立法候选人的统计信息，几个较有影响力的环保组织开始赞助这些候选人，支持他们成为国会议员。

游说行政机构也是政治参与的重要环节。在这方面，环保组织主要通过参与行政机构的规章制定来影响环境政策。20 世纪 60 年代，环保组织发起的环境法律诉讼开始增多，许多环境诉讼案通过媒体曝光产生了广泛的社会影响。20 世纪 70 年代发生了大量涉及环境问题的诉讼案件，环保主义胜诉率颇高；但到了 20 世纪 90 年代环境诉讼遭遇很大阻力，包括企业界和法院系统惯常以程序或起诉资格为托词限制环保组织发起环保诉讼。

不但立法和行政机构需要环境信息并以此作为立法和决策根据，公众也非常希望获得相关信息。环保组织充分认识到信息收集和传播的重要性，因此积极推动、开展这项工作。1963 年，全国野生生物联盟创办了定期发表有关环境信息和知识的时事通讯。1970 年，塞拉俱乐部发表了第一篇时事通讯。多数全国性环保组织也都创办和发行各种杂志，发表有关环境问题的文章，包括一些有关环境问题的报告。后来，许多环保组织还通过国际互联网传播环境信息。民意调查显示，公众相信环保组织是更可靠的环境信息来源，认为它比政府机构、媒体和企业的信息要可信。环保组织正是利用这一点来扩大在公众中的影响的。①

作为公共利益的维护者和自然的代言人，环保组织在提升公众的环境意识与推动环境政策和环保立法的发展中确实发挥了重要作用。环保组织的工作不但增强了社会的生态危机感，促进了公众环保意识的觉醒，也赢得了公众的广泛支持。以环保组织为核心的环保力量对美国各级政府和议会以及法院系统形成了一股强大的压力，推动了美国环保事业的发展。环保组织不但积极参与环境政策与环保立法的制定，而且还关注这些政策和立法的执行和实施。对于有组织的环保主义而言，它们坚信只有对政府持续不懈的施压，才能确保环境法的有效执行。环保组织的兴起和发展，给美国既有权力体系添加了新的元素，作为一种与美国传统文化相异的社会和政治力量，环保力量迫使行政机构和其他管理部门遵守和执行环保法律。

---

① Samuel P. Hays, *A History of Environmental Politics since 1945*, Pittsburgh: University of Pittsburgh Press, 2000, pp. 98 – 108.

20世纪60、70年代的美国是一个环境主义盛行的年代，环保组织发展迅速，这一时期声势浩大的环保运动激发了公众的环境热情，由此促使了联邦机构的回应。环保组织和环保运动激发起来的环境意识由此转换为保护环境的政治优势，从而开启了环境政策与环保立法的新时代。20世纪80年代，里根政府的“环保逆流”激起了环保主义者的不满和愤怒，环保组织出现了新的发展。环保组织不但在数量和成员人数上大幅度增长，其意识形态和组织形式也更趋多元化，关注的问题也在扩展。20世纪60年代以前，多数环保组织主要关注土地和野生生物，20世纪60年代以后，空气和水质、有毒和危险废弃物等更多地纳入环保组织的视野。早期的环保主义者关注的主要是国内的环境问题，缺乏生态观念。到20世纪80年代末，环保组织和公众的视野拓宽，不但关注国内环境问题，也将其视野投向全球。这一趋势在20世纪90年代更为明显。在很大程度上，因环保组织的工作和活动的结果，美国公众支持环境保护的比率一直在上升。1991年中期盖洛普民意测验显示：有71%的被调查者表示赞成优先保护环境，反对这样做的只有29%；而在1984年，则有61%的人表示支持优先保护环境，39%的人反对。大约十年时间，公众对环境主义和环境保护的支持率明显上升。[①] 正是以这种社会支持为背景，美国政府和国会才将环境保护纳入了政治议程并使其常态化。

四　“反环保”势力

与环保组织相对立的是“反环保”势力。美国环境政治史学家塞缪尔·海斯对此做过详尽、深入的研究，在此做简要译介和概述。[②] 海斯认为“反环保”势力形成的根源主要有两个：一是新环境主义价值观对深深植根

① In addition to The Gallup Poll Index cite in Figure1 - 1, see also Riley E. Dunlap, “Trends in Public Opinion”, *In American Environmentalism*, eds., Riley E. Dunlap and Angela G. Mertig, pp. 89 - 116; John M. Gillroy and Robert Y. Shapiro, “The polls: Environmental Protection”, *Public Opinion Quarterly*, 50, no. 2 (summer1986): 270 - 276.

② See Samuel P. Hays, *A History of Environmental Politics since 1945*, Pittsburgh: University of Pittsburgh Press, 2000, pp. 109 - 121; Samuel P. Hays, *Beauty, Health, and Permanence: Environmental Politics in the United States, 1955 - 1985*, Cambridge: Cambridge University Press, 1987, pp. 287 - 328.

于美国历史中的经济、社会和政治文化传统构成了威胁，需要捍卫这一传统；二是当代经济利益的影响，（“反环保”势力）认为环境保护对（经济）活动造成了极大限制，影响了经济的发展。[①]

基于北美大陆丰富的自然资源，北美社会早期的发展是建立在资源开发基础上的。在美国，农业和牧业、林业开发和采矿业等都是较早发展起来的传统行业，这些产业在美国经济发展史上曾长期居主导地位。与这些产业密切相关的是加工制造业，包括钢铁制品、木制品、农牧产品及其他工业制成品制造业等。代表这些经济部门利益的各种组织正是那些在支持和组织“反环保”斗争中表现最积极、最活跃的力量。它们代表着传统古典经济发展理念，奉守经济自由主义。它们不愿意接受环境主义的新的价值观，为了维护切身利益，对任何限制这些部门发展的行为均持抵制态度。[②]

保护自然资源开发型经济是“反环保”势力在20世纪80年代开展的一项重要活动，这曾被其贯以“明智利用运动”（借用20世纪初资源保护主义者吉福德·平肖的话）。尽管该运动在一定程度上曾将其影响扩展到东部和南部的部分地区，但依然以广大西部为坚实的基础。在西部地区，一些致力于发展木材、牧业、采矿的公司将一些劳工及相关产业联合起来，形成了一个组织化程度极高的“反环保”联盟。这项运动取得了某些短暂成功，它以“山艾树反抗运动”为开端，并深深扎根于美国西部和传统经济价值观中。

塞缪尔·海斯研究发现，环境保护的地区差异与产业结构和经济发展水平有很大关联。“反环保”势力在那些资源开发经济居重要地位的地区发展较快，而在那些以服务业和信息业为经济发展基础的地区相对较弱。因为在后类地区，脑力劳动比率大大超过了体力劳动，环境质量已经成了一项关乎其生活质量的主要标准。具体来说，环境保护主义影响较大的地区主要包括新英格兰地区及纽约和新泽西州附近区域、五大湖北部各州、佛罗里达州、西海岸各州；因资源开发型经济的影响而导致环境保护主义力量相对较弱的

① Samuel P. Hays, *A History of Environmental Politics since 1945*, Pittsburgh: University of Pittsburgh Press, 2000, p. 109.

② Ibid., pp. 109 – 110.

地区包括西部海湾各州、中西部大平原各州以及落基山沿线各州等。①

除资源开发业外，“反环保”势力还源于20世纪不断壮大的制造业，特别是一些化学工业。化工界认为，来自政府对化学工业的监管活动已经对其行业发展构成了巨大威胁。化学工业中的众多部门都在积极开展活动，向环保力量和环保目标发起挑战，抵制水污染控制及空气污染监管活动。到了20世纪70年代，人们关注的焦点逐渐转向有毒化学物质的环境危害，那些源自化学工业的“反环保”势力联合起来，开始对环境政策形成有力影响。

土地开发业构成了美国“反环保”阵营的重要组成部分。公众希望在土地开发中保留一些自然景观；开发者则以利润最大化为目标，试图将每一种环境中的更多自然区域转化为能够带来利润的可开发土地。20世纪80年代，土地开发者成了环保目标的主要敌人。一些环保主义者试图改变土地开发活动造成的环境影响。他们游说地方政府采取行动，要求土地开发者在从事一些诸如修建公路和学校、公益服务、防火体系及兴建公园等开发活动中为社区承担一些开发成本，要求加强对开发活动的环境监管等，这些都引起了土地开发者的抵制，促使他们纷纷加入到“反环保”队伍中来。

“反环保”势力的兴起和发展有着十分广泛的社会基础，包括许多工人和农民及其他社会阶层也不同程度地加入到抵制环保政策的行列中来。他们一方面因受雇主煽动的影响，另一方面因环境保护影响了他们的生计，特别是他们的就业和收入受到了影响。但抵制环保政策的主要力量还是源于企业界。从生产和制造、销售和交换、运输和建设等各个环节，环境保护都遭遇了企业的阻力。“反环保”势力在立法、行政和司法领域，在大众媒体和公共关系，在科学技术领域等，都以各种方式抵制环保政策。

塞缪尔·海斯认为，“反环保”势力主要通过两种方式推行“反环保”议程：一是发起一系列公关活动以应对他们认为不合理的、极端化、情绪化的公众态度；二是“静悄悄”地加强对公共决策程序的参与乃至操控，借以影响环境政策。②

① Samuel P. Hays, *A History of Environmental Politics since 1945*, Pittsburgh: University of Pittsburgh Press, 2000, p. 110.

② Samuel P. Hays, *Beauty, Health, and Permanence: Environmental Politics in the United States, 1955 - 1985*, Cambridge: Cambridge University Press, 1987, p. 311.

“反环保”势力积极利用各种媒体来宣传其主张，塑造公众的环境认知。多数行业组织都擅长利用电视台、广播及报纸杂志进行宣传。它们还出版一些环境杂志，比如陶氏化学公司出版了《朝向地球》，烟草研究所出版了《烟草观察》。它们采取各种方式预防和阻止媒体报道那些支持环保的信息，甚至不惜使用毁誉策略。20 世纪 70 年代早期，太平洋燃气与电力公司试图诋毁电视制片人唐纳德·怀德纳（Donald Widener）的专业声誉，因为他制作的纪录片《媒介与权势》批判了原子能开发。

受环保政策影响的企业还积极开展其他多种形式的公关活动，甚至不惜歪曲和篡改事实来影响公众对环境问题的认识。20 世纪 70 年代末，“反环保”势力形成了一整套“反环保”思想和说辞。它们辩称：环保运动走得太远了，认为最严重的环境问题已经得到应对，没有必要再采取进一步行动了。环保不应超越理性，清理污染的花费太高。声称如果环保项目继续下去，会对美国经济造成严重影响。20 世纪 70 年代早期，它们强调环保对就业的影响。70 年代中期，它们又强调环境保护的成本负担，声称环保投入是将资本从生产领域转向非生产性用途，降低了整个经济的效率。一个典型例子是，当发现生产聚乙烯的工人存在较高的肝癌发生率之后，该行业对实施更严格的职业安全标准反应强烈，声称这将导致 20 亿美元的直接成本和 15 万个工作岗位的丧失，间接成本将高达 300 亿美元。但事实并非如此，该行业的信誉和形象也因其不断呼喊“狼来了”而大受影响。[①]

20 世纪 70 年代后期，工商界大都接受通货膨胀主要源于环保法规的实施这种认识。建筑业指责环保法规推高了建房成本；能源公司抱怨电力和汽油成本的增长；企业认为环境管理的行政成本增加了他们的负担，认为一种类型的环境控制会导致另一种环境问题。企业声称它们是环境改善的先锋，环保项目在产业界的领导下会完成得更好，因为它们最懂得如何做好这项工作。它们反对保护荒野，理由是发展经济比欣赏荒野更重要。到了 20 世纪 70 年代末，“反环保”势力形成了抵制环保的一系列说辞。

影响立法和行政决策是“反环保”势力抵制环保政策的最有效途径。

---

① Samuel P. Hays, *Beauty, Health, and Permanence: Environmental Politics in the United States, 1955 – 1985*, Cambridge: Cambridge University Press, 1987, p. 313.

在立法和行政领域，“反环保”势力较环保力量更具资源优势。其具体做法是：首先，限制环保目标，尽可能降低环境标准。产业界不断抱怨联邦自然保护系统的扩张，并尽可能迟滞其进程。在减缓划定荒野和天然河流候选保护区等决策过程中，“反环保”势力是比较成功的。产业界不断抨击许多环境标准的合理性，坚持环境保护要以能够提供危害人类健康和生物系统的充分证据为前提。其次，增加行政法规的细节和复杂性，以减少其影响。环保署和美国职业安全与健康管理局试图简化管理，提高一般标准的适用性，但遭到了“反环保”势力的反对。它们坚称每个污染源都有其独特性，应适用单一标准，这就极大地增加了环保机构工作的难度。最后，促使行政决策在更加封闭而非开放的系统内做出，只有那些牵涉其中的当事人可以参与，这样便可减少其“反环保”议程的媒体曝光率。①

“反环保”势力常常以缺乏充分的公众支持为由抵制某些环保政策，力图证明某些环境目标只是一部分人的而非公众的，是这部分人资助开展这类研究为其服务。“反环保”势力还利用所谓公众的反应来抵制环保举措对个人选择的限制。例如，它们认为应允许越野车主驾车自由穿越公地，限制其行使路径是对个人自由的侵犯。

在环保力量与“反环保”势力的较量中，相关信息的获得、传播和利用至关重要。企业非常重视信息的获得、传播和利用。环境保护经常涉及产品的信息，公众和环保组织支持公开这些信息，以使它们和中立的科学家能够做出评估，但企业拒绝这样做，它们往往以“商业秘密”为由反对向社会公开产品相关信息。一方要求“环境知情权”，另一方则坚持保护“商业秘密”，双方的立场坚锐对立。

“反环保”势力非常注重利用科学来达到其抵制环保政策的目的，化学工业在这方面就颇具代表性。它们向那些致力于研究和鉴定化学物质对人类和环境造成不利影响的科学提出挑战，试图否定这些科学成果。为此，它们成立了一些行业协会等，比如化学工业协会、合成化学品制造商协会等专业化组织来开展所谓的科研活动，对化学品环境危害的研究成果提出质疑。比

① Samuel P. Hays, *Beauty, Health, and Permanence Environmental Politics in the United States, 1955 - 1985*, Cambridge: Cambridge University Press, 1987, pp. 315 - 317.

如美国工业卫生委员会带头对众多化学监管活动发出质疑，美国化学工业毒理学研究所则支持开展一系列化学科研活动，对那些以环境监管为基础的科学研究的权威性提出质疑。其他如烟草研究所通过研究辩称吸烟与肺癌之间没有联系。森林研究所以统计数据说明进一步划定荒野区是不明智的。

工商业界还采取参加环保组织进而从内部以一种对方可接受的方式来影响其活动的策略。这种情况虽然不多，但确实有效。这样的互动与合作姿态使得一些环保主义者将他们视为“开明的生意人”，认为双方在共同的组织框架内协商解决问题比政治对抗更有益。像宾夕法尼亚州环境委员会就属于这样一个组织。该组织董事会成员来自各方面，董事会在保护环境与发展经济之间寻求平衡。还有一种情况是企业渗透到环保组织中。亚拉巴马州环境质量协会就是一个实例，该协会在环保问题上的立场要温和得多。一些环保组织也乐于参与这样的联合。一方面它们相信沟通与合作要比对抗更有助于问题的解决，另一方面它们也需要来自企业的资金支持，但这也可能导致环保主义者向企业妥协和让步，但关键的问题是要看妥协的程度。

总之，企业界对环保的态度是控制和减少其影响而不是推动，企业不愿承担环保成本，认为在先进的工业社会中无形的环境价值应该受到限制而不是鼓励。企业在环保问题上的态度增强了社会对它们的不信任感。一项研究发现，社会对企业最缺乏信心。1983 年，杜邦公司发现公众对来自环保组织的环境信息信任度最高，企业最低。企业界对保护环境的态度一直是被动和消极的，它们总是抵制而不是引领。它们不去寻求一种更好的环境，而是不断强调环保的负面影响。这样，企业就成了“反环保”的主力军。

“反环保”势力与现代环保运动相伴而生，并且在许多方面，其广泛性和有效性甚至远远超过了现代环保运动本身。最初，“反环保”势力开展的仅仅是一些较为零散的活动。稍后，它们渐渐发展成为一种更有影响的“反环保”力量和行动。

第一个“反环保”组织来自于造纸厂商。20 世纪 50 年代形成的林业和溪流协会致力于与众多的抵制空气和水体污染以及反对工厂噪声和气味污染的社区团体做斗争。造纸业逐渐形成了行业联盟，联合抵制政府监管。最初，抵制活动发生在地方和州层面，但随着水污染控制的加强逐渐转向联邦层面，造纸业将联合对象扩大到木制品行业，活动范围扩展到全国。该行业致力于通过研究表明，控制污染的行为是不科学的，技术监测也是不可行的，同时还宣扬这些环境监管和控制会给国家的经济带来严重的负面影响。全国木材生产商协会强烈反对保护荒野和景观河流，反对新设国家公园。

20世纪60年代，美国联邦政府与国会制定和通过了一系列环境政策与环保立法，这引起了许多产业部门的抵制和反对。这一时期，空气污染成为公众关注的焦点，联邦政府采取了一些治理空气污染的措施。在此背景下，钢铁、煤炭、电力、汽车等行业纷纷加入“反环保”阵营中。1966年，美国石油协会成立了空气与水资源保护委员会，其目标是“制定指导公共政策的原则”，以回应美国公共卫生局建立燃油含硫标准的努力。同时，美国钢铁研究所也加入到抨击新的空气质量控制项目的行列中。全国煤炭协会抵制限制煤炭使用。美国公共卫生健康局开展空气污染对社区成员健康影响的研究，1967年完成了第一份应对二氧化硫的方案，该方案马上成了众多空气污染源企业攻击的目标。在抵制空气污染控制的斗争中，“反环保”势力以“科学地评估污染对健康和环境造成的影响”为主要工具，利用其资源优势，以“反环保”的“科学研究”抵制环保政策。

同一时期，伴随着新的科学技术在生产领域的应用，一些新的环境问题日渐加重，比如核辐射、化学污染，等等。由于科学家的揭露，联邦政府意识到了这些新污染源的危害，初步采取了一些应对举措，这些举措也遭到了相关产业部门的抵制。20世纪60年代末，原子能工业以原子能工业论坛为平台，抵制对发展原子能的限制，试图保持原子能委员会及参众两院原子能联合委员会的独立性及其权威，否认环保主义者声称的放射性危害。化学制造商在“反环保”斗争中发挥了更加广泛的作用，其反应更为激烈。20世纪50年代，制造业化学家协会和工业贸易集团试图阻止相关立法的通过。该协会还出版了《化学生态学》，为其“反环保”立场辩护。

20世纪60年代末至70年代初，环保组织的影响在稳步增强，环境保护在联邦和各州均取得了较大进展，这种形势促使工商企业界采取更为有力的应对措施，这样，“反环保”势力随着环保运动的发展不断壮大。

20世纪70年代，随着失业率的增长，以及能源危机和通货膨胀率的加重，企业界似乎找到了更多抵制环保政策的口实。他们声称：国家负担不起奢侈的环境需求和生态进步；环境监管将摧毁企业；经济将会崩溃；美国的企业在与其他国家的更具活力的竞争中正遭受削弱和限制，等等。

在这一时期，无论是西部还是东部，不断增长的反对水资源开发，包括反对水坝建设的斗争引发了激烈的斗争。代表灌溉利益的全国水资源协会成为这场斗争的主角之一。围绕有毒化学物质的斗争使得化学工业成为“反环保”势力的领导者。环保署和美国职业安全与健康管理局针对有毒化学物质致癌问题采取行动，这促使化学工业发起反击。环保署制定的一些针对农药杀虫剂使用的政策促使国家农药协会成立。化学工业建立了一些研究机构，利用科学来抵制联邦政府的相关政策：一是成立美国工业健康委员会，以反对化学监管；二是建立毒理学化工研究所，该所承担着研究有毒化学物质的重任，为化学工业提供一些可资利用的科学理论，以反驳那些有毒化学物质有负面环境影响的科学知识，特别是对人体健康产生影响的知识；三是成立美国科学与健康协会，其任务是通过破坏监管科学的信誉来动员美国公众，共同抵制那些控制有毒化学物质的努力。①

20 世纪 80 年代，里根政府的西部土地政策再次引发了环保主义者与西部资源开发业主之间矛盾的激化。林业、采矿、牧业和灌溉等行业纷纷成立了各自的商会，致力于在公共土地开发利用方面维护自己的利益。由于公共土地和水资源政策越来越重视这些资源开发的生态效应，并寻求代表这种生态价值观的新方法，进而促使倡导商业开发的“反环保”势力竭力反对为荒野、野生和景观河流、户外休闲、物种保护以及提高水源质量等方面提供保护的行为。围绕土地开发和保护而产生的矛盾致使土地开发者纷纷卷入全国性的“反环保”浪潮之中，双方的冲突十分尖锐。

在这一过程中，“反环保”势力逐渐发现，共和党较民主党对他们有更高的支持率。20 世纪 70、80 年代，国会围绕环境问题的投票记录显示，民主党对环保有 2/3 的支持率，共和党的投票结果恰好相反。这种不同党派在环保问题上的不同倾向在各州有相似的情况。“反环保”势力清楚地看到了这点，它们积极支持和资助持有“反环保”立场的共和党人竞选国会议员，充分利用和鼓动国会中那些保守的共和党议员为其代言。1994 年以后，共

① Samuel P. Hays, *A History of Environmental Politics since 1945*, Pittsburgh: University of Pittsburgh Press, 2000, p. 117.

和党右翼控制了国会，极力压制环保势力，这种变化与“反环保”势力的游说及其在国会中的影响扩大息息相关。

历史地看，环保势力与“反环保”势力总是相互作用。当环保目标在联邦政府中获得肯定之时，“反环保”势力就会发起“反环保”活动。例如卡特政府时期在环保问题上推行较为积极的政策，任命了一些环保人士担任政府要职，作为回应，“反环保”势力集合各种力量对卡特政府施压，到卡特政府后期，它们比较成功地削弱了一些环保政策。里根政府时期，“反环保”势力借机颠覆此前的环保成果，但遭遇民主党控制的国会和环保组织及公众的抵制。1992 年，民主党人克林顿在总统大选中获胜，环保派寄希望于克林顿推进环保政策。但这也促使“反环保”势力采取行动，并进一步密切了与共和党的关系。1994 年共和党在国会选举中获胜后，“反环保”势力与共和党内“反环保”派形成了牢固阵营，共和党完全成了“反环保”势力推行其“反环保”政策的工具。

20 世纪 90 年代，美国的“反环保”势力已经成为一股能够抗衡甚至超过环保力量的强大的政治力量，“反环保”成了美国环境政治中的一个持久特征。尽管“反环保”势力有时也接受一些政策变革，但在诸多环境问题上它们只是暂时妥协，一旦颠覆环保政策的时机来临，这种有限妥协马上转变为一种彻底对抗。20 世纪 90 年代以来，美国出现了许多诸如地球本身具有修复能力之类的论调，这些论调是为“反环保”提供理论根据，这说明美国的环保事业依然任重而道远。

第二章

环境政治的主要工具

科学技术与信息媒体等是环境政治的主要工具，这些工具性要素会参与环境政治的各个层面和整个过程。环境政治诸要素本身是客观中性的，但当这些要素与不同的环境政治行为体相联系时，因掺杂着不同行为体的利益关系和主观诉求，便失去了客观中立性，从而成了一种政治性工具，成了环境政治的有机组成部分。从事环境政治史研究，须在明确多维环境政治行为体身份及其不同利益诉求的基础上，来考察各自凭靠的工具和手段，研究这些工具和手段为不同的行为体利用时所产生的不同后果与效应。[①]

一　科学和技术

科学和技术与环境问题的关系最为密切，科学和技术能够为公共政策的制定与行政决策提供信息和根据。环境问题的认识、解决和治理等，需要并依赖于科学和技术的进步。科学和技术本身是客观中性的，但当科学和技术为不同环境政治行为体运用时，必然因交织着不同行为体的利益诉求而变得不再中立，不同行为体及其雇佣的专家对科学的公开解释也必定带有倾向性。在美国历史上，环保主义者与“反环保”主义者都积极致力于利用科学和技术为自己的行为辩护，为其观点和主张寻求合理合法的根据。环保主

① 美国学术界在这方面的研究成果，以塞缪尔·海斯的研究最为系统，国内学者刘向阳等对此做了较为详细的评介和评析。参阅刘向阳《环境政治史理论初探》，《学术研究》2006 年第 9 期；《论环境政治史的合法性》，《史学月刊》2009 年第 12 期；《环境、权力与政治：论塞缪尔·黑斯的环境政治史思想》，《郑州大学学报》（哲学社会科学版）2010 年第 3 期。

义者与“反环保”主义者总是努力寻找和培养自己的专家，为自己的主张和行为提供权威性的科学根据，以科学之名来实现其诉求。这样，在很多情况下，科学与科学家就失去了中立性，而成为环境政治中追求和维护特定行为体诉求和自身利益的工具。[①]

关于科学与环境政治的关系，许多学者从不同角度进行了探讨。《科学、政治与环境》一书从三个环境领域——自然资源管理、全球气候变化、环境风险评估——来阐明科学的政治特性，以及考察政治因素和价值观对科学的影响，认为科学已深深卷入政治，环境科学的政治化导致了其权威性的下降。[②]《科学家与骗子》探究了科学、商业与环境政治的关系。[③]《科学家在美国酸雨辩论中的角色和作用》考察了科学家在向环保政策制定者表达有关酸雨的研究结果方面存在的困难和障碍。[④]《切萨皮克湾的忧郁：科学、政治和为拯救海湾而斗争》考察了切萨皮克湾地区20世纪60年代以来生态恢复中衍生的政治。《生态学家与环境政治：现代生态学史》考察了环境政治史中的所谓“铁三角”现象，以反核运动为重点来探究环境政治与生态科学的关系。[⑤]《科学与法律缘何不能保护我们免于杀虫剂污染》探究了科学和法律在保护公众健康中的局限，指出因深陷政治及功利主义，在美国管控杀虫剂的科学与法律无以保护公民健康。[⑥]

关于科学与政治的关系，沃尔特·罗森鲍姆在《环境政治与政策》，塞缪尔·海斯在《美丽、健康与持久：美国的环境政治（1955—1985）》与《1945年以来的环境政治史》中做了系统研究，在此做简要概述。

---

① See Samuel P. Hays, *Beauty, Health, and Permanence: Environmental Politics in the United States, 1955 – 1985*, Cambridge: Cambridge University Press, 1987; *A History of Environmental Politics since 1945*, Pittsburgh: University of Pittsburgh Press, 2000.

② Stephen Bocking, *Nature's Experts, Science, Politics, and the Environment*, New Brunswick, N. J.: Rutgers University Press, 2004.

③ Paul Lucier, *Scientists and Swindlers: Consulting on Coal and Oil in America, 1820 – 1890*, Baltimore: Johns Hopkins University Press, 2008.

④ Leslie R. Aim, *Crossing Borders, Crossing Boundaries: The Role of Scientists in the U. S. Acid Rain Debate*, Westport, Conn.: Praeger, 2000.

⑤ Stephen Bocking, *Ecologists and Environmental Politics: A History of Contemporary Ecology*, New Haven, Conn.: Yale University Press, 1997.

⑥ John Wargo, *Our Children's Toxic Legacy: How Science and Law Fail to Protect Us From Pesticides*, New Haven, Conn.: Yale University Press, 1996.

在环境政策与环保立法及其他环境事务中，科学具有重要价值。第二次世界大战结束后，特别是20世纪60、70年代以来，在美国不断有新的环境政策与环保立法推出，有关空气和水污染控制、资源与荒野保护、职业安全与健康、核能及危险废弃物等环境问题不断摆在政府面前，这对科学信息和科学证据产生了更多需求。政府管理机构、国会、法院和白宫等，在制定环境保护的公共政策时，都离不开科学信息的支持。很少有官员是科学家。面对环境政策制定和实施中对科学和技术的内在需求，官员们常常向科学家寻找相关的信息和数据，或可供选择的政策方案。

具体的环境管理条例和环境标准的制定大都涉及科学技术。例如，美国海岸警备队被授权为保护海洋环境而对船只的设计和建造制定管理规则，认为设施和器材的设计、建设、使用要以预防和减轻对航海环境的破坏为原则。环保署为新的水污染源建立新的排污标准，认为每个标准应以最大程度减少污染为原则，并通过运用最佳可得控制技术、程序或其他可供选择的方案来实现。环保署还被要求对各类新的空气污染源建立执行标准等等。[①] 这些管理规则、环境标准的制定和执行，都要运用一定的科技知识。

当国会尤其是国会委员会在起草环保法案时，需要考虑大量的技术问题。比如：在危险废弃物管理中，需要考虑在什么时间要求化学制造商提供有关危险物质对人类健康潜在影响的可靠数据最合理。为减少有害空气污染物，是否有必要管制来自以柴油为燃料的卡车有害气体排放。环保署设定的水污染标准，重金属是否应纳入监控范围。在法院的司法实践中，法官必须考虑和权衡各种相关的科学证据，才能做出判断和裁决。内政部要做出一项适当的环境影响评估也需要足够的相关科技信息。[②] 总之，各个部门在制定和实施环境政策与环保立法的各个阶段，都离不开科学。科学与环境保护的公共政策密不可分。科学如此密切地渗透于环境事务中，以至于科学家实质性地卷入了环境政策的制定过程中。

由此可见，科学与环境政策的结合十分必要。环境事务与环境政策离不

---

① *Ports and Waterways Act*，Feb. 2，1989；*Federal Water Pollution Control Act of 1972*，Pub. L. N，pp. 92 – 500.

② Walter A. Rosenbaum，*Environmental Politics and Policy*，Washington，DC.：Congressional Quarterly，Inc.，1985，Third Edition，pp. 165 – 166.

开科学。但科学与政治是不同性质的领域。科学家与政治家在决策时思考的问题及所处的社会环境不同。罗格·雷维尔认为，科学家更倾向未来，而政治家的目光往往着眼当前，政治家以牺牲未来为代价，他们希望尽快取得显而易见的成效。[①] 科学家或专家更倾向使用实验法或凭靠经验主义来考量政策。比如某一空气质量标准是通过动物和人体试验，经过反复的计量—反应研究得出的。而政府官员则通过考量若干其他因素来判断标准的合理性。他们考虑的是这种标准的实施是否能够满足各方的要求，能否获得政治上的优势及预算支持，标准的可信度等等。在环境政策与环保立法问题上，政治家考虑更多的是政治因素，而非那些不引人注意的部分。比如，大部分环境科学家认为室内空气污染比危险废弃物存放地的健康风险更大，但环保署的治理空气污染预算大部分被用于室外空气污染，在缺乏危机事件的情况下，国会对室内空气污染缺乏热情。可见，环境政策和环保项目的制定和实施更多考量的是政治因素而非科学逻辑。[②] 一般来说，政府机构和官员会在政治、经济、管理等多方面考量基础上做出平衡和选择，而科学家往往根据标准的精确性来考虑政策的可信度。

在环保问题上，政府部门常常迫于形势和压力而采取行动，甚至像环保署这样专门的环保机构，在很多情况下也是在环保法的规定和要求下才制定和实施环境标准的。比如1970年的《清洁空气法》要求环保署在两年内建立硫氧化物和氮氧化物的环境标准。1986年通过的《超级基金修复与授权法》设置了150个最低期限要求。该法命令环保署执行氡研究项目，每年针对削减氡污染项目发布年度报告，在法案通过后两年内提供有关氡的国家环境影响评估报告。社会舆论的压力也会促使政府机构迅速采取行动，这就导致了环境政策的被动性，由此也决定了其局限。

环境问题与环境政策将政府官员和科学家引入科学与政治中间，因两者不同的诉求及多方面的差异，科学与政治的结合面临困局，政府官员希望从科学家那里寻求充分精确的科学信息来帮助和指引他们制定环境标准，在随

---

① Roger Revelle, "The Scientist and the politician", In *Science*, *Technology and National Policy*, eds., Thomas J. Kuehn and Alan L. Porter, Ithaca, N. Y.: Cornell University Press, 1981, p. 134.

② Walter A. Rosenbaum, *Environmental Politics and Policy*, Washington, DC.: Congressional Quarterly, Inc., 1985, p. 131.

之而来的难以避免的争论中提供充足可靠的辩护依据。在环境政策和环境标准的制定和执行中，科学与科学家的作用不言而喻。然而科学往往不能以政府官员希望的形式和希望的时间内提供数据信息。事实上，科学提供的往往是支离破碎而且颇具争议的不完整的信息，不能满足官员做出重要决策的需要。而且，科学家发现政府的政策选择往往与他们自身不协调不一致。科学家视为重要的生态问题在政府那里不见得最重要。科学家发现政府机构和政府官员不愿意或不能等待缓慢的检测和信息确认，就对事关环境科学的问题做出决定，对事关环境决策的信息和数据的需要往往非常急促。①

环境政策与环保立法毕竟属于一种公共政治，它与科学在很多方面存在很大区别，环境事务不是科学能够完全解决的。在开展环境政治史研究时，需要充分考虑到科学与政治各自的特性及其交织的复杂关系。

科学在环境政策制定和实施的过程中并非万能，技术专家解决环境问题的能力也是有限的。这归因于必要的数据经常缺乏，或者可得数据和信息不明确和不确定，或专家之间对于与环境问题有关的意见不一致等。环境政策常常在缺乏关键信息的情况下做出，甚至在不得不做出最终决定之前也无法获得必要的数据信息。在很多情况下，无可争辩的科学和技术数据可能永远不可得。那些要求等待更多时间或建议直到能够获得更多证据再做出决策的人，其目的可能就是为了阻止某项环保政策或环境标准的出台。

在环境政策和环境标准的制定中，在国会和管理部门的听证会上，专家的意见常常不统一，不能达成一致。这首先是因为缺乏相关的数据信息。具体如缺乏环境问题的分布情况和严重程度的信息，可能的污染物是什么不确知。许多环境问题新近才发生，尚未有公共机构或者个人去研究。有一些污染虽然存在多年，但其生态影响尚未形成可靠的检测报告。1985 年，环保署负责杀虫剂和有毒物质管理工作的行政助理称，许多以前登记的数据存在严重不足，现有数据也没有按照现有标准进行评估。② 联邦政府对煤渣的研究表明：关于煤渣的大部分信息都是推测性的，其对环境和健康的影响并没

① Walter A. Rosenbaum, *Environmental Politics and Policy*, Washington, DC.: Congressional Quarterly, Inc., 1985, Third Edition, p. 164.

② GAO, *Pesticides: EPA's Formidable Task to Assess and Regulate Their Risks*, Report no. GAO/RCED 86 - 125 (April 1986), pp. 21 - 22.

有得到全面的了解。[①] 因缺乏高质量的数据信息，专家常常从支离破碎的信息中推断出答案，因此发生争论是不可避免的。当然，更主要的原因还在于这些专家可能代表着某些社会力量，他们的分歧和争论其实反映的是背后环保组织的诉求或者是企业的利益关切。在缺乏确定的数据和可靠信息的情况下，专家的意见必然出现分歧，并导致公共决策常常陷入僵持。

很多物质对人类和环境的危害可能在几十年甚至几代人之后才会显现。这种影响的隐蔽性使人们很难在可疑物质、事件与结果中建立因果联系，这必定会影响对这些物质的应对。比如，石棉是一种危险化学物质，其危害性直到最近才得以证实。第二次世界大战以来，大约有 800 万至 1100 万美国工人接触到了石棉，石棉的耐热性等特性使其在许多工业部门颇受欢迎，被广泛应用于各种产品中。高度接触石棉的人有较高的癌症发病率，但是与石棉污染有关的癌症直到 15 年至 40 年后才明显，病状可能在 2 年至 50 年后才出现。人们怀疑在美国使用的许多物质对人类和环境有不利影响，但是这种影响具有潜在性和隐蔽性，其症状可能在数十年后才出现，但政府官员必须马上做出是否对这些物质进行管制的决定。[②] 专家努力判断持续使用这些物质的风险程度，但这些物质对人类和环境的实际影响在很大程度上不能确知。这种风险的不确定性大大增加了环境政策制定的复杂性和难度。

环境政策和环境标准的制定经常涉及“风险评估”问题。“风险评估”最容易引起争议，也最有可能被“反环保”势力所利用。二噁英问题是一个典型。围绕二噁英的争论引发了对试验方法可靠性的质疑。20 世纪 90 年代早期，越来越多的证据促使环保署重新评估和制定二噁英环境标准。环保署最初制定的标准和联邦机构制定的其他标准一样，是从动物实验中推断出来的。这种做法遭到了质疑，一些专家认为不能用动物实验来推断人类。遭受环保署标准影响的企业借机要求放宽标准，而环保组织反对任何放松标准的企图，这使环保署面临两难选择。二噁英问题表明，有毒物质这类涉及风

① GAO, *Coal and Nuclear Wastes-Both Potential Contributors to Environmental and Health Problem*, Report no. EMD 81 – 132 (Sept. 21, 1981), p. 2.

② Walter A. Rosenbaum, *Environmental Politics and Policy*, Washington, DC.: Congressional Quarterly, Inc., 1985, Third Edition, pp. 169 – 170.

险评估的事例，最有可能演化为环境政治冲突。①

专家与公众对各种环境问题的风险程度的认识和评价是有区别的。比如，公众把化学废弃物看作是最严重的环境危害，但专家在其环境风险目录中却列的很低。相反，专家把臭氧空洞看作是严重的环境问题，而公众更重视室内佟污染。公众把化工厂事故看作是主要的环境危险，而专家不然。②这就意味着在专家和公众之间存在着不同的环境风险排序。这种关于环境风险的不同排序，会对政策议程产生影响。通常是公众舆论促使政策制定者以错误的优先环境考量为根据做出决策。在公众、专家和政府机构之间对环境风险的不同评价，会对环保议程和政策交叉地产生复杂影响。公众常常质疑政府机构忽视他们认为严重的环境风险，而专家认为他们评定的环境风险等级才是最科学的，因选举政治等诸多因素，政府机构往往难以平衡。

人们惯常认为，科学具有客观性，科学家在政治上是中立的，不属于任何政治派别或利益集团，但现实并非如此。20 世纪 60 年代以来，美国科学家深深地卷入了环境政治的漩涡之中。围绕环境政策与环保立法的制定和实施，在环保主义者与“反环保”势力之间、在政府机构内部、在科学家之间经常发生严重分歧和激烈争论。这不单是因为科学本身的问题，更主要还在于背后隐含的不同诉求和利益冲突。人们发现这些争论中有更多科学以外的东西在起作用。不同科学家分析同样的试验却看到了不同的事实，对同样的科学研究却有着不同的评价。一些专家可能会有意遮掩某种观点以满足某一方的要求，或巧妙地利用科学数据直到政策向其想要的方向发展。社会学家艾伦·马苏尔指出，当专家卷入争论时，他们的行为变得不像他们自己。他发现支持发展核电的专家倾向于支持这种观点，即核辐射是存在临界值的，在这一临界值下人类可能遭受的风险是可以忽略不计的。反对建设核工厂的科学家则认为并不存在这种临界值。③

在多数环境风险评估中，受现实政治的影响，科学家的立场很难做到客

---

① Walter A. Rosenbaum, *Environmental Politics and Policy*, Washington, DC.: Congressional Quarterly, Inc., 1985, Third Edition, pp. 170 – 172.

② Ibid., p. 167.

③ Allan Mazur, *The Dynamics of Technical Controversy*, Washington, DC.: Communication Press, 1982, p. 29.

观中立，尽管长期以来科学家被假定是客观中立的，其专业知识免受社会价值观等因素的影响，但事实不然，他们往往在很大程度上受到社会因素的影响，尤其是当他们卷入到相关的公共争论中时更是如此。物理科学家哈维·布鲁克斯认为，公众越是关注某个问题，专家的判断越有可能受其影响，即越容易受既有政策模式，或媒体舆论、同僚或朋友的观点，或争论中他人的见解等多种因素的影响，从而偏离其本来的客观性和中立性。①

有关环境问题的科学判断也可能受到某种信仰的影响。比如政府应当如何来管理经济。也有其他社会政治因素的影响。例如，一项针对在政府机构、工业界和学术界工作的136位职业医生和行业保健人员所做的调查研究，就职业安全健康署提出的致癌物标准问题，考量其政治和社会背景与他们对这一标准的认识之间的关系。相较于那些在大学或政府供职的人员，受雇于产业界的科学家在政治和社会上更倾向于保守。在公司供职的科学家在辨识致癌物时，更多会支持更少管制某种物质的科学，低估其对人类健康的风险。②

在一项研究中，政治学家托马斯·迪茨和罗伯特·里克罗夫特采访了228位与联邦环境政策制定有关的风险专家，考察他们对风险评估的专业判断与其社会、政治、制度背景之间是否有关系。结果发现，就业对风险和成本—收益分析有重要影响，一旦风险专家参与到政策制定中，“将会弱化原则观点，而增强基于政治和意识形态的观点”。通过研究，迪茨和里克罗夫特认为，在公司和贸易协会工作的风险专家不同于那些在政府和学术机构工作的专家，他们之间在许多有关环境管理问题上的态度是不同的。③

环保组织、环保主义者、支持环保的公众关心发展的负面影响，产业界更关心自身的经济利益，后者的借口往往是缺乏危害实证或证据不充分，科学在它们那里成了抵制管制的有力工具。那些“御用科学家”可能会利用

① Harvey Brooks, “The Resolution of Technically Intensive Public Policy Disputes”, *Science, Technology and Human Values* 9, no. 1 (Winter 1984), p. 40.

② Walter A. Rosenbaum, *Environmental Politics and Policy*, Washington, DC.: Congressional Quarterly, Inc., 1985, Third Editon, p. 174.

③ Thomas M. Dietz and Robert W. Rycroft, *The Risk Professionals*, New York: Russell Sage Foundation, 1987, p. 111; Walter A. Rosenbaum, *Environmental Politics and Policy*, Washington, DC.: Congressional Quarterly, Inc., 1985, p. 174.

科学来维护雇主的利益。海斯指出，20 世纪 60、70 年代，“利益冲突的概念被扩展到每个雇员的角色中。科学家很难不表达雇主的利益和观点。因此，为工商界或政府开发机构所雇佣的科学家是靠不住的，因为他们对环境问题的科学评判中有其雇主的利益因素”。[①] 第二次世界大战后，在美国，无论是环保组织还是“反环保”势力或者是政府机构，都试图借助科学来达成其目的，它们的策略很多，比如成立属于自己的研究机构，使那些支持自己利益和诉求的专家进入相关的决策机构，事实证明这些策略非常有效。对“反环保”势力而言，科学在抵制环保政策中确实发挥了重要作用，其往往迟滞环境政策或环境标准的出台，甚至使这些政策和标准流产。

20 世纪 60 年代以来，在美国的环境事务和环境管理中，科学的政治化趋势日渐突出，已经成了一种不容忽视的社会现象。科学长期被赋予的客观性和公正性面临严峻挑战。科学家具有的客观性和技术上的专业性曾使其成为值得信赖的政策建议者，科学家常常成为政府机构的决策顾问。但是在充满党派纷争和利益冲突的社会中，这种客观公正性被打上了很大的折扣。即便科学家坚守公正，他们也不能和无法阻止一个又一个党派或利益集团为了取得有利于自身的优势或一己偏私而歪曲和利用科技信息的做法。

不但环保组织和环保主义者、利益集团一直利用科学数据和信息来支持自己的观点和主张，政府机构也在积极利用科学以服务于政治的需要。20 世纪 80 年代，里根政府的许多官员和一些专家赞同放松环境管制，这一政策的根据是所谓的细胞化学渐成理论，该理论支持降低致癌物控制标准。在环保署长安妮·伯福德的领导下，环保署支持改变几种致癌杀虫剂的允许值。卡特政府时期，基因毒性理论流行，该理论认为所有致癌物质均能引起基因细胞变异，其危险性必须纳入考虑。管理部门往往是有选择地使用环境信息，有时甚至故意隐瞒那些会产生负面影响的信息。比如 20 世纪 50 年代在内华达进行的核试验中发现放射性尘埃对这个地区的农场主及其他人造成了严重威胁，但美国原子能委员会将这一信息压下，直到 20 世纪 80 年代才

---

① Samuel P. Hays, *Beauty, Health, and Permanence: Environmental Politics in the United States, 1955 - 1985*, Cambridge: Cambridge University Press, 1987; *A History of Environmental Politics since 1945*, Pittsburgh: University of Pittsburgh Press, 2000.

披露。[①]

尽管在环境事务中存在着科学争论，科学还常常被用作各方达成其目标的工具，但科学对于环境政策仍然具有重要价值，因为科学能够给政策制定者提供有用的知识。科学数据能够为确定某种物质的有害影响范围和风险等级提供根据，这在联邦政府禁止使用滴滴涕、艾氏剂、狄氏剂等大部分农药的决策中发挥了重要作用。即使许多数据不能够提供足够的证据说明化学物质对人类健康的风险和危害程度，但这样的信息依然具有重要价值。通过阐明政策影响、提供政策选择并评估其可行性，以及向公众提出可供考虑的新的环境问题，科学确定能够为环境事务提供必要的贡献。

同科学一样，技术也存在着政治化现象，海斯对此也有详细论述。环境问题的产生可能源于某种新技术的应用，其解决也在很大程度上依赖于技术和技术创新，特别是在污染治理中，技术和技术创新发挥着至关重要的作用。但是技术创新和应用并非纯粹的技术问题，当技术与具有不同利益诉求的行为体发生关联时，技术就成了一个政治问题。由于某种技术的应用，特别是某种新的环保技术的应用，可能会导致成本提高，因此多有可能遭遇企业等“反环保”势力的抵制和反对。事实上，“反环保”势力经常以技术的可行性或成本太高为借口拒绝采纳新技术，抵制技术创新和应用，甚至诽谤这种技术革新为“反技术”（Anti-Technology）[②]。与此相反，环保力量则往往希望推动技术创新，促进和采纳新技术，来解决各种环境问题，例如通过推广“绿色技术”，来实现更清洁的环境。可见，技术既可能成为解决环境问题的工具，也可能成为阻碍环境保护的借口。这样，因交织着特定行为体的利益和诉求，技术就被政治化了。对于技术的政治化现象，塞缪尔·海斯在《1945年以来的环境政治史》一书中进行了深入的考察和研究。[③]

---

① Walter A. Rosenbaum, *Environmental Politics and Policy*, Washington, DC.: Congressional Quarterly, Inc., 1985, pp. 184 - 185.

② Samuel P. Hays, *Explorations in Environmental History*, Pittsburgh: University of Pittsburgh Press, 1998, Introduction, xxxi.

③ Samuel P. Hays, *A History of Environmental Politics since 1945*, Pittsburgh: University of Pittsburgh Press, 2000, pp. 183, 326, 219 - 220.

二 媒体

媒体信息也是环境政治的重要相关因素。在现代社会，媒体主要是指各种信息与思想的传播媒介与载体，包括报纸、杂志、广播、电视和互联网等（印刷与电子媒体两类）。通过发布与提供、报道与披露、传递与传播各种信息、事实与观点，媒体具有表达意见与呼声、宣传教育民众、塑造社会舆论、监督政府等多方面的功能与作用。媒体报道有客观的一面，但在很多情况下，因各种复杂的社会政治力量和因素的介入，以及立场、认识和价值观的不同，媒体报道也带有程度不同的主观色彩和倾向性。因媒体的特点和特殊作用，媒体可能成为各种政治力量或个人表达其诉求，实现和达到其自身利益和目标的工具与手段。美国历史上的环保势力与“反环保”势力都非常重视利用媒体来达成自己的目的。因此，媒体并非单纯的环境事件与信息的报道者与陈述者，而是环境政治的工具。对于媒体与环境政治的关系，海斯在《1945 年以来的环境政治史》专列了一个题目进行了分析和研究。[①] 此外，《大众媒体与环境冲突：美国的绿色运动》是这方面颇具代表性的著述，该书系统地考察了大众媒体在“环境冲突”及其在影响和促进环境意识与绿色环境运动中的重要地位和作用，探究了所谓“权势者”（政府、政治家和商人）与传统的“弱势群体”（活动家、少数族裔和工人）如何利用大众媒体来促进或阻止特定环境倡议的机理等。[②]

媒体与环境政治的关系，是一个颇为值得进一步深入研究的话题。我们会在今后的相关研究中，对此展开系统的探讨。

---

① Samuel P. Hays, *A History of Environmental Politics since 1945*, Pittsburgh: University of Pittsburgh Press, 2000, pp. 183, 326, 219 – 220.

② Mark Neuzil and William Kovarik, *Mass Media and Environmental Conflict: America's Green Crusades*, Thousand Oaks, CA: Sage Publications, 1996.

第三章
环境政策和政治的影响因素

影响环境政策与环保立法的主要因素包括社会经济、环境意识、利益集团，以及政治体制及其运行机制等。这些因素相互交织，共同促成环境政策与环保立法的兴起、发展和演变，影响着美国环保事业的未来走向。

一　经济因素

关于经济因素与环境问题的关系，美国环境政治史学家塞缪尔·海斯、迈里克·弗里曼、迈克尔·克拉夫特等都做过系统深入的研究。①

经济与环境的关联度最高，对于两者关系的认识也最具争议。这不但是政策实践之争，也是观念之争，即传统的经济观与新的环境观之争。自然环境对人类有多重价值，包括经济价值和审美等精神价值。环境作为一种自然生态系统，它以多种方式服务于人类。自然环境为所有生命形式提供基本的支持——清洁的空气和水质，宜人的气候等。作为自然资源，它可用于食物生产、产品制造等，以服务于人类的物质生活需要。自然环境还可以满足人们的休闲娱乐需求，比如徒步旅行、钓鱼、观赏野生动植物等。优美的自然环境是人类审美愉悦之源，它给人以美的享受，激发人的精神情感。自然环

① See A. Myrick Freeman Ⅲ, "Economics, Incentives, and Environmental Policy", Norman J. Vig and Michael E. Kraft, *Environmental Policy: New Directions for the Twenty-First Century*, Washington, DC.: CQ Press, 2003, Fifth Edition, pp. 201 - 221; Michael kraft, *Environmental Policy and Politics*, University of Wisconsin, Green Bay, 2015, Sixth Edition; Samuel P. Hays, *A History of Environmental Politics since 1945*, Pittsburgh: University of Pittsburgh Press, 2000; Samuel P. Hays, *Beauty, Health, and Permanence: Environmental Politics in the United States, 1955 - 1985*, Cambridge: Cambridge University Press, 1987.

境能够吸收和消解生产和消费产生的废弃物，可用于建造房屋和聚落等。[①]无论是提升“生活水准”还是追求“生活质量”，都离不开自然环境。经济学家信奉传统的经济观，他们关注的是自然环境的经济价值；环保主义者追求的是新环境观，他们更看重自然环境具有的精神和生态价值。

对环境与经济的关系的思考，产生了“环境经济学”这一概念。经济学家从经济学角度来思考环境问题。他们从稀缺性出发，首先考虑如何经济地利用环境资源，以服务于人类社会的物质需求。自然环境具有稀缺性，将更多的环境资源用于一种用途意味着其他用途的减少。比如增加物质生产必然加重对资源环境的压力，从而降低环境对废弃物的吸收能力。因此，环境利用必然在多种用途之间寻求平衡。环境经济学探讨的是在自然环境稀缺的情况下如何管理人类的活动。对环境问题进行经济分析必然引入成本—收益概念。经济学要思考的是：控制污染和保护环境的投入与收益之比是否值得。如果将更多资金、技术等资源用于控制污染和保护环境，就意味着用于其他用途的资源的减少。保护特定的环境用于娱乐休闲或作为野生动物的栖息地，就必然要减少对这些地区的开发。因此，在做出有关环境问题的决策时要考虑成本和收益。

环保主义者坚持认为，在经济分析和做出环境决策时应当考虑环境价值，比如空气和水质、健康风险等。他们力图在环境政策与环保立法实践中赋予他们强调的环境价值以合法性。一些环保组织认为，政府的那些致力于促进经济发展的支出是引发众多不利环境影响的根源。比如联邦政府资助的水坝修筑工程，不但效率低下，而且破坏了众多河流的自然生态。再如排干湿地的做法破坏了湿地所具有的防洪功能以及作为生物栖息地的多重价值。多数环境问题都源于经济活动，物质资料的生产及生活是现代环境问题的总根源。多数环保主义者并非不要经济发展，他们思考的是在发展经济的同时如何保护环境。当然也有一些激进的环保主义者倡导“零增长”战略。

关于环境保护对经济的影响，各方认识不同。企业界及其雇员大多坚称

---

① Myrick Freeman Ⅲ, “Economics, Incentives, and Environmental Policy”, Norman J. Vig and Michael E. Kraft, *Environmental Policy: New Directions for the Twenty-First Century*, Washington, DC.: CQ Press, 2003, Fifth Edition, p. 201.

那些环保新政策的实施影响了经济的发展。一些经济学家也力图说明这类说辞的正确性。许多经济学家和企业都宣扬“环保政策有一些绝对性的负面效应”。对于习惯用传统方式思考问题的那些人而言——比如经济学家，相对于更为重要的物质生产，保护环境的确是一种较为沉重的负担。政府机构及官员大多把经济考量置于首位，一般根据就业、投资和盈利来评估政策实践[①]，而且这些问题实际上常常成为“反环保”势力抵制环保政策的托词。就业问题在1970年通过的《清洁空气法》中就受到了关注。该法的一项条款规定：美国环保署应对那些因执行了污染控制规定而濒临倒闭的公司按季度开展调查，并就是否应关闭那些由于技术落后及被市场淘汰，或者因执行了某些污染控制要求而不得不停业的公司提出相应的意见。许多生产效率低下的公司都试图将问题归咎于那些环保标准，无论是雇主还是雇员都声称是因为执行了某项空气质量规定才造成了失业。[②]

通过对20世纪60、70年代以来美国环境政策的历时性考察，可以发现总体经济形势对环境政策有很大程度的影响。这其间，美国的环境政策与环保立法往往随经济形势的变化而变化。一般来说，在经济状况较好、环境危机较为严重之时，环保政策就容易获得重视和支持，反之就会遭遇更多阻力。经济状况包括多方面内容，比如经济的萧条与繁荣、就业形势、财政收支状况、能源供应状况等。在多数情况下，经济危机和经济萧条会加大环保政策与环保立法的阻力，但也有例外。1969—1970年经济危机其间恰是美国环保政策与环保立法大发展之时，这主要是由空前严重的环境危机与举国高涨的环保运动的巨大压力所致。1973—1975年的经济危机对环境政策产生了负面影响，此次危机与能源问题相交织，以经济“滞胀”为主要特征。尼克松政府后期在环境政策上的后退固然与他本人的投机意识有关联，但经济问题应当是一个更加重要的因素。20世纪70年代末的经济形势与1980年和1981—1982年的经济危机直接导致了卡特政府后期，尤其是里根政府环境政策的后退，他们认为环境管制和环保投入抑制了经济活力，加重了政府

---

① Samuel P. Hays, *A history of environmental politics since 1945*, Pittsburgh: University of Pittsburgh Press, 2000, p. 159.

② Ibid., pp. 159 - 160.

和企业的财政负担。老布什在任内前期曾积极推进环保政策立法，但在1990年后却拒绝采取进一步行动，其中1990—1991年的经济危机是导致其在环境政策上走向保守的重要原因。[①] 20世纪70年代后，能源问题一直困扰着美国，尼克松、卡特、里根和老布什等几任总统都曾因能源问题在环境政策上出现不同程度的退步。[②] 自20世纪70年代末到克林顿就任美国总统，抑制财政赤字、平衡预算成为摆在历届政府面前的一大难题。里根政府就以平衡预算为名大幅度削减环保机构的预算和项目资金，老布什和克林顿政府也曾为平衡预算与国会在环境问题上达成妥协。总之，环境政策随经济形势的变化而变化似乎是美国环境政策发展演变过程中重要的规律之一。

上述情况，主要源于美国社会对发展经济与保护环境的关系的认识。长期以来，人们一般存在这样一种认识：即发展经济必然影响环境，保护环境必然影响经济发展，环境政策因经济形势的变化而变化可能主要是这种认识作祟的结果和表现。在经济形势低迷之时，这种认识对环保政策的发展会产生更大程度的制约。因此，要走出悖论，首先需要转变观念和认识。对现代社会而言，发展经济与保护环境两者缺一不可。经济活动是人类全部物质、精神和文化生活的基础，发展经济恐怕是人类永恒的主题，任何时候都不存在脱离经济的孤立价值目标。环境亦现代社会所必需，自毁巢穴，无视和不顾环境的发展不符合发展的主旨和初衷。若没有健康、安全、清洁和美丽的环境，提升生活质量也无从谈起。从根本上说，保护环境与发展经济并不矛盾。片面强调发展经济而忽视环境保护，不但会给人类生态系统造成严重危害，还会削弱可持续发展的物质基础，最终会阻碍经济的发展。从长远角度看，环境保护有助于推动企业提高资源利用率和生产效率，加快技术创新和产业结构的升级换代（即发展那些低耗能、清洁、高效率的现代产业），最终会增强企业的市场竞争力和盈利率。当然，对发展也不能做片面理解，经济增长不等于发展，现代社会追求的目标是发展而非增长，发展不仅意味着

---

① 关于美国经济周期和经济危机的基本情况，可参见陈宝森、郑伟民、薛敬孝等《美国经济周期研究》，商务印书馆1993年版，第155—169页。

② 能源政策在20世纪70年代较为典型。Jim Seroka and Andrew D. McNitt, "Energy and Environmental Roll Call Voting in the U. S. Congress in 1975 and 1979", *Policy Studies Review*, 1984. Vol. 3 (3-4), pp. 406-416。

经济的发展，还应包括人与环境关系的和谐，发展的终极目标是改善和提高人类整体的生活质量和生活水平。

在美国这样的社会，环境政策、环保立法和环境标准的制定和实施一般都要考量经济因素，尤其是环保举措和环境项目的成本和花费。1988年通过的《海洋废弃物倾倒法》就是一个典型实例。促使该法通过的主要是这年夏季发生在纽约东海岸海滨浴场的污染事件。污染源来自纽约市的城市污水及废弃物。专家认为主要原因是纽约市年久失修的下水道溢出的污水污染了海滨，但这一分析及其相应的解决方案并没有为国会采纳，主要理由是修缮这些下水道需要大量经费，工程非常昂贵。[①] 当然，在美国，推行环保政策需要考量经济因素还有其他许多复杂的原因：可能受到环保政策影响的企业及其他行为体的有意抵制；经济往往是政府机构的优先选项，它们往往默许、赞成乃至支持考量环保政策的经济成本；更深层的根源在于西方传统经济学物质至上的文明观及其对市场经济的信赖。

由于以上所述原因，以及20世纪70年代直接监管的“命令—控制”模式环境政策的局限——费用高效果低，缺乏激励，美国的环境政策出现了改革的趋势，主要是成本—收益分析和基于市场的环境政策的创新和运用。

实际上，早在20世纪60年代，成本—收益分析就已成为环境政策中不可忽视的考量内容。20世纪70年代，在对环境项目的成本分析中，企业和政府扮演了主角。企业称环境监管过于严厉，且负担成本过重。它们试图将成本纳入决策程序，以此作为制定环境标准的重要基础。企业利用自己的科学顾问和经济分析结果来证明政府监管行动造成了沉重负担，说服环保署修改标准和执行率。到20世纪70年代末，成本分析已经成为延迟和阻滞环境政策的一个主要策略。环保主义者坚持，环境标准应当完全基于社会对环境质量的要求来判断和制定，如空气和水质标准、健康和生态、能见度和美学等。经济学家没有给予这些要素充分考虑，他们认为除非这些要素可以在市场上买卖。环保署在企业及其他机构的压力下，接受了成本分析建议。

20世纪70年代末，成本分析颇为流行。1977年通过的《清洁空气法》

---

① Walter A. Rosenbaum, *Environmental Politics and Policy*, Washington, DC.: Congressional Quarterly, Inc., 1985, pp. 130 – 131.

明确要求对于环境标准和环境项目要进行成本—收益分析。根据该法成立的国家空气质量委员会在检查空气质量项目时要进行经济和环境影响分析。福特与卡特政府时期要求监管机构开展更为详细的成本分析。20 世纪 80 年代，总统行政办公室成了企业界发挥其政治影响的工具，在企业的推动下，联邦政府更加强调环境法规的成本。卡特政府时期在经济顾问委员会下设了工资与价格委员会，负责对拟议的环境监管活动进行成本—收益分析。1978 年 3 月卡特政府发布行政命令要求所有联邦机构都要进行这样的分析。企业和经济学家要求实施更为详细的成本—收益分析。卡特政府时期的环保署长道格拉斯·科斯特尔认为："成本—收益分析是一个有用的决策工具，但不要把它当作一个决策规则。"国民经济研究协会的刘易斯·佩尔称，成本—收益分析是评价环境法规和明智可行的选择。[①]

围绕成本—收益分析发生的另一个争论焦点是生产效率问题。20 世纪 70 年代末，与日本、西欧等工业化国家相比，美国的生产率处于劣势。在这样的背景下，环境管制成了各方攻击的目标。批评者认为，环保项目将资本用于非生产性用途，一些地区被划入自然保护区，这些地区的自然资源开发业竞争力因此下降。大量资金用于污染控制，像钢铁等行业因缺乏资本而步履维艰，美国的科技创新能力也在下降。他们还认为，因环保主义者的围攻，汽车工业发展受限，未能制造出更环保、更节能的汽车。一些经济学家认为，是环境管制扼杀了企业的创新能力。企业的分析报告也不断强调环境管制增加了企业的成本和负担。

20 世纪 60、70 年代，在美国，对环境的关注焦点由发展的环境代价转向了环境政策的成本。对于这种变化的阐释，经济学家最具影响力。受专业思维所限，经济学家更倾向于传统的生产成本分析，更多强调的是环境政策的成本而非收益。相对于环境收益，环境保护的成本容易确定。治理空气污染花了多少钱、恢复露天采矿破坏的景观的费用是多少，都是可以计算的，而收益却难以计量。经济学家及其经济分析在公共环境政策领域是有很大影响的，经济分析事实上成了政治选择。面对日益增多的环境管

① Samuel P. Hays, *Beauty, Health, and Permanence: Environmental Politics in the United States, 1955 - 1985*, Cambridge: Cambridge University Press, 1987, pp. 372 - 373.

制，工商界纷纷开展经济分析，强调环保项目和环境管制带给他们难以接受的成本压力和经济负担。在经济分析中，环保组织处于弱势，因为它们组织经济研究的能力非常有限，大多数经济分析数据源于企业和政府，由企业和政府组织的成本—收益分析成了制定环境标准的主要依据，这对环境政策和环保项目的走向产生了不利影响。

环保主义者和环保组织发现，很少有传统的经济分析涉及环境价值，由于利益关系，环境价值常常被忽略，经济活动对环境价值的影响和损害往往被最小化。20世纪80、90年代，围绕环境保护与发展经济的关系所开展的各种争论的焦点集中到环境政策的成本—收益分析上。"反环保"势力要求强化环保项目的成本分析，作为回应，环保力量主张制定出能够全面考量环境收益的分析模式。20世纪90年代中期，共和党控制的第104届国会积极推动将所有新的重要联邦监管活动纳入成本—收益分析，而且允许企业要求检查和废止那些成本过高的监管。由于环保组织的极力反对，各方围绕成本—收益分析的分歧依然十分明显。

成本—收益分析在实践中面临种种困难。20世纪80年代，介入成本—收益分析之争的各方不得不承认这样的实施：理想的成本—收益分析所需要的信息几乎不可得。最初，经济学家往往忽略环境价值，因为环境价值是无形的，并且难以计量。而且，由于环境收益无法在市场上交易，市场价格不能成为衡量环保价值大小的标准。鉴于环保主义者的压力，以及完善成本—收益分析方法的需要，一些经济学家试图量化环境收益，他们做了种种尝试。环境学家把环境视为一种资源，从稀缺性入手，通过比较来考量诸如污染控制等环保投入的环境价值。面临欣赏自然景观需求的增长，荒野和其他自然保护区的稀缺性提升了它们的经济价值。那些对"如何为环境收益设定一个价值标准"感兴趣的经济学家提出了一种被称作"支付意愿"的评估方法，即通过调查人们对某项环境改善项目所愿意支付的费用，来量化环境收益。部分联邦机构在实践中采纳了这一方法，法院在司法实践中也支持了这种做法。[①] 1989年，美国环保署科学顾问委员会把降低死亡率、发病率、

① Samuel P. Hays, *A History of Environmental Politics since 1945*, Pittsburgh: University of Pittsburgh Press, 2000, p. 161.

生态效益和福利指数等纳入环境收益的测算范围，计算出较之前高出四倍的环境收益。[①] 该委员会还对人们开展成本—收益分析所应具备的知识设定了标准，但是在实践中还是难以操控。

基于市场的政策手段的创新和应用是20世纪70年代以来美国环境政策的另一重要内容和趋势。采用市场机制既符合美国市场经济的文化传统，又能发挥激励作用，推动企业和其他相关行为体积极作为。经济学家积极倡导通过市场手段来控制污染和保护环境，具体措施包括推行污染税与可交易许可证制度。污染税的额度依据环境损害的货币价值计算。经济学家认为，每一个污染排放者都希望将污染处理费和税费控制到最低程度，只要污染控制费低于税额，企业将会选择预防污染排放。[②] 除激励作用外，污染税的实施还有助于推动企业开展污染控制技术创新。可交易许可制度为企业提供了各种可能的选择，环保署提出了几种颇具灵活性的具体政策——比如泡泡政策和污染控制抵消。政府签发一定数量的污染许可文件，这些污染许可文件可以在市场上交易，这一政策对企业确曾起到了激励作用。

污染税制度源于一些经济学家对内化企业污染成本的兴趣。大多数经济学家赞同这样一种观点，即污染作为企业带给社会的一种负担具有“外部效应”，污染治理成本并未包含在企业内部的资产负债范围内，而是作为一种成本强加于整个社会。经济学家认为，应该使这种外部成本内在化，即要求企业以某种方式将这些成本吸收到企业内部成本中，具体可向各个公司征收与其排污总量成比例的税收。对污染者征收一定数量的污染税，有助于预防和降低污染。污染税制得到了许多环保组织和环保主义者的认可，在实施中遇到的主要问题是企业和其他污染者声称税额太高、太重，因此，不断为其设置阻力。[③]

在环保项目不断推进的同时，一些“反环保”势力声称，环境监管其

---

① Samuel P. Hays, *A History of Environmental Politics since 1945*, Pittsburgh: University of Pittsburgh Press, 2000, p. 162.

② Norman J. Vig, *Environmental Policy: New Directions for the Twenty-First Century*, Washington DC.: CQ Press, 2003, Fifth Edition, pp. 211 – 212.

③ Samuel P. Hays, *Beauty, Health, and Permanence: Environmental Politics in the United States, 1955 – 1985*, Cambridge: Cambridge University Press, 1987, p. 365.

实起不了多大作用，相反，某些“市场力量”，特别是依靠企业家的自觉和自主性反而能够产生更好的效果。这种观点在那些信奉自由市场作用的理论家反对某些环保项目和环境监管活动中得到了广泛的阐释，在那些受污染控制影响的利益集团那里更有市场。事实上，“市场力量”成了一个呼吁放松环境监管的借口。从实践层面来看，改革和完善环境质量标准应当是一种更好的政策选择。但推动这项工作的多是来自受污染影响的公众，或政府环境监管部门，而非污染者。那些被监管部门积极鼓吹“市场力量”其实是要放松而非提高环境质量标准。所谓的“市场力量”固有的问题和局限在克林顿政府时期实施的一系列改革中显露出来，主要原因是在一些与空气质量有关的环保项目中，赋予企业的自主权过大。

环境政策的“命令—控制”模式存在僵硬、不计成本等问题，市场手段也并非完美无缺。作为一种政策工具，两者都有局限。市场手段因契合美国的价值观和文化传统，阻力会减少，在一定程度上有利于激励污染者的主动性，但市场手段更容易被“反环保”势力利用作为“反环保”的工具。

二　环境意识

20 世纪 60、70 年代，美国人的环境意识发生了重大变化，以提升生活质量为核心的环境价值观成为主流趋势。这种新的价值观以追求和实现与人类生活息息相关的环境的“美丽、健康与持久”为目标，这是塞缪尔·海斯概括的环境价值观的关键词汇。其实，早在 20 世纪 40 年代，生态科学家、环境伦理学家奥尔多·利奥波德在《沙乡年鉴》中提出的“生物共同体的和谐、稳定和美丽”就是这种价值观的先声。环境主义价值观与历史上的公共卫生运动有着直接的渊源关系，与 19 世纪兴起的自然保护主义存在更多共同点。19 世纪末开始的保护自然的尝试，比如建立国家公园和国家森林保留区等，就是这种价值观在保护政策和实践中的体现。第二次世界大战结束后，这种价值观的影响在迅速扩大。

第二次世界大战后，美国发生的现代环保运动的思想根源和意识驱动就是这种环境主义价值观，这种价值观强调包括住房、健康和休闲等方面的生活质量，由此更加关注影响生活质量的环境因素。这种新的环境价值观在当时的美国有着广泛的社会基础，由社会中层主要是中产阶层向上下扩展，并对政府形成强大压力。环境主义价值观的兴起以第二次世界大战后美国社会经济的巨大变化为背景，它关注环境的健康风险、生活的便利和舒适，以及对荒野和自然的审美价值的肯定和欣赏。每个人都在寻求一种与家庭、社区和休闲相联系的更好的生活。"环境质量"这个词组在20世纪60、70年代的美国有了相当重要的内涵。

在美国人的环境思想史上，从保护主义到环境主义，从追求对自然资源的有效利用到追求高质量的生活目标的转变，意义重大。它既表明人类物质文明水平的大幅度提升，也说明人类幸福观的巨大跃进。这也是从消费角度来考量环境对于人类福祉的价值所致。百年前，大部分消费者局限于满足食物、服装和住房等生活必需的基本要求。随着国民收入的增长，以及生活水平的提高，社会迎来了以追求便利和舒适为目标的新阶段，有更多的人渴望提升自己的生活质量。罗纳德·哈特将这种价值观的变化称为"无声的革命"。"西方公众的价值观已经转变，从以压倒性强调物质福利和生命安全向更加注重生活质量转变。"[①]

如上所述，塞缪尔·海斯在《美丽、健康与持久：美国环境政治(1955—1985)》和《1945年以来的环境政治史》两书中，对第二次世界大战后美国人的这种环境价值观的变化做了系统阐述，认为这种价值观的内容是"美丽、健康与持久"。[②]"美丽、健康与持久"正是第二次世界大战后美国人为提升生活质量而追求的目标，其体现了时代变化对人的思想和生活方式的巨大影响，也标志着人类文明新阶段的开始。

自然具有美学价值，可以带给人美的享受，能激发人的精神活力。19世纪，美国自然主义思想家对自然的美学与精神价值不乏赞誉之词。正是由于对自然价值的肯定导致了对自然态度的转变，并促使美国人开始保护自然。美国人最初是通过建立国家公园或州立公园来保护自然，后来又划定一

① Samuel P. Hays, *Beauty, Health, and Permanence: Environmental Politics in the United States, 1955 - 1985*, Cambridge: Cambridge University Press, 1987, p. 35.

② See Samuel P. Hays, *A History of Environmental Politics since 1945*, Pittsburgh: University of Pittsburgh Press, 2000; *Beauty, Health, and Permanence: Environmental Politics in the United States, 1955 - 1985*, Cambridge: Cambridge University Press, 1987.

些森林区设立国家森林公园。同时，在城市中建造城市公园等人造景观，增加城市中的自然要素，以满足城市居民的游览和休闲之需。20 世纪 20 年代在美国兴起了户外休闲运动、野营和远足，这种对森林、大山及天然河流湖泊等自然之美的欣赏逐渐演化为一种保护这些地区免于开发的社会运动。这种崇尚自然的潮流在 20 世纪 30 年代进一步增强，在第二次世界大战后呈现一种迅速扩张的态势。

几乎同时，公众对开放的空间和自然的兴趣也开始在郊区和乡村蔓延滋长，关注的焦点集中在湿地、沙漠、溪流和山谷等自然景观，这些曾被视为蛮荒之地，现在却有了与以往不同的价值。以这种思想变化为背景，美国人开始尝试建立荒野保护区来保护这些原生态景观。20 世纪 50、60 年代，美国人对荒野的认识和态度有了更深刻和更广泛的变化，欣赏荒野成了一种时尚，这体现在到国家公园和国家森林等自然区域旅游观光的人数迅猛增长。这种态度转化为一种保护荒野的行动。1964 年通过的《荒野法》要在联邦土地上建立国家荒野保护体系。1968 年通过的《野生和风景河流法》规定将一些河流纳入保护免于开发。这两部法案的通过，表明美国人对自然的兴趣在不断增强，同时也使得国家荒野保护体系的覆盖范围不断扩大。对西部地区广袤沙漠认识的变化也颇具代表性。长期以来，沙漠被视为荒芜之地。1964 年的《荒野法》对于是否将沙漠纳入保护范围存在很大争议，但是到了 20 世纪 70 年代这种分歧迅速缩小，当时流行的沙漠摄影图片使美国人感受到了沙漠的神奇之美。1976 年，沙漠作为一种原生自然景观被纳入法律保护之内。①

在海斯看来，第二次世界大战后，美国人对自然的美学价值的兴趣和保护行为是提高生活质量的一种方式，是为了通过增强自然在城市化社会中的比重来提升生活质量，满足现代文明对自然的精神需求。那些积极促进自然保护的人们为人类社会预想了一种未来，在这个未来社会，他们的孩子能够享受一种有品位的生活，自然在这种生活中扮演着一种非常重要的角色。

海斯认为，健康是第二次世界大战后美国人环境价值观的重要内容，健

① Samuel P. Hays, *Beauty, Health, and Permanence: Environmental Politics in the United States, 1955 - 1985*, Cambridge: Cambridge University Press, 1987, p. 24.

康意味着更低程度的环境污染。第二次世界大战后，美国人视健康为提升生活质量的重要前提，把健康与幸福密切关联起来，他们尤其关注和担忧环境污染对健康的危害。

美国人对环境污染的健康风险的忧虑与生态学及相关科学知识的普及有密切联系。20 世纪 60 年代以后，生态学在美国颇为流行，特别是后来的深层生态学，其社会影响很大。[①] 生态学强调生物有机体与周围环境及其他生物系统的相互关系。20 世纪 60、70 年代流行的生态学具有了超越学科的意义，在狭义上意指人类活动与自然环境相互作用，人类活动破坏了自然生态体系的平衡、稳定和秩序。生态学的现实蕴意是：充分认识到自然的复杂性及运行机理，限制人类对自然的扰动，恢复和重建健康的自然系统。

生态学促使美国人以生态视角来思考环境问题。通过一些具体的环境事件及媒体报道，那些有关自然生态系统的运行及人类参与等系统的知识得到了普及。这样的事例有很多。美国西部牧场的过度放牧导致植物群落关系紧张，致使生命力较弱的植物减少，生命力较强的植物增多，物种多样性减少。围绕这个问题的讨论，通过媒体传递给更多的美国人。这使人们认识到生物多样性在自然演替中的进化规律，人类的影响导致了生物多样性的减少。20 世纪 60 年代，有毒化学物质的危害使生物化学循环及相关知识得到了广泛的传播。有毒化学物质飘落、进入水体和土壤中，被植物吸收，植物又被动物食用，然后再为人类食用。有毒化学物质在食物链中的每一环节富集，从而产生了广泛持久的危害。20 世纪 50 年代末 60 年代初，核试验产生放射性尘埃一事，通过媒体报道，使美国公众增强了对这一过程的认识。最引人注目的是放射性铯，这种元素被北极地衣吸收，然后又被驯鹿食入，再由阿拉斯加爱斯基摩人和拉普兰人食用，每一环节都使得生物脂肪组织中的

① 深层生态学（Deep Ecology）是挪威哲学家阿恩·奈斯（Arne Naess）于 20 世纪 70 年代初在一篇题为《浅层与深层，长远的生态学运动》（*The shallow and the deep, long-range ecology movement*）文中提出的一个概念。美国哲学家乔治·塞申斯（George Sessions）和社会学家比尔·德沃尔（Bill Devall）在 1985 年出版的《深层生态学》（*Deep Ecology: Living as if Nature Mattered*）一书中声称深层生态学追求的是一种人在自然中而非与自然分离的哲学，要求反思人类对自然的控制行为。Arne Naess, "The Shallow and the Deep, Long-range Ecology Movement", L. S. Pojman, *Environmental Ethics: Reading in Theory and Application*, Washington, 2000; Bill Devall George Sessions, *Deep ecology: Living as if nature mattered*, Salt Late City: Gibbs M. Smith, Inc., 1985。

这种元素的富集量增加。食物链中的农药也是如此。流入水中的农药被小鱼摄取，小鱼被更大的鱼吃掉，更大的鱼又被鸟类摄取，导致鸟蛋壳薄而脆，最终降低了孵化率。1962 年卡逊的《寂静的春天》一书揭示了这个问题。随后发生的有关化学杀虫剂诉讼的报道使其广为人知。其他还有很多事例——比如水污染导致的湖泊富营养化、人为因素导致水系径流改变等，都可以用生态学来解释。[①]

海斯指出，这些现象给人类一种“生命之网”的印象，“每件事物都与别的事物相互联系”，如果人类改变了这一链条上的一部分，就可能对人类产生不利影响。这一现实使人类确信，必须密切监控那些影响生态系统的人类活动，人类的许多行为需要修正。[②] 通过这些实例，美国人获得了生态学知识，生态学在民众中得到了普及。

以生态学知识思考自然，美国人的自然观也发生了根本转变。过去认为，荒野只有被开发才有价值；第二次世界大战后，越来越多的美国人坚信荒野只有保持自然状态才有价值。19 世纪以前，荒野被视为黑暗与险恶之地，而现在，置于快速发展的城市化社会中，荒野变得高贵且令人敬仰。湿地最初被视为荒野之地，理性的选择是将其排干以发展农业。如今湿地被视为一种珍贵的自然生态系统，具有多重生态价值，美国人开始重视和保护湿地。20 世纪 60 年代，美国人对野生动物的兴趣与日俱增。长期以来，诸如狼和灰熊等野生动物被视为一种威胁而遭大肆捕杀，到了 20 世纪 70 年代，这些野生动物被认为是有益的，因其生物学和生态学等方面的价值，它们被悉心地保护起来。许多州制定了保护“自然区域”计划，或保护“稀有而濒危的物种以及予以特别关注的物种”计划。这些保护措施主要源于公众对生态学的理解——即多一些天然的，少一些人为的。[③]

第二次世界大战后，美国人把健康视为提升生活质量和幸福指数的重要因素。对日益增长的健康和幸福期望值，以及对生态学有机联系理论的了解，促使美国人越发关注与健康密切相关的环境污染，并将兴趣扩展到更广

---

① Samuel P. Hays, *Beauty*, *Health*, *and Permanence*: *Environmental Politics in the United States*, *1955 – 1985*, Cambridge: Cambridge University Press, 1987, pp. 27 – 29.

② Ibid., p. 29.

③ Ibid., pp. 23 – 24.

泛的健康问题上。

自19世纪以来，伴随着工业化和城市化的迅速发展，备受污染的环境严重威胁着人类健康，与环境污染相关的疾病逐渐引起人们重视。19世纪后期，公众普遍接受了细菌致病的说法。缘此发起了公共卫生运动，城市饮用水大多经过杀菌消毒处理，这使得与水污染相关的疾病发病率明显下降。那个时候空气污染也比较严重，一些内科医生认为肺病与空气污染有关。他们常常建议肺病患者搬离烟雾弥漫的城市，到空气清新的地方居住。肺结核病疗养院也大多坐落在离城市较远的地方。20世纪早期，在这些疗养院周围栽种了一些树木，也是为了改善周围的空气质量。由于采取了改善环境等诸多措施，肺结核的患病率在逐步下降，但其他肺病如肺气肿和肺癌等却依然频发，因此引起了人们更多的关注。

后来，人们发现，接触石棉纤维的工人长期遭受一种被称为石棉沉滞症的肺病的折磨，接触石棉也可能导致肺癌。人们逐渐认识到，肺癌的发生在很大程度上与环境中的病原体侵入有关。美国肺脏协会尤其关注吸烟与肺癌的关系以及空气污染引起的各种肺病。第二次世界大战后，不断上升的癌症发病率引起了美国人的普遍关注。到20世纪70年代末，有四分之一的美国人在其一生中都可能患上癌症，其中三分之二会死于癌症。人们发现，癌症与个人习惯——比如吸烟和饮食，或与空气和水体污染有关。而且，污染风险与疾病发病之间存在漫长的潜伏期，不容易发现。这就使得癌症具有更大的危险性。

20世纪50、60年代，化学污染在全国各地河流水系中快速积累，形成了新的严重污染源。合成有机化学制品，以及来自工业的重金属，在很多饮用水源中被发现。工业有毒废弃物的处理也是严重问题，这些废弃物或被埋入地下，或流入饮用水中。人们发现，许多疾病与化学污染有关。像乳腺癌发病率的增长可能与聚集在乳腺组织中的合成化学物质有直接关系。化学污染还会影响生育。20世纪早期，科学研究推断，合成有机化学物质会破坏人体和脊椎动物体内的激素，从而影响成年人的健康，甚至影响胎儿和儿童的生长和发育。重金属——比如铅污染也是公众关注的焦点。工人和儿童是铅污染的主要受害者。一些儿科专家认为，铅对儿童神经的发育会造成永久性影响。

20 世纪中期，职业健康问题引起了美国人的普遍关注，工人是职业健康研究的主要对象。长期以来，工人的职业病一直被认为是因机械等物理因素造成的。但事实并非如此，人们逐渐发现，是工作场所的污染导致了疾病。由此，工作场所的环境危险与职业病之间的关系得到了重视。

在很大程度上，城市人比较注意环境对健康的影响。研究发现，城市癌症发病率是农村的两倍还多，主要原因是城市污染严重。第二次世界大战后，城市中的危险和有毒化学物质比农村多，汽车在城市中大量使用，室内和办公室装修都会造成污染。[①] 因此，城市居民较农村居民更加重视和关注环境污染，市民成了公共健康的主要维护力量。

在美国，有关环境污染危害的知识在 20 世纪 70 年代晚期迅速发展，到 80 年代逐渐被更多民众所接受，这就为污染治理提供了社会舆论支持。历史地看，美国人关注健康的范围在逐步扩展，从最初关注肺病等发病原因，到后来从更广泛的角度来看待环境健康——包括生育、神经病理及免疫系统疾病等，人们发现有许多疾病的诱因源于被污染的环境。这样，除了物质生活资料的富足外，美国人也在追求一种内涵更为广泛的“优质生活”。其中一种有利于提升人类健康的环境质量就成了这个目标的必要组成部分。这种目标是美国社会中关于究竟什么才是“更好的生活”这种不断发展的观点的组成部分，这是随着时代的发展而需重新定义、扩展和深化的观点，其为提升生活质量而不断努力的人类提供了一个明确的发展方向。

第二次世界大战后，美国人的许多行为反映了亲近自然和逃避污染的诉求。早在 20 世纪 20 年代兴起的“州立公园运动”就表达了市民对在假日里享受自然美景的愿望和需求。后来有更多美国人萌发了在乡村获得土地的愿望，以便能够欣赏在城市中无法看到的自然风光，当然也有逃避城市污染的目的。随着汽车的普及，这种愿望在第二次世界大战后愈加强烈。20 世纪 60、70 年代，在美国“度假山庄”极为盛行。报纸广告上充斥着这样的语句：“邻近溪流”“紧邻国家森林”“丰富的野生动植物”“200 英尺

① Samuel P. Hays, *Beauty, Health, and Permanence: Environmental Politics in the United States, 1955 - 1985*, Cambridge: Cambridge University Press, 1987, pp. 25 - 26.

湖畔”，等等。[①] 这些都反映了美国人对自然的钟爱之情。

第二次世界大战后，在美国出现了郊区化的趋向。越来越多的城市居民愿意到郊区居住和生活。因为郊区不像城市中心那样拥挤，空气更清新，噪音更低，生活废弃物更少。郊区远离大都市区中心，污染较少，有更大的开放空间。在早期，只有富裕的人才有条件去郊区或海滨居住和度假。但随着收入的增长，特别是汽车的普及，有更多的市民能够负担得起交通费用。有很多人在城市中心区工作，居住地却选择在郊区。有越来越多的人希望这样做。到了20世纪70年代，有多达三分之一的美国城市人口希望生活在更远的郊区。郊区化体现了美国人对生活质量的追求——即对更贴近自然，更少污染，更舒适的环境的追求。

海斯所讲的环境价值观的第三个目标是“生态稳定”。一直以来，发展经济是西方社会的主流价值观，这是导致生态失衡的主要因素。20世纪，人们亲眼目睹了土地开发的速度和规模。发展毁灭了人们想方设法要保护的东西。作为对城市化的反叛，许多家庭开始移居市郊或乡村。那些极力推进土地开发和追求无限发展的力量与那些意识到生存环境已经开始退化的力量之间的冲突，已经成为环境主义时代的一个主要矛盾。

有关生态稳定的研究常常涉及两个概念——自然之力与人为干预。在环境主义时代，一种广为流传的观点是，那种完全不考虑和尊重自然之力的愚蠢的人为干预是导致环境退化的主要原因。人们普遍认为，若要维持自然与人类文明之间的平衡，就需要保护自然之力并且使其在城市化世界中发挥更大作用，因为自然本身具有维持生态系统平衡、稳定的力量。

许多环境灾难增强了人们对一些人类活动引发环境问题的理解。比如周期性的农业开发破坏了湿地自然生态系统的稳定，高度集约化的农业生产方式摧毁了给授粉的昆虫提供栖息地的土地。生态学家把这种人为干预描述为一种对平衡的干扰，并将其与自然干预进行比较，以此来解释两者对生态系统造成的不同影响。由于这种失衡并非人类希望看到的，因此公众应当行动起来，在这种人为干预尚未开始之前就对自然本身发生的一系列变化做出更

---

① Samuel P. Hays, *Beauty, Health, and Permanence: Environmental Politics in the United States, 1955 - 1985*, Cambridge: Cambridge University Press, 1987, p. 23.

多的了解，并尽可能改变人为干预的步伐、行为模式和影响范围。

环境保护由此而来。这要求人们努力寻找自然运行的基本规律，并努力遵循而不是背离这些规律，以避免可能招致适得其反的后果。来自新环保主义的箴言是“设计结合自然”，强调的就是人与自然的有机结合。

关于人为干预给自然进程带来干扰的一个突出例证就是废弃物对自然循环所造成的影响。在自然界中，化学物质通过环境不断循环，化学物质排放与自然吸收能力之间维持的平衡随着时间变化而变化。在人类丢弃的废弃物对环境不断形成重压之下，如今的自然循环已经严重超负，因此也导致处置废弃物的空气和水源及陆地等都发生了相应的改变，这些变化包括：湖泊、溪流和海湾的水体不断被酸化，化学杀虫剂的使用导致了野生动物的繁殖障碍，地下水中氮气含量超标给人体健康造成威胁等。如果自然生态系统所有这些超负荷现象都能引发一系列环境问题，那么采取一些能够降低负荷，从而维持生态系统平衡的行为将被视为是符合自然或生态逻辑的。

在现代社会中，各种经济力量导致自然生态系统出现不稳定和失衡。各种破坏稳定和平衡的因素和力量充斥着这个世界。环保主义者认为，这个地球上的资源是有限的，再不能容忍人口增长、经济发展，消费水平、工业生产、商业扩张，以及家庭废弃物等无限制地扩展下去。在有限的资源和环境内追求无限发展，只会给这个国家乃至整个世界带来持续不断的不稳定。要保护地球上的人类，就需要地球人共同努力，以此来降低和减少对只有有限承载力的地球环境的各种压力，以实现持久的生态稳定。

因此，每个人都应负起维持生态稳定与自然平衡的道德责任，并通过改变个人行为，倡导一种健康的生活方式，来减轻人类施于自然生态系统上的重载。许多人试图改变他们的生活方式——包括他们的栖居之所，食物和健康，以及工作和休闲娱乐方式，以便“在地球上更轻松地生活。”①

塞缪尔·海斯指出，这些新的生活方式，主要体现在食品、健康和住房三个方面。第二次世界大战后，人们更加注意在食品生产和制作中尽可能地减少化学投入，更多地选择纯粹的生物栽培和制作方式。有机园艺业、生态

① Samuel P. Hays, *Beauty, Health, and Permanence: Environmental Politics in the United States, 1955 - 1985*, Cambridge: Cambridge University Press, 1987, p. 29.

农业、天然绿色食品越来越受欢迎。过去的医疗卫生长期过度依赖科学技术和药物治疗，现在则更加重视预防，更强调在饮食和运动方面培养良好习惯以增强健康，认为更生态的方法是从源头上消除病因，即侧重于预防。房屋的设计和建造也融入了生态视角，尽可能地使用天然材料，更好地与自然结合，充分利用天然能源。这种生态的生活方式意味着将生态理念贯彻到每个人的日常生活中去，追求自然，消除浪费，循环利用等。其致力于构建一种简约的"易于生存的社会"，而非相反。

以上所述的"美丽、健康与持久"的生活，正是推动现代环保运动与环境政策兴起发展的环境价值观。这种价值观有时代性，19 世纪以来，以追求欣赏自然之美为重心，第二次世界大战以后更多关注环境对健康的影响，而随着生态学知识在公众中间的普及，人们更加重视通过限制人类活动和变革生活方式来实现生态平衡。

三 利益集团

著名学者戴维·杜鲁门认为，利益集团是"一个持有共同立场并对社会其他集团提出某种要求的集团。如果通过向政府的任何机构提出要求来达成其利益目的，它就成为一个政治性利益集团"。① 利益集团在美国一直十分发达，其数目和种类之多，对国家政策影响之大，堪称世界之冠。② 在美国，影响环境政策的利益集团主要是"公共利益集团"和"特殊利益集团"，前者以环保主义者和环保组织为主体，后者以工商企业、私有财产业主和农场主为核心。③ 利益集团对环境政策的影响不容小视。20 世纪 60、70

---

① David B Truman, *The Government Process*, New York: Alfred Knopf Company, 1951, Second Edition, p. 37.

② 李道揆：《利益集团：美国政府和美国政治》，中国社会科学出版社 1990 年版，第 274 页。

③ 在美国，公共利益集团自 20 世纪 60、70 年代以来发展极为迅速，这与当时美国社会政治经济和文化等各领域里的重大变化有关，它实际上是美国现代化进程中社会及人类与环境之间矛盾运动的产物和体现。关于公共利益集团的概念在美国有多种解释，杰弗里·M. 贝里认为公共利益集团是寻求集体利益的组织，但它的成果不是其组织成员或组织行为者局部和物质的利益，也就是说它追求的目标已经超越了该集团的范围。Jeffrey M. Berry, *Lobbying for the People: The Political Behavior of Public Interest Groups*, New Jersey: Princeton University Press, 1977。

年代，以追求生态价值和保护人类健康为目标的公共利益集团发起了声势浩大的现代环保运动，通过宣传游说、推动立法、提起诉讼、舆论督导等方式对联邦政府和国会施以巨大政治影响和压力，迫使其采取有力措施保护岌岌可危的生态环境和人类健康。由此，联邦政府和国会承担了保护环境的国家责任，以史无前例的效率颁行了系列环保法规和政策。但20世纪70年代的环保政策也给工商企业等带来了很高的成本负担，为了维护其自身的经济利益和传统价值观念，大大小小的环境管制对象开始联合起来挑战联邦的环保政策，逐渐形成了实力强大的"反环保"利益集团。"反环保"利益集团的初步成果体现在20世纪80年代里根政府的环境政策中，里根政府的"反环保"行为背后有强大的西部利益集团背景。

在美国，大体说来，20世纪90年代以前，"反环保"利益集团还比较分散，没有达到与环保力量相抗衡的水平。20世纪90年代初以后，形势发生了根本变化，形形色色的"反环保"利益集团的规模迅速扩大，斗争策略日渐成熟，并且加强了内部和彼此间的组织和协调。它们发起各种社会运动，比如"明智利用运动""财产权利运动"和"县权至上运动"等，对联邦政府、国会与法院施加影响。值得注意的是，20世纪90年代环保力量内部也发生了分化，来自基层以追求平等环境权和激进价值目标的基层派和激进派成为新兴的政治力量，它们与主流派有着不同的主张和诉求，它们一方面从内部分裂和削弱了主流环保力量，另一方面也对联邦的环境政策提出了新的挑战。总之，在20世纪90年代，"反环保"利益集团与环保公益集团的力量和影响达成了某种均衡，并且两者内部都出现了多元化的趋势。在此背景下，联邦层面的环境政策出现了新趋向，即注意兼顾各方利益和诉求，在环境保护与经济因素考量、生态目标与功利目标之间寻求平衡。

纵观美国历史，我们发现，环境政策涉及众多行为体，牵涉的利益关系也十分复杂。有鉴于此，环境政策的制定与实施须均衡考虑诸多行为体的不同利益，否则就会遭遇重重阻力而步履维艰。环境政策的酝酿和出台，实际上是相关利益方博弈的结果。环境政策的制定和实施不能不考虑这些因素，也不能不受这些因素的影响。环境保护政策要护卫的是公共利益，政府必须对环保政策的实施和效果承担责任。在当今环境危机日趋加重的形势下，政府应该不断推进环境政策创新，抑制和杜绝那些为个人利益而肆意损害公共健康和环境的行为，尤其要鼓励媒体和舆论发挥更大作用，形成一种促进环境保护的社会氛围。

在美国，民间环保组织力量比较强大，无论从数量、规模还是影响等方面看，都不能低估。20 世纪 70 年代的主流环保组织把护卫公共环境权益为己任，20 世纪 80 年代以来的“环境正义运动”则以实现环境公正为使命。这些形形色色的环保组织十分活跃，它们通过宣传、游说、抗议和示威等多种形式对各级政府和国会、工商企业和利益集团施加压力，动员和影响民众支持保护环境。它们能够有效地发挥作用，除了本身的工作和努力外，也与美国社会及政治体制的诸多特点有关。中国的现实情况是，民间环保组织力量及其影响还相当薄弱，公共环境权益往往从属于经济目标，弱势群体的环境权益得不到有效保护，环境不公正现象十分突出。这种形势要求政府更多地承担保护环境和公众利益的责任，以推进生态文明建设。

第二部分

美国环境政策与环保立法的历史考察

20 世纪 70 年代至 90 年代，美国的环境政策与环保立法发展史大致可分为三个阶段，这三个阶段分别以尼克松政府时期、里根政府时期、老布什和克林顿政府时期最典型。20 世纪 60 年代末 70 年代初，以空前严重的生态危机和声势浩大的现代环保运动为背景，共和党人尼克松就任总统后积极推进环境政策与环保立法，开启了“环境的十年”。里根在 20 世纪 80 年代初就任总统后，基于其保守主义思想和政策主张及当时的经济形势，推行了一种“反环保”政策，该政策遭到国会和环保主义者的抵制。这种政治博弈推动了环境政策的初步改革。20 世纪 90 年代老布什和克林顿政府时期，美国的环境政策出现了新的趋势——价值目标兼顾经济发展与环境保护，命令—控制与基于市场的政策手段并用。注重协调各相关行为体的利益和诉求，这在克林顿政府时期表现得更为明显、更为典型。

第一章
美国环境政策的历史源流与时代背景

美国的环境政策与环保立法是有其历史渊源的，远可追溯到400年前殖民地建立时期的某些思想和观念，近可追溯到19世纪末20世纪初以来资源与荒野开发、保护和管理的政策立法与实践。第二次世界大战后美国环境政策与环保立法兴起的宏观背景和根本原因在于，以科技革命为先导的社会经济变迁以及由此引发的空前严重的环境危机。20世纪60、70年代的现代环保运动有力地推进了美国环境政策与环保立法的兴起和发展。

一 历史上的资源与荒野保护运动[①]

第二次世界大战后的美国环境政策是历史上的资源与荒野保护运动的发展和延续。美国的资源与荒野保护运动兴起于19世纪末20世纪初，它是与工业化和城市化所带来的各种社会、经济和环境问题有直接关联的。虽然环境问题自欧洲殖民者踏上北美大陆之时就已产生并为少数人所认识[②]，但直到19世纪下半叶并未对国家的经济体系和社会构成重大威胁，因而也未被提到国家议程上来。19世纪中叶以后，有关资源危机和环境恶化的议论之

① 本书所用资源和荒野保护运动这一概念是广义上的，不仅包括民间的，也包括政府的环保举措和行动。

② 在欧洲人来到北美之前，土著人稀疏地散居在这片土地上，他们对自然环境保持着最小的影响。历史学家就这些前欧洲居民是否曾做出过自觉努力来保护他们的栖息地难以达成一致意见，但对于欧洲人在北美殖民和拓居之后对环境造成的明显负面影响却不存疑义。参见 Mary E. Cato，*The Limits of law as Technology for Environmental Policy*：*A Case Study of the Bronx Community Paper Company*，Blacksburg，Virginia：The Virginia Polytechnic Institute and State University，1996，p. 7。

声日渐增多日益浓厚，最终于19世纪末20世纪初演变为一场引人注目的资源和荒野保护运动。

1. 现代化与资源短缺和环境危机

在美国历史上，1861年到1865年的内战可谓是具有重大意义的事件。南北战争其间联邦政府推出的最重要的政策之一就是颁行《宅地法》，此法是一项真正意义上的廉价的公共土地政策立法。1869年第一条横贯北美大陆的铁路建成。[①] 由于诸多因素，19世纪60年代以后，美国西进运动和西部开发掀起了一场新的高潮，西部广袤的土地得到了迅速开发。1860到1910年这半个世纪内，美国农场数目由200万个增至600万个，其间新增耕地200多万平方公里以上，这些新增农场和耕地约一半位于密西西比河以西的中西部地区。[②] 农场和耕地的扩展是以森林和草原的收缩和减少为代价的，并且该时期美国的农牧业大多为粗放经营方式，农牧场主疏于土壤保持，结果造成地力耗竭、水土流失和沙化等各种生态环境问题。

美国的工业经济在19世纪经历了两次发展的高峰期，一次是1812年美英战争之后，另一次是南北战争之后。19世纪70年代以后，美国工业发展呈现几个重要特征：一是以棉纺织业等为主的轻工业向以机器、钢铁等重工业为主的产业结构转变；二是工业布局由农村转向城市、制造业由东北部向中西部扩展；三是工业增长率超过农业增长率。[③] 1850年到1900年美国人口增长了3倍，农产品增加了约3倍，而制造业产值却增加了11倍[④]。到1884年，美国工业产值在国民经济中所占的比重首次超过农业，美国开始由农业国向工业国转变。总体而言，19世纪70年代以后，美国工业增长模式属规模和数量扩张型，工业的发展是以消耗大量原材料和燃料为代价的，

---

① 沃尔特·韦布强调技术因素对于开发西部所起的作用，认为有六种技术使农场主控制和管理大平原的环境成为可能，这六种技术是：柯尔特式六发左轮手枪、带刺铁丝网、风车、约翰·迪瑞耕犁、铁路和收割机。Walter Prescott Webb, *The Great Plains*, New York: Boston: Ginn and Company, 1931。

② ［美］福克讷：《美国经济史》（下卷），王锟译，商务印书馆1989年版，第4页。

③ ［美］杰里米·阿塔克、彼得·帕塞尔：《新美国经济史》（下册），罗涛等译，中国社会科学出版社2000年第二版，第457—470页。

④ ［美］福克讷：《美国经济史》（下卷），王锟译，商务印书馆1989年版，第88页。

由于大规模重工业较轻工业会消耗更多的原料和燃料，这势必会对自然资源和环境造成更大的压力和破坏。

城市化是工业化的衍生物，城市的数量和规模随工业与贸易的发展而增加和扩大。据1920年的《国情调查》报告统计，当年美国城市人口（2500人以上人口居住的城市）在历史上第一次超过了农村人口，它们所占比例各为51.4%和48.6%。其中居住在8000人以上的城市的人口比率，从1860年的16.1%增加到1920年的43.8%。[①] 显然，19世纪下半叶到20世纪初是美国历史上城市化速度最快的时期之一。美国城市的规模和数量虽然发展很快，但城市的废物处理和卫生等相关设施并没有同步发展，城市的空气和水体污染日益加重，城市环境不断恶化。城市所面临的各种环境问题激发了人们的乡村情结，以至于19世纪末20世纪初在美国上层社会曾兴起了一场非同寻常的“寻归乡村运动”。

美国内战后直到20世纪初是美国现代化进程中最重要的历史时期，以科学和技术革命为先导的工业化乃是该时期社会经济变迁的原动力，美国的“边疆运动”和城市化也因此获得了加速发展。到19世纪末，美国可供拓殖的边疆已经不复存在，到20世纪上半叶美国最终实现了城市化。美国的现代化在这一历史时期取得了突破性进展，但也付出了沉重的代价，这个代价之一就是人与自然和环境之间关系的持续恶化。

19世纪末20世纪初美国的环境危机主要表现为资源浪费严重、荒野日渐消失、工业和城市废水废气废物增多、职业病蔓延和工作环境恶化等。资源的浪费以森林和土地最为突出。美国原本是一个森林资源极为丰富的国家，拓殖之初，美国有森林300多万平方公里，加上灌木林达400多万平方公里。20世纪初，美国的原始森林面积已降至不足80多万平方公里，而且大多掌控在私人手中。[②] 1870年以前，美国大部分物资和能源来自于森林，1870年以后，铁路和采矿业又成为木材的主要消耗者。美国森林资源的开发和利用始终伴随着巨大浪费，森林的过度开发和浪费造成了森林资

---

① ［美］福克讷：《美国经济史》（下卷），王焜译，商务印书馆1989年版，第87—88页。

② Donald. J. Pisani, “Forest and conservation, 1865 - 1890”, *The Journal of American History*, Vol. 72 (2), p. 346.

源的锐减。美国的土地资源经历了同样的命运，到19世纪末，美国已有40多万平方公里土地因水土严重流失而被废弃，西部大平原地区尤为严重。1910年，美国资源保护主义者吉福德·平肖在《为保护自然资源而战》一书中揭露了美国在开发利用资源过程中的种种浪费现象[①]，他预言，按当时的开发速度，美国的木材不够30年之用，无烟煤仅够使用50年，烟煤不到200年。[②] 美国的资源保护运动正是针对资源过度开发和严重浪费的事实以及资源短缺的危机意识而兴起的。

同一时期，美国的工业污染和城市环境问题也十分突出。工业污染往往与城市环境恶化交织在一起，主要问题包括城市空气污染、水污染及噪音污染的持续加重、工业废弃物和生活垃圾增多、城市卫生状况和人居环境的恶化等等。在汽车普及之前，工业废气是空气污染的主要源头。1895年，煤炭成为制造业和运输业的主要燃料，其中烟煤被大量使用，这使得大气中的含硫物质急剧增多。19世纪末，包括匹兹堡、芝加哥、克利夫兰、堪萨斯、辛辛那提和圣路易斯等在内的许多大城市都面临着十分严重的空气污染问题。水污染的源头除工业废弃物外，还有生活垃圾和城市废水等。美国的城市废水处理并非与城市规模的扩张同步发展。直到1909年，在美国仍有88%的污水未经任何处理而直接排放。城市生活饮用水也很不安全，在1880年，美国城市只有3万人使用过滤自来水。总而言之，工业化和城市化带给人们的并非简单的物质文明，伴随而来的还有人居环境的急剧恶化，这带给人们新的困惑，也促使人们反思，就是在这样的历史背景下，19世纪末20世纪初在美国形成了两种环保思想。

2. 两种保护思想的出现

19世纪末20世纪初，基于对资源浪费与环境恶化这一严酷事实的深刻认识，少数知识分子提出了他们的保护思想，其中最具代表性的是吉福德·平肖的资源保护主义与亨利·梭罗和约翰·缪尔的自然保护主义。

---

① Gifford Pinchot, *The fight for Conservation*, Seattle: University of Washington Press, 1967, pp. 6 – 9.

② Ibid., pp. 123 – 124.

（1）吉福德·平肖的资源保护思想

吉福德·平肖[①]并非提出资源保护思想的第一人[②]，但他却被公认为资源保护运动的主要代表，这不仅是因为他提出了与那个时代相契合的系统的资源保护思想，更重要的是由于他所具有的资源保护专业知识，以及其身处资源保护运动的领导地位和其任内所从事的资源保护实践。

吉福德·平肖的资源保护思想集中体现在他的《为保护自然资源而战》一书中。[③] 他讲到：资源保护的第一个原则是为了现在生活于这块大陆上的人们的利益而开发和利用现存的自然资源。为了当代人的利益，开发和利用自然资源是这一代人的首要责任。资源保护的第二个原则是避免浪费。资源保护的第三个原则是必须为多数人的利益开发和保护自然资源。资源保护要服从于最大多数人的最长远的最大利益这一宗旨。要从长远的角度出发，审慎、节俭和明智地利用资源。资源保护的原则可以表述为开发、节约、保护和服从公共利益的需要。[④]

概括起来，平肖的资源保护思想主要包括以下几个方面：

第一，经济至上的功利主义思想。[⑤] 平肖主张保护国家的自然资源，但是保护的目的是利用。平肖说："保护政策的全部原则都在于利用，即要使

① 吉福德·平肖于1865年生于美国康涅狄格州一个富裕家庭，1889年毕业于耶鲁大学，后到法国和德国研究林学。1892年回国以后，开始倡导对国家林业的科学管理。1898年被麦金莱总统任命为农业部林业处处长，1905年出任林业局局长。在此其间，他积极推动和领导美国的森林和其他自然资源的保护和管理工作，与西奥多·罗斯福总统一道，掀起了20世纪第一次环境保护运动的高潮。

② 最早倡导明智利用土地思想的人之一是乔治·帕金斯·马什，在他1864年出版的《人与自然》一书中，马什警告由于严重浪费，美国的土地形势可能会重现地中海古代文明的命运。该书首次挑战了"美国资源无尽"这一神话，他建议拓殖者与自然保持合作。马什的观点引起了包括自然作家、艺术家、科学家和林业学家等许多人的共鸣。George Perkins Marsh, *Man and Nature*, New York: Scribner's, 1864, pp. 29 – 37。

③ 平肖的另一著述是 *Breaking New Ground*, New York: Harcourt, Brace and Company, 1947。

④ Gifford Pinchot, *The Fight for Conservation*, Seattle: University of Washington Press, 1967, pp. 43 – 52.

⑤ "功利主义"（Utilitarianism）资源保护运动在19世纪80年代至第一次世界大战之间逐渐取代联邦早期的"自由"土地政策。作为一种伦理观的功利主义是由英格兰哲学家杰里米·本瑟姆（1748—1832）和约翰·穆勒（1806—1873）提出来的，其思想基础是"为了最大多数的最大利益"。功利意味着利用土地促进人类的幸福。Carolyn Merchant, *The Columbia Guide to American Environmental History*, New York: Columbia University Press, 2002, p. 128。

每一部分土地和资源都得到利用，使其造福于人民。”[①] 他赞同国家森林委员会在1897年调查报告中提出的观点：即必须发挥公共土地在国家经济体系中的作用，公共保留地必须服务于国家利益并为经济繁荣做出贡献。[②] 菲利普·沙别科夫指出：“平肖管理森林资源的目的是为了充分利用它们，而不是由于其美丽；他没有美学观念，至少从职业上来说如此。他没有兴趣为保护自然而保护自然。他很少关心野生生物和在公共土地上给人们提供休闲机会。”[③] 显然，平肖是从经济的角度关注自然资源的，资源保护的目的在于促进经济的发展和繁荣。美国著名环境史学家唐纳德·沃斯特认为：保护国家的经济体系，而不是自然的经济体系，是平肖自然保护哲学的主题。[④] 平肖的功利主义保护思想迎合了那个时代流行的经济至上主义，因此被广泛接受并成为20世纪初期环保运动的主流思想。

第二，科学管理、明智利用的理性主义思想。作为一位林业科学家，平肖相信科学的力量。平肖认为，必须诉诸于人类理性，依靠科学技术和专业知识来实现自然资源的充分利用和有效管理。平肖把对资源的科学管理与高效利用联系在一起。他说：这个世界非常需要治理。他确信，科学能够教会人们改造自然，使它发展的更有效率，收获更丰硕。“一切可再生的自然资源，尤其是森林和野生动物，在未来都可以发展到如同庄稼一样，由熟练的专家们去耕种、收获和培育。”[⑤] 平肖的资源保护思想缺乏伦理诉求。美国环境史学家塞缪尔·海斯指出，平肖主要依靠科学家和工程师根据经济理性和效率原则开发资源保护技术，对于他们来说资源保护运动几乎没有什么道德内涵[⑥]，这正是资源保护主义与自然保护主义的主要区别之一。

---

① Roderick Nash, *Wilderness and the American Mind*, New Haven, Conn.; London: Yale University Press, 1973, Second Edition, p. 171.

② ［美］唐纳德·沃斯特：《自然的经济体系：生态思想史》，侯文蕙译，商务印书馆1999年版，第314页。

③ Philip Shabecoff, *A Fierce Green Fire*: *The American Environmental Movement*, New York: Hill and Wang, 1993, p. 69.

④ ［美］唐纳德·沃斯特：《自然的经济体系：生态思想史》，侯文蕙译，商务印书馆1999年版，第314页。

⑤ 同上书，第315页。

⑥ Samuel P. Hays, *Conservation and the Gospel of Efficiency*: *The Progressive Conservation Movement, 1890–1920*, New York: Harvard University Press, 1959.

第三，可持续发展思想。平肖认为，自然资源的开发利用不仅要考虑当代人的需要，也要顾及后人的需要，要为子孙后代保存一片生存空间。在《开疆拓土》一书中，平肖给资源保护主义的定义是："一个从人类文明角度出发的基本物质方针"，同时又是"一个为了人的持久利益开发和利用地球及其资源的政策"。这个国家如何达到一种充分而持久的繁荣，是平肖为公众服务的整个生涯中占据主导地位的问题。[①] 资源保护运动反对浪费资源，特别反对浪费像煤、铁等这样的不可再生资源；倡导保护耕地和森林等可再生资源。平肖强调，在一个按传统的掠夺、搜刮一空，然后滚蛋的"边疆人"的方式去浪费资源宝藏的社会中，繁荣会失去永久保障。他需要一个着眼于长远而精心管理的规划，这个规划将把资源开发置于一种完全理性和有效的基础上。[②] 在这里，吉福德·平肖实际上提出了可持续发展的思想。

第四，资源配置的民主思想。平肖认为，资源保护是这个国家一代人中所知道的最民主的运动，他坚持一种观点：人们不仅有权利而且有责任控制自然资源的使用。他认为，为了特殊利益而利用这些资源在道义上是错误的，除非它处于有效的公众监控之下。[③] 平肖视美国公民均有同等机会从公共资源中获得应有的利益份额为资源保护最重要的原则，他把资源保护与普通美国人的福祉联系起来。[④] 沙别科夫认为，也许平肖和罗斯福合作的最大遗产是他们强调自然保护是一个民主问题，应为全体人民而不仅仅是为了强权者的利益使用公共资源，当从公共土地上获取经济利益是为了中饱私囊时，这种行为在道义上将是无法接受的。[⑤] 事实上，平肖那个时代的资源保护运动是整个进步主义改革运动的一个有机组成部分，它所要解决的是未受任何限制的公司经济权力集中化及其对资源垄断和浪费所造成的社会不公。格兰德·那什指出，包括平肖在内的资源保护主义者担心美国的未来会建立

---

① ［美］唐纳德·沃斯特：《自然的经济体系：生态思想史》，侯文蕙译，商务印书馆1999年版，第313页。

② 同上书，第314页。

③ Gifford Pinchot, *The Fight for Conservation*, Seattle: University of Washington Press, 1967, p. 81.

④ Ibid., pp. 79 – 80.

⑤ Philip Shabecoff, *A Fierce Green Fire: The American Environmental Movement*, New York: Hill and Wang, 1993, p. 69.

在巨大的不平等基础之上，因此他强烈支持自然财富的平均分配。[①]

第五，资源保护的国家主义思想。诉诸新国家主义、加强联邦政府对社会经济事务的干预和管制是进步主义改革的要旨之一，平肖的资源保护思想也不例外。平肖是一位国家主义者，他特别强调国家在资源保护中的作用，主张由国家来控制自然资源，积极致力于扩大公共土地的面积。平肖的新国家主义资源保护思想对此后美国的环保运动产生了深远影响。

（2）梭罗与缪尔的自然保护主义

自然保护主义[②]的主要思想大师是亨利·梭罗和约翰·缪尔，他们对自然的思维方式和人与自然关系的认识与平肖不同，如果说平肖的资源保护思想具有更多的科学和理性味道，那么梭罗和缪尔的自然保护主义则具有浓厚的伦理和宗教色彩。梭罗（Henry David Thoreau）[③] 是自然保护思想的鼻祖，是他第一个提出“在荒野中保留一个世界”和建立自然公园的设想。梭罗以抽象的超验主义（Transcendentalism）认识自然，在此基础上审视自然与文明的关系，进而提出了他的荒野保护思想。[④]

首先，梭罗认为自然是有生命、有人格的。他这样断言：“我脚下的大地并非僵死的、没有活力的物质；而是一个拥有某种精神的身体，它是有机的，随着精神的影响而流动。”梭罗肯定自然的美学意义和精神价值。在他那里，自然“比起我们的生命来，不知美了多少，比起我们的性格来，不知透明了多少！我们从不知道它们有什么瑕疵”。[⑤] 梭罗认为，自然也是有灵性的，自然与人的精神是相通的，自然能给人以美的享受和道德上的陶冶。

---

① Gifford Pinchot, *The Fight for Conservation*, Seattle: University of Washington Press, 1967, p. xxii.

② 自然保护主义有其独特内涵，自然保护主义所要保护的主要是那些未曾被人类文明所“玷污”的蛮荒之地——荒野（Wilderness），在很大程度上，自然保护就是指荒野保护。

③ 亨利·梭罗（1817—1862），是美国自然作家和哲学家，1817 年生于马萨诸塞州一个普通家庭中，曾深受超验主义大师爱默森的影响，1845—1847 年间他隐居瓦尔登湖畔，1854 年写就传世之作《瓦尔登湖》（*Walden*）。梭罗被后人称为“美国环境主义的第一位圣徒”。Carolyn Merchant, *The Columbia Guide to American Environmental History*, New York: Columbia University Press, 2002, p. 240。

④ 对于梭罗思想的评价，可参见苏贤贵《梭罗的超验主义生态学》，何怀宏主编《生态伦理：精神资源与哲学基础》，河北大学出版社 2002 年版，第 115—135 页。参见苏贤贵《梭罗的自然思想及其生态伦理意蕴》，《北京大学学报》（哲学社会科学版）2002 年第 3 期，第 58—66 页。

⑤ ［美］梭罗：《瓦尔登湖》，徐迟译，吉林人民出版社 1997 年版，第 189 页。

他相信自然乃精神之本、生命之源。

其次，梭罗提出了他对自然与文明间关系的认识。梭罗认为，自然是独立的，人仅仅是自然的一个组成部分。“我希望能为自然界、为绝对的自由和野生生命说句话，与人类的自由和文明相对照——把人看成是自然界的居住者，或自然的一部分，而不是社会成员。”与文明相比，梭罗更肯定自然的价值。他说：“我们所谓的荒野，其实是一个比我们的文明更高级的文明。”“在社会中你找不到健康，只有在自然中才能找到健康。”① 梭罗的结论是：文明若要保持持久的生命力，必须和自然保持平衡，脱离自然的文明是没有前途的文明。

最后，梭罗提出了他的荒野保护思想——建立自然公园的设想。他建议，每个城镇都应该保留一个面积2平方公里到4平方公里的公园或一处原始森林，在那里哪怕一根树枝都不能砍了当柴烧，而应永远作为一种公共财产用作教育和娱乐之目的。② 需要注意的是，与缪尔不同，梭罗可能意识到了文明的不可替代性，他试图在文明与荒野之间寻求某种平衡。用沙别科夫的话来说，在梭罗看来，在一个越来越城市化和物质第一的社会中，荒野是由劳作和生计给人类造成的精神重负的平衡码。梭罗对自然的认识以及对荒野与文明间关系的论述对缪尔产生了重要影响，成为日后美国荒野保护运动和建立国家公园的重要思想基础。③

如果说梭罗是自然保护主义的思想先驱，那么缪尔（John Muir）④ 则是自然保护运动的主要躬行者和领军人物。与梭罗一样，缪尔赞美自然，崇拜自然的神韵和美丽。较之梭罗，缪尔对自然有着宗教般的虔诚，几乎他的每篇文章都着意描绘自然或荒野的美及其精神性；他视自然物为“上帝在尘世

---

① Henry David Thoreau, Natural history of Massachusetts, *The Dial*, 1842. Vol. Ⅲ（1）. July.

② Laurence Buell, *The Tnvironmental Imagination: Thoreau, Nature Writing, and the Formation of American Culture*, The Belknap Press of Harvard University Press, 1995, p. 213.

③ 何怀宏主编：《生态伦理：精神资源与哲学基础》，河北大学出版社2002年版，第132页。

④ 约翰·缪尔（1838—1914），是美国历史上最重要的自然保护主义者、博物学家。缪尔于1838年生于苏格兰的邓巴，1849年移居美国威斯康星州。缪尔酷爱自然，他一生都是在与自然打交道中度过的。在缪尔的影响下，美国于19世纪末先后建立了国家公园和国家森林保护区。1892年，缪尔成立了迄今仍具重要影响的环保组织——塞拉俱乐部。20世纪初，他为保护约塞米蒂国家公园中的赫奇赫奇峡谷而奔走呐喊。Carolyn Merchant, *The Columbia Guide to American Environmental History*, New York: Columbia University Press, 2002, p. 226。

中的表象”，认为树叶、岩石和水体是“圣灵的火花”。[①] 他肯定自然的权利和价值，大自然肯定首先是而且最重要的也是，为了它自己和它的创造者而存在的[②]；造物主赐予所有生灵以平等的生存权利，毁坏动物和植物就是对上帝的不敬。可见，缪尔的自然观具有浓郁的宗教色彩。

在缪尔的思想深处，他是为着自然的神圣、美丽和权利而保护自然的，他实际上是一个自然中心论者，但为了说服人们更好地保护自然，他也采取了某种人类中心主义（Anthropocentrism）论据，试图说明荒野和自然对于人类文明和精神的价值。他告诉人们，大自然对人是有价值的：休息和恢复元气、审美满足、净化心灵等。在《我们的国家公园》一书序言中，缪尔写道：“我使尽浑身解数来展现我们的自然山林保护区和公园的美丽、壮观与万能的用途，我持这样一种观点：号召人们来欣赏他们，享受它们，并将它们深藏于心中，这样对它们的长期保护与合理利用就可以得到保证。”[③]

为了保护自然，缪尔提出了建立国家公园和森林保护区的设想。1871年缪尔建议联邦政府采取森林保护政策。在他的呼吁下，1890 年巨杉国家公园和约塞米蒂公园相继建立。为了更好地推动美国的荒野保护事业，缪尔又于 1892 年成立了美国历史上最早的自然保护组织——塞拉俱乐部。自此以后，自然保护逐渐成为这个国家一种令人瞩目的社会运动。

虽然资源保护和自然保护两种保护思想的产生有共同的背景和原因，在如何保护环境问题上也有某些相同之处[④]，但两者在价值目标上有重大分歧，资源保护主义强调保护资源的目的是为了更好地利用，而自然保护主义则出于审美和精神需要保护自然，反对经济至上的功利主义。上述两种保护思想反映了环境保护和发展经济、人类中心主义和生态中心主义的深刻矛

① John Muir, *Our National Parks*, Boston, 1901, p. 74.

② ［美］罗德里克·纳什：《大自然的权利：环境伦理史》，杨通进译，青岛出版社 1999 年版，第 46 页。

③ ［美］约翰·缪尔：《我们的国家公园》，郭名倞译，吉林人民出版社 1999 年版，第 7 页。

④ 虽然亨利·梭罗在 19 世纪中叶就提出了荒野保护思想，但在他那个时代没有引起更多共鸣。到 19 世纪末，荒野保护日益受到关注并演化为一种社会运动，约翰·缪尔成为这场运动的主要领导人。以缪尔为代表的自然保护主义与平肖为代表的资源保护主义也有相同之处：他们都支持保护自然，主张将资源控制在公众手中，并且需要政府管理，防止私人滥用。参见侯文蕙《征服的挽歌：美国环境意识的变迁》，东方出版社 1995 年版，第 91—92 页。

盾，也预示了当代环境保护问题上的重大分歧和冲突。20 世纪初环保运动分野为两股主要支流——资源保护运动和自然保护运动，1908 年的全国自然资源保护大会和同年开始的赫奇赫奇筑坝之争就是这种分野的标志性事件。直到第二次世界大战后，上述两种保护主义是这一时期的主流保护思想。

3. 资源和自然保护的历史与实践

大体来说，直到第二次世界大战结束，以经济至上的功利主义为基础的资源保护运动一直居于官方的主导地位，而信奉审美和精神价值的自然保护运动则处于民间的从属地位。不过，这两种环保运动在相互对立与冲突中都在吸纳对方的观点，其自身也处于不断发展和演化之中。

（1）资源保护运动

美国的资源保护运动兴起于 19 世纪 80 年代以后，在进步主义时期掀起了高潮。[①] 资源保护运动的直接起因是伴随边疆的消失和资源浪费而产生的资源短缺意识。[②] 19 世纪末，许多人不再接受美国资源无限这一承传至久的神话，他们对自由资本主义制度下的资源严重浪费现象深表担忧。恰在此时，美国的科技和工业呈飞速发展之势，美国的经济实力也在 19 世纪 90 年代跃居世界前列，这给了美国人对科学和理性的信心。在很多人看来，科学和技术不仅能够造就一个强国，也能解决资源短缺和低效利用问题。以此为背景，一场以科学管理、明智利用为主要特征的资源保护运动应运而兴。[③]

最早受到关注的自然资源是森林。森林保护的主要措施是通过立法或行政命令划建保留林地和扩大国有森林，限制对森林的滥砍滥伐；成立专门管理机构，促进对森林的科学管理等。1885 年，纽约州通过立法（*Adirondack Forest Preserve Act*）设立了“阿迪朗达克森林保留区”（Adirondack Forest

---

① Samuel P. Hays, *Conservation and the Gospel of Efficiency: The Progressive Conservation Movement, 1890 – 1920*, New York: Harvard University Press, p. 1959.

② Carolyn Merchant, *The Columbia Guide to American Environmental History*, New York: Columbia University Press, 2002, p. 127.

③ 海斯认为资源保护首先是一场科学运动，其核心是通过理性的计划来促进对自然资源的高效开发和利用。Samuel P. Hays, *Conservation and the Gospel of Efficiency: The Progressive Conservation Movement, 1890 – 1920*, New York: Harvard University Press, 1959, p. 2。

Preserve)，这是保护森林和为公众提供娱乐区的最早立法之一，它为日后联邦政府的森林保护政策树立了一个范例。[①] 1891 年，美国国会通过了《森林保护法》(*Forest Reserve Act*)，授权总统“有权确定和保留美国境内任何由树木或矮树丛覆盖的公共土地作为公共保留地，而无论其是否具有经济价值”。《森林保护法》的用意是预防洪水和土壤侵蚀、保护国家森林和野生生物及保留森林用作公共开发。该法因授予总统以发布行政命令的方式建立保护区的权力而为世人瞩目。平肖认为《森林保护法》是美国林业史上最重要的立法。[②] 1897 年，国会又通过了《森林管理法》(*Forest Management Act*)，该法授权内务部管理保留林地，合理开放森林，确保木材持续供给。早期的森林管理立法使美国的森林保护走上了法制化轨道。

与此同时，美国森林管理机构的建设也日益完善。1886 年，美国政府在农业部内下设林业科 (Forest Division)，负责管理林业。1901 年，林业科升格为林业处 (Forest Bureau)。1905 年，林业处从内政部接管了森林保留地的管理权并升格为林业局 (Forest Service)。1907 年，森林保留地改称为国家森林。1898 年，吉福德·平肖出任农业部林业科长后，大力推进林业管理体制改革，积极倡导科学的林业试验，提高林业管理的效率。1905 年，农业部颁行了平肖提交的国有森林管理规章——《国有森林使用手册》，该手册对国有森林的林木、水源、牧场、矿藏和其他资源的开发、使用、管理和改善都做了详尽规定。[③]

进步主义时代森林保护工作的主要成就体现在森林保留地和国有林区面积的急剧扩大上面。1901 年，西奥多·罗斯福就任美国总统时，森林保留地已经增至 41 个共计 19 万平方公里。在任总统的第一年内，西奥多·罗斯福就设立了 13 个新的森林保留地，共计 6.3 万平方公里。在 1907 年的“午夜森林行动”中，罗斯福将 30 万平方公里公共土地宣布为森林保护区，到

① Carolyn Merchant, *The Columbia Guide to American Environmental History*, New York: Columbia University Press, 2002, p. 192.

② Ibid., p. 215.

③ Gifford Pinchot, *Breaking New Ground*, New York: Harcourt, Brace and Company, 1947, pp. 266 - 267.

他卸任时为止，美国国有森林数目增至159个，面积达61万平方公里。[①] 森林保护区的增加和林业管理体制的改革使美国的林业开发进入了一个新阶段，即由过去那种自由放任、只采伐不保护的模式走向有偿的、讲求科学和效率的、既开发又保护的管理模式。

土地是进步主义资源保护工作的重心。土地是森林、草原和矿产等自然资源的载体，因而土地资源保护工作的范围远远超出了土地本身，牵涉的利益关系也更为复杂。进步主义时期土地资源保护工作的主要任务是扭转19世纪以来公共土地分配和管理上的混乱现象，加强对土地资源的统一规划和集中管理，提高土地的利用效率。具体措施包括开展土地状况调查、成立土地资源专门管理机构、发展西部水利灌溉事业等。从1871年开始，在联邦政府资助下，美国地质学家约翰·韦斯利·鲍威尔（1881—1894年任地质勘查局局长）对西部进行了多次考察。1878年约翰·韦斯利·鲍威尔提交了一份关于美国干旱地区土地状况的报告。该报告区分了美国东西部土地状况的主要差异，提出了提高西部土地可居住性的设想。[②] 1902年，美国国会通过了《土地开垦法》(*Reclamation Act*)。该法规定，以西部和西南部16个州和领地出售公有土地的收入作为一项特别基金——土地开垦基金，用以建设和维护西部各州的水利灌溉工程。与此同时，在内政部设立土地开垦局(Bureau of Reclamation)，负责管理西部筑坝和垦殖工程，开发和促进发展水电和灌溉系统，管理与这些工程相联系的娱乐区，保护生态系统和公园等。[③] 1903年，西奥多·罗斯福总统又任命了一个公共土地委员会，以加强对土地法实施情况的监督，制止土地投机以及对土地的掠夺式开发。

其他自然资源如矿藏、能源、草地和野生生物等，在进步主义时期均被纳入保护范围之内，对这些资源的保护工作也都取得了一定成效。[④] 与进步主义改革一样，进步主义资源保护运动是时代的产物，如果说进步主义

① Samuel P. Hays, *Conservation and the Gospel of Efficiency: The Progressive Conservation Movement, 1890–1920*, New York: Harvard University Press, 1959, p. 47.

② Carolyn Merchant, *The Columbia Guide to American Environmental History*, New York: Columbia University Press, 2002, p. 233.

③ Ibid., pp. 130, 199, 235.

④ 关于西奥多·罗斯福的资源保护政策，可参见孙港波《西奥多·罗斯福的资源保护政策研究》，东北师范大学历史系博士学位论文，1995年。

改革调整的是人与人、人与社会的关系的话，那么资源保护运动所要调整的则是人与自然的关系以及以自然为中介的社会关系。概言之，进步主义资源保护运动是要通过国家干预，依靠科学和专家，实现对资源的合理配置、科学管理和高效利用，促进经济正义，以维护国家持久繁荣的物质基础。

美国资源保护运动的第二次高潮发生于1933年至1942年富兰克林·罗斯福新政时期（New Deal Conservation）。新政承传并极大地扩展了进步主义时期的资源保护思想与实践，在某种意义上，新政资源保护运动是进步主义资源保护运动的发展和继续。不过，新政资源保护运动的直接起因是20世纪30年代的经济大危机和相伴而生的社会动荡、自然灾害的频发以及生态环境的恶化等。正是在空前严重的社会经济与环境危机的双重打击之下，富兰克林·罗斯福提出了要为美国人民实行新政的口号，决心利用国家的力量来扭转危机、恢复经济、稳定社会秩序和保护美国的自然资源。

新政资源保护运动的重心是森林、土地、洪水控制等，这些工作往往与新政的社会经济目标交织在一起。同西奥多·罗斯福一样，富兰克林·罗斯福也把保护森林列为其保护工作首位。新政其间的森林保护工作主要由民间资源保护队（Civilian Conservation Corps）来承担[①]，主要措施包括植树造林、预防火灾、森林养护等。在9年时间里，民间资源保护队做了大量工作，它们建造了3108座防火瞭望塔，修护了1767座旧塔，清除了8401平方公里林地上的枯树和杂草，修建了106540公里防火道[②]，改造森林面积总数达到1.6万平方公里[③]。其中，植树造林成就最为突出，1933至1940年间，民间资源保护队植树达0.81平方公里。在资源保护队组建之前的1932年，国有林区仅有101平方公里新植林，民间资源保护队组建之后，国有林区新植林面积迅速扩大，仅在1933年就增加了283平方公里，1936年达到高峰，总计约963平方公里。自1937年起，民间资源保护队年均植树造林

① 关于民间资源保护队所从事的资源保护工作情况，可参见滕海键《民间资源保护队的缘起和历史地位》，《史学月刊》2006年第10期，第57—64页；《新政的奇葩：民间资源保护队》，《历史教学》2006年第1期，第28—33页。

② A. L. Riesch Owen, *Conservation Under F. D. R*, New York: Praeger publishers, 1983, p. 131.

③ Kieley, *The Civilian Conservation Corps*, Washington: 1941, not paged.

约607平方公里。到1940年，国有新植林总面积达5394平方公里，其中大约4492平方公里是民间资源保护队成立后增加的。[①] 新政的森林保护工程大幅度地增加了国有森林总量，为国家创造了一笔巨大财富。它也很好地改善了美国的气候条件，有助于遏制沙尘暴和干旱的频发及土壤侵蚀等。

自20世纪30年代初开始，干旱、尘暴和洪水等自然灾害不断袭扰美国，这促使富兰克林·罗斯福把土壤保护问题提到国家议程上来。新政土地资源保护工作的重心是土壤侵蚀治理，目的是保持水土恢复地力，主要措施包括开展土地科学调查、建立和完善土地工作领导机构、制定土地资源保护立法，在此基础上开展土壤侵蚀的综合治理等。[②] 1934年，面对肆虐的尘暴和持续的干旱，罗斯福下令成立大平原干旱调查委员会（Great Plains Drought Area Committee），对西部大平原生态系统进行了一次深入调查，为治理土壤侵蚀提供了充分的信息和科学依据。1935年，美国国会通过了《土壤保护法》（*Soil Conservation Act*）。[③] 该法规定，一些地区的农场主可以联合起来发展水土资源保护工程，或休耕以恢复地力。根据此法成立了土壤侵蚀治理的专门领导机构——土壤保护局，土壤保护局隶属于农业部，主要任务是调查、研究和治理土壤侵蚀。20世纪30年代，该局在土壤学专家休·哈蒙德·班尼特的领导下从事了大量土壤侵蚀的保护工作。新政农业调整政策也把稳定农产品价格与保护土壤结合起来，1936年通过的《土壤保护和国内分配法》（*Soil Conservation and Domestic Allotment Act*）鼓励种植一些能够提高地力和保护土壤的作物。总之，新政的土地保护工作力度很大，它对于遏制20世纪30年代大平原的生态危机发挥了一定作用。

水资源的保护、开发和综合治理是新政的重中之重，短期目标是通过兴办水利工程实现以工代赈，解决就业问题；长远目标是控制洪水、解决灌溉和提供廉价电力等，主要工作是兴建以水坝为核心的大型水利工程等，

---

① *Reforestation by the C. C. C*, Washington: 1941, p. 4.

② 关于20世纪30年代美国西部巨大的生态灾难尘暴及土地资源的治理历史，可参见Donald Worster, *Dust Bowl: The Southern Plains in the* 1930*s*, Oxford New York: Oxford University Press, 1979。

③ 1933年，罗斯福政府在内政部下设立了土壤侵蚀局（Soil Erosion Service），该局于1935年根据土壤保护法改组为土壤保护局，从内政部划归农业部管辖并成为一个永久性联邦机构，20世纪90年代又改组为自然资源保护局（Natural Resource Conservation Service）。

其中以田纳西河流域的综合治理最为引人瞩目。1933 年 5 月，美国国会通过了《田纳西流域管理局法》（*Tennessee Valley Authority Act*），据此成立了田纳西流域管理局，该局对跨越 7 个州的田纳西河流域实施综合治理，通过控制土壤侵蚀、植树造林、改进水运交通、建造水电站、防洪等措施来改变该地区的社会经济与环境状况。田纳西河流域的开发和治理取得了巨大成功，在一定时期内和一定程度上实现了环境保护和经济发展的双重目标。①

1936 年，在西部地区发生巨大洪灾和民众要求联邦政府采取得力措施控制洪水的情况和压力下，美国国会通过了《洪水控制法》（*Flood Control Act*），此法明确了联邦政府对于洪水控制工程的持久责任，肯定了大坝和水库系统对于调解水资源，使之服务于经济目的的作用。② 此后，一直到 20 世纪 70 年代中期，在美国兴起了一个建设大规模水利工程的高潮，据统计，在 1936 年至 1976 年间，陆军工程兵团、垦殖局、田纳西流域管理局和土壤保护局先后建造了 1823 座大坝。③ 需要注意的是，由于水利工程会对自然景观和生态系统造成持久改变和破坏，因此它成了自然保护主义者反对和攻击的目标。虽然这种斗争早在 20 世纪之初就已开始了，但直到 20 世纪 60 年代以后它才获得更多公众的支持。

富兰克林·罗斯福政府还致力于保护美国的野生生物资源，加强对公共土地上的放牧管理，扩大公共土地面积等。新政资源保护运动的规模远远超过了进步主义时代，所取得的成就也是空前的。美国环境政策史学家理查德·安德鲁斯认为：在美国历史上，没有其他任何时代像新政时期那样，在恢复和改善环境以及创造人类共同体和生存环境之间和谐关系方面取得如此非凡的记录。④ 新政资源保护运动与进步主义时期有许多相同之处，两者都出于经济上的考虑而保护资源，都诉诸国家主义来推进资源保护工作。不过

---

① William U. Chandler, *The Myth of TVA: Conservation and Development in the Tennessee Valley, 1933 – 1983*, Cambridge, Massachusetts: A Subsidiary of Harper & Row, 1984.

② A. L. Riesch Owen, *Conservation under F. D. R*, New York: Praeger publishers, 1983, p. 96.

③ Richard N. L. Andrews, *Managing the Environment, Managing Ourselves: A History of American Environmental Policy*, New Haven: Yale University Press, 1999, p. 165.

④ Ibid., p. 177.

两者也有许多不同之处，西奥多·罗斯福和吉福德·平肖借助于政府的权力平衡集中的商业力量，政府的使命是使经济更有效率，纠正无限制资源开发带来的破坏性影响——如投机、垄断以及由于短视而导致的资源掠夺等。富兰克林·罗斯福则借助于政府力量在一片废墟中重建经济和环境，通过政府干预为民众提供工作机会，进而达到保护资源的目的。[①] 新政资源保护工作往往更多地与社会经济目标结合在一起，具有很强的应急性。

（2）自然保护运动

自然保护运动兴起于19世纪70年代，以1872年黄石国家公园的建立为标志。自然保护运动与19世纪下半叶美国迅速发展的城市化有直接关系。城市化所带来的各种问题，包括城市污浊、喧嚣的环境，以及城市带给人们的精神压力等激发了人们的荒野情结，直接引发了自然保护运动。美国环境史学家罗德里克·纳什认为：在美国，19世纪所有欣赏荒野和创设国家公园的胜利都是东部城市状况或西部大多数老城市"问题"所致。[②]

自然保护运动兴起的另一重要原因是荒野的迅速消失，以及人们对荒野价值的认知。自拓殖时代直至19世纪上半叶，在大多数美国人眼里，荒野就是人类征服的对象，他们的使命就是把荒野变成一个个农业边疆、牧业边疆、矿业边疆和城市边疆。到19世纪下半叶，随着自由土地的收缩，人们对荒野价值的认识发生了很大变化，荒野不再是需要清理的蛮荒之地，而是需要珍爱和保护的对象。在人们的意识中，高山、峡谷、瀑布和沙漠等自然景观呈现给人们的是庄严雄伟的人性化品质。一些自然作家赋予荒野以神性，比如缪尔把高山比作上帝的殿堂。不仅如此，许多人还把荒野与美国特性、特别是男子气魄的形成联系起来。[③] 依照纳什的说法：荒野作为一种男性气魄、坚韧和野性——用达尔文的术语来说是适应者的特质——的源泉而获其重要性。[④] 可以这样说，荒野保护运动源自于现代化进程中文明对荒野

---

① Richard N. L. Andrews, *Managing the Environment, Managing Ourselves: A History of American Environmental Policy*, New Haven: Yale University Press, 1999, p. 162.

② Roderick Nash, "The Value of Wilderness", *Environmental Review*, 1977 (3), p. 16.

③ Carolyn Merchant, *The Columbia Guide to American Environmental History*, New York: Columbia University Press, 2002, p. 132.

④ Roderick Nash, *Wilderness and the American Mind*, New Haven, Conn.; London: Yale University Press, 1973, Second Edition, p. 145.

的精神需要。

城市化的消极后果以及少数知识分子对荒野价值的认知和宣传激发了人们的荒野意识，直接导致自然保护运动的兴起。自然保护运动的早期成果主要是一些国家和州立公园的建立。在许多自然保护主义者看来，建立公园是保存自然以供人们审美娱乐之需的最佳形式之一。从 1872 年第一个国家公园——黄石国家公园的建立到 1916 年《国家公园局法》通过，美国共建立了 13 个国家公园[①]，各州也建立一些州立公园。这些公园大多是根据议会立法建立起来的，都规定了保持公园的自然景观及公共娱乐之目的。比如 1872 年的《黄石公园法》规定保持公园处于自然状态，使其永远作为“人民的休憩地”，禁止在公园内捕鱼和狩猎。约塞米蒂山谷和马里帕沙巨杉林被授予加利福尼亚州时也曾规定必须用作度假、休闲等公共之用。1892 年，根据纽约州法建立了阿迪朗达克公园。当时的法律规定，阿迪朗达克地区将永远保持野生状态。最初，国家公园由内政部管理，但随着公园体系日益庞大，仅靠内政部难以实现有效的管理，于是国会于 1916 年通过了《国家公园局法》，据此设立了国家公园管理局，其主要任务是保护国家公园中的风景、自然、历史遗迹和野生生物，使其不受破坏以供当代和未来一代欣赏。[②] 自 1916 年国家公园管理局成立后，美国的国家公园体系一直在扩大，到 20 世纪晚期，国家公园总数达 355 处，面积超过了 32.3 万平方公里。[③]

自然保护运动不限于建立国家公园，许多野生动植物资源、历史遗迹和天然景观的保护也与自然保护主义者的努力有直接关系。实际上，在保护实践中，很难严格地将资源和自然保护区别开来。自然保护主义也有生态中心论和人类中心论之分。出于人类的精神需要而保护自然，就目的而言与资源保护主义没有区别。虽然一些自然保护主义者反对人类中心论，但出于现实斗争需要他们放弃了这一哲学基点，这就产生了思想与实践的矛盾，言称为

---

① These Parks Include：Yellowstone（1872），Macinac Island（1875），Yosemite（1890），Sequoia（1890），General Grant（1890），Mt. Rainier（1899），Crater Lake（1902），Wind Cave（1903），Mesa Verde（1906），Platt Springs（1906），Glacier（1910）and so on.

② *U. S. Statutes at Large*，*H. R. 15522*，*Public Act 235*，http：//memory. loc. gov/ll/amrvl/vl027/vl027. html（2006 年 7 月 1 日）。

③ Carolyn Merchant，*The Columbia Guide to American Environmental History*，New York：Columbia University Press，2002，p. 228.

了审美价值和精神需要而保护自然其本质上也是一种功利主义。

自20世纪初开始，资源与自然保护主义者经历了多次交锋，这包括1908—1913年约塞米蒂国家公园的赫奇赫奇水坝之争[①]，20世纪50年代“回声谷反坝斗争”，以及20世纪30年代中期以后有关消灭食肉动物、填充湿地和国家公园筑路之争，等等。[②] 这场历时之久的斗争的趋势是：荒野保护思想越来越得到公众的认同和支持，自然保护主义的影响逐渐扩大；标志性事件是20世纪30年代马歇尔和利奥波德的荒野思想与生态伦理观的广为传播，1964年《荒野法》的通过，以及国会否决了回声公园筑坝提议等。

第二次世界大战前的资源与荒野保护运动为后来留下了不少遗产。首先，它确立了政府对环境保护的主要责任以及资源和荒野保护的立法传统，这些责任和传统在第二次世界大战后得以延续和扩大。其次，进步主义资源保护运动的主要领导是少数政府官员、科学家和实业界人士组成的所谓“精英层”，到新政其间因富兰克林·罗斯福组建民间资源保护队及实施其他资源保护措施而使更多下层民众参与到资源保护运动中来，资源保护意识开始在大众中间普及，这为第二次世界大战后的环保运动奠定了人文和群众基础。[③] 最后，以平肖和缪尔为代表的两种保护思想在长期的环保实践及辩论中得到了广泛宣传。[④] 在这一历史过程中，人们对于环境问题的认识在不断深化，环保思想也经历了某种转型，这为第二次世界大战后美国的环保运动和环境政策奠定了重要的思想基础。

二 第二次世界大战后美国社会的巨大变化

环境政策的兴起与第二次世界大战后美国社会经济的巨大变化有直接关系。第二次世界大战后，美国社会发生了广泛、深刻的历史性巨变。战争对

---

① 关于赫奇赫奇水坝之争，可参见胡群英《资源保护和自然保护的首度交锋：20世纪初美国赫奇赫奇争论及其影响》，《世界历史》2006年第3期，第12—20页。

② Cornelius M. Maher, *Planting more than Trees: The Civilian Cornservation Corps and the Roots of the American Environmental Movement, 1929 - 1942*, Bell & Howell Information and Learning Company, 2001, pp. 273 - 301.

③ Ibid., pp. 1 - 77.

④ Char Miller, *Gifford Pinchot and the Making of Modern Environmentalism*, Island Press, 2004.

美国社会的影响极具革命性。战争极大地刺激了美国经济的增长和科学技术的创新，推动了制造业的扩张和产业结构的调整。这不仅引起了生活方式等社会各个领域的重大变迁，也极大地加重了对资源和环境的压力，进而引发了空前严峻的生态环境危机。相应地，美国社会对环境问题的认识也发生了革命性的变化，在此背景下，美国的环境政策进入了一个新阶段。

1. 科技进步与生产体系的变革

自20世纪20年代初开始，美国现代科学技术发生了革命性变化，第二次世界大战和随之发生的冷战加速了这一进程。美国著名生物学家巴里·康芒纳在《封闭的循环：自然、人和技术》一书中讲过："在最近的50年里，可以看到一个科学上的彻底革命，它在技术上及其在工业、农业、交通和运输的应用上，都开创了有力的变革。第二次世界大战是这个历史变迁中的一个决定性的转折点。战前的25年是现代基础科学彻底革命的主要阶段，尤其是在物理和化学方面，根据它们所产生的新的生产技术是太多了。在战争逼近中的那些年里，在军事需求压力下，很多新的科学知识迅速转化为新的技术和新的生产企业部门。自第二次世界大战以来，这些技术迅速地转变了工业和农业生产的性质。所以，第二次世界大战是先前开始的科学革命与接着而来的技术革命的伟大分界。"① 正是在战争和军事需求的刺激和推动下，美国的科学技术在第二次世界大战后出现了迅速发展的局面。

第二次世界大战后，美国科技进步涉及的领域极为广泛，除原子能、航天技术和电子计算机这三大技术外，美国在固态电子学、化学、制药、无线电通讯、农业等许多方面都取得了重大技术突破。第二次世界大战后，美国的技术创新始终保持世界领先地位，在1953到1973年的20年时间里，全世界总共500种技术革新项目中有265种（即半数以上）是由美国完成的。1940年以后，世界主要技术革新项目大部分出自美国人之手，比如20世纪40年代的黑白电视机、半导体收音机、电子计算机、腈纶、链霉素，

---

① ［美］巴里·康芒纳：《封闭的循环：自然、人和技术》，侯文蕙译，吉林人民出版社1997年版，第102页。

20 世纪 50 年代的磁带录像机、数控机床、人造偏光片、电子复印机，20 世纪 60 年代的激光、集成电路、太阳能电池、通信卫星和 20 世纪 70 年代的微处理机、电荷耦合元件，等等，都是由美国科学家和工程技术人员率先开发出来的。[①] 第二次世界大战后，美国的科技进步无论从深度、广度和速度上看都是史无前例的，这无疑会对美国的经济体系和产业结构造成重大影响。

第二次世界大战后，美国科技进步的重要特征之一是科学、技术与生产之间的紧密结合，一种新的科学理论和技术一旦被构建或创新后很快被应用于军事或民用生产领域，从而导致生产体系发生一系列重大变化，一些新的生产部门和产品纷纷问世，进而引发和造成许多新的环境问题。

第一，随着核试验的成功以及对核能价值的不断认知，核工业被建立起来并获得迅速发展。1946 年，美国原子能委员会（AEC）宣告成立，该委员会负责一项旨在军事、科学以及工业中运用核能的庞大计划。受控核反应所产生的巨大热能能够用来驱动涡轮，因而核能作为一种“清洁”能源可以替代煤和石油，减轻城市空气污染和减少国家日益增加的对外国石油的依赖，所以原子能和平利用被提到国家议程上来。1953 年，原子能委员会宣布将发展民用核电站作为一项“国家目标”。1954 年，《民用核能法》（*Civilian Nuclear Power Act*）获得国会批准，该法授权原子能委员会和平利用核能，鼓励发展民用核电站。[②] 此后美国核电站发展很快。1957 年，第一座核电站投入生产，1962 年投入 7 座，1975 年有 55 座核电站处在运营中，另外还有 158 座核电站处于筹划和建设中。[③] 与此同时，出于冷战和军事目的，美国的军用核工业和核武库也在不断膨胀。

第二，美国的有机化学工业在第二次世界大战后同样发展迅速。20 世纪 20 年代，石化工业在美国兴起后，人工合成有机物质的技术一直在稳步前进，三大人工合成物质——合成橡胶、合成纤维和塑料工业先后被建立起

---

① 黄素庵：《美国经济实力的衰落：技术・竞争・霸权》，世界知识出版社 1990 年版，第 164 页。

② *Nuclear Power Timeline*, http: //www. eia. doe. gov/kids/history/timelines/nuclear. html（2006 年 11 月 8 日）。

③ Ellis L. Armstrong, *History of Public Works in the United States*, Chicago: American Public Works Association, 1976, p. 393.

来。美国的橡胶工业兴起于20世纪30年代初，第二次世界大战其间获得飞跃发展。20世纪50年代初，由于发明了齐格勒—纳塔催化剂，合成橡胶工业进入了崭新阶段。20世纪60年代，美国合成橡胶工业以开发新品种和大幅度增加产量为特征，出现了液体橡胶、粉末橡胶和热塑性橡胶等。1950年，美国合成橡胶产量为4.84吨，1960年是14.6万吨，1970年达到了22.32万吨。美国塑料工业在20世纪30年代实现了一系列重大技术突破，包括聚甲基丙烯酸甲酯、三聚氰胺—甲醛树脂的模塑粉、层压制品和涂料先后投入生产。美国塑料工业的黄金时期是20世纪50年代到70年代初。1968年，美国合成塑料产量是735万立方米，到1973年达到了1400万立方米。合成纤维工业诞生于20世纪30年代末，1939年，杜邦公司首先在美国特拉华州的锡福德实现了聚酰胺—66纤维的工业化生产。20世纪50年代以后，聚乙烯醇缩甲醛纤维、聚丙烯腈纤维、聚酯纤维等合成纤维品种相继实现了工业化。20世纪60年代，合成纤维产量猛增，1968年的产量是168万立方米，1973年达到了297万立方米，合成纤维超过羊毛产量和人造纤维，在化学纤维中居于主导地位。

第三，美国农用化学生产资料产品结构在第二次世界大战后也发生了很大变化，特别是各种新型农药、化学杀虫剂和化肥的生产和使用。在美国，包括滴滴涕、六六六和除草剂等在内的农用化学制剂在20世纪40年代就已投产，在随后的几年里又有许多新产品不断问世。在20世纪50、60年代，美国有机农药的生产和使用进入高峰期，包括马拉硫磷、敌百虫、苯氧羧酸、氨基甲酸酯、酰胺、二硝基苯胺、二苯醚等在内的系列化学品种大批涌现，农药产量也大幅增长，农药分类学业已形成。与此同时，美国的化肥特别是尿素和氮肥也被大量生产和使用。从1949年到1968年，美国化肥使用的年增长率是648%，而同期谷物的人均生产增长率仅为6%。[①]

第二次世界大战后，美国科学技术、生产体系和产品结构的变革远不止于此，这些巨大变化正是引发新的环境问题的根本原因。康芒纳在《封闭的

---

① ［美］巴里·康芒纳：《封闭的循环：自然、人和技术》，侯文蕙译，吉林人民出版社1997年版，第118页。

循环——自然、人和技术》一书中详列了第二次世界大战后技术变迁对环境所造成的影响，他说："光化学烟雾是在使用新的高效率的小轿车和载重汽车的时候，由其发动机泄露的氧化氮引起了光化学反应而产生的；污染农业地区的化肥和杀虫剂是早在20世纪50年代为了增加粮食生产而被使用的；射线危险是由新使用的核能引起的；添加在汽油中的铅是开动高效率机动车引擎所必需的。"[①] 自第二次世界大战以来，之所以在美国和所有其他工业国家出现了环境恶化的局面，其基本原因在于农业和工业生产及运输上的技术发生了巨大变革。他还认为，每种新的、有着更多污染的技术，在能源上的浪费也要比它们所代替的那些技术多。导致环境危机的技术革新也同样在迅速地减少我们使用的燃料。[②]

2. 经济增长与"消费社会"的来临[③]

第二次世界大战给予美国经济以巨大推力，使其进入了高速增长时期。1929年金融大危机后，美国经济处于持续萧条状态，直到第二次世界大战爆发后这种局面才得以改变。在战争其间，在军事需求的巨大拉动下，美国的机器制造和化学工业、交通运输和原材料开发工业等均获得了飞跃性的发展，其产量产值也创历史新高。根据美国商业部的统计资料，美国制造业生产指数（以1935—1939年为100）：1933年是69%，1938年为89%，1940年为125%，1943年增长到239%。[④] 1940年，美国制成品生产总值为5643200万美元，到1945年增加到13067300万美元；1940年，美国国民生产总值为1006.18亿美元，1945年增长到2135.58亿美元。[⑤] 毫无疑问，战争其间的经济增长和制造业扩张是以对原材料和初级产品的榨取为代价的。

---

① ［美］巴里·康芒纳：《封闭的循环：自然、人和技术》，侯文蕙译，吉林人民出版社1997年版，中文版序。

② 同上书，第4—5页。

③ 关于"消费社会"概念，可参见张卫良《20世纪西方社会关于"消费社会"的讨论》，《国外社会科学》2004年第5期，第34—40页。

④ Department of Commence, Bureau of the Census, No. 927, *Industrial Production-Indexes*, By Groups: 1926 – 1945.

⑤ Department of Commence, Office of Business Economics. U. S. Income and Output, *a Supplement to the Survey of Current Business*, July 1961 and February 1962.

据统计，国家矿产品生产指数（以1935—1939年为100）：1942年上升到148%，燃料（煤炭和石油）1944年生产指数达到了145%，国家木材开采量也从每年的18595立方米上升到37190立方米，这种对资源的大量和高速度开发加重了对这个国家自然资源的压力，加剧了环境危机。

第二次世界大战后，由于国内外持续的市场需求、军工企业的转型、固定资本的更新以及大量新型产业的兴起等诸多原因，美国的国民经济仍然保持着较快的增长速度。美国国民生产总值1950年为2846亿美元，1958年为4828亿美元，1961年增至5213亿美元，到1971年突破10000亿大关。[①] 美国制造业生产指数（以1957—1959年为100)：1950年为75，1960年为109，1969年达到169，增长了2.25倍。[②] 在制造业中，各型汽车、家用电器、石化等产品增长速度最快，1970美国生铁产量为8514万吨，汽车产量达823.9万辆。[③] 能源工业生产规模十分庞大，煤炭业在1960年生产热能10.817 quadrillion Btu（英国热量单位），1970达到14.607 quadrillion Btu；天然气在1960年是12.656 quadrillion Btu，1970年达到21.666 quadrillion Btu；原油产量在1960年是quadrillion Btu 14.935，1970年达到了20.401quadrillion Btu。[④] 经过20世纪50、60年代所谓黄金时期的发展，到20世纪70年代美国经济总量已然十分庞大——尽管在资本主义世界中的相对经济地位明显下降了。1970年，占世界人口不到6%的美国，生产了世界煤产量的25%（1965—1970年均产量为57400万吨），原油产量的21%（1971年产34.78亿桶，而1950年为19.74亿桶），钢产量的25%（钢产量1971年为12044万吨，而1960年为9928万吨）。如此庞大的生产规模必然会对整个国家的资源和能源与环境造成巨大和沉重的压力，从而导致人与环

① Department of Commence, Office of Business Economics. U. S. Income and Output, *a Supplement to the Survey of Current Business*, July 1961 and February 1962.

② *Board of Governors of the Federal Reserves System*; *Industrial Production*, *1957 - 1959*, *Base on Federal Reserve Bulletin*, http://www2.census.gov/prod2/statcomp/documents（2006年8月1日）。

③ 中国社会科学院世界经济与政治研究所综合统计研究室：《1982世界经济统计简编》，生活·读书·新知三联书店1983年版，第544—545页。

④ U. S. Energy Production by Source, 1960 - 1998, U. S. Department of Energy, Energy Information Administration, *Annual Energy Review 1998*, Table 1.2, p.7, DOE/EIA-0384 (98) (GPO, Washington, DC, 1999), http://ceq.eh.doe.gov/nepa/reports/statistics/tab9x2.html（2006年11月1日）。

境关系的紧张和恶化。

制造业的发展和经济增长的直接后果是国民收入水平的大幅度提高，继而随着公众消费观念的转变，一个新的时代——消费社会来临。美国国民收入在1945年为1815亿美元，1950年为2411亿美元，1960年达到了4145亿美元，1970年增至8008亿美元。[①] 个人收入以1958年价格计算，1950年为2747亿美元，1960年为3896亿美元，1970年达到6197亿美元[②]，其间增长了2.26倍。随着生活日渐富裕，民众的消费观念也发生了变化，提倡节俭已被人们不屑一顾，追求高消费成为一种时尚。与此同时，因技术进步而导致的名目繁多的耐用和非耐用商品的不断问世，又给人们提供了新的消费刺激和选择机会。于是，大量地生产、大量地消费便成了第二次世界大战后美国社会的一个重要特征，个人消费支出和日用品消费量大幅度攀升。据统计，1950年美国居民个人消费支出为2305亿美元，1960年达到3161亿美元，1970年增至4771亿美元（以1958年美元计算）。个人消费的增加反过来又推动了制造业的扩张和经济规模的扩大，间接导致了对国家资源的过度榨取和消耗。1952年，"佩利委员会"在其提交的一份报告中提到，美国已经成为非共产主义社会中最大的原材料消费者，10%的世界人口、8%的国土面积消费了世界将近一半的原材料，而且其需求还在持续增长。[③]

第二次世界大战后，人口增长和政府支出的扩大对美国消费社会的形成也起到了推波助澜的作用。20世纪40年代末至60年代初，美国经历了一次人口增长的高峰，1947年美国人口为1.4413亿，1963年增加到1.8924亿，增长率为1.72%。[④] 政府财政支出总量也在迅速扩大，包括联邦、州和地方三级政府支出总额在1950年为608亿美元，1960年为1361亿美元，1970年

---

① Department of Commence, Office of Business Economics. U. S., *The National Income and Product Accounts of the United States, 1929 – 1965, and Survey of Current Business*, July issues and February 1971.

② Ibid.

③ Richard N. L. Andrews, *Managing the Environment, Managing Ourselves: A History of American Environmental Policy*, New Haven: Yale University Press, 1999, p. 187.

④ U. S. Department of Commerce, Bureau of the Census, *Historical National Population Estimates: July 1, 1900 to July 1, 1998* (an Internet accessible data file, release date: June 4, 1999) and *National Estimates Annual Population Estimates, by Age Group and Sex, Selected Years from 1990 to 1999* (an Internet accessible data file, release date: December 23, 1999).

增至3130亿美元。[1] 人口增加意味着更多的商品需求和更多的资源消耗，而政府开支的不断扩大则直接拉动了市场需求，这一切反过来又导致工业规模的持续扩张，进而对资源和能源造成新的压力。社会消费量的增长还制造了大量工业废弃物和生活垃圾，从而对环境造成污染。据统计，美国每年大约产生500亿个罐头盒，300亿个玻璃瓶，近1000万辆报废汽车，1亿只废轮胎，400万吨废塑料制品，以及大量废电视机、废纸等垃圾废物，其总量高达3.6亿吨，[2] 这远远超出了自然环境的吸纳能力。

3. 中产阶层的壮大及其对高质量生活水平的诉求

中产阶层在美国社会经历了一个历史的演变过程。[3] 第二次世界大战后，随着国民经济的繁荣和资源配置规模的扩大，以及科技进步和产业结构的调整及社会的变迁，中产阶层也在日益壮大。美国中产阶层的发展壮大主要表现在两个方面：从事专业技术和管理等脑力劳动的工作者人数和比例在迅速增加，中等收入水平的家庭和个人数量急剧扩大。据统计，1964年美国有白领工人3110万，1975年增至4280万，其间增幅达38%。1940年美国有专业技术人员390万，1964年上升到860万，1975年增至1490万，1964年至1975年间增加了54%。1960年美国有科学与工程技术人员109.2万人，到1975年增至199.4万人，增长率为82%。[4] 在收入方面，1950年至1960年间，年收入5000美元以下的家庭数持续下降，年收入5000美元以上的家庭数迅速上升。其中，年收入1万美元以上的家庭数由1950年的3.2%增加到1960年的14.3%，年收入在5000到5999美元的家庭数由1950

---

① Execution Office of the President, Council of Economic Advisers, *Economic Report of the President*, 1971, p. 2.

② 中国科学技术情报研究所编：《国外公害概况》，人民出版社1975年版，第68页。

③ 中产阶层首先是一个职业概念。在第二次世界大战后，它主要是指那些从事交通运输、新闻资讯、市场营销、金融贸易、科技文教、医疗卫生等职业以提供专业知识和技能服务为主的脑力工作者。中产阶层的主要特征体现于他们在现代社会中所处的经济地位——即它在经济上是介于上层社会和下层百姓之间的一个阶层。中产阶层经济上的“中产”地位取决于他们从事的职业。中产阶层（亦称白领阶层）也是一个历史概念，关于它的发展和演变，可参见朱世达《关于美国中产阶级的演变与思考》，《美国研究》1994年第4期，第39—54页；张友伦《二次大战后美国工人阶级结构的变化：简评美国学者关于阶级的理论》，《历史研究》1994年第2期，第162—117页。

④ 参见丹尼尔·贝尔《后工业社会的来临》，商务印书馆1986年版，第24—25页。

年的9%增加到1960年的12.9%，年收入在6000到9999美元的家庭数由1950年的11%增加到1960年的30.8%，增长比率最高。[①] 这组数字表明，1960年年收入在5000美元以上的家庭数占全部家庭数的58%。

随着国民收入水平的提高和中产阶层队伍的不断壮大，美国迈入了一个新的时代——“丰裕社会”时代。[②] 丰裕社会最重要的特征之一就是中等以上收入水平的居民居多数，绝大部分社会成员不再为衣食住行等基本生活需要而担忧（即获得加尔布雷斯所称的某种“经济安全”）。第二次世界大战后，美国丰裕社会的富足也可以通过居民家庭拥有的耐用消费品数量比反映出来，据统计，1960年，美国拥有一辆小轿车的家庭占居民总数的75%，两辆以上的占16.4%，拥有电视的占86.7%、洗衣机的占74.5%、烘干机的占17.4%、冰箱的占86.1%、空调的占12.8%；到1970年这些比例分别上升为79.6%、29.3%，黑白电视机为77.4%、彩色电视机为37.8%、洗衣机为69.9%、烘干机为40.8%、冰箱为88.8%和空调为20.5%。[③] 一般意义上，一定社会经济的发展和繁荣不仅会导致社会结构的变迁，还会在精神文化领域引起连锁反应，从而造成更为广泛深刻的社会变革。正是在物质高度繁荣和中产阶层日益壮大的历史背景下，第二次世界大战后的美国人在教育、工作和生活方式等各方面都相应地发生了重大变化。

美国的教育在第二次世界大战后发展十分迅速，接受教育的国民人数大幅度增加，受教育的程度也大幅度提高。据统计，美国中学毕业生与17岁人口总数的比率在1930年为29%，1965年达到了76%。高等院校入学人数在1930年为8%，1970年上升到32%。从1960年到1975年间，美国高等

---

① Department of Commerce, Bureau of the Census, *Current Population Reports*, Series P-60, No. 37.

② “丰裕社会”（Affluent Society）是著名经济学家加尔布雷斯在1958年出版的《丰裕社会》一书中提出的概念，他认为丰裕社会的主要指标是“收入均等化”“社会福利”“充分就业”和“经济安全”，据此他声称，20世纪50年代的美国已经进入丰裕社会。加尔布雷斯的“丰裕社会”概念曾引起争议，不过要给一个社会学概念以数学般的精确界定是难以想象的。无论如何，20世纪50年代以后的美国的确称得上是一个富足社会，其中最重要的标志之一就是居民收入水平的普遍提高和中产阶层队伍的发展壮大。

③ Department of Commerce, Bureau of the Census, *Current Population Reports*, Series P-66, No. 18 and 33.

院校数量增加了近1倍，在校学生总人数增加了2倍以上，从220万增至750万。获得高等教育学位的人数增长也很快：1960年获学士学位的人数为39.2万人，占4年前中学毕业生的28%；高级学位人数为8.4万人，占5年前大学毕业生的41%。在1975年，获学士学位的人数为92.3万人，占4年前中学毕业生的31%；获高级学位的人数为38.2万人，占5年前大学毕业生的48%。[①] 第二次世界大战后，美国中产阶层家庭尤其重视其子女的教育，中产阶层受教育的比率和层次是最高的。另外，美国人的工作时间在第二次世界大战后呈下降趋势。1938年的《公平劳动标准法》（即《工资工时法》）规定最高工时每周40小时，这一限定的法定效力维持了很长时间。第二次世界大战后，随着劳动生产率的提高和带薪假日的延长，直到20世纪70年代中期，美国人全年劳动时间一直在减少。[②]

塞缪尔·海斯认为，第二次世界大战后，美国人的环保价值观或者说环境意识是伴随着教育的发展而发生变化的，现代环境主义在年轻人群体中有较大影响。这说明教育的普及和发展是导致第二次世界大战后美国人环境意识觉醒的主要原因之一。

这样，第二次世界大战后的美国社会就逐渐具备了追求高质量生活水平的条件：一个日渐中产化的社会——有产（经济上富足）、有闲（有闲暇时间）、受到良好教育等。于是，美国人开始走向更高层级的社会——追求生活质量阶段［社会学家称之为生活质量（Quality of Life – QOL），而不是传统意义上的生活水准（Standard of Living-SOL）］[③]。在这一历史转变中，美国人尤其是中产阶级的价值观也经历了某种转型，他们不再单以物质上的富

① 参见［美］卡洛普《美国社会发展趋势》，刘绪贻、李世洞、秦珊等译，商务印书馆1997年版，第86—95页。

② 20世纪70年代中期以后，美国的实际工作时间呈上升趋势。Phillip L. Rones，Jennifer M. Gardner and Randy E. Ilg，“Trends in hours of work since the mid-1970s”，*Monthly Labor Review*，1997. Vol. 120（4），pp. 3 – 14。

③ 沃尔特·罗斯托在1971年出版的《政治和成长阶段》一书中完成了他的经济增长六阶段说：即人类社会经历了“传统社会”“为起飞准备前提”“起飞”“成熟”“高额群众消费”和“追求生活质量”六个阶段。“高额群众消费阶段”反映的是一种数量上的消费特征，在该阶段之后，人们可能转向对生活质量的追求。在他看来，追求生活质量阶段的主导部门已不是以汽车为主的耐用消费品工业，而是以服务业为代表的提高居民生活质量的部门为主，它包括公共投资的教育、卫生保健设施、市政建设、住宅、社会福利部门、文化娱乐部门、旅游等。罗斯托认为当时的美国已经进入了追求生活质量阶段。

足和消费品多寡来衡量生活标准，其兴趣和注意力日益转向与他们的健康和安全息息相关的生活和工作环境上，开始关注空气质量、水质和食物安全，更多地从事旅游和娱乐等休闲活动。正如塞缪尔·海斯所指出的："现代环境价值在很大程度上是第二次世界大战后富裕起来的美国人寻求新的、非物质的'舒适'而导致的结果，所谓'舒适'是指清新干净的空气和水质，良好的健康条件，开放的空间、娱乐，这是许多美国人在有空闲和安全保障情况下需要的消费项目。"①

根据《财经杂志》年度调查报告，第二次世界大战后，美国人对清洁的空气和良好的水质的要求排在他们希望生活的城市所具有的条件的前列。当被问及更倾向于居住在哪里时，大部分受访者表达了相同的倾向：希望生活在人口相对较少，更具乡村风景的环境中。尽管由于工作等方面原因，他们的愿望还难以实现，但城市居民想要改善栖居环境的愿望在第二次世界大战后一直在增强。②

第二次世界大战后，美国人对生活质量的追求集中体现在城市人口郊区化和休闲娱乐需求日益上升等方面。美国城市人口郊区化虽然开始于19世纪，但直到第二次世界大战前并未成为引人注目的现象。郊区化趋势在20世纪50至70年代进入高峰。20世纪50年代，郊区人口增长率为56.4%，20世纪60年代为37.7%，20世纪70年代为34.3%，这一增长率远远超过同期城区人口和全国平均人口的增长速度。1950年，美国郊区人口总数为3600万，1970年增加到7400万，这其间全国人口增长总数的83%发生在郊区。③ 1970年，全国郊区人口数量超过了居住在市区的人口，形成了自1920年美国城市人口超过农村人口以来的又一次历史性转折。④

第二次世界大战后，向郊区迁移的居民主体是白人中产阶层，迁移的主要目的是摆脱城市喧嚣污浊的环境，寻求宜人的生活居住空间。第二次世界

① Samuel P. Hays, *Beauty, Health, and Permanence, Environmental Politics in the United States, 1955 – 1985*, Cambridge: Cambridge University Press, 1987, p. 4.

② Samuel P. Hays, *A History of Environmental Politics since 1945*, Pittsburgh: University of Pittsburgh Press, 2000, pp. 23 – 24.

③ Richard N. L. Andrews, *Managing the Environment, Managing Ourselves: A History of American Environmental Policy*, New Haven: Yale University Press, 1999, p. 197.

④ 王旭：《美国城市史》，中国社会科学出版社2000年版，第175页。

大战后，联邦政府的优惠住房信贷政策和郊区低廉的地价，以及城区高速公路的迅速发展和家庭轿车的普及为这种迁移提供了现实条件。人口郊区化的效应是复杂的：一方面，为中产阶层提供了先前只有上层社会才拥有的享受宜人环境的机会，部分地实现了美国梦；另一方面，郊区化的过程也是人类永久性地改变自然的过程，因为伴随人口郊区化而来的是建筑、商业和工业的郊区化，从城市向外延伸的公路和各种生活服务设施延伸到哪里，哪里的自然环境就被永久地改变了。①

从第二次世界大战后直到20世纪50年代，美国人对国家公园的兴趣与日俱增。1956年到国家公园参观游览的人数已经几乎增至战前的2.5倍。美国人真正迎来休闲活动的高峰是在20世纪60年代以后。1979年美国的统计数据显示，1960年至1975年间是美国人休闲活动最为活跃增幅最大的时期，1960年去国家公园游览的人数是7900万人，1975年达到了23900万人；打高尔夫球的人数在1960年为400万人，1975年为1300万人；打网球者在1960年为500万人，1975年增至2900万人；赛马观众在1941年为41000万人，1975年为79000万人。此间，不仅参加休闲活动的人数在迅速增加，休闲活动的阶层、种族、年龄和性别差异也在缩小，休闲活动出现大众化趋势。② 导致第二次世界大战后美国社会休闲趋势增强的原因很多：中产阶层队伍壮大、年轻一代成长、教育水平提高、审美情趣增强、大众传媒发展等，都不同程度地发挥了作用。大众化的休闲活动对美国社会产生了广泛影响，一些健康的户外休闲活动——如登山远游等，在陶冶人们的情趣、促进身心健康的同时，也增进人们对自然价值的理解，越来越多的美国人开始赞同或支持保护荒野，这就扩大了荒野保护运动的群众基础，并推动了1964年《荒野法》的最终通过。

① Richard N. L. Andrews, *Managing the Environment*, *Managing Ourselves*: *A History of American Environmental Policy*, New Haven: Yale University Press, 1999, pp. 197 – 198. 王曦：《美国环境法概论》，武汉大学出版社1992年版，第26页。

② ［美］卡洛普：《美国社会发展趋势》，刘绪贻、李世洞等译，商务印书馆1997年版，第110—118页。

4. 意识的变迁与生态学的普及

美国人的环境意识在第二次世界大战后也发生了很大变化，生态学逐渐在大众中间得到了普及。不过，美国人对人与自然间关系的认识却经历了一个很长的历史演变过程。[①] 唐纳德·沃斯特认为，就英美国家而言，自 18 世纪以来就存在着两种对立的自然观：一种是阿卡狄亚式的，另一种是帝国式的。前者倡导人们过一种简单和谐的生活，目的在于使它们恢复到一种与其他有机体和平共存的状态；而后者的愿望是要通过理性的实践和艰苦劳动建立人对自然的统治。[②] 实际上，从 18 世纪末一直到 20 世纪 60 年代之前，美国社会在人与自然关系问题上的主流意识是帝国式的人类中心主义，其间虽然也有少数知识分子曾先后以不同角度提出过他们的生态观并试图推进社会对自然环境的生态学认知。但从发展趋势看，美国民众思想中的生态意识是不断增强的。

按照唐纳德·沃斯特的说法，在生态学产生之前就已经出现了生态学家，这些生态学家包括梭罗、马什和缪尔等。梭罗的生态学思想具有某种浪漫主义色彩[③]，这种浪漫主义为后来美国的荒野保护主义所继承[④]。梭罗视自然界为一有机整体，在这个有机体之内没有任何等级和歧视，这包含着某种伦理意识，由此他也提出了大自然的权利问题。[⑤] 马什在《人与自然》中用与后来的生态学家相同的方式探讨了自然的“平衡”与“和谐”问题，但不像梭罗，他没有对人类中心论提出挑战。缪尔也承认大自然的共同体特质，不过，他更强调自然本身的价值，以及大自然的美和精神性。由于时代所限，这些 19 世纪诞生的具有生态学意识的超前思想在很长一段时间内仅仅在少部分美国人中间流行，并没有成为社会和官方的主流意识。

---

① 关于美国环境意识的演变，可参见侯文蕙《征服的挽歌：美国环境意识的变迁》，东方出版社 1995 年版。

② ［美］唐纳德·沃斯特：《自然的经济体系：生态思想史》，侯文蕙译，商务印书馆 1999 年版，第 19—20 页。

③ 同上书，第 81—145 页。

④ *Henry David Thoreau*, http://www.geocities.com/Athens/7687/1thorea.html（2006 年 8 月 6 日）。

⑤ ［美］弗里德里克·纳什：《大自然的权利：环境伦理史》，杨通进译，青岛出版社 1999 年版，第 42—44 页。

20世纪20到30年代，在科学进步的基础上，美国人的生态学思想获得了重大发展，一系列生态学概念如“食物链”“生态系统”“小生境”等先后被创造出来，生态学在美国获得新的发展，其中最具代表性的是弗雷德里克·克莱门茨的“生态演替”和“顶级群落”理论。该理论认为，任何地区的植物都要从一种幼小的不稳定的早期阶段发展到一种比较复杂的趋于平衡的状态——即“顶级”状态，从而形成“顶级群落”——一个成熟的有机体。克莱门茨的群落范围后来扩及动物甚至人本身，他也使用这种理论来分析大平原生态变迁的机理。[①] 与19世纪的那些思想家不同的是，克莱门茨的生态学理论有很强的科学性，它为人们客观地思考人在改变自然中的作用提供了科学依据。克莱门茨的生态学理论提出之时，恰逢尘暴肆虐大平原，这引发了关于人与自然关系以及生态学价值等问题的探讨，也促发了公众特别是一些科学家和政府官员的生态意识。唐纳德·沃斯特说：“以这场区域性的人为悲剧为背景，出现了一种以生态学为基础的新的自然保护观念。”[②]

尽管如此，生态学并没有立即成为官方的保护哲学，20世纪30年代的新政依然沿袭着20世纪初功利性资源保护思想，“帝国式”的自然观更是得到了空前发挥。出于对20世纪30年代频发的严重自然灾害的反思，也出于对新政资源保护政策的强烈质疑，奥尔多·利奥波德在20世纪40年代末提出了他的生态观和土地伦理思想。[③] 利奥波德的生态观主要体现在他的土地共同体范畴之中。在利奥波德看来，土地共同体就是土地之上由包括人在内的所有自然承载物及土地本身构成的一个相互依赖、相互联系、相互影响的有机体，土地共同体内部所有成员处于一种平等地位，他们之间既相互竞争又相互协调，共存共生于同一个有机整体中。不过，利奥波德并没有停留在对土地的生态学诠释上，由于他的主要用意在于引导一种对土地的正确认识以及正确的行为方式，于是他将伦理范畴由人与人、人与社会之间扩展到人

---

① ［美］唐纳德·沃斯特：《自然的经济体系：生态思想史》，侯文蕙译，商务印书馆1999年版，第249—303页。

② 同上书，第231—232页。

③ ［美］奥尔多·利奥波德：《沙乡年鉴》，侯文蕙译，吉林人民出版社1997年版。

与土地即自然之间关系上去，进而提出了他的土地伦理思想。利奥波德的土地伦理思想实际上就是要对人在其与自然关系中的行动施加某种限制。他认为一种正确的土地伦理标准就是要保护土地共同体的和谐、稳定和美丽。①

在对人与自然关系问题的认识上，利奥波德是一个了不起的里程碑，这不仅因为利奥波德给予土地共同体一个完整的生态学阐释，更重要的是他鲜明地提出了环境保护的道德伦理诉求，在人类环境意识发展史上，这具有非同寻常的意义。唐纳德·沃斯特认为，比起任何一篇别的作品来，这篇文章（土地伦理思想）更标志着生态学时代的到来；它也将被看作是一种新的环境理论的独特而极简明的表达。② 利奥波德的思想超越了他那个时代，弗里德里克·纳什认为，20 世纪 40 年代晚期和 20 世纪 50 年代早期的美国不太可能真心诚意地接受利奥波德的建议。从 15 年物质匮乏中走出来的美国，正以超常的热情抓住第二次世界大战后的有利时机，努力发展生产。对于那个时代的许多美国人来说，维护生态系统的完整、稳定和美丽，以及肯定那些没有功利价值的物种的生物权利，是难以令人接受的，大多数生态学家也排斥利奥波德的思想。③ 不过种子已经播下，它终会开花结果的。20 世纪 60 年代，美国人对利奥波德及其土地伦理思想的兴趣骤然增长，且至今长盛不衰。这个事实本身足以说明土地伦理的生态学价值。④

20 世纪 60 年代，生态学意识在美国民众中得到普及，其间，生物学家蕾切尔·卡逊发挥了至关重要的作用。1962 年，卡逊发表了她的警世之作——《寂静的春天》。书中以大量事实揭示了化学杀虫剂对整个生态系统造成的严重后果，警告滥用技术将给人类造成毁灭性危险。⑤ 作为生态

---

① 参见滕海键《利奥波德的土地伦理观及其生态环境学意义》，《地理与地理信息科学》2006 年第 2 期，第 105—109 页。

② ［美］唐纳德·沃斯特：《自然的经济体系：生态思想史》，侯文蕙译，商务印书馆 1999 年版，第 334—334 页。

③ 同上书，第 89 页。

④ *Aldo Leopold*，http：//www. wilderness. org/profiles/leopold. htm（2006 年 8 月 10 日）。

⑤ 参见［美］蕾切尔·卡逊《寂静的春天》，吕瑞兰、李长生译，吉林人民出版社 1997 年版。Rachel Carson，*Silent Spring*，New York：Houghton Mifflin Company，1964。

学家，卡逊有很强的使命感，她认识到由杀虫剂造成的由所有生命组成的生态系统的失衡，是比其他任何问题都更为紧迫的问题。她是想以此来唤醒美国人，促使他们采取行动。与《沙乡年鉴》不同，《寂静的春天》在最佳时机出版，在当时的美国社会——从民众到政府，从学生到科学家，从乡村到城市，引起了巨大反响，它把美国带回一个在现代文明中以惊人程度丢掉但却是基本的理念——人类和自然的相互关联①；它使公众对环境伦理学的关注达到了那个时代的顶峰。纳什认为，在促使20世纪60年代美国公众了解生态世界观的基础及其伦理意蕴方面，卡逊可谓独领风骚。② 自《寂静的春天》之后，美国社会掀起了生态热，生态科学、生态学理论受到了前所未有的关注，生态意识迅速成为这个国家居主导地位的环境意识。③

总之，以第二次世界大战为契机，由科技进步而导致美国社会的一系列重大变化，不但引发了空前严重的生态环境危机，而且造就了一个以中产阶层为主导的社会结构及新的价值观体系。科学的发展也使人们对自然与环境的认识得以深化，包括系统论、生态学等在内的科学理论被更多地用以分析人与自然环境关系，环境保护也具有了新的内涵和蕴意。这正是第二次世界大战后美国环保运动和环境政策兴起的重要背景。

三　第二次世界大战后美国的环境危机

第二次世界大战后，美国空前严重的环境危机是导致环境政策兴起的直接原因。现代环境问题是伴随着工业化和现代化而发生和发展的，不同

① ［美］克里斯·朗革编著：《美国环境管理的历史与发展》，中国环境科学出版社2006年版，第131页。

② ［美］弗里德里克·纳什：《大自然的权利：环境伦理史》，侯文蕙译，商务印书馆1999年版，第100页。

③ *Rachel Carson and the Awakening of Environmental Consciousness*, http：//www.nhc.rtp.nc.us/tserve/nattrans/ntwilderness/essays/carson.htm（2006年8月21日）。

国家在不同历史时期所面临的环境问题的内容、特征和严重程度也有所不同。[①] 在一般意义上，环境问题可以概括为三个方面：资源和自然的消耗与破坏，以及由此导致的短缺和退化问题；因经济增长和新技术应用导致的环境污染和公害问题，如空气、水质、土壤污染和噪音等；因环境破坏而引发的生态失衡问题，如酸雨、尘暴、全球温室效应等。这几个方面的问题在第二次世界大战前的美国是都存在的，不过相对而言，资源的浪费性开发和使用在战前比较突出。美国的环境污染自19世纪末进入公众视野，从那时起直到20世纪40年代一直在发展，不过此间的污染公害还没有达到足以促使联邦政府采取广泛干预的程度。20世纪40年代以后特别是50、60年代，美国的环境污染和公害进入了泛滥和高发期，空气质量恶化，水体污染加重，新的污染源层出不穷，各种公害日益增多，出现了空前严重的环境危机。

1. 空气质量恶化

空气污染在美国由来已久，20世纪40年代达到高峰，50、60年代又有所发展。[②] 统计数字显示，20世纪40至60年代的美国，有5种主要大气污染排放物水平不仅数量庞大且呈明显上升趋势（见表2—1—1）。[③] 其他大气污染排放物也在不断增加，这导致美国空气质量严重恶化。

---

① 西方发达国家的公害发展有一定阶段性，从18世纪末至20世纪70年代大体可分为三个阶段：第一阶段产业革命时期（18世纪末到20世纪初），以煤烟尘、二氧化硫造成的大气污染和以矿冶、制碱造成的水质污染为主；第二阶段从20世纪20年代至40年代，燃煤造成的污染又有发展，同时增加了石油及其产品带来的污染，有机化学工业污染问题逐年增多；第三阶段从20世纪50年代到70年代，出现了新的污染源如农药等有机合成物质和放射性物质，除大气污染严重外，水污染问题非常突出，噪声、垃圾、恶臭和地面沉降等其他公害也纷纷出现，进入了资本主义公害泛滥期。参见《国外公害概况》，人民出版社1975年版，第11—12页。

② 空气污染中危害大、范围广的物质主要有一氧化碳（Carbon Monoxide）、二氧化硫（Sulfur Dioxide）、碳氢化合物（hydrocarbon-Volatile Organic Compounds）、氧化氮（Nitrogen Oxides）和固体微粒物（Particulate Matter－PM－10）等。空气污染主要来源于工业排放的废气，现代交通工具比如汽车、飞机、船舶等燃烧汽油、柴油而排放的废气，家庭日常生活燃料燃烧排放的有害气体等。

③ U. S. Environmental Protection Agency，Office of Air Quality Planning and Standards，*National Air Quality and Emissions Trends Report*，*1998*，*Table A－2－4－8*（EPA，OAQPS，Research Triangle Park，NC，2000），*and earlier reports in this series.*

表2—1—1 **1940年到1970年美国主要大气污染物排放量** 单位：百万吨

工业生产	一氧化碳	二氧化硫	碳氢化合物	氧化氮	固体微粒物
1940年	10.905	4.085	5.510	0.322	6.292
1960年	15.873	5.790	10.280	0.902	9.999
1970年	16.899	7.100	14.311	1.215	8.668
燃料燃烧与其他	一氧化碳	二氧化硫	碳氢化合物	氧化氮	固体微粒物
1940年	93.615	19.953	17.161	7.374	15.956
1960年	109.745	22.227	24.459	14.140	15.558
1970年	128.761	31.161	30.748	21.179	13.190

美国的大气污染主要发生在城市和工业区，特别是东部和中西部一些工业较为集中的地区，最典型的大气污染事件是20世纪40年代的多拉诺烟雾事件和洛杉矶光化学烟雾事件。① 多拉诺镇位于华盛顿县孟农加希拉河西岸的一个河谷地带，距工业城市匹兹堡48公里，1948年有居民1.4万人。多拉诺是一个工业小镇，镇里分布着硫酸厂、钢铁厂、炼锌厂等许多工厂。由于该镇所处河谷盆地的地形特点，工厂排出的大量烟尘在一定气候作用下很容易在近地空中积聚，从而引发严重的大气污染。1945年4月，多拉诺镇发生了一起大气污染事件，使当地居民死亡率明显上升。1948年10月26日到31日，多诺拉镇又发生一起特大空气污染事件，烟雾一连多天笼罩小镇不散，致使大约6000人患病，居民出现眼痛、咽喉痛、流鼻涕、头痛、胸闷、干咳等症状，其中19人因窒息而亡。1948年10月30和31日，州工业卫生局对大气中的污染成分测定发现，空气中二氧化硫、氟化物含量非常高。根据州工业卫生局的调查结果和当地居民的抱怨分析，造成此次大气污染的罪魁祸首是当地硫酸厂、钢铁厂、炼锌厂在生产过程中使用燃煤动力机和煤渣

① 这两件事被列为20世纪世界八大公害事件，另外六大公害事件是：马斯河谷事件（比利时，1930年12月1日到5日），伦敦烟雾事件（英国，1952年12月5日到8日），四日市哮喘事件（日本，1961年），爱知米糠油事件（日本，1963年3月），水俣病事件（日本，1953—1956年），骨痛病事件（日本，1955—1972年）。

烟尘所致。[①] 多拉诺大气污染事件激发了该州民众对政府在保护环境方面措施不力的不满情绪，也加速了该州空气污染控制立法的步伐。

洛杉矶位于加利福尼亚州南部太平洋沿岸地区一个直径约50公里的盆地，三面环山，一面临海，日照充足，气候温和。洛杉矶是第二次世界大战其间发展起来的美国西部地区最大的工业城市，该市石油、飞机制造和汽车工业十分发达，污染空气的烟雾和废气排放量十分庞大。从1943年开始，洛杉矶市出现一种微白、有时略呈黄褐色的特殊烟雾，这种烟雾具有很强的刺激性和稳定性，往往飘浮在空气中几天不散。最初，洛杉矶市政部门调查认为，燃烧含硫煤和燃料油产生的二氧化硫是造成这种烟雾的主要原因，于是采取各种措施减少和控制二氧化硫排放，但烟雾并未减少；后来又发现石油挥发物（碳氢化合物）同二氧化氮和空气中其他成分一起，在阳光作用下产生了一种不同于一般煤尘的光化学烟雾，于是洛杉矶当局又着手减少碳氢化合物的排放，然而洛杉矶的烟雾污染仍在恶化；1955年，洛杉矶因光化学烟雾引起的呼吸系统衰竭而致死的人数多达400余人；1959年，眼睛过敏症在洛杉矶县187天里均有报道；最终，一项调查报告发现，洛杉矶石油工业每天排放500吨碳氢化合物，而各种车辆每天排放量竟达1300吨，1957年，机动车排放的碳氢化合物约占该市日排放总量的80%；这样就找到了洛杉矶光化学烟雾的真正元凶——汽车工业。[②] 洛杉矶日益严重的空气污染促使该州加强大气污染成因和控制的调查研究，1947年，洛杉矶建立了全国第一个空气污染控制区，此后该市又相继采取系列措施降低大气污染物的浓度。像多拉诺和洛杉矶这样的大气污染问题在20世纪40年代的美国并非个别现象，类似的城市空气污染事件在当时其他城市也频有发生。

日益加重的大气污染对人们的生活和健康、工农业生产、生态系统等都造成了严重威胁。首先，大气污染影响了人们的生活，城市大气污染降低了能见度，不但给人们的生活带来不便，还导致交通事故发生率上升。大气污

---

① 中国科学技术情报研究所：《国外公害概况》，人民出版社1975年版，第11—12页。*Manuscript Group 190*：*James H. Duff Papers*，*Subject File*，*Letter of Mrs. Lois Bainbridge of Webster*，*PA*，*to the Governor*，*October 31*，*1948*，http：//www. docheritage. state. pa. us/documents/donora. asp（2006年12月10日）。

② 中国科学技术情报研究所：《国外公害概况》，人民出版社1975年版，第55—58页；［美］巴里·康芒那：《封闭的循环：自然、人和技术》，侯文蕙译，吉林人民出版社1997年版，第52—63页。

染物会引起多种疾病，特别是呼吸系统疾病。一项对1963年至1968年间纽约市死亡率与大气关系的研究表明：因污染平均每日造成的死亡人数为28.63人，即每年约有1万人因大气污染而死亡，占该市总死亡人数的12%。[①] 其次，大气污染对工农业生产也造成了很大危害。大气污染物影响植物叶面的光合作用和呼吸系统，干扰植物生理和新陈代谢过程，进而导致植物枯谢、果实变质、农作物减产等。比如1970年加利福尼亚州就因大气污染致使农作物减产而损失2500多万美元。大气中的酸性物质和二氧化硫等还会腐蚀工业材料、设备和建筑物等，美国每年需要花费很多资金来维护这些器械和设施。最后，大气污染扰乱生态循环系统，改变天气和气候条件，引发温室效应。20世纪50、60年代，美国的许多城市气温高于历史纪录，城市云雾弥漫，日照减少[②]，这些变化都与环境污染有关。

2. 水体污染加重

20世纪50年代以后，美国的水体污染日渐加重，到20世纪60年代中期，全国各大水系——公共水体、城市和工矿企业的水源普遍受到污染威胁。据统计，1970年美国遭受污染的主要河流里程达11多万公里（见表2—1—2）[③]，约占河流总长度的27%，其中污染比较严重的河流有俄亥俄河、凯霍加河、鲁日河、布法罗河等，著名的密西西比河和五大湖水系的污染尤为严重。[④]

表2—1—2 **美国主要河流污染情况**

主要河流流域	河流长度（哩）	污染程度（哩）	
		1970	1971
俄亥俄	28992	9869	24031
东南部	11726	3109	4490

① 中国科学技术情报研究所：《国外公害概况》，人民出版社1975年版，第59页。

② J. P. Dickson, *Air Conservation*, Washington, DC.: American for the Advancement of Science, 1965.

③ 中国科学技术情报研究所：《国外公害概况》，人民出版社1975年版，第62页。

④ 同上书，第61—62页。

续表

主要河流流域	河流长度（哩）	污染程度（哩）	
		1970	1971
五大湖	21374	6580	8771
东北部	32431	11895	5823
大西洋沿岸中部	31914	4620	5627
加利福尼亚	28277	5359	8429
墨西哥湾	64719	16605	11604
密苏里	10448	4259	1839
哥伦比亚	30443	7443	5685
总　计	260324	69739	76299

第二次世界大战后，美国水体污染源主要来自于工农业生产、交通运输和城市生活废弃物等。工业废水和城市排污是水体污染的元凶。据统计，在20世纪70年代初，美国约有16500个下水道系统和30多万个工厂将废水排入江河、湖泊和海洋中，这些废水大多未经充分处理或根本未加处理而被排放。在东北部、大湖盆地及俄亥俄地区，由于人口稠密、工业发达、商业繁华，水体污染尤为严重。[①] 第二次世界大战后，由于技术进步和产品结构的变化等因素，含有氟化物、氨、酚、醇、汞和游离态氧等化学物质的废弃物明显增多，这就给水体造成了更大的威胁。据调查，20世纪70年代初，美国大约有三分之一的水域含有较高的汞，波及大约20个州。调查结果也显示，汞污染主要来自工业废水。[②] 农业也是水体污染的一个重要源头。第二次世界大战后，美国农业中普遍使用化肥和农药化学杀虫剂，这些合成物质中含有大量硝酸盐、氮和无机磷等成分，在风蚀和降水所形成的径流和渗流作用下，这些物质被带入地表水体或地下水体中，从而造成水体污染。

交通运输业也对水体构成了很大威胁，特别是随着石油开采和石油运输业的发展，水体油污染泛滥成灾。1949年至1972年间，世界石油消费量增长了约3倍，美国是这一时期全球最大的石油进口和消费国。20世纪60年

① 中国科学技术情报研究所：《国外公害概况》，人民出版社1975年版，第62页。
② 同上书，第66页。

代末至70年代早期，世界石油产量下降，美国因此加强了国内石油开采和增加了原油进口量。同一时期，石油运输和开采中的泄漏事件屡屡发生[①]（见表2—1—3），对海域和内河等水体造成严重污染。1969年1月29日，在美国加利福尼亚州的圣·芭芭拉（Santa Barbara）距海岸9.7公里的一个石油钻井平台发生井喷事故，总计大约20万加仑原油喷涌而出，弥漫了方圆2072平方公里的海域。由于海风和潮汐作用，原油被带入圣·芭芭拉海岸，长达56公里的海岸遭受严重污染，大批海生动物如海豚、海狮和鸟类因污染中毒或窒息而死。这次生态灾难得到当时的电视媒体长达几周的报道，激起了公众的强烈反响。[②] 同年6月22日，俄亥俄州克利夫兰市东南部凯霍加河因石油污染而燃起了大火，火焰高达30米[③]，大火持续了8天。这些屡见不鲜的污染事件激发了美国民众强烈的环境危机意识。

表2—1—3　　**1971年美国水域油污染事件**

水　域	事　件		漏　油	
	事件数	事件总数百分比	油量（万加仑）	占总漏油量百分比
内　河	7227	85	565.3	63
五大湖	337	4	259.4	29
领海	308	4	3.8	<1
离海岸3—12浬海域	392	5	65.1	7
12浬以外的海域	192	2	2.0	<1
总　计	8456	100	895.6	100

水体污染的后果同样十分严重。水体污染首先对人体健康构成威胁，因为受到污染的水体往往含有大量有毒物质和各种病菌，人们饮用了被污染的水后会导致各种疾病的发生。20世纪60年代以来，美国科学研究和社会调

① 中国科学技术情报研究所：《国外公害概况》，人民出版社1975年版，第67—68页。

② *The Santa Barbara Oil Spill*, http://www.geog.ucsb.edu/~jeff/sb_69oilspill/69oilspill_articles.html（2006年8月25日）。

③ *Myths surrounding Cuyahoga River fire 35 years ago*, http://www.eurekalert.org/pub_releases/2004-06/cwru-msc061704.php（2006年8月25日）。

查发现，有许多急性和慢性病症，包括一些高发性疾病与饮水有直接关系。大量未经处理的工业和城市废水被排放到河流湖泊中，严重影响了河流湖泊的景观。20 世纪 60 年代中期，美国的许多城市河道变成了臭水沟。水体污染也会破坏了水域的生态结构和功能，导致大量生物窒息而亡，进而造成巨大的经济损失，伊利湖水污染就是一个典型例证。伊利湖位于北美五大湖区，周围分布着 6 个大城市，人口达 1300 万。伊利湖水域水生生物资源十分丰富，一般年份捕鱼量要超过其他四大湖的总和。长期以来，由于城市和工业废弃物的排入，湖中的有机物质、磷酸盐、硝酸盐和卤化物等大量沉积，致使湖水富营养化，深水层出现缺氧，导致大批生物因窒息而死亡或退化绝迹，不但造成了无法挽回的生态灾难，还严重影响了湖区的渔业生产。①

3. 放射性物质、化学杀虫剂等新污染源的出现

1945 年 7 月，伴随着美国新墨西哥州荒漠里的一声惊天巨响，一个新的时代——核能时代来临。核裂变与核试验的成功是人类历史上重大的科学进步和技术革命。核能在带给人类新的可资利用的具有巨大潜能的能源同时，也引发了新的问题，使人类再次陷于困惑的境地。核能最初被用于军事目的。1949 年苏联核试验后，核武器竞赛就此拉开了序幕。从 1945 年至 1951 年间，美国共进行了 16 次核试验。20 世纪 50 年代初以后，和平利用核能被提到日程上来。从 20 世纪 50 年代中期到 70 年代末，美国的原子能和平利用发展迅速。1979 年，在美国有 72 座领有执照的核反应堆在运转，生产约占全国 12% 的电力，另外还有 88 座在建造中。② 核能也被广泛运用于工业的其他领域。

核竞赛和核工业带给人类新的污染源——放射性物质。放射性物质主要通过核沉降（局部的、对流层和平流层）、核事故和核废料渗漏等途径对环境和人本身构成威胁。核沉降是在 20 世纪 50 年代初被发现的。1953 年 4 月 26 日在纽约州特洛伊市雨水中发现了一种高度辐射能，当时人们猜测这是内华达核试

---

① W. Ashworth, *The Late, Great Lakes: An environmental history*, New York: Knopf, 1986.

② ［美］米契欧·卡库、詹尼弗·特雷纳：《人类的困惑：关于核能的辩论》，李晴美译，中国友谊出版公司 1987 年版，第 15 页。

验所产生的放射性活动残骸——射尘，被风携带穿越这个国家，并由大雨带回地面。[①] 后来的研究表明，核试验会释放一种放射性元素——锶$^{-90}$，这种元素在同温层气流作用下会飘移很远，当它们落入地面后便与钙一起进入食物链，通过植物、动物和牛奶而被人体吸收，最终富集在人体骨骼和母乳中，从而给人体健康造成无穷的隐患。20 世纪 50 年代和 60 年代美国频繁进行的大气核试验，使大气中的放射尘骤然增多，因放射性污染而致残的人数也在迅速上升。截至 1963 年，美国人口中估计由放射尘导致的有生育缺陷的人数达 5000 人，有 40 万名美国婴儿的致命性死亡可能主要由放射尘单独承担责任。[②]

核污染的另一危险来自于核事故，它会导致放射性物质被释放到周围环境中去。由于核试验与核电站技术要求高而复杂，稍有不慎便会酿成大患。第二次世界大战后，美国的核事故时有发生。1953 年，美国在太平洋进行的一次核试验发生了事故，致使一艘日本渔船“幸运之龙”上的水手受到放射尘的影响。1955 年，爱达荷州福尔斯的一座核反应堆由于操作失误导致部分释热组件熔化酿成事故。1979 年 3 月 28 日，在宾夕法尼亚州哈里斯堡附近的三厘岛核电站发生了一次美国历史上最严重的核事故，此次事故向大气排放了 250 万居里的放射性惰性气体和少量放射性碘，这次事故给美国的核能发展造成了很大影响，此后美国的核电站建设基本上处于停滞状态。从 1979 年到 1989 年的 10 年里，美国原子能委员会记录了核电厂共发生了 3.3 万起事故，其中 1000 多起属于“特别严重的”事故。[③] 核废料的处理也是一个十分棘手的问题。1965 年以来，美国低强度核废料存量和辐射量一直呈上升趋势。1965 年美国存储低强度核废料 3.4 万立方米，放射能为 27.3 万居里；1970 年存储 13.8 万立方米，放射能为 85.5 万居里；1980 年存储 76.8 万立方米，放射能达到 454.7 万居里。[④] 高强度核废料从 1980 年开始也

---

① ［美］巴里·康芒纳：《封闭的循环：自然、人和技术》，侯文蕙译，吉林人民出版社 1997 年版，第 39—41 页。

② 同上书，第 44 页。

③ ［美］威廉·坎宁安主编：《美国环境百科全书》，张坤民主译，湖南科学技术出版社 2003 年版，第 518 页。

④ U. S. Department of Energy, Office of Environmental Management, *Integrated Data Base Report-1996: U. S. Spent Fuel and Radioactive Waste Inventories, Projections, and Characteristics, Revision 13* (DOE, EM, Washington, DC., December 1997), http://www.nepa.gov/nepa/reports/statistics/tab8x3.html (2007 年 1 月 1 日)。

呈上升趋势。这些核废料都隐含着巨大的环境风险和隐患。

20 世纪 40 年代以后，随着高分子化学合成工业的发展，一种新型的化学合成物质——化学杀虫剂（Insecticide and Pesticide）开始投入生产和使用。[①] 由于化学杀虫剂具有成本低、效果好、使用方便等特点，它很快被广泛应用于工农业生产和卫生防疫等各个领域，生产和使用量也大幅度增长。20 世纪 50 年代被称为杀虫剂的“黄金时代”。从 1947 年到 1960 年间，合成有机杀虫剂使用量增长了 5 倍多，从每年的 1.24 多亿磅增长到 6.37 多亿磅，这些产品的批发总价值超过 2.5 亿美元。[②] 1950 至 1967 年间，在美国每个农业生产单位使用的杀虫剂数量增长了 168%。在亚利桑那，1965 年至 1967 年间，用在棉花上的杀虫剂数量增加了 3 倍。[③] 1970 年，美国农药使用总量达 3 亿公斤，加利福尼亚州农业发达，其使用量占总量的 20%。

大量使用农药杀虫剂，在短期内的确大幅度提高了农林产品产量和产值，但同时也带来了严重的生态灾难。杀虫剂是一种毒性和副作用都很大的农药化学制剂，在被喷洒到植物和土地上之后，通过空气、水流、动植物等其他媒介传播开来，最终渗入到人体和生物机体中并对其健康和生存造成巨大威胁。但是，杀虫剂的危害最初被明显忽略了，人们更多看到的是它给农业生产带来的巨大变化，甚至一些政府部门也极力宣传、协助和推广化学杀虫剂的使用。1957 年春，农业部赞助了在新英格兰和纽约地区大约 12140 平方公里森林、城镇和航道上空不加选择地喷洒杀虫剂，结果导致大量鱼类死亡并对该地区的谷物、公园和野生生物及一些益虫造成严重危害。[④] 与此同时，农业部还准备实施一项规模更大的农药喷洒计划，并积极宣传杀虫剂对人体的危害是可以忽略的，借以减轻人们对杀虫剂危害的担忧。

---

① 杀虫剂是指用来防治农林业有害生物——包括各种病菌，杂草和害虫的化学物质，以及用于食品和工业上的防腐、防蛀、卫生防疫和疾病控制的药剂等。按照杀虫用途，杀虫剂可分为除真菌剂、除草剂、杀虫药剂、杀螨虫剂、软体动物杀虫剂、杀线虫剂、杀鼠剂、鸟类杀虫剂和抗生素。W. J. Hayes and E. R. Laws，eds.，*Handbook of Pesticide Toxicology*，San Diego：Academic Press，1991。

② ［美］蕾切尔·卡逊：《寂静的春天》，吕瑞兰、李长生译，吉林人民出版社 1997 年版，第 13 页。

③ ［美］巴里·康芒纳：《封闭的循环：自然、人和技术》，侯文蕙译，吉林人民出版社 1997 年版，第 120 页。

④ Richard N. L. Andrews，*Managing the Environment*，*Managing Ourselves*：*A History of American Environmental Policy*，New Haven：Yale University Press，1999，p. 216.

但是，随着化学杀虫剂的大量使用而导致的各种环境问题的频繁出现，公众开始怀疑化学农药的安全性问题，一些野生生物学家和生态学家也对杀虫剂与人类健康间的关系进行了更为深入的研究，某些政府部门也采取了必要的管制措施。这其间，发生了一个典型的除草剂污染事件——“越橘恐慌事件”。1959 年 11 月，健康、教育和福利部（Department of Health, Education and Welfare）部长亚瑟·弗莱明宣布，在俄勒冈和华盛顿的越橘中发现了一种可能致癌的除草剂的痕迹（这项通告是在感恩节前 17 天发布的，这时正是美国越橘消费量最大的季节之一，也是科学家和国会对食品中杀虫剂残留物担心正在增长的时候），他命令扣押 300 多万磅越橘进行检测，并强烈建议消费者不要购买越橘，除非他们能断定越橘的产地。这件事在公众中引起强烈反响，导致了全国性的越橘污染恐慌，大量越橘被从超市和宾馆中下架，一些州也纷纷禁止销售越橘。“越橘恐慌事件”是化学杀虫剂污染恶化的一个重要信号，说明化学污染问题已进入了公共政策领域。1962 年卡逊的《寂静的春天》出版之后，一场有关杀虫剂的环境危害及其使用合理性的论辩在全国范围大规模展开。①

4. 固体废弃物、垃圾和噪音等公害的泛滥

第二次世界大战后，美国成为世界超级经济大国，工农业生产能力举世无双，人均消费总量居世界前列，但这也导致了一个十分严重的环境问题——废弃物泛滥成灾。美国经济学家芭芭拉·沃德和生物学家勒内·杜博斯在其合著的《只有一个地球：对一个小行星的关怀和维护》一书中这样描述道：“在富裕的美国社会里，每年会扔掉 480 亿个罐头盒，260 亿个玻璃瓶，650 亿个金属瓶盖和 700 万辆破旧汽车。这种抛废现象越来越严重。1960 年仅有 3000 辆汽车被抛弃在纽约街头，而在 1970 年就有 70000 辆。被扔掉的包装废品增加特别快。1958 年每个美国人使用的包装用纸、瓶、罐等材料约为 400 磅，而到 1978 年增加了一倍。”他们还警告说：这会将整个现代社会埋葬起来，就像传说中的迦勒底的乌尔城，美国必须解决如何收集

① S. Baker and C. Wilkinson, eds., *The Effect of Pesticides on Human Health*, Princeton. NJ: Princeton Scientific Publishing Company, 1990.

和处理这些废物问题。[①] 他们的话并非言过其实，固体废弃物对第二次世界大战后的美国来说的确构成了一大生态难题。

在美国，固体废弃物有很大一部分来自城市和城郊地区，因为大多数工业分布于城市，生活垃圾也主要源于城市。据统计，城市固体废弃物净排放量（Net Discards）在1960年为8251万吨，1970年是11304万吨，1980年达到13712万吨；掩埋的城市废弃物（Discards to Landfill）在1960年为5551万吨，1960年是8794万吨，1980年达到12342万吨。[②] 城市固体废弃物来源复杂，排放量上升极快（见表2—1—4）[③]。

表2—1—4　　**根据来源统计的城市废弃物排放量**　　单位：百万吨

年 份	纸 业	玻 璃	金 属	铝 材	塑 料	皮革橡胶
1960	29. 99	6. 72	10. 48	0. 34	0. 39	1. 84
1970	44. 31	12. 74	13. 03	0. 80	2. 90	2. 97
1980	55. 16	15. 13	13. 78	1. 73	6. 83	4. 20
年 份	纺织品	木 材	食品废物	生活垃圾	混 杂	其 他
1960	1. 76	3. 03	12. 20	20. 00	1. 30	0. 07
1970	2. 04	3. 72	12. 80	23. 20	1. 78	0. 77
1980	2. 53	7. 01	13. 00	27. 50	2. 25	2. 52

固体废弃物在相当长一段时期内并没有引起美国政府的高度重视，也疏

① ［美］芭芭拉·沃德、勒内·杜博斯：《只有一个地球：对一个小行星的关怀和维护》，国外公害丛书编委会译，吉林人民出版社1997年版，第98页。

② U. S. Environmental Protection Agency, Office of Solid Waste and Emergency Response, *Characterization of Municipal Solid Waste in the United States: 1998 Update*, *Table ES-1*, p. 5 (EPA, Washington, DC., 1999), *Negligible* (*less than 500000 tons*), *Generation before materials recovery or combustion*, *Does not include construction and demolition debris*, *industrial process waste*, *or certain other waste*, http: //ceq. eh. doe. gov/Nepa/reports/statistics/tab8x1. html（2006年11月5日）。

③ U. S. Environmental Protection Agency, Office of Solid Waste and Emergency Response, *Characterization of Municipal Solid Waste in the United States: 1998 Update*, *Table 1*, *p. 29 and Table 2*, p. 30 (EPA, Washington, DC., 1999), *Ferrous and other nonferrous metals except aluminum. Negligible* (*less than 5000 tons*), *Other includes electrolytes in batteries and disposable paper diapers*, http: //www. nepa. gov/nepa/reports/statistics/tab8x2. html（2006年11月5日）。

于对此管理，这使得固体废弃物问题最终演化为一种社会公害。以采矿业为例，美国是一个矿业大国，20 世纪 60 年代中期的报道称，美国每年要采掘 56 亿吨矿石，在提取了有用的矿物以后，半数以上矿石被随意抛弃了。来自矿物中的酸类物质渗入地下，污染了水体，一些废矿堆常常起火，造成巨大经济损失。20 世纪 60 年代中期，至少有 500 多处废矿堆和 200 多个矿区发生了火灾。① 总的来说，在《资源保护与恢复法》和《超级基金法》之前，美国对固体废弃物的处理（处理方式主要有露天堆放、垃圾填埋、焚烧、循环利用、堆制肥料等）不力，固体废弃物污染环境问题十分普遍。据统计，20 世纪 70 年代初，美国约有 1 万个垃圾处理厂，其中一半对水体有污染，四分之三对空气有污染，只有百分之六符合环保标准。城市垃圾焚化炉有三分之二没有安装空气净化设备。② 第二次世界大战后直到 20 世纪 80 年代初，许多固体废弃物——其中一些含有毒物质，被掩埋或堆积在穷人或少数族裔社区附近，这在后来引起了他们的警觉和抗议，以至最终演化为一场声势浩大的争取环境公正的社会运动。

城市噪音也是一个不容忽视的环境问题。第二次世界大战后，美国城市化速度加快，到 20 世纪 70 年代初，有四分之三的美国人口居住在城市。由于城市人口密集，交通拥挤，以及工厂、商业中心和居住区混杂分布等原因，噪音成了一个普遍的社会问题。

总之，在第二次世界大战后的 20 多年时间里，美国既是世界上经济最发达的国家，同时也是环境污染最严重的国家。与第二次世界大战前不同的是，环境污染在战后成了这个国家面临的主要威胁，并且与人民的生活和健康密切相关，因此也就具有更大的紧迫性。第二次世界大战后，美国的经济发展是以牺牲环境为代价的，环境的恶化和生态失衡不仅抵消了美国人在物质上的富足并降低了生活质量，同时也影响了经济的进一步发展并引发了新的社会矛盾。在相当长一段时期内，在经济高度繁荣与科技高速发展及盲目自信的背景下，美国人并未充分认识到在发展经济和保护环境之间需要保持

① ［美］芭芭拉·沃德、勒内·杜博斯：《只有一个地球：对一个小行星的关怀和维护》，国外公害丛书编委会译，吉林人民出版社 1997 年版，第 97—98 页。

② 中国科学技术情报研究所：《国外公害概况》，人民出版社 1975 年版，第 68 页。

某种平衡的重要性，但随着生态环境的恶化，美国人开始反思其行为方式和传统价值观念，并以生态观来思考人与环境的关系，这便导致了现代环保运动的发生和现代环境政策的兴起。

四 现代环保运动的兴起[①]

民间的环保运动会对政府的环境政策产生重要影响。第二次世界大战后，美国环境政策的兴起和发展在很大程度上与环保运动的推动有关系。美国现代环保运动与环境政策有着相同的历史渊源，不过前者与历史上的资源和荒野保护运动有更大程度的关联。第二次世界大战后直到20世纪60年代初，进步主义资源保护思想遇到了挑战，但荒野保护却获得了重大发展。这一时期也是现代环保运动的酝酿期，伴随着整个社会的巨大变迁和环境危机的日趋加重，美国人的环境观和环保思想也在发生变化。1962年，海洋生物学家雷切尔·卡逊发表了《寂静的春天》一书，现代环保运动就此拉开帷幕。20世纪60年代是现代环保运动迅猛发展的时期，反污染斗争高涨，民间环保组织十分活跃。1970年4月22日的“地球日”不仅把现代环保运动推向顶峰，而且引发了一场深刻的环境革命。

1. 环保思想的转型

在第二次世界大战后，美国人的环保思想经历了某种转型——从保护主义（Conservation）转向环境保护主义（Environmentalism）[②]。同其他社会意识一样，环保思想的转型是社会变迁的产物。1946年至1970年间是美国由工业化社会向后工业化社会过渡的时期。分析家们认为，在工业社会中占主

---

① 现代环保运动一词，特指20世纪60年代以后在美国发生的以民间力量为主体的环境保护运动。

② 环境保护主义是指第二次世界大战后以生态观为主旨的环保思想、运动和实践。作为意识形态，环保主义是一套宽泛的信仰，它相信改变人类与环境的关系合乎需要且具有可能性。环保主义也是一种有目的的行动，它倾向于改变人与环境的关联方式。环保主义更多地意味着集体行为，作为集体行为，环保主义演变为一种社会运动。［美］查尔斯·哈帕：《环境与社会：环境问题中的人文视野》，肖晨阳、晋军、郭建如等译，天津人民出版社1998年版，第354—355页。

导地位的社会范式（Dominant Social Paradigm）[①] 具有以下特征：第一，认为环境是一个供人类利用的、开放的资源系统；第二，很少从大自然自身角度去考虑；第三，增长、消费和财富的积累是重要的价值；第四，不存在对增长的限制；第五，科学和技术是解决人类行为、经济和环境问题的有效方式。[②] 工业化社会范式的核心价值是追求物质富足，经济增长和经济效率最大化压倒一切；而后工业化社会侧重于提高生活质量和主观幸福，工具理性让位于价值理性，经济增长不再具有压倒一切的地位。[③]

按照环境史学家塞缪尔·海斯的观点，20 世纪中叶资源保护运动至 20 世纪 60 和 70 年代环保运动兴起之间经历了某种转变——从强调资源（利用）的效率转向强调生活质量，这种生活质量建立在“美丽、健康和持久”生活基础上。海斯说：我们能够看到一种从战前有效地管理自然资源的保护主旨到第二次世界大战后强调环境舒适和环境保护的显著转型。在美国社会中，某种新事物正在发生，它缘起于社会变革和第二次世界大战后人们价值观念的变化。[④] 第二次世界大战后，美国社会价值观念与环保思想的确经历了一次历史性变迁。不过从 20 世纪 40 年代中期直到 20 世纪 50 年代中期，进步主义资源保护思想仍在盛行。20 世纪 50 年代中期以后，美国社会更关注污染和有害化学物质及人口增长等问题。20 世纪 60 年代，生态思想纳入人们视野，主流环保思想更加以生态为中心。20 世纪 70 年代以后，一种新的环保范式——新生态范式（New Ecological Paradigm）在公众中占据了重要位置。[⑤]

---

① 社会范式是指社会中的人所共有的关于世界是如何运作的一种内在模式。参见查尔斯·哈帕《环境与社会：环境问题中的人文视野》，肖晨阳、晋军、郭建如等译，天津人民出版社 1998 年版，第 46—47 页。

② ［美］查尔斯·哈帕：《环境与社会：环境问题中的人文视野》，肖晨阳、晋军、郭建如等译，天津人民出版社 1998 年版，第 396 页。

③ R Inglehart, *Modernization and Postmodernization: Cultural, Economic, and Political Changes in 43 Societies*, Princeton, New Jersey: Princeton University Press, 1997, p. 76.

④ Samuel P. Hays, "From Conservation to Environment: Environmental Politics in the United States since World War II", *Environmental Review*, 1982. 6. （2） No. 2, pp. 14 – 29; Samuel P. Hays, *Explorations in Environmental History*, Pittsburgh: University of Pittsburgh Press, 1998, pp. 379 – 391.

⑤ ［美］查尔斯·哈帕：《环境与社会：环境问题中的人文视野》，肖晨阳、晋军、郭建如等译，天津人民出版社 1998 年版，第 396—399 页。

第二次世界大战前的资源和自然保护运动与战后的环保运动之间既有联系又有区别。两者的联系在于它们之间的承继关系，无论资源、自然还是环境都具有稀缺性和生态上的脆弱性，因此都需加以保护。第二次世界大战后的环保主义与历史上的资源保护主义有很大区别。资源保护主义的主旨是利用，即为了现代和未来一代人的需要而有效地利用资源，反对无节制地开发和浪费资源；环保主义强调的是人类的幸福和健康，它是为着整个生态系统的稳定、和谐与健康而保护环境的。从保护主义到环保主义的转变，实际上是偏离生产目标而转向消费、健康以及关注生活质量。环保主义扩展了环境的外延，环境不再仅仅意味着资源和荒野，它还包括与人类健康和生活息息相关的所有外部因素，包括整个生态系统。环境主义不再孤立地看待作为资源的土地、森林和荒野，而是将其作为一个相互联系的有机整体加以保护，这无疑是人类在环境问题认识上的深化。

资源保护主义与环保主义之间的差异与区别，也表现在第二次世界大战后环保实践的诸多方面。资源保护主义强调多重目的的河流开发，环保主义试图保护河流的自然状态，避免工程破坏。资源保护主义坚持可持续的木材生产，而环保主义更强调森林的生态价值。20世纪50年代，当土地资源保护局被授权筑坝和疏导河流时，它遭到环保主义者的抵制和挑战，因为他们认为这些工程毁坏了鱼类和野生生物的栖息地。20世纪50年代末，随着户外休闲娱乐趋势的发展，自然或荒野的环境价值得到更多美国公众的认同。环保主义者坚持认为，“河流、森林、湿地和沙漠应保留下来而不被开发，不受侵扰。作为现代生活标准的一部分，保持其自然状态，也是有价值的。”[①] 20世纪40、50年代，空气和水体污染占据了环保主义的部分视野，这些问题并非第二次世界大战后才出现的，不过在相当长时期内，它们始终被看作是地方性问题而没有引起人们的足够重视。20世纪60年代以后，化学污染也成了环保主义者忧虑的问题，这样，反对环境污染便成为环保主义的主要斗争目标之一。[②]

---

① Samuel P. Hays, *Beauty, Health, and Permanence, Environmental Politics in the United States, 1955 - 1985*, Cambridge: Cambridge University Press, 1987, p. 2.

② Samuel P. Hays, *Explorations in Environmental History*, Pittsburgh: University of Pittsburgh Press, 1998, pp. 380 - 381.

美国环保思想的转型与下列因素有直接关系：第一，20 世纪 60 年代的行动主义文化——此种文化鼓舞大众针对时弊采取行动；第二，关于环境问题的更为广泛的科学知识的发展和普及以及媒体对公众的宣传；第三，户外娱乐活动的迅速发展提高了人们对于环保资源的关注；第四，第二次世界大战后经济的扩张与富裕。[①] 其中，最根本的原因在于第二次世界大战后美国生产体系的变化和经济的快速增长：一方面，富裕起来的美国人要求更高质量的生活水平（包括非物质方面的要求，如清洁的空气、安全的饮用水质、美丽的环境等）；另一方面，他们所面临的生存环境却在迅速恶化，他们的健康、家园受到无处不在、无时不有的污染威胁。历史上，烟尘曾被看作是繁荣的象征而受到欢迎。19 世纪末 20 世纪初，人们开始意识到工业污染对健康的危害并采取了一些措施，但在许多人的思想中，污染仍被看作是工业经济不可避免的代价。第二次世界大战后特别是 20 世纪 60 年代以后，由于对污染的健康危害有了更清晰的认识，也由于能够负担得起环境保护的成本，人们才普遍拒绝污染是经济发展不可避免的代价这种传统观念[②]，于是反污染斗争便演化为一场广泛的社会运动。

2. 卡逊与《寂静的春天》

蕾切尔·卡逊是现代美国环保运动史上里程碑式的人物，她在 1962 年出版的《寂静的春天》一书被许多人视为现代环保运动肇始的标志。卡逊是一位海洋生物学家和知名作家，曾供职于美国渔业和野生生物管理局，她在那里积累了许多环境方面的经验。卡逊酷爱自然，对海洋生物情有独钟，曾长期致力于海洋生物学研究。卡逊有很高的文学天赋，也长期被看作是环境文学作家。卡逊早些时候的作品主要有：《在海风中》（*Under Sea Wind*，1941）、《我们周围的海洋》（*Sea Around Us*，1951）和《海的边缘》（*Edge of Sea*，1956）等。在这些著述中，卡逊丰富的科学知识、娴熟的文笔和独特的写作风格都得到了充分的发挥和展现，这为《寂静的春天》的成功奠

---

① ［美］查尔斯·哈帕：《环境与社会：环境问题中的人文视野》，肖晨阳、晋军、郭建如等译，天津人民出版社 1998 年版，第 362—363 页。

② Kirkpatrick Sale, *The Green Revolution: The American Environmental Movement, 1962 - 1992*, New York: Hill and Wang, 1993, p. 19.

定了基础。《寂静的春天》是卡逊一生中最重要的作品，她本人也因此获得了无限荣誉。[①]《寂静的春天》以寓言的方式描绘了一座虚构城市令人震撼的场景，揭示了使用化学杀虫剂大量杀死昆虫和以昆虫为食的鸟类的灾难性后果。该书的主要部分是关于有机化学农药对生物、土壤、水源和人类造成的影响的文献记录和科学分析。书的最后部分指出了未来希望的远景，提出了可能的农药使用替代方法——如生物治虫，结合化学喷洒应用并部分取代化学喷洒等。

《寂静的春天》在美国现代环保运动史上占有极其重要的地位，任何研究现代环保运动的著述都不能不提及卡逊和她的不朽之作——《寂静的春天》，这主要是因为：

第一，《寂静的春天》把长期以来业已存在的污染问题以科学警世的方式公诸于众，极大地激发了公众的环境危机感和环保意识，进而促动了现代环保运动的兴起。卡逊说："现在每个人从未出生的胎儿期直到死亡，都必定要和危险的化学药品接触，这个现象在世界历史上还是第一次出现的。合成杀虫剂使用才不到20年，就已经传遍生物界与非生物界，到处皆是。"[②]尽管化学杀虫剂的环境危险早在20世纪40年代就已存在，但直到《寂静的春天》出版后，除少数野生生物学家和生态科学家外，人们普遍不了解杀虫剂的毒性及其对人类健康的严重危害。《寂静的春天》如石破天惊，它使公众突然间意识到他们的健康和生存环境正面临巨大威胁，对于第二次世界大战后富裕起来的美国人来说，这着实让他们难以接受，于是一股强大的以反对化学污染为核心的环保运动蜂拥而起。为《寂静的春天》作序的美国前副总统阿尔·戈尔曾这样评价过：《寂静的春天》犹如旷野中的一声呐喊，用它深切的感受、全面的研究和雄辩的论证改变了历史进程。如果没有这本书，环境运动也许会被延误很长时间，或者现在还没有开始。[③]

第二，《寂静的春天》通过描述化学合成物质对生物共同体的危害机理

---

① Carolyn Merchant, *The Columbia Guide to American Environmental History*, New York: Columbia University Press, 2000, p. 200.

② ［美］蕾切尔·卡逊：《寂静的春天》，吕瑞兰、李长生译，吉林人民出版社1997年版，第12页。

③ 同上书，第9—10页。

和事实，以通俗易懂的方式向公众传播了生态意识，把生态学概念推广到普通民众的思想中。在书中，卡逊反复强调人与自然和生物体之间的相互依存关系，告知人们无视和扰乱大自然平衡的危险性。她说："地球上生命的历史一直是生物及其周围环境相互作用的历史"，"动植物是生命之网的一部分，在这个网中，植物和大地之间，一些植物与另一些植物之间，植物和动物之间存在着密切的、重要的联系。"① 自然平衡处于一种变化的、不断调整的状态，它有时对人有利，有时对人不利。当这一平衡受到人类活动过于频繁的影响时，它总是变得对人不利。② 她还借用生物链原理来揭示高效化学杀虫剂中毒素的聚集过程，"撒向农田、森林和菜园里的化学药品也长期地存在于土壤里，然后进入生物的组织中，并在一个引起中毒和死亡的环链中不断传递迁移"。这一邪恶的环链很大程度上是无法逆转的。③ 生态学思想虽然早已出现，但是在很长时间内它仅在少数科学家中间流行，《寂静的春天》之后，生态意识逐渐在大众中加速普及开来。

第三，《寂静的春天》带有很强的批判意识。它通过揭露滥用科学技术而导致的生态灾难，挑战了人类中心主义自然观，促进了现代环保伦理的发展。卡逊指出，由于滥用科学技术，仅仅在20年的时间里，有毒化学残留物就已传遍世界范围内的野生生物栖息地，尤其是水生和湿地物种。④ 在卡逊看来，科学和技术就是一把双刃剑，它既可以创造一切也能够毁灭一切。⑤ 她并不一概反对科学和技术的价值，但她主张应该审慎地、有选择地利用科学技术。卡逊也希望人类能够改变一贯的征服自然的思想，她认为，"征服自然"这个词组是妄自尊大的产物，它出现在生物学和哲学还很幼稚的时代，那个时代的人们以为自然是为人类而存在的。她说，当人类向所宣

---

① ［美］蕾切尔·卡逊：《寂静的春天》，吕瑞兰、李长生译，吉林人民出版社1997年版，第53页。

② 同上书，第215页。

③ 同上书，第4—5页。

④ Richard N. L. Andrews, *Managing the Environment, Managing Ourselves: A History of American Environmental Policy*, New Haven: Yale University Press, 1999, p. 217.

⑤ 当代环保主义与保护主义的重要区别之一是对待科学的态度。保护主义相信科学和技术的力量，把科学和理性看作是保护自然的关键因素；环保主义者对人类管理自然的能力持怀疑态度，他们更倾向于视科学为双刃剑，能够带来福音，但也常常导致破坏。"Fallout: The Silent Killer", *Saturday Evening Post*, August 29, 1959.

告的征服大自然的目标前进时，他们已经写下了一部令人痛心的破坏大自然的历史，这种破坏不仅直接危害了人们所居住的大地，而且也危害了与人类共存于大自然中的其他生命。[①] 因此，必须改变人类的哲学观，放弃人类中心论。卡逊也倡导一种对待自然的道德态度，主张尊重自然，与自然和谐共处。这些思想正是现代环保主义宣扬的核心理念，它们通过《寂静的春天》获得广泛传播，并指引着现代环保运动的发展方向。

《寂静的春天》发表后，曾在美国掀起了一场有关杀虫剂使用及其危害的空前规模的全国大辩论[②]，在这场辩论中，卡逊虽然遭受了化学工业等利益集团的各种人身攻击和诽谤，但最终她获得了美国政府的认同和公众的支持，她的思想也几乎达到了家喻户晓的程度，这促进了现代环保运动的兴起和发展。美国前副总统阿尔·戈尔对卡逊和《寂静的春天》有过极高的评价，他说:《寂静的春天》是一座丰碑，它为思想的力量比政治家的力量更强大提供了无可辩驳的证据。他还说:《寂静的春天》播下了新行动主义的种子，并已深深植根于广大民众之中。一切都很清楚了，她的声音永远不会寂静。她惊醒的不但是我们国家，甚至是整个世界。《寂静的春天》的出版应该恰当地被看成是现代环境运动的肇始。无疑，《寂静的春天》的影响可以与斯托夫人的《汤姆叔叔的小屋》相媲美，两本珍贵的书都改变了我们的社会。[③]

3. 环保组织的发展及其主要活动[④]

非政府环保组织是推动20世纪60、70年代美国环保运动兴起和发展的主力军。美国的环保组织有很长的历史渊源，它们中多数是伴随着资源与荒野保护运动的发展而兴起的。20世纪50年代，老的环保组织仍然延续着原来的路线，到了20世纪60、70年代，它们随形势的变化也不同程度地实现了转型，在成员、预算和体制上都有显著的增长和变化。同期，在美国社会发生巨

---

① ［美］蕾切尔·卡逊:《寂静的春天》，吕瑞兰等译，吉林人民出版社1997年版，第73页。

② 有关这场杀虫剂辩论，可参见高国荣《20世纪60年代美国的杀虫剂辩论及其影响》，《世界历史》2003年第2期，第12—23页。

③ ［美］蕾切尔·卡逊:《寂静的春天》，吕瑞兰等译，吉林人民出版社1997年版，第9—19页。

④ 关于20世纪60—70年代美国非政府环保组织的基本情况，可参见陈世英《20世纪60、70年代美国的非政府环境保护组织》，山东师范大学硕士学位论文，2004年，第4页。

大变迁和污染日趋严重的大背景下，新的环保组织大量涌现。据统计，整个20世纪60年代，在美国新成立的全国性和地区性环保组织有200多个，基层组织达3000多个。[①] 其中，全国十大非政府环保组织中有四个成立于20世纪60、70年代[②]。主要环保组织的成员人数都有不同程度的增长（艾萨克·沃尔顿联盟除外，荒野协会在1970至1980年间呈负增长。见表2—1—5）[③]，成员结构出现多元化趋势，包括科学家、经济学家和律师等在内的大批专业人士纷纷加入，这极大地提高了环保组织的战斗力和社会影响力。与此同时，各个环保组织的管理体制和组织结构也日益完善，资金来源日趋多样化，这就大大提高了环保组织的活动能力。

表2—1—5 **五个最主要环保组织成员情况**

环保组织	年份	人数	增长率	1970年	增长率	1980年
塞拉俱乐部	1959	20000人	465%	113000人	46%	165000人
全国野生生物联盟	1966	271900人	99%	540000人	51%	818000人
全国奥杜邦协会	1962	41000人	194%	120500人	330%	400000人
荒野协会	1964	27000人	100%	54000人	-7%	50000人
艾萨克·沃尔顿联盟	1966	52600人	1%	53000人	-2%	52000人

美国的环保组织在第二次世界大战后呈现多样化发展趋势。根据表现形态，可把第二次世界大战后美国的环保组织分为三类：全国性组织（又称主流环保组织）、基层组织和激进运动，它们各有不同的社会基础、意识形态、

① Benjamin Kline, *First along the River: A Brief History of the U. S. Environmental Movement*, San Francisco: Acadia Books, 1997, pp. 88 - 89.

② 十大非政府环保组织是塞拉俱乐部、全国奥杜邦协会、公园和资源保护协会、荒野协会、全国野生生物联盟、自然保护（Nature Conservancy of 1951）、世界野生生物基金会（World Wildlife Fund of 1961）、环境辩护基金（Environmental Defense Fund of 1967）、美国绿色和平组织（Greenpeace）、自然资源保卫委员会（Natural Resource Defense Council of 1970）。

③ 从成员数量来看，环保组织在1960年以后经历了四次发展的高峰期：第一次是1970年“地球日”以前；第二次发生在“地球日”前后，20世纪70年代增长率有所下降，但绝对额仍在增加；第三次是20世纪80年代里根推行“反环保”政策后；第四次增长浪潮发生在1990年，围绕1990年“地球日”庆典所做的宣传推动了环保组织的发展。截至1990年，全国性环保组织成员数已超过了300万人。

组织结构和行动策略。[①] 主流环保组织又可分为传统型和新型环保组织，这些组织的总部大多设在首都华盛顿，它们通过遍布全国的组织网络领导和控制整个运动的发展。第二次世界大战后一直到20世纪60、70年代，活跃在美国环保运动舞台上的主角是主流环保组织，基层组织在20世纪70年代进入人们的视野。[②] 主流环保组织走的是一条软的政治路线（基层和激进组织走的是强硬的政治路线），即主要通过与政府和污染者协商和谈判来解决环境问题。换言之，主流环保组织主要通过现存政治体制和正常的政治程序来实现它们的政治目标，其注意力集中在立法、行政和管制活动、法院和选区几个领域。[③] 虽然各主流环保组织都支持环保运动的院外游说，但是它们关注的焦点和工作重心各不相同。历史地看，传统型环保组织一般偏爱资源与荒野保护，而新型环保组织侧重于污染的治理和预防，不过从发展趋势看，传统环保组织在继续致力于自然保护的同时也开始涉足反污染斗争。

在传统环保组织的推动下，荒野保护斗争在20世纪60年代取得重大进展，这集中体现在《荒野法》的通过，回声谷水坝筑坝提议被否决上。第二次世界大战后，荒野协会一直不遗余力地致力于推进荒野保护事业。20世纪50年代末，霍华德·扎尼泽向国会提交了一份荒野保护议案，并促使国会多次举行听证会。20世纪60年代，荒野协会、塞拉俱乐部、全国奥杜邦协会和艾萨克·沃尔顿联盟等环保组织之间建立了协调联盟，它们发动草根支持荒野保护。1962年，国会收到了较其他任何立法建议更多的要求为保护荒野立法的信函，这是一种不容忽视的社会压力。最终，《荒野法》于1964年获得国会通过，荒野保护自此有了法律保障。[④] 塞拉俱乐部始终站在反对筑坝斗争的前列。20世纪60年代，该组织在戴维·布劳尔的领导下成

---

① ［美］查尔斯·哈帕：《环境与社会：环境问题中的人文视野》，肖晨阳、晋军、郭建如等译，天津人民出版社1998年版，第384页。

② 查尔斯·哈帕认为：20世纪60年代以来，美国的环保组织经历了四个发展阶段：全国性组织和环保运动的院外活动阶段（主要开始于20世纪60年代），基层运动阶段（20世纪70、80年代发展迅速），激进的环保主义阶段（20世纪80年代）和“反环保”组织阶段（20世纪80、90年代）。参见《环境与社会：环境问题中的人文视野》，第364页。

③ Robert Gottlieb, *Forcing the Spring: The Transformation the American Environmental Movement*, Washington, DC.: Island Press, 1993, p. 126.

④ Kirkpatrick Sale, *The Green Revolution: The American Environmental Movement, 1962 - 1992*, New York: Hill and Wang, 1993, pp. 14 - 15.

为强有力的环保力量。为了捍卫神圣的荒野免遭现代文明的侵犯，塞拉俱乐部发动了强大的宣传攻势，他们印刷和发行了大量有关国家恐龙遗址和大峡谷美丽的图片。最终，群众被动员起来，最具标志性的事件是国会先后否决了回声谷和大峡谷筑坝提案。这些事件连同1964年的《荒野法》具有重大历史意义，它标志着美国人对荒野态度的历史性转变。①

20世纪60年代后，反污染斗争成为环保运动的主要议程。20世纪50年代末，美国科学家联合会和科学家公共信息协会积极致力于促进公众了解科技的危险，特别是核辐射的危险。20世纪60年代末成立的环境保卫基金协会将杀虫剂作为其首要控制目标，经过斗争，滴滴涕于1972年被禁用。自然资源保卫委员会成立后迅速卷入《清洁空气法》和《清洁水法》的院外游说和监督执行中。20世纪70年代末，基层环保组织兴起，这些基层环保组织主要关注威胁社区的污染，特别是有毒废弃物问题，具有很强的针对性。一些传统环保组织也开始参与到反污染斗争中来，全国奥杜邦协会就是反滴滴涕的热情支持者，全国野生生物联盟采用法律手段挑战污染者，甚至保守的艾萨克·沃尔顿联盟也卷入《清洁水法》的斗争中。

一些科学家和学者也发挥了很大的作用。巴里·康芒纳早在20世纪50年代就积极宣传科学技术的环境危险，他曾专门成立了一个原子能信息委员会。1972年康芒纳出版了《封闭的循环》一书，该书较为详细地揭示了现代科技所带来的生态灾难，以及科技背后的文化观念。拉尔夫·纳德于1968年成立了一个法律研究中心，拟对那些污染者和同谋的政府提起诉讼，并针对杀虫剂、原子能、食品和药品、空气和水污染等环境问题提出建议。他还出版了一本名为《以任何速度都不安全》（*Unsafe at Any Speed*）的畅销书，控告汽车工业造成的污染。20世纪60年代，环保组织关注的不再仅仅是人类社会对荒野和其他物种的影响，还关注包括人类活动对自身健康和安全的危害和影响，而后者成为关注的主题。②

---

① Harvey Mark W. T, "Echo Park, Glen Canyon, and the Postwar Wilderness Movement", *Pacific Historical Review*, 1991. 60 (1), pp. 43 – 68.

② Kirkpatrick Sale, *The Green Revolution: The American Environmental Movement, 1962 – 1992*, New York: Hill and Wang, 1993, p. 1415.

4. “地球日”与环境革命

1970 年 4 月 22 日，大约有 2000 万美国人走上街头，举行声势浩大的游行示威和抗议活动，以表达他们对国家环境现状的不满和关注，这一天遂成为世界性的“地球日”（Earth Day）。相对于其他社会运动来说，“地球日”有几个鲜明的特点。首先，就规模而言这次运动可能是前所未有的。据组织者统计，共有 1500 所大专院校和 1 万所中学卷入了这场运动。《时代》杂志估计，参加者可能达到了美国人口的十分之一，这在美国历史上是前所未有的。[①] 其次，这次运动的参加者具有空前的广泛性。1970 年 4 月 22 日这一天，来自社会各界人士，包括大中学生、政治家、科学家、大学教授、普通市民和失业者等，不约而同地聚集在全国各地城市街道、大学校园、公园、公司和政府机关门口，举行游行、集会、演讲、抗议、植树和清除垃圾等各种活动，借此表达自己对环境的关注。在运动中广泛地开展时事宣讲和辩论。最后，这次运动最引人注目的是那些曾在民权运动和反战运动中活跃的青年积极分子，甚至还有一些嬉皮士。这些人转向环保是很自然的，因为这同他们在 20 世纪 60、70 年代的反叛目标在很多方面是一致的。[②]

“地球日”的发生不是偶然的，它是 20 世纪 60 年代美国社会各种矛盾及人与环境矛盾激化的产物。如同 19 世纪末 20 世纪初的进步主义时代和 20 世纪 30、40 年代的新政时期一样，20 世纪 60 年代的美国正处于某种社会变革与转型阶段。伴随着经济革命和新生代的成长，新的社会思潮层出不穷，各种社会运动此起彼伏。20 世纪 60 年代的美国社会状况为环保运动准备了条件，“地球日”的组织者盖洛德·纳尔逊和丹尼斯·海斯也正是利用了这一点发起和组织了这场举世瞩目的社会运动的。

“地球日”的根本原因还在于日益严重的生态危机以及人们对其健康和生存环境的担忧。沙别科夫认为：多数美国人之所以对“地球日”反应如此强烈……是因为恐惧——对有毒物质引起癌症或其他疾病的恐惧，对后代

---

① Kirkpatrick Sale, *The Green Revolution: The American Environmental Movement, 1962 - 1992*, New York: Hill and Wang, 1993, p. 2.

② 侯文蕙：《征服的挽歌：美国环境意识的变迁》，东方出版社 1995 年版，第 186 页。

前途的恐惧，对因污染或不适当的开发而导致其财产价值减少的恐惧。第二次世界大战后，美国人为许多事情担忧，比如母乳中的多氯联苯、密歇根牛体中的多溴联苯，自家后院生锈的金属筒泄漏出来的毒药，源自核试验的锶元素污染或三里岛的放射线。他们对此表示愤怒，并要求改变这种局面。[①]

在现代环保运动史上，“地球日”无疑是一个重要的转折点，它预示着环境革命的开始。“地球日”对美国社会的影响颇具革命性，它深刻地改变了这个国家的许多方面。首先，“地球日”的中心议题是污染有害健康。在“地球日”活动举办之后，它获得了这个国家媒体持续不断的报道——诸如人口增长、空气和水体污染、荒野消逝及杀虫剂滥用等成为使用频率很高的词汇，这种报道和宣传极大地提高了美国民众的环境意识。其次，“地球日”促进了新环保主义的形成。因为，“地球日后释放出来的这种社会力量可能永远地改变了美国人思考环境的方式。现在我们不仅把一个安全、舒适的环境看作是我们幸福和健康的必要条件，也是我们通向自由和机遇的一种权利”。[②] 再次，“地球日”不仅改变了人们的思想，也改变了人们的行为。“地球日”之后，一切都变了。1970 年 4 月 22 日的示威推进了政府机构和企业的变革，尽管这种变革缓慢而又勉强，但确实开始了。最后，“地球日”推动了环保组织的发展。“地球日”之后，环保组织不仅在数量上增加很快，而且更加职业化和专业化，在推动政府的环境政策议程与环保立法方面也发挥了更大的作用。[③]

“地球日”还加重了美国人的环境危机感和世界末日意识。20 世纪 60 年代以来，不断有科学家、学者和作家向世人敲响生态警钟。1962 年，社会生态学家默里·布克琛在《我们合成的环境》（*Our Synthetic Environment*）一书中描绘了生态恐怖和人类健康状况的恶化，指出这是由技术巨人症和工业倾倒在土地、空气和水中的毒物和其他毁灭性物质引起的。1968 年，生物学家保罗·埃利奇在《人口爆炸》（*Population Bomb*）一书中以一种启示

① Philip Shabe coff, *A Fierce Green Fire*: *The American Environmental Movement*, New York: Hill and Wang, 1993, p. 118.

② Ibid., p. 114.

③ Robert Gottlieb, *Forcing the Spring*: *The Transformation the American Environmental Movement*; *The Green Revolution*: *The American Environmental Movement*, *1962 – 1992*. Washington, DC.: Island Press, 1993.

录方式把人口过剩问题带入公众视野，并预言在不久的将来，过度的人口增长将不可避免地导致大范围的饥荒和疾病的流行。[①] 1972 年，罗马俱乐部（Club of Rome）出版了一本《增长的极限》（*Limits to Growth*），该书对全球经济和环境进行计算机模拟分析，认为世界上赖以维持经济增长和人口爆炸的资源正在枯竭，可资利用的时间也正在耗尽。同年，不列颠的一份杂志《生态学家》出版了一个特刊《生存的蓝图》（*A Blueprint for Survival*），该杂志警告说："如果允许现在的趋势持续下去，社会的崩溃和地球上的生命保障系统会不可逆转地走向瓦解"，呼吁建立一个生态社会取代失败的工业社会。[②] 在许多人看来，这份特刊无异于一份世界末日宣言书。世界末日的弦音在 20 世纪 70 年代被持续演奏着[③]，尤其在美国，频繁发生的环境危机又为世界末日之声提供了现实的佐证。

20 世纪 60、70 年代美国的环保运动是时代的产物，它是由历史的诸多合力造就的。这次空前规模的社会运动颇为复杂，对美国社会的影响极为深刻、广泛和深远。

首先，它普遍而持久地改变了美国人对人与环境关系的认识，极大地增强了美国民众的环境危机感和环境保护意识。约翰·惠特克研究了盖洛普民意测验和白宫民意测验，欲弄清民意如何越来越支持环保。调查显示，1969 年 5 月，只有 1% 的民众认为保护环境是重要的，但是到了 1971 年 5 月，这一数字增加到 25%。盖洛普民意测验还显示，同一时期，公众对空气和水体污染的关注度也在显著增长。惠特克提及，环境被视为比种族、犯罪和青少年问题更重要的问题。在尼克松第一任期内，有 53% 的民众认为环境质量对于这个国家来说是最重要的问题。[④] 1980 年，"未来资源协会"（Re-

---

① Paul Ehrlich, *The Population Bomb*, Rivercity, Mass: Rivercity Press, 1975.

② Kirkpatrick Sale, *The Green Revolution: The American Environmental Movement, 1962 - 1992*, New York: Hill and Wang, 1993, p. 29.

③ For example: Samuel Mines's *the Last Days of Mankind*, John Loraine's *the Death of Tomorrow*, Ron Linton's *Terracide*, John Maddox's *the Doomsday Syndrome*, L. S. Stavrianos's *the Coming Dark Age*, Richard Falk's *this Endangered Planet*, Anne and Paul Ehrlich's *the End of Affluence*, Donella Meadows's *the Limits to Growth*, Gordon Rattray Taylor's *the Doomsday Book*.

④ Mary Etta Cook and Roger Davidson, "Deferral Politics: Congressional Decision Making on Environmental Issues in the 1900s", *Public Policy andthe Natural Environment*, eds., Helen M. Ingram and R. Kenneth Godwin Greenwich, Conn.: JAI Press, 1985, p. 48.

sources for the Future）进行的一项民意测验结果显示：有7%的美国人把他们自己描绘为环保上的积极分子，他们大约有1500万人；有55%的人说他们支持环保运动的目标。《时代》杂志的民意测验发现：有45%的人认为保护环境是非常重要的事情，环境改善必须是不计代价的。①

其次，也许现代环保运动最重要的成果在于它动员了民众，从而为环境政策的发展奠定了强大的社会基础。在美国这样的社会中，任何个人、组织和团体都不能无视和忽视民众的力量和舆论的作用。现代环保运动无疑是环境政策的强大推动力量，没有现代环保运动，美国很难说在环境政策上会取得后来那么大的进展。不过，20世纪60、70年代美国环保运动中的主流派一直居于主导地位，主流环保组织主要由白人中产阶层构成，他们往往忽视基层民众面临的环境问题，他们采取的与华盛顿合作的策略为基层所不满，这就为后来基层派和激进派的兴起和环保运动的转型埋下了伏笔。

---

① Kirkpatrick Sale, *The Green Revolution: The American Environmental Movement, 1962 - 1992*, New York: Hill and Wang, 1993, p. 44.

第二章
20 世纪 70 年代美国的环境政策与环保立法

自 19 世纪以来，美国的环境保护重心是自然资源和荒野，空气和水污染等许多环境问题一直被看作是地方性事务，由于空气和水污染的跨界特征及经济等方面的因素，各州和地方政府治理污染的动力和效果十分有限。1970 年以前，有关环境保护的职权大多分散于像内政部和农业部这样的机构，以及它们的内部分设机构——如林业局和国家公园管理局中，缺乏一个统领全局的联邦环保协调和领导机构，也没有一部可持续性的国家环保战略及规划，保护法体系也不健全，缺乏有效的环保政策和法规实施手段。20 世纪 60 年代末和 70 年代初，社会形势要求联邦政府承担环境保护的主要责任。在现代环保运动的大背景下，尼克松政府顺应时代潮流，在环保领域采取了一系列重大举措，开启了“环境的十年”。

一　尼克松政府的环境政策

环保问题在 1968 年美国总统大选中发挥了很小的作用，有着良好环保业绩的民主党总统候选人休伯特·汉弗莱在竞选中最终输给了共和党人理查德·尼克松。尼克松不曾是一个环境保护的支持者，他也没有任何环保经历和环保业绩，他可能也有意避免在大选中提及环境问题。但是在大选获胜后直到 1970 年，尼克松一改先前立场，在环保问题上积极作为，并推动国会通过了一系列环保立法，将美国的环保政策推向了高潮。[①]

1. 尼克松政府环境政策的主要成就

1968年总统竞选获胜不久，尼克松就任命了一些过渡性特别工作组以对各种问题进行评估并提出政策建议，其中就包括由20名学者、环保主义者和公司行政官员组成的自然资源和环境问题特别工作组，该小组由知名环保主义者拉塞尔·特雷恩负责。1968年12月5日，即大选结束后仅一个月，特雷恩工作组就提交了研究报告，报告认为：环境问题不再是简单的自然资源保护问题，而涉及"人民生活的健康和质量"；世界正处在转折关口，不加限制的污染会最终毁灭人类生存的家园——地球；保持和改善环境质量是这个国家面临的重大任务，建议"新政府把改善环境管理放在极为优先的地位"；由于公众日益上升的关注，环境问题的解决在政治上是可能的，建议尼克松政府应当任命或组建一个"环境事务特别助理"来负责协调多样化议程。[②] 报告的结论是：为了国家利益和出于政治考虑，联邦政府应该在遏制环境恶化方面承担起主要的领导责任。这份报告为即将上任的尼克松政府的环境政策确立了一种基调或方向。

1969年1月20日，尼克松宣誓就任美国第37任总统，在就职演说中他表示要把保护环境和提高人民生活质量的事业推向前进。1969年7月18日，尼克松向国会递交了一份关于人口增长问题的特别咨文，指示环境质量委员会研究人口增长与环境质量的关系。1970年1月22日，尼克松提交了第一份国情咨文，表示要给美国人民一个更清洁的环境，由总统在国情咨文中提出并特别强调环境问题，这在美国历史上还是首次。[③] 尼克松在国

① 关于尼克松政府时期的环境政策，可参见 Byron W. Daynes and Glen Sussman, *White House Politics and the Environment: Franklin D. Roosevelt to George W. Bush*, College Station, TX: Texas A & M University Press, 2010; J. Brooks Flippen, *Nixon and the Environment*, Albuquerque: University of New Mexico Press, 2000; Norman J. Vig, "Presidential Leadship and the Environment", *Environmental Policy: New Direction for the Twenty-First Century*, Washington, DC.: CQ Press, 2003, Fifth Edition。

② *Report, Natural Resources and Environment Transitional Task Force, Dec. 5, 1968, Folder Task Force Reports, Transition Period, 1968 – 1969, Box 1, Transition Task Force Reports*, WHCF, RNPMP.

③ J. Books Flippen, *Nixon and the Environment*, Albuquerque: University of New Mexico Press, 2000, pp. 38, 53.

情咨文中说，能够享受“清洁的空气，干净的水，开放的空间应当是每一个美国人与生俱来的权利”。[①] 1970年2月10日，尼克松向国会提交了特别咨文，这份咨文比较全面地陈述了他在环境问题上的认识。他讲到：通过净化空气、水质和环境，20世纪70年代绝对是美国为过去还债的十年。恢复自然环境使其达到原初状态是超越政党和派别的一项事业。[②] 尼克松再次强调，联邦政府必须承担保护环境的领导责任，建立新的标准，修补人类对环境造成的损害的时机已经来临。在这份咨文中，尼克松还提出了关于环境保护的37点具体建议，同时颁布了一份执行清单来指导所有联邦机构削减污染。[③] 可见，环境问题在尼克松1970年的国情咨文中是一件重要和急迫的事。据统计，1969年至1974年尼克松发表126次演讲，其中有69%与环境有关[④]，这在一定程度上体现了环境问题在尼克松政府政策议程中的地位。

作为行政首脑，尼克松在总统任内，尤其是在就任总统之初，通过行政命令等方式积极推进环境政策。

首先是设立了一些保护环境和公众健康的机构。1969年尼克松就任总统后不久，就发布了第11472号行政令，据此设立了环境质量委员会和公民环境顾问委员会。环境质量委员会的主要职责是协调各机构之间的环境政策。同时，尼克松政府还成立了许多专门委员会来研究和应对这个国家面临的各种环境问题[⑤]，比如国家工业污染控制委员会。1970年7月，尼克松又向国会提交了关于成立环保署的建议案，该议案旨在将分散的环保项目和职能归并起来进行统一组织、协调和领导。设立环保署是尼克松政府最成功的举措。1973年，尼克松又发布行政令并据此建立了能源政策办公室。尼克

---

① Richard Nixon, *Annual Message to the Congress on the State of the Union, January 22, 1970, Public Papers of the Presidents of the United States: Richard Nixon, 1970*, Washington, DC.: Office of the Federal Register, National Archives and Records Service, U. S. Government Printing Office, 1971, 13.

② Richard M. Nixon and Congressional Quarterly, Inc., *Nixon: The First Year of His Presidency*, Washington, DC.: Congressional Quarterly Press, 1970, p. 2.

③ J. Books Flippen, *Nixon and the Environment*, Albuquerque: University of New Mexico Press, 2000, p. 64.

④ Daynes and Sussman, *American Presidency and the Social Agenda*, 48 (see intro., n. 5)

⑤ J. Brooks Flippen, *Nixon and the Environment*, Albuquerque: University of New Mexico Press, 2000, pp. 30–31.

松政府设立的一些环保机构，包括环境保护署、环境质量委员会、公民环境顾问委员会、国家海洋与大气管理局、国家工业污染控制委员会，成为联邦政府的永久性机构，这些机构的设立为美国的环保政策奠定了制度基础。

其次，尼克松就任总统后，任用了一些具有环保主义倾向的人士担任与环境相关的联邦机构的领导职务。沃尔特·希克尔被任命为内政部长。希克尔曾经是阿拉斯加州州长，他在阿拉斯加州有着令人钦佩的环保业绩，非常熟悉土地和自然资源保护工作。拉塞尔·彼得森被任命为白宫环境质量委员会主席，彼得森是前马里兰州州长，他也有着良好的环保背景，彼得森还得到了当时重要的环保组织——地球之友的支持。[①] 约翰·惠特克被任命为总统副助理，他的地质学背景及其社会影响留给人们一个环保者的印象。最重要的任命可能是环保署署长威廉·拉克尔肖斯了，在任环保署长其间，拉克尔肖斯在推进联邦环保政策中发挥了积极作用，给公众留下深刻印象。

作为行政首脑，尼克松见证了25部环境立法变成了法律。其中有16部是在其第一任总统任期内通过的。尼克松在任内几乎签署了国会通过的全部环境法案，即便在他第二任期的短短时间内，他也签署了5部重要环境法案。[②] 这些环境法案将第二次世界大战后的美国环保立法推向高潮，这些法案作为基础性环保法案，对此后美国的环保立法产生了深远影响。

在推进环境立法问题上，尼克松总统是比较积极的。他先后呈递了19篇有关环境问题的国情咨文，敦促国会积极行为，促进环保立法。比如他在1970年4月15日的咨文中就力劝国会清洁五大湖地区的环境。[③] 他呼吁白宫与国会合作，共同推进环保立法，《清洁空气法》就是这样一个合作范例。《清洁空气法》将汽车的一氧化碳和碳氢化合物排放标准提高到90%，

---

① Senate Committee on Interior and Insular Affairs, *Hearing before the Committee on Interior and Insular Affairs on the Nomination of Russell W. Peterson to Chairman of the Council on Environmental Quality*, 93rd Cong., istsess., October 30, 1973, 87.

② Raymond Tatalovich and Mark J. Wattier, "Opinion Leadership: Elections, Campaigns, Agenda Setting, and Environmentalism", *The Environmental Presidency*, ed., Dennis L. Soden, Albany: State University of New York Press, 1999, pp. 166 – 167.

③ Richard Nixon, Special Message to the Congress about Waste Disposal, April 15, 1970, *Public Papers of the Presidents: Richard Nixon, 1970*, Washington, DC., 1971, p. 357.

规定如果拒绝遵守，每辆交通工具的生产商需要承担1万美元的罚金。幸运的是，尼克松面对的是民主党居多数的国会，在强大的环保运动和社会舆论压力下，国会在环境立法中扮演了一个积极的角色。罗伯特·斯坦利甚至认为，环境政策的领导者已经是国会而不是总统了，特别是在有关空气和水污染、土地利用及露天采矿等环境立法方面。[1]

尼克松发现，他与埃德蒙·马斯基和亨利·杰克逊这些带有明显环保主义倾向的国会议员不断发生冲突，后者一直试图扩大他们在环保立法中的政治影响。虽然尼克松不赞同更为激进的行动，但奈于形势，他大多不拒绝国会的立法倡议。1970年的《国家环境政策法》就是一个典型实例。尼克松曾想否决该法，但他感觉他不能这样做，因为他需要取信于选民，所以他最终签署了该法。但在环境政策立法上，尼克松不愿走得太远。1972年他以《水污染控制法修正案》的实施将极大地增加联邦支出，会使预算崩溃为由否决了该法。但国会最终驳回了总统的否决，通过了这部法案。[2]

尼克松很善于利用时机，努力向选民和公众邀功。布鲁克斯·弗列彭指出，尽管他没有以任何形式参与《国家环境政策法》的制订，但他意识到了这部立法将产生的影响，他力图“把该法变成他关心环境质量的证明”。[3]他着意选择1970年1月1日通过电视直播方式签署这部美国历史上最重要的环境政策大法，其用意是明显的。[4] 当他签署《清洁空气法》时，为了让公众知道这是总统的提案——而不是国会，法案的原创者埃德蒙·马斯基竟然没有被邀请出席签字仪式。[5]

---

① Shanley, *Presidential Influence and Environmental Policy*, 51 (see intro., n. 22).

② Most Productive Environmental Session in History, *Congressional Quarterly Almanac*, *1972*, 92nd Cong., 2nd sess., 28: 115.

③ J. Books Flippen, *Nixon and the Environment*, Albuquerque: University of New Mexico Press, 2000, p. 51.

④ “环境的十年”是尼克松在20世纪70年签署《国家环境政策法》时提出的一个概念，意指20世纪70年代是联邦政府高度重视环境保护的时代，此概念的内涵和适用性虽然容易引起争议，但是无论与此前还是此后相比，20世纪70年代绝对可以称得上是美国环境政策大发展的时代。

⑤ James Rathlesberger, ed., *Nixon and the Environment*: *The Politics of Devastation*, New York: Taurus Communications, 1972, pp. 9–18.

2. **尼克松政府的环境政策评析**

历史地看，无论从生活环境、政治思想还是出任总统前的政治实践等方面看，尼克松都不是一个环保主义者，他本人对环境问题也不感兴趣。[①] 尼克松就任美国总统后，把环境问题置于国家政策的前台取决于多种因素。

首先，第二次世界大战后，尤其是20世纪60年代中后期，在美国频繁发生的环境危机和持续高涨的现代环保运动是任何政治家都无法也不能忽视的，在当时，遏制污染、保护人民的生命健康刻不容缓，由联邦政府承担环境保护的领导责任也是大势所趋，这正是尼克松将环境保护置于国家优先关注的主要原因。

尼克松入主白宫那年，加利福尼亚州圣芭芭拉近海发生了严重的石油泄漏事件，俄亥俄州凯霍加河燃起了熊熊大火，这些严重的环境危机事件通过报纸及各种媒体报道，迅速引起了全国的关注，加剧了整个社会的环境危机意识。20世纪70年代，新建了许多新的环保组织——如地球之友、自然保护选民联合会、环境行动及自然资源保护委员会等。这些环保组织呼吁采取有力措施保护环境，对联邦政府形成压力。环保署长拉克尔肖斯讲到，环保署的设立“不是因为尼克松忧虑环境问题，而是因为他别无选择”。[②]

其次，尼克松本人是一位现实主义政治家，他有很强的现实感和政治机敏性，虽然他是一个共和党人，但他并不僵化保守，他很善于体察和把握舆论民情并根据时势调整其政策取向。也许，在很多情况下尼克松的确为了几张选票而牺牲原则，但他知道人民想要什么，他可以在大选中避免提及环境问题，因为这是他的软肋，但作为主要的行政官，他清楚不能无视民众和舆论的呼声。汤姆·威克这样讲到，作为一个“现实主义者，也是一个机会主义者。尼克松意识到面对环境革命，除了行动之外他几乎别

---

① 参见金海《20世纪70年代尼克松政府的环保政策》，《世界历史》2006年第3期，第24—25页。J. Books Flippen, *Nixon and the Environment*, Albuquerque: University of New Mexico Press, 2000, pp. 17 - 19。

② U. S. EPA, *Ruckelshaus Oral History Interview*, *President Nixon*, http://www.epa.gov/history/publications/ruck/index.htm（2004年10月27日）。

无选择；民众舆论的压力是如此之大，以至于不能对抗”。[①]

20世纪70年代初，美国民众赞同和支持改善环境的比率越来越高。盖洛普民意测验显示，公众对空气和水污染的关注在增加。惠特克认为，环境问题已经被视为比“种族”“犯罪”和“青少年”问题更重要了。1970年，有53%的美国民众认为环境质量是这个国家最重要的问题。[②]哈里斯民意测验发现，民众对尼克松政府重视环境保护是非常支持的，1970年，有54%的人愿意支付更多税负来支持联邦的空气和水污染控制项目，1971年，愿意这样做的人数达到了59%。[③]斯坦利·库特勒认为，在尼克松就任总统之初发现支持环保在政治上是有利的，在他看来，推进环保政策可以帮助他获得更多选民支持。尼克松注意到，“数百万人在全国各地集会”。他意识到顺应这一潮流可能会增强他在政治上的影响力。[④]

最后，正如许多人指出的那样，尼克松把环保问题政治化了，他是出于政治斗争的需要而保护环境的。20世纪60年代末以来，以埃德蒙·马斯基和亨利·杰克逊为代表的民主党充分借助环保运动这股强大社会力量不断发起环保倡议，给尼克松政府以巨大政治压力。作为一位机敏的政治家，尼克松意识到了新环保主义这股横扫国家的政治力量，他认为完全忽视它在政治上是十分愚蠢的，在环保问题上采取主动是政治上的明智之举。

《白宫政治与环境：从富兰克林·罗斯福到乔治·布什》一书指出：尼克松在环境问题上的言论和作为，帮助他所属的共和党一度成了一个环境友好型政党，甚至达到了西奥多·罗斯福时代的程度。从现实政治角度看，尼克松政府的环境政策削弱了民主党在环保问题上的政治影响。尼克松政府推

---

① Tom Wicker, *One of Us: Richard Nixon and the American Dream*, New York: Random House, 1991, p. 517.

② Mary Etta Cook and Roger Davidson, “Deferral Politics: Congressional Decision Making on Environmental Issues in the 1900s”, *Public Policy and the Natural Environment*, eds., Helen M. Ingram and R. Kenneth Godwin, Greenwich, Conn.: JAI Press, 1985, p. 48.

③ Louis Harris and Associates, *The Harris Survey Yearbook of Public Opinion 1970*, New York: Louis Harris and Associates, 1971, pp. 58, 262.

④ PBS, *American Experience*, *Domestic Politics: Richard M. Nixon.*

行积极的环保政策，包括制定新的共和党环境纲领，抹去了民主党本可以使环境问题成为该党优势的可能。①

然而，尼克松政府在1969年并未给予环保更多的财政支持，1970年财政支持有所增加，但到了1973年又开始削减。其实，尼克松的环保热情并未维持多久，大致从1971年开始，他就从先前的政策上后退了。1973年尼克松签署了《阿拉斯加原油管道法》，这令环保主义者极为失望。在第二届总统任内，尼克松对环保署的支持也在减弱。他告诉环保署："环境花费将会很高，《空气质量法》是不切实际的。"当他在福特汽车公司公开露面时，尼克松表达了行政机构支持企业的立场。在第二届总统任期内，因深陷水门事件，尼克松的环保动力非常微弱。当离开白宫时，尼克松已经很少支持和促进环保事业了。

对于尼克松政府在环境政策上的摇摆、后退，可从几方面做出解释。

首先，美国公众对环境的关注和热情在"地球日"活动之后开始退却。"地球日"活动是现代环保运动达到顶峰的标志。在强大的现代环保运动压力下，《国家环境政策法》及其他一系列环保法的签署和修订给人留下这样的印象，即政府已经承担起了保护环境的领导责任，不少美国人相信环境问题可望得到解决。

其次，在很大程度上尼克松是为了选票而保护环境的，一旦发现其环保举措不能达到这一政治目的，他就会从先前政策上后退。尽管尼克松在环境保护方面做了一些工作，但他仍然面临环保主义者的指责。1970年中期国会选举共和党的失败更使他大受挫折，于是他决定改变先前的态度，在环保问题上持一种更加"稳健"的立场，这就决定了其环保政策不会走远。

最后，1971年经济形势的恶化和1972年开始的能源危机对尼克松的环境政策也产生了一定影响，能源危机改变了国家重大议程的优先次序。尼克

① Byron W. Daynes and Glen Sussman, *White House Politics and the Environment: Franklin D. Roosevelt to George W. Bush*, College Station, TX: Texas A & M University Press, 2010.

松的共和党哲学也肯定发挥了很大作用。[①] 在尼克松看来，环保是居于次要地位的，“清洁空气和水体不能解决我们关心的最重要的物质问题”。[②]

虽然自1971年以后尼克松在环保问题上的立场有所后退，但我们也很难得出尼克松是一个“反环保”主义者这样的结论。如前所述，尼克松在任内几乎签署了国会通过的每项重大环保法案，这在历史上是很少见的。在第一任期内，尼克松总统在环境政策与环保立法上的确发挥了领导作用。

尼克松出任美国总统确实意味和标志着美国环境政策新时代的开始。

首先，不管出于何种政治目的，尼克松政府的确把环境保护提到国家战略高度，实现了环境政策的国家化。[③] 此后，环境保护不再仅仅被视为地方事务，联邦政府实际上承担了环境保护的主要领导责任。尼克松讲到：环境问题是整个国家必须面对的，许多环境问题即便出现于一个地方，实际上也会影响其他州和地方的[④]，因此，有必要强化环境保护的联邦责任。

其次，美国历史上最重要的两项环保举措——《国家环境政策法》的签署和环保署的设立都是在尼克松任内完成的，这在世界历史上也属首创。这两件事本身就标志着环境政策的新时代的开始，尼克松也因此成为最有成就的环保总统之一。

最后，尼克松政府之后，美国的环境保护政策虽经历了不少曲折，但总的趋势是不断发展、进步和完善的，美国的许多环保法律与环境政策的制度框架和基础就是在尼克松政府任内构建和奠定的。

尼克松的环保成就是时代造就的，尼克松本人的作用是顺应了时代，抓住了时机。乔纳森·艾特肯指出：“尼克松成了一个环境改革者，是由于他

---

① 关于尼克松政府在环境政策上退步的原因分析，可参见金海《20世纪70年代尼克松政府的环保政策》，《世界历史》2006年第3期，第24—25页。J. Brooks Flippen, *Nixon and the Environment*, Albuquerque: University of New Mexico Press, 2000, pp. 129 - 220。

② Richard Nixon, *The Memoirs of Rich and Nixon*, New York: Grosset and Dunlap, 1978, p. 465.

③ 我们把环境政策的国家化，界定为环境保护的主要责任由州和地方政府转归联邦政府的过程。虽然自然资源保护政策久为联邦政府主导，但包括空气和水污染在内的更广泛的环保责任却长期由各州和地方政府担当，1970年《国家环境政策法》的出台，环保署的设立及《清洁空气法》的修订可视为环境政策国家化完成的标志性事件。

④ Richard Nixon, *Memorandum of Disapproval of the National Environmental Data System and Environmental Centers Act of 1972*, October 21, 1972, Richard Nixon Foundation.

在恰当的时机掌握了权力。”① 并且，他利用这一权力推动了时代潮流。

二 《国家环境政策法》与环保署

《国家环境政策法》的出台和环保署的设立是美国历史上最具革命性的两项环保举措，因为它们搭建了此后美国环境政策的基本框架，直至今天，它们仍然发挥着重要作用。其实，制定一部国家环境政策根本大法和设立一个统一的环保领导机构的必要性早已为一些学者所认识。1963 年，美国印第安纳大学公共管理学教授林顿·考德威尔发表了一篇题为《环境：公共政策的新焦点》的文章，指出了环境政策和环保实践中存在的一些问题，强调应该把环境作为公共政策的核心，采用一种更为综合性的生态学方法加以处理。② 考德威尔的观点对后来美国的环境政策产生了重大影响，《国家环境政策法》的出台和环保署的设立很大程度上得益于他的政策建议。

1.《国家环境政策法》的出台

20 世纪 60 年代末，在美国制定一部国家环境政策根本大法的时机已经成熟。1968 年，林顿·考德威尔起草了《国家环境政策决议草案》，该草案考察了国家环境政策的宪法基础，陈述了国会的意图和目的。1969 年 1 月，民主党参议员亨利·杰克逊会同众议员约翰·丁格尔向国会提交了《国家环境政策法》立法草案。1969 年 4 月，参议院举行了立法听证会，考德威尔在会议上提出了环境影响说明的建议，杰克逊要求在该法中增加强制性条款。1969 年 12 月，美国第 91 届国会以压倒性多数通过了《国家环境政策法》。1970 年元月 1 日，尼克松签署了《国家环境政策法》。《国家环境政策法》是国会的动议和提案，尼克松因此与民主党议员艾德蒙·马斯基和亨利·杰克逊发生分歧，尽管不情愿，但为了取信于民，尼克松最终还是签署

① Jonathan Aitken, *Nixon: A Life*, Washington, DC.: Regnery Publishing, 1993, p. 398.

② Lynton K. Caldwell, Environment: “A New Focus for Public policy?” *Public Administration Review*, 1963. Vol. 23 (3), pp. 132 – 139.

了该法。

从形式上看,《国家环境政策法》的结构比较简单,它仅包括《国家环境政策宣言》和《环境质量委员会》两篇。[①] 从内容上看,《国家环境政策法》包含三个相互联系相互依存的组成部分:第一,国家环境政策和目标宣言;第二,要求联邦机构贯彻这些政策的强制实施条款;第三,在总统行政办公室内设立环境质量委员会。[②]

(1)国家环境政策和目标宣言

《国家环境政策法》第2款规定:本法"宣布一项旨在鼓励人与环境之间形成一种生机勃勃、快意盎然的和谐关系的国家政策:促进预防和削除对环境和生物圈的损害以及提高人类健康和福利的努力;丰富人类关于生态系统和自然资源对于国家所具有的重要性的理解和认识。"

该法第一篇101款(a)项宣称:由于"意识到人类活动对于自然环境所有构成部分之间相互关系的深刻影响,特别是人口增长、高密度城市化、工业扩张、资源开发以及新的不断扩展的技术进步的深刻影响,进一步认识到恢复和保持环境质量对于整个人类福利和发展的极端重要性",国会宣布联邦政府将"与各州和地方政府、其他有关公共和私人组织合作,利用一切可行的方法和措施,包括财政和技术支持,促进公共福利,创造和保持人与自然和谐共存的条件,实现当代及后代美国人的社会、经济和其他需求"。

该法第一篇101款(b)项列出了国家所要达到的6项环境目标:即"履行每一代人作为后代环境托管人的责任;确保所有美国人享有安全、健康、丰富、充满美感和文化品位的令人愉快的环境;在不造成环境退化,对健康和安全无风险,或其他不希望或无意看到的结果的前提下,达到对环境最大范围的有益利用;保护国家重要的历史、文化和自然遗产,尽可能保存一个支持个人选择多样化和多元化的环境;在人口和资源利用之间达成某种平衡,使高水平生活和广泛享用生活的舒适成为可能;提高可再生资源的质量,最大限度地循环利用不可再生资源"。

---

① *National Environmental Policy Act*, *PL 91 - 190*, 42 U. S. C. A. SS 4321 - 4347.

② Kenneth B. Schuster, *The National Environmental Policy Act*: *An Investigation into the Improvement of Federal Agencies in the Environmental Impact Statement Process Over Time*, Idaho State University, 2000.

第一篇101款（c）项承认：每个人都拥有享受健康环境的权利，同时也有保护和提高环境质量的责任或义务。[①]

《国家环境政策法》以简明的语言勾勒出了美国环境政策的目标、原则和方向，从而为所有联邦机构和各级政府提供了一个保护环境的根本性的大政方针和法律依据，从这个意义上，《国家环境政策法》获得了美国"环境大宪章"之称。[②] 长期以来，环境保护在美国一直没有统一、持续的战略目标，环境保护带有很大的不确定性。由于没有一部最高的环境政策大法，各级政府、工商界和公私团体就环境问题发生纷争时往往出现适用法律原则混乱的现象，这大大降低了环境保护的实际效果。《国家环境政策法》的出台不但确立了全国统一明确的环境保护战略目标，而且为各级政府和司法机构实施环境政策和解决环境争讼提供了原则性的法律依据。

美国环境政策史专家理查德·安德鲁斯认为，《国家环境政策法》为总统和行政部门履行环保职能提供了广泛的法律权威，它授权和指导各机构按照《国家环境政策法》的原则履行其职责和采取具体的程序上的行动。[③] 有学者指出：如果总统或机构需要寻找权威来支持其更为强有力的环保领导权时，他们可以利用《国家环境政策法》。[④]《国家环境政策法》对环境问题的根源及保护环境的重要性等许多重大问题都做了全面而深刻的分析和陈述，并且提出了环境保护的原则性措施和宏观目标，这对于统一环保认识与协调环保行动进而提高环境政策的实际效果都发挥了积极作用。《国家环境政策法》的目标宣言部分虽文字简短但内涵丰富，它几乎纳括了当代主要环保理念和精神（包括环境与经济、人与自然之间的关系、代际环境责任和生态价值的认知和判断等等），特别是它将环境保护从经济中分离出来，作为一个独立的价值目标，这具有划时代的历史意义。

---

① *American Environmental History*, Malden, MA: Blackwell Publishing Company, 2003, pp. 290 – 291.

② Matthew J. Lindstrom and Zachary A. Smith, *The National Environmental Policy Act: Judicial Misconstruction, Legislative Indifference, & Executive Neglect*, College Station: Texas A & M University Press, 2001, p. 4.

③ Richard N. L. Andrews, *Managing the Environment, Managing Ourselves: A History of American Environmental Policy*, New Haven: Yale University Press, 1999, p. 286.

④ James McElfish and Elissa Parker, *Rediscovering the National Environmental Policy Act: Back to the Future*, Washington, DC.: Environmental Law Institute, 1995.

（2）国家环境政策的实施机制

为保证国家环境政策目标的实现，《国家环境政策法》第一章102款“授权和指导美国的政策、法规和公法应该尽最大可能依据本法设定的政策精神做出解释和执行”。同时详细规定了联邦机构的八个方面的职责和义务。[①]《国家环境政策法》的这一部分被称为“强制实施”机制。其中最重要、也最具有可操作性的是第三条规定——“环境影响报告”（*Environmental Impact Statement*，*EIS*）。该项规定要求：“每一项为立法提案准备的建议或报告中，以及对人类环境质量有重大影响的其他重要联邦行为，负责部门必须准备一份详细的环境影响报告。”环境影响报告不但要陈述和说明被建议的行为可能造成的环境影响和后果，还要提出减小不利影响的可供选择的替代方案。在做出详细报告之前，联邦负责部门应该与任何依照法律有管辖权的联邦或专门机构磋商并征询它们的意见。在采取行动之前，相关机构必须及时将报告草案送交所有受到影响的部门、公众和环境质量委员会，以便广泛征询意见。第103款规定：所有联邦政府机构应审查它们当前的管理职能、行政规章、政策和程序是否与《国家环境政策法》的目标和条款不一致或有缺陷之处，并于1971年7月1日前将建议报告提交总统，这项规定的目的是确保联邦机构的职能与政策符合《国家环境政策法》的意图、目标和程序。[②]

由于《国家环境政策法》并非实体法，从实践意义上讲其重要性几乎全部源于环境影响报告书。[③]《国家环境政策法》的这一规定把环境考量附加到每一项新的联邦重大项目中，通过严格的程序保证公众的广泛知晓和参与，从而避免政府和企业的行为对环境和公共健康造成不可逆转的影响。在《国家环境政策法》通过之前，联邦机构没有法律责任考虑其行为的后果或替代方案，其唯一的标准就是成本和完成其任务，它们维护的是有权

---

① *Document*, *National Environmental Policy Act of 1969*, See Louis S. Warren, *American Environmental History*, Malden, A: Blackwell Publishing Company, 2003, pp. 291 - 292.

② *American Environmental History*, Blackwell Publishing Company, 2003, pp. 291 - 293.

③ ［美］J. G. 阿巴克尔、G. W. 弗利克等著：《美国环境法手册》，文伯屏、宋迎跃译，中国环境科学出版社1988年版，第67页。

势的利益集团而非将会受其行为影响的民众的利益。[①] 而现在，联邦机构必须遵照环保法律并据此履行责任，接受公众的监督和审查，这不仅有助于遏制那些对环境有重大不利影响的行为，有效地达到保护环境维护公众利益的目的，也从根本上改变了政府管理的程序，促进了管理和决策的公开化和民主化。

《国家环境政策法》生效后，每年都有大量环境影响报告书被提交，也不断有机构团体和个人对其所关注的报告提出质疑甚至诉诸法律。据统计，在《国家环境政策法》签署后最初9年时间里，各机构共提交了1.1万多份环境影响报告，有1000多份遭起诉，大约20%的机构被法院勒令停止计划中的工程项目。[②]《国家环境政策法》中有关环境影响的规定对许多传统的联邦项目比如水资源工程、核电站、高速公路、公共土地的利用等带来了巨大挑战，因为这些项目对生态环境都有不可忽视的影响。《国家环境政策法》的出台标志着大规模联邦公共工程和开发项目时代的结束。

（3）环境质量委员会及其职权

《国家环境政策法》第二篇202款规定，在总统行政办公室内设立环境质量委员会（Council on Environmental Quality），委员会由3名专家组成，由总统任命，经参议院批准。《国家环境政策法》对环境质量委员会的人选设定了很高的标准和要求，他们应具有"良好的训练、经验和成就背景，擅长阐述和分析环境发展趋势和各种信息，依据本法第一款设定的政策来评估联邦政府的项目和行为，对国家科学、经济、社会、审美和文化需要及利益具有清醒的认识，规划和推荐提高环境质量的国家政策"。[③] 204款规定了环境质量委员会有八个方面的职责：协助总统准备环境质量报告；收集环境质量状况和趋势的相关信息；审查和评估联邦政府的各种项目和行为；制定并向

① Richard N. L. Andrews, *Managing the Environment, Managing Ourselves: A History of American Environmental Policy*, New Haven: Yale University Press, 1999, p. 287.

② Ibid.

③ *The National Environmental Policy Act of 1969*, Pub. L. 91 – 190, 42 U. S. C. 4321 – 4347, January 1, 1970, as amended by Pub. L. 94 – 52, July 3, 1975, Pub. L. 94 – 83, August 9, 1975, and Pub. L. 97 – 258, 4 (b), Sept. 13, 1982.

总统提出促进环境质量改善以满足社会、经济、健康和其他国家目标的政策建议；调查、研究和分析生态系统和环境质量；每年至少向总统报告一次环境状况，等等。[①]

由于作为总统环境方面的首要顾问这一特殊地位，环境质量委员会获得了《国家环境政策法》的解释权和发布指南的权力。1978年，卡特总统以行政命令的方式颁布了《环境质量委员会关于国家环境政策法实施条例》，要求所有联邦机构接受该条例的约束。这在一定程度上减少了文书工作和决策过程中的拖沓和延误现象，提高了《国家环境政策法》的实施效果。

设立环境质量委员会是美国在环保体制建设上的重大创新。环境质量委员会实际上具有双重职能：向总统提出政策建议和提供信息咨询，阐发《国家环境政策法》及监督环保法律的贯彻和执行。由于人员构成及其职能特征，环境质量委员会在提高国家环境政策及环保实践的科学性方面发挥了不小的作用。作为国家环境议程和环境政策的顶级咨询机构，环境质量委员会确曾做出过重要贡献，特别是在环境问题的科学研究方面。20世纪70年代，环境质量委员会曾发起了针对许多新出现的环境问题的研究，主要是在它的推动下，这些问题逐渐被纳入国家环境议程中。1980年，环境质量委员会发表了《2000年的地球》，对全球环境趋势进行了全面的展望，曾引起了广泛关注。[②] 不过，由于对总统个人支持的内在依赖，环境质量委员会也有很大程度的不稳定性。应该说，20世纪70年代，尼克松、福特和卡特三届政府其间，环境质量委员会的确发挥了很重要的作用，其专业人员人数和预算额都有所增加，但是在20世纪80年代里根上台后，环境质量委员会遭到很大削弱。1993年，克林顿就任总统后曾提议废除环境质量委员会，改由白宫环境政策办公室和内阁级的环保署取而代之，但由于国会反对没能实现。此后，环境质量委员会的职能和作用被极大削弱了。

《国家环境政策法》是美国历史上最重要的环境立法，它的制定和通过

---

① *The National Environmental Policy Act of 1969*, http://www.fhwa.dot.gov/ENVIRonment/nepatxt.htm（2006年10月15日）。

② *1980b. The Global 2000 Report to the President*, *Entering the Twenty-First Century*, Washington, DC.: Government Printing Office.

是环境政策新时代来临的重要标志之一。在最初的几年里，许多人对《国家环境政策法》的重要性缺乏足够的估计，但是随着时间的推移，人们越发认识到它在国家环境议程中的不可替代的作用，特别是由它引起的大量环境诉讼案在行政和司法领域掀起了一场空前的环境革命。美国著名环境法学者弗利克和阿巴克尔等认为：《国家环境政策法》是联邦决策过程中起了重大作用的、仅有的几个法律之一。其影响很大程度上源于它促使大量诉讼的发生。由它引起的诉讼案件比其他所有环境法律所引起的加在一起还要多，结果形成了大量判例法，这就给《国家环境政策法》的一般条款增添了血肉和特殊力量。[①]《国家环境政策法》是框架立法，是一种制度创新。截至1997年，《国家环境政策法》的模式已为美国半数以上的州，甚至世界上包括中国在内的80多个国家政府，地区性组织如欧盟，国际信贷机构如亚洲开发银行等，所借鉴和效仿。[②]

2. 环保署的设立

在尼克松政府设立的一些联邦环境机构中，最成功的是环保署。作为一个独立的联邦机构，环保署的主要职能是保护公民的健康与环境。

1969年4月，罗伊·阿什负责的总统机构改组委员会提交了一份报告，建议成立一个专门性的独立机构来协调行政部门的环境改革。1969年5月，尼克松通过行政命令设立了两个环境机构——内阁级别的环境质量委员会和环境质量公民顾问委员会。1969年12月，尼克松又任命了一个白宫委员会来酝酿是否组建一个独立的联邦环保机构。1970年7月9日，尼克松向国会递交了行政改组计划，建议将分散在各个联邦机构中的环境职能和项目归并和集中起来，设立联邦环保署。1970年12月，环保署正式运行。[③]

---

① ［美］J. G. 阿巴克尔、G. W. 弗利克：《美国环境法手册》，文伯屏等译，中国环境科学出版社1988年版，第65页。

② Richare N. L. Andrews, *Managing the Environment, Managing Ourselves: A History of American Environmental Policy*, New Haven: Yale University Press, 1999, pp. 285 - 286.

③ *The History of Environmental Protection Agency*, http://www.epa.gov/history/timeline/70.htm（2006年10月）。

（1）环保署设立的必要性和目的

20世纪70年代初，在美国设立一个全国性的环保领导机构显得十分必要。长期以来，美国资源保护和环境管理的职责被分散于内政部、农业部、健康管理和教育福利部等众多的联邦政府机构中，这些机构之间互不统属，各自为政，不仅难以在环保问题上达成协调，反而常常因职能重叠而衍生矛盾和冲突。并且，这些部门机构各有其不同职能，它们并非专门性的资源或环境保护机构，在发展经济与保护环境问题上往往无所适从，或将环境保护置于从属地位，因此在许多情况下实际效果并不理想。

美国公共管理学教授考德威尔曾经指出：历史上，美国人一直在借助政府权力有选择地开发他们环境的不同方面，减少对公共健康的环境危害，然而他们却始终没有把环境作为一个整体而设定统一的公共责任，在试图解决旧的问题时又产生出新的问题。每个机构都在追求完成自己的任务而不考虑其他，并且往往把自身所代表的群体利益视为公共利益。考德威尔认为，带有彼此冲突目标的部门机构的分离、影响自然资源和人类环境的行为和政策的分割等，是环境政治实践中存在的主要问题。他强调不要孤立地考虑污染控制、自然资源管理或景观保持问题，而应把它们作为一个整体而加以管理。[①] 的确，与其他社会问题相比，环境保护牵涉太多的部门和利益关系，其复杂程度远非其他公共政治所能比拟，这在客观上要求把环境保护作为一个整体和系统工程加以处理，这一点不是先前哪个独立的联邦政府机构所能做到的，因此，成立一个全国性的环保领导和政策协调机构实有必要。

在理论上，环保署也是为了克服外部性（外部不经济）和市场不完全信息而设立的。[②] 20世纪，在美国兴起了两次联邦管制活动的高潮：一次是20世纪30年代新政其间，另一次是20世纪70年代尼克松出任总统之后。与前一次不同，第二次联邦管制行为主要发生在环保领域，设立的相关机构包括环保署（Environmental Protection Agency）、消费品安全委员会（Con-

---

① Lynton K. Caldwell, "Environment: A New Focus for Public Policy?" *Public Administration Review*, 1963. Vol. 23 (3), pp. 132 - 139.

② "外部性"和"不完全信息"是两个经济学范畴，参见高鸿业主编《西方经济学·微观部分》，中国经济出版社1996年版，第420—421、431—435页。

sumer Product Safety Commission)、职业安全与健康管理局(Occupational Safety and Health Administration)、矿业安全与健康管理局(Mine Safety and Health Administration)和原子能管理委员会(Nuclear Regulatory Commission)等。这些机构对环境保护、消费者和工人的安全与健康实施管理。[①]

20世纪70年代，联邦环境管制机构的设立和管制活动的加强是基于如下认识：首先，在没有政府管制情况下，某些经济活动造成的污染成本不会被这些经济活动的主体承担，因而也就不可能对其损害环境的行为构成经济上的制约。其次，由于缺乏有关所从事的职业和购买的商品等方面的完全信息，公众不能权衡高风险与高工资、高风险与低价格的关系，结果导致通过市场手段不能实现最适风险水平和风险分担。[②] 外部性和不完全信息很难通过市场机制自行解决。为保护环境、维护公众健康，必须加强政府在环保中的作用，因此有必要设立一个强有力的全国性环境管理机构，来统一领导和协调环境政策和环保工作。

关于设立环保署的原因和目的，尼克松总统在1970年7月的3号改组计划中做了较为详细的说明。他说：长期以来，政府处理环境事务的活动被碎片化了，当前的政府结构无助于有效应对污染问题，理性而系统地改组政府机构的时机已经到来。作为向这一方向努力的第一步，我建议设立环保署和海洋与大气管理局。设立统一的环保领导机构，将有助于整合现在分散于多个部门中的环境研究、标准设定和强制执行活动；有助于确保在控制现存问题时不会造成新的环境问题；迫使产业界努力寻求将其对环境的不利影响降到最低限度；当各州发展或扩大其污染控制项目时，它们也能够指望从联邦政府那里获得必要的金融和技术支持与培训帮助。[③] 此外，通过将最低环境标准设定和强制实施权力移交环保署，既能保证标准的客观性和公正性，也有利于在全国范围内有效地推行和贯彻联邦的环境政策。

当然，尼克松建议设立环保署的目的也并非那么单纯。如前所述，环

---

① Paul R. Portney and Robert N. Stavins, *Public Policies for Environmental Protection*, Washington. DC.: Resources for the Future, 2000, pp. 11 – 12.

② Ibid., p. 11.

③ *The History of Environmental Protection Agency*, http://www.epa.gov/history/timeline/70.htm(2006年10月)。

境保护对于尼克松而言是一个政治问题，他的许多环保举措是出于政治上的考虑而推出的。20 世纪 60 年代末以来，环境保护一直是民主党用以攻击尼克松的有力武器，虽然尼克松签署了《濒危物种法》和《国家环境政策法》，但这些法案主要归功于国会，在当时形势下，尼克松需要有他自己的环保举措，在很大程度上，环保署是尼克松为赢得环保问题的主动权而设立的。

（2）环保署的结构与职能

环保署的结构比较复杂（见图 2—2—1）。环保署直接对总统负责，设局长和副局长各一名[①]，由总统任命，参议院核准。环保署总部设在华盛顿哥伦比亚特别行政区，另有分布于全国的 10 个地区办公室和实验室。总部负责制定国家环境政策，监督地区环保署和实验室的工作，申请国会年度预算并进行科学研究。地区环保署实施国家环境政策，监督授权各州的环保项目的贯彻执行情况，为联邦行动评审环境影响报告。地区实验室主要从事研究工作，为政策制定和监测、执法及批准项目提供分析支持。环保署设有 4 个项目办公室，即空气和放射性物质、杀虫剂和有毒物质、水体和固体废弃物与紧急反应项目办公室，这些项目办公室同职能办公室（研究、开发与执行办公室）合作，执行和实施环保署的主要政策与核心职能。[②]

环保署并非一个全新机构，它只是将既存的分散于多个机构中的环境职能归并在一起而组建起来的。环保署诞生之时，至少有 5 个不同部门 15 个项目正在处理环境问题，这些项目全部转归环保署。主要包括：卫生、教育和福利部的国家空气污染控制、固体废物管理、放射性物质管理和饮用水管理项目；食品药品管理局执行的关于食品中杀虫剂使用限制的责任；内政部水污染控制项目和杀虫剂研究项目；农业部执行的杀虫剂登记和管理职能；原子能委员会负责的放射性物质管理项目等。环境质量委员会也将部分职能

---

① 美国首任环保署长是威廉・拉克尔肖斯（William Ruckelshaus）（1970—1973），他是一名共和党人，早年曾在印第安纳州做过律师和州众议员，在治理大气和水污染工作方面有过良好业绩；1970 年被尼克松任命为环保署署长，在任内主张通过设定严格的环境标准，采取强制性措施推进联邦政府的环境政策，获得极高的环境信誉；1983—1984 年"贝福德事件"后，拉克尔肖斯被里根总统任命为环保署长来收拾残局，平息公众和国会的愤怒和不满。

② ［美］威廉・坎宁安主编：《美国环境百科全书》，张坤民主译，湖南科学技术出版社 2003 年版，第 224 页。

移交给环保署，其本身成为一个最高层级的顾问咨询机构，研究广泛的环境议题。环保署主要致力于设定和实施污染控制标准的实际工作。

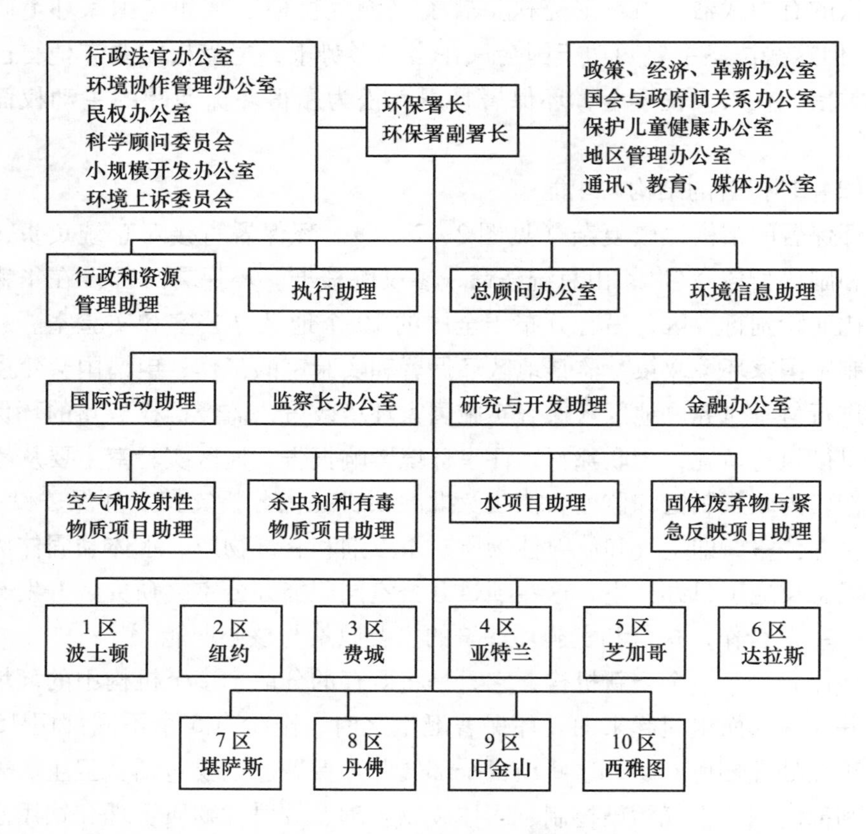

图2—2—1 美国环保署组织结构图①

改组后的环保署的核心职能包括：第一，污染预防——采取措施预防污染的产生，而不是仅仅消除已经释放的污染物；第二，风险评估和减少风险——识别并减少对人类健康和环境有重大危险的污染问题；第三，科学研究和技术——开展有助于制定环境政策和推动技术革新以解决环境问题的研

① *EPA Web pages*, http：//www. epa. gov/epahome/oeganization and www. epa. gov/adminweb/office. htm（2004年12月6日）。此表为20世纪90年代美国环保署结构图。环保署成立后，其结构很少变化，直到1997年增加了3个新的机构办公室：保护儿童健康办公室，政策、经济、革新办公室和环境信息助理。

究；第四，制定规章——制定规则，例如设备操作程序和污染物排放标准等；第五，执行——保证遵守执行已经制定的规章；第六，环境教育——编写环保教材，推动环境信息的传播和交流，支持地方环境教育等。[①]

（3）环保署的管理模式和政策实践

环保署的管理体制和管理模式有几个明显特点。

首先，在横向上，环保署实行项目管理，即把环境问题分为媒介项目——空气和水，污染物质——杀虫剂、放射性物质和固体废弃物，职能项目——执行、研究、政策分析和管理三个方面进行分类管理[②]，这种体制有助于促进管理的专业化和提高管理的深度，但不利于综合管理，且容易给企业造成不必要的负担或使其无所适从。

其次，在纵向上，环保署实行分散（分权）的地区管理，即通过全国10个地区办公室和实验室对环境事务进行管理（这被一些人视为尼克松"新联邦主义"政策的组成部分[③]），这种模式有助于发挥基层机构的主动性和创新精神，可以针对不同地区存在的不同问题采取具体对策，从而提高环保工作的效率和效果，但也存在容易受各州和地方利益集团影响的问题。

最后，环保署把标准设定和强制执行作为工作重心，后来被称为环境管理的"命令—控制"模式，这也是首任环保署长拉克尔肖斯倡导的。环境管理的命令—控制模式有助于改变那种州政府与污染者协商谈判达成妥协的局面，可以法律诉讼和联邦权威为后盾，迫使那些环境破坏者遵守联邦法规和标准，从而更有效地保护环境和公众健康。但这种模式缺乏灵活性，也与美国社会强调通过市场机制和经济手段调控社会问题的传统观念相抵触。

---

① ［美］威廉·坎宁安主编：《美国环境百科全书》，张坤民主译，湖南科学技术出版社2003年版，第224页。United States Code Congressional and Administrative News 91st Congress—Second Session 1970 Convened January 19，1970 Adjourned January 2，1971 Volume 3，*Legislative History Proclamations Executive Orders Reorganization Plans tables and Index*。

② EPA Web pages，http：//www.epa.gov/epahome/oeganization and www.epa.gov/adminweb/office.htm（2004年12月）。

③ 新联邦主义是尼克松总统在1969年8月提出的一个施政口号，即为了应对美国面临的社会危机，应该把"权力，资金，责任"从华盛顿转交给各州和人民，实现税收分享。新联邦主义就是要在保持全国统一性的同时，注意地方的多样性，以便充分发挥各州和地方政府的积极作用。由于民主党控制的国会的反对等诸多原因，新联邦主义未能取得实质性进展。参见韩铁、李存训、刘绪贻《战后美国史1945—1986》，人民出版社1989年版，第353—356页。

无论从体制建设还是从政策实践角度考察，设立环保署的意义和作用都不容低估。首先，环保署是应对环境危机的专门机构，该机构有着清晰、唯一而明确的政治目标——保护环境，这是先前没有的创举。[①] 其次，环保署的设立推动和加强了各州和地方的环保工作：环保署资助和支持设立州环保机构，增加对州和地方的财政与技术支持，设定统一的最低环境标准（各州可以附加标准或设定更严格的环境标准，但至少必须遵守联邦标准）。最后，在拉克尔肖斯的有力领导下，环保署成立后展开了一场雷厉风行的反污染斗争，从联邦政府层面掀起了一次环保高潮。第一周内，拉克尔肖斯直接点出了3个水污染最典型的城市——克利夫兰、底特律和亚特兰大，要求这3个城市的市长在6个月内采取措施遵守联邦要求，否则将采取法律行动。60天内，环保署采取的行动是其他机构的5倍。一年内，环保署向司法部检举了152份工业污染案件。环保署成了名副其实的保护环境的战斗保堡，它也因此获得了媒体和公众的赞誉和支持。与此同时，环保署的规模也在急剧扩大，成为一个超大型政府机构。1971年，环保署有职员5700人，财政预算为42亿美元；1980年，职员增加到1.3万人，预算超过70亿美元；1999年，职员达1.8万人，预算76亿美元。[②]

三 20世纪70年代美国的主要环境立法

20世纪70年代是美国环境立法发展的黄金时期，在短短的十年内，国会先后通过了十八项重大环境法案，数量之多在美国历史上实属空前。20世纪70年代，美国联邦环境法律的发展也是时势所需。第二次世界大战后，虽然联邦政府和各州政府在环境保护上做了一些工作，但存在的问题依然很多，其中比较突出的是各州和地方政府在污染治理工作中的不积极作为和无力作为。如前所述，包括空气和水污染在内的许多环境问题长期以来一直被视为地方性事务，由于空气和水污染的跨界特征，其治理者往往并非受益

---

① Richard N. L. Andrews, Managing the Environment, *Managing Ourselves*: *A History of American Environmental Policy*, New Haven: Yale University Press, 1999, p. 230.

② Paul R. Portney and Robert N. Stavins, *Public Policies for Environmental Protection*, Washington, DC.: Resources for the Future, 2000, p. 14.

者，污染严重治理不力的地区可能影响相邻地区，这不但降低了污染治理的整体效果，也挫伤了地方治理污染的积极性和主功性。再者，在保护环境和发展经济问题上，一些地方政府往往从局部和短期利益出发而选择偏重经济。污染企业也常常以搬迁相要挟，迫使地方政府执行宽松的管制法令，地方政府出于税收和就业等经济上的考虑也往往不认真追究企业的污染行为，正是由于企业带来的经济利益而导致了地方政府对环境保护的漠视。20 世纪 70 年代以前，很少有州建立和制定有效的环保机构和环保法规，也没有任何一州建立起一整套系统的污染物排放标准。[①] 基于上述问题，也是出于保护美国人民生命健康和国家长久利益的考虑，联邦政府和国会在 20 世纪 70 年代先后采取重大措施，制定和通过了一系列环境法案。

尼克松政府时期，甚至整个 20 世纪 70 年代，美国国会在环境立法中发挥了积极作用。特别是 1970 年的《国家环境政策法》的制订，国会是主要推动力量。

1. 清洁空气立法

20 世纪 60 年代，美国的一些地区空气质量状况已经在改善。根据来自环保署的数据，1960 年至 1970 年间，室外环境中总悬浮颗粒物平均浓度下降约 22%（从美国 95 个监测点得到的数据）。1966 年至 1971 年间，室外年均二氧化硫浓度下降了 50%（从 31 个监测点获得的数据）。[②] 20 世纪 50、60 年代联邦空气污染立法及一些州和地方政府的治理工作对改善空气质量可能发挥了一定的作用（其他因素如气候、能源和产业结构的变化等也应该纳入考虑之内）。不过，当时，美国整体空气质量并非乐观，空气污染治理力度和空气质量状况在不同地区存在很大差异。一些地方（州县和城市）采取了较为科学和严厉的方法和措施，而另外一些地方则不尽然。由于空气质量直接关系到人民的生命和健康，要求联邦政府承担全面的污染控制责任的呼声日益高涨，民主党参议员马斯基和尼克松本人都试图利用这一时机提

① Richard N. L. Andrews, *Managing the Environment*, *Managing Ourselves*: *A History of American Environmental Policy*, New Haven: Yale University Press, 1999, pp. 232 – 233.

② Paul R. Partney and Robert N. Stavins, *Public Policies for Environmental Protection*, Washington, DC.: Resources for the Future, 2000, p. 98.

出新的空气立法倡议。1970 年，在给国会的立法建议中，尼克松谈到了现存空气污染控制法案的缺陷（到尼克松选举之时，1967 年空气质量法计划建立的空气污染控制区仅有不到25%设定了严格的标准），大力强调建立国家周围空气质量标准的必要性。[①] 在广泛听取意见和经过辩论之后，国会承认有必要全面修订旧的空气法案，彻底改革联邦政府在空气污染问题上的职能。1970 年底，国会通过并由尼克松总统签署了《清洁空气法（修正案）》。

1970 年的《清洁空气法》包括空气质量目标和达标手段两个方面。首先，该法授权环保署为 6 种主要空气污染物设定国家环境空气质量标准（NAAQS）。[②] 国家环境空气质量标准又分两个层级——一级标准和二级标准：一级标准应能够提供足够的安全边际来保护公众健康。为了保护公众的生命健康，一级标准的设定应不计成本和可行性；各州可以把标准定的比国家标准高，但不允许低于国家标准。二级标准除了保护人体健康外，还要考虑更为广泛的环境要求。其次，该法授权环保署为新污染源（新建和改建工厂）设定排放标准，新标准必须以最佳现行可得技术为基础制定，并且这一标准必须是受影响各方所能承受的。再次，为严格控制车辆污染源，该法直接规定了车辆（包括轿车、卡车和公共汽车）的排放削减量和完成期限。规定到 1975 年，碳氢化合物和一氧化碳平均排放量要降低 90%，汽车氧化氮排放量降低 82%。[③] 最后，根据该法，各州必须制定实施国家环境空气质量标准的州实施计划（SIP）。州实施计划要说明达到国家空气质量目标的程序和方法，州实施计划必须报送环保署批准方可执行。州实施计划通过后，各州应在 3 年内最迟不晚于 1975 年 5 月 31 日达到初级标准。[④]

《清洁空气法》是美国空气污染政策史上的一次重要变革。首先，《清

---

① J. Books Flippen, *Nixon and the Environment*, Albuquerque: University of New Mexico Press, 2000, p. 67.

② 六种主要空气污染物（Criteria Pollutants）是一氧化碳（Carbon Monoxide）、氧化硫（Sulfur Oxides）、氮氧化合物（Nitrogen Oxides）、颗粒物（Particulates）、铅（Lead）和臭氧（Ozone）。国家环境空气质量标准指的是室外（建筑物之外）空气中污染物的最大允许浓度或含量，室内空气质量在此后的立法中也纳入考虑中。

③ Paul R. Partney and Robert N. Stavins, *Public Policies for Environmental Protection*, Washington, DC.: Resources for the Future, 2000, p. 86.

④ Paul G. Rogers, *The Clean Air Act of 1970*, http://www.epa.gov/history/topics/caa70/11.htm (2005 年 6 月 5 日)。

洁空气法》将提高国家空气质量的主要责任由各州和地方政府转归联邦政府，联邦政府取得了空气污染控制的主导权。其次，《清洁空气法》强调国家空气质量和污染物排放标准的设定及实施两个方面，国家标准由环保署根据充分可靠的科学数据制定，国家空气质量一级标准以保护人类健康为主要依据，这体现了对生命的珍视。再次，《清洁空气法》把管理空气污染的主要职能由健康、教育和福利部转归新成立的环保署，由环保署统一制定具体的空气质量量化标准，领导和协调全面的空气质量管理工作，这既体现了提升空气质量在国家议程中的重要地位，也有助于提高空气质量管理工作的效率。最后，《清洁空气法》将法律手段（比如罚款、诉讼、禁令和刑罚等）更多地运用到环境执法程序中来，公众也可以通过行政和司法途径对污染者提出指控，这极大地提高了《清洁空气法》的权威和效力。

1970年的《清洁空气法》也存在许多缺陷：它忽略了污染治理成本和可行性，不计成本的污染控制要求加重了企业负担，不现实的达标时限也缺乏实际意义——事实上，大多数空气质量控制区没有在规定期限内达标；它强调最佳现有控制技术的采用，结果抑制了企业开发更具创新性和更有效的控制手段的可能性和积极性；它设定了环境空气质量标准，但是没有规定达到该标准所要求的排放物的总量限制等。[①] 尽管如此，《清洁空气法》在美国环境立法史上仍然具有重大意义。美国公共政策专家保罗·伯特尼认为：《清洁空气法》是所有环保法规中最重要的，因为正是它影响着我们所呼吸的空气的质量。《清洁空气法》可能是以提高环境质量、安全与健康水平为目的的所有管制规定中最不容忽视的一部法令了。[②]

1970年的《清洁空气法》在1977年和1990年又经两次修订。1977年修正案主要针对三个问题——未达标问题、汽车尾气排放问题和防止空气质量好转地区再度恶化问题，前两个问题主要依靠延长期限和增加处罚来处

---

① Richard N. L. Andrews, *Managing the Environment, Managing Ourselves: A History of American Environmental Policy*, New Haven: Yale University Press, 1999, pp. 235 - 236.

② Paul R. Partney and Robert N. Stavins, *Public Policies for Environmental Protection*, Washington, DC.: Resources for the Future, 2000, p. 77.

理。[①] 1977 年修正案把已清洁地区分为三类并设定了不同要求：一类地区（包括国家公园、森林和荒野区等）不允许任何轻微的空气质量恶化；二类地区（一类之外的大部分清洁地区）允许少量污染；三类地区的污染不得超过国家二级标准。除此以外，该修正案还建立了空气污染控制政策的另一个目标，即国家公园与联邦荒野区能见度的保护与提高。[②]

20 世纪 80 年代，由于里根政府的抵制，《清洁空气法》没有进行任何修订。在这一时期，老布什出任美国总统和缅因州参议员乔治·米歇尔就任参议院多数党领袖之后，新的修正案才被提到日程上来。经过辩论，国会于 1990 年通过了新的修正案。1990 年修正案对有毒空气污染、未达标地区和机动车排放标准设定了更为严格的要求。为应对酸雨和臭氧层耗损等新的环境问题，修正案要求在 2000 年前大幅度减少二氧化硫和氮氧化物排放量，逐渐停止制造和使用氟氯碳、二氢氯氟碳和甲基氯仿等化学物质。[③] 在一些经济学家的积极倡导下，1990 年的《清洁空气法》规定在全国范围内实施二氧化硫排污权交易制度，这项规定标志着环境政策的重大转型。

2. 清洁水质立法

20 世纪 70 年代以前，美国许多州都制定了水质标准，不过其地区差异很大。与空气质量状况相比，20 世纪 60 年代末 70 年代初，美国的水体污染问题更为严峻。1969 年的一项联邦调查发现，在四分之三的美国饮用水公共供水系统中，有一半低于水质标准。[④] 1971 年，拉尔夫·纳德特别小组报告《被污水废弃的土地》发表，这篇报告陈述了美国的水体污染局势，引起了媒体和公众的广泛关注，也推动着国会着手制定新的水质污染控制法案。关于水污染治理问题，尼克松与国会之间存在较大分歧。尼克松热衷于在 1970 年

---

① ［美］威廉·坎宁安主编：《美国环境百科全书》，张坤民主译，湖南科学技术出版社 2003 年版，第 115 页。

② Paul R. Partney and Robert N. Stavins, *Public Policies for Environmental Protection*, Washington, DC.: Resources for the Furture, 2000, p. 85.

③ ［美］威廉·坎宁安主编：《美国环境百科全书》，张坤民主译，湖南科学技术出版社 2003 年版，第 115 页。

④ *The History of Environmental Protection Agency*, http://www.epa.gov/history/timeline/70.htm（2006 年 10 月）

恢复的《固体废物法》框架内加以解决，而国会（尤以民主党参议员马斯基为代表）致力于通过一部新的水污染控制法。在历经近两年的争论后，1972年10月18日，国会推翻了尼克松的否决，通过了1972年《水污染控制法（修正案）》（*Federal Water Pollution Control Act Amendments*）。

1972年的《水污染控制法修正案》同样由水质目标和达标手段两个方面组成。第一，该法规定的水污染治理宗旨是："恢复和保持国家水资源的化学、物理和生物上的完整性。"具体目标为：到1985年以前实现"零污染排放"（Zero Pollution Discharge），即彻底削除所有河流航道的污染物排放；到1983年达到过渡性目标，即使水体达到适合钓鱼和游泳的标准。第二，为实现上述目标，该法规定由环保署制定以技术为基础的污染物排放标准体系。基于技术标准也分两个阶段来实现：1977年7月1日以前，要普遍达到当前可得最佳实用控制技术（BPT）的污染排放水平；到1983年7月1日之前，排放限制将建立在经济上可行的最佳现有技术（BAT）基础之上。相关技术标准属强制性措施，所有污染源必须从环保署那里领取许可证方能向指定水域排放污物。第三，《水污染控制法》加强了对城镇污水处理的项目资助，联邦政府分担的污水处理厂建设费用比例提高到了75%，3年内计划拨款总额180亿美元。20世纪90年代，城镇污水处理成为有史以来最大的联邦公共工程项目。[①] 第四，该法的水质目标虽由国家设定，但达标责任仍在各州，各州必须按照新制定的国家污染消除系统程序（NPDES）操作。[②] 第五，《水污染控制法》所有条款均未考虑实现水质目标所需付出的成本，也没有设定具体的国家水质标准，它只要求每一个排放者都要从环保署那里获得排污许可证，这些许可标准均建立在最佳可行和最佳可得技术基础上，这在更大程度上减少了企业逃避减排的机会。

事实上，1972年的《水污染控制法》实施效果并不理想，许多目标没能如期实现，因此1977年的《清洁水法修正案》（*Clean Water Act Amend-*

---

① Richard N. L. Andrews, *Managing the Environment, Managing Ourselves: A History of American Environmental Policy*, New Haven: Yale University Press, 1999, p. 236.

② Paul Charles, *Legislating the Solution to Pollution: Congress and the Development of Water Pollution Control Policy, 1945–1972*, New York, Brooklyn: A. B., Amherst College, 1991 M. A., University of Virginia, 1994.

ments）延迟了几项排放标准达标期限。由于认识到了有毒污染物对公共健康带来的严重威胁，也由于1972年《水污染控制法》没有对此规定非常有效的控制措施，1977年的修正案加强了对有毒水污染物质的管理，在传统污染物和有毒物质之间进行了更为清楚地区分。20世纪80年代，有关市政污水处理的联邦资助项目引起了不少争论。1981年通过的《市政污水处理建设基金修正案》改变了优先分配条款，将联邦资助份额减至55%。在随后的4年时间里，财政拨款减至每年24亿美元。[①] 1987年，国会绕过里根总统的否决，通过了新的《清洁水法修正案》。1987年的《清洁水法修正案》主要包括以下几个方面的内容：再一次延迟了排污达标期限；从1990年开始废止项目资助计划，改为州级信贷支持；特别重视对有毒物质的管理，要求环保署对下水道污泥中的有毒物质进行鉴别并制定控制标准；重视解决非点源污染问题，要求各州严格执行非点源污染控制项目。[②]

1974年的《安全饮用水法》（*Safe Drinking Water Act*）是一部有关水质的重要联邦立法。早在1914年，联邦公共卫生局就颁布了专门针对生活饮用水质的标准，不过此标准仅适用于州际交通工具上的饮用水质，其范围非常有限。在1925年、1946年和1962年，公共卫生局曾经先后三次修订饮用水质标准，这些工作为1974年的《安全饮用水法》的制定奠定了基础。20世纪60年代以后，由于大量有毒和化学物质通过各种途径渗入到公共饮水供水系统并引发大量健康问题，公众普遍对生活饮用水质状况产生警觉和担忧，这也推动了相关的科学研究和调查。1969年，联邦公共卫生局对公共供水系统进行了一次调查，结果显示有40%的饮水系统不符合该局制定的标准。20世纪70年代初，制定一部全国统一的专门性的《安全饮用水法》已显得十分必要，在经过多次讨论之后，国会最终于1974年通过了《安全饮用水法》。《安全饮用水法》规定：联邦有权设定国家饮用水质标准，各州必须执行不低于该标准的水质标准。该法授权环保署对可能影响人类健康

---

① Paul R. Partney and Robert N. Stavins, *Public Policies for Environmental Protection*, Washington, DC.: Resources for the Future, 2000, p. 173.

② *The Clean Water Act of 1987*, *Alexandria*, *V A*: *Water Pollution Control Federation*, *1987*, http://www.agiweb.org/gap/legis107/clean_ water.html（2006年12月1日）。

的污染物、水处理过程中产生的化合物、化合物分类和处理技术等进行管理。[1] 1986年，国会对《安全饮用水法》进行修订，鉴于环保署在制定饮用水安全标准方面的缓慢进展，国会为环保署设定了严格的时限表。1996年，国会再一次修订《安全饮用水法》，此次修订有两项重要内容：一是扩大了水源保护范围，二是要求环保署在制定水质标准时要进行成本—收益分析，将经济因素纳入考虑。[2]

从环境法的角度来看，美国联邦水污染控制政策的演化呈现出三个明显的趋向：第一，把设定水污染控制目标、监督实施和强制执行水污染控制政策等主要责任逐渐由各州和地方政府转归联邦政府，这一转变始于1948年的《水污染控制法》，终于1972年的《水污染控制法》；第二，在城市污水处理厂建设的主要财政负担逐渐由各州和地方政府转归联邦，这一过程始于1956年的《水污染控制法修正案》，终于1972年的《水污染控制法》；第三，在水污染控制政策目标逐渐转向保护水体并使之可用于游泳、钓鱼等生态价值，这一转变开始于1965年的《水质法》，完成于1972年的《水污染控制法》。[3] 水污染控制政策的三个发展趋向具有典型意义，体现了生态价值和环境政策国家化的重要性和必然性。水污染控制政策在20世纪70年代发生了转折性的变革，这一变革无论从广度和深度而言都是前所未有的，对此后美国的水污染控制与水质管理政策的影响也颇为深远。

3. 固体废物、杀虫剂和有毒物质管理立法

固体废弃物是一个十分宽泛的概念[4]，按其对生物和环境的作用，可分为有害（危险或有毒）废弃物和无害废弃物两类。在美国，固体废弃物作

---

① *Clean Water Deskbook*, Rev. ed., Washingtong, D. C: Environmental Law Institute, 1991.

② *Understanding the Safe Drinking Water Act*, EPA810 - F - 99 - 008, Dec. 1999.

③ Paul R. Partney and Robert N. Stavins, *Public Policies for Environmental Protection*, Washington, DC.: Resources for the Future, 2000, pp. 176 - 175.

④ 根据1976年的《资源保护与恢复法》，固体废弃物系指“从废弃物处理厂、供水处理厂、或者空气污染控制设备中排放出来的任何废物、垃圾、污泥……”以及“从工业、商业、采矿业和农业活动，从社区生活中排放出来的其他物质，包括固体、液体、半固体，或其含有气体的物质。”参见《美国环境法手册》，第228页。

为一个环境问题出现于19世纪下半叶，它是工业化和城市化的一个副产品。第二次世界大战后，伴随着生产规模和消费总量的急剧膨胀，固体废弃物也以几何级数快速增长，以至最终酿成了一种社会公害。20世纪70年代以前，经济和方便是处理固体废弃物的主要原则，处置方式包括：露天堆积或焚烧，无防渗措施的地下掩埋或直接倾入湖泊、江河或湿地中。并且，工业废弃物与生活垃圾往往不加区分地混在一起，大部分有毒或危险物质未加甄别而处理或处理不当。由于上述诸多原因，固体废弃物中的各种有毒成分通过多种途径进入生态系统和环境中，从而对空气、土壤和水体造成污染并对人类健康造成严重威胁。20世纪70年代，无论是美国公众还是国会，都已充分认识到加强对固体废弃物管理的必要性，也正是在这样的背景下，1976年，国会参众两院通过了《资源保护与恢复法》（*Resource Conservation and Recovery Act*），从而使固体废弃物的管理工作被纳入法治化轨道。

1976年的《资源保护与恢复法》是根据1965年的《固体废弃物处置法》（*Solid Waste Disposal Act*）修订而成的。1965年的《固体废弃物处置法》主要是为了改善固体废物处置方法而制定的，此法在1970年和1973年历经两次修订。1970年的《资源恢复法》（*Resources Recovery Act*）最重要的措施是增加了用于废弃物回收和循环利用项目的联邦资金支持。1976年通过的《资源保护与恢复法》重建和改进了固体废弃物管理体系，授权环保署制定综合性的管理法规和具体的实施办法。该法的核心部分是关于"危险废弃物"的管理规定，要求工业排污者必须按照环保署的标准来储存和处理那些被认为具有易燃、强毒、高腐蚀性和化学活性的废弃物，以及由于其他原因而被特别列出的废弃物，危险废弃物排放量较大的公司必须将所有储运信息记录在案。[①]《资源保护与恢复法》后来又修订了多次，这些修订法案完善了固体废弃物管理的技术和法律体系。该法的实施取得了一定成效，在短短的5年内，固体废弃物的海洋倾倒和露天焚烧这两种处理模式结束了，数千家不符合标准的处理厂被关闭了。废弃物总量减少了，回收利用率也有

---

① Richard N. L. Andrews, *Managing the Environment, Managing Ourselves: A history of American Environmental Policy*, New Haven: Yale University Press, 1999, p. 247.

很大程度的提高。[①]

杀虫剂滥用在第二次世界大战后也引发了十分严重的环境问题，相关立法同样经历了很长的历史过程。1906年的《纯净食品和药品法》（*Pure Food and Drug Act*）和1910年的《杀虫剂控制法》是杀虫剂管制的早期立法。不过这两项法案主要是为了防止假冒伪劣商品和盗用商标行为，对于杀虫剂的登记和安全标准并未做任何规定。1947年的《杀虫剂、除真菌剂和灭鼠剂法》对杀虫剂的登记做了规定，但该法并未提供控制杀虫剂使用的管理机制和授予相关部门禁止危险杀虫剂使用的权力。1964年的修正案授权农业部拒绝或取消产品的登记，并把证明产品安全和效能的责任推给了厂家。由于当时的农业部无意限制杀虫剂的使用，因此该项规定形同虚设。

由于管理上的原因，不加选择地滥用杀虫剂现象越发严重，相关的污染事件频繁发生。20世纪60年代，随着卡逊《寂静的春天》一书的出版，反杀虫剂呼声一浪高过一浪，一些环保团体不断提起诉讼，要求废止一些杀虫剂的使用。1970年环保署成立后，其从农业部与健康、教育和福利部接管了杀虫剂登记和管理的职能，因受到高涨的环保运动和一些司法判例的影响，新成立的环保署采取了一些强硬措施控制杀虫剂的使用。1971年，环保署长拉克尔肖斯发布一项指令，表示要严格杀虫剂的科学审查制度。[②] 1972年，《杀虫剂、除真菌剂和灭鼠剂法》获得国会通过。

《杀虫剂、除真菌剂和灭鼠剂法》（*Insecticide*, *Fungicide*, *and Rodenticide Act*）是对杀虫剂进行综合管理的一部联邦法案。该法将杀虫剂登记和使用的管理权全部授予环保署，要求环境署在杀虫剂登记前必须确保产品“具有其设计的功能，并且对环境没有不合理的负面影响”，不合理的负面影响是指“通过综合考虑使用杀虫剂所产生的经济、社会和环境方面的成本与收

① Richard N. L. Andrews, *Managing the Environment*, *Managing Ourselves*: *A history of American Environmental Policy*, New Haven: Yale University Press, 1999, pp. 247 - 248.

② ［美］J. G. 阿巴克尔、G. W. 弗利克等：《美国环境法手册》，文伯屏等译，中国环境科学出版社1988年版，第331页。

益，估价出对人类和环境的任何不合理影响”。[①]《杀虫剂、除真菌剂和灭鼠剂法》要求所有新杀虫剂必须经过环保署批准方能生产，厂商必须提交有关此种产品的化学结构和毒性的数据报告，所有正在使用的化学杀虫剂必须重新注册。通过注册和审核，环保署可以禁止、允许普通性使用或限制性使用某种杀虫剂。杀虫剂通过注册后，仍需接受环保署的监督检查，如果发现某种杀虫剂没有遵守《杀虫剂、除真菌剂和灭鼠剂法》，或普遍引起负面环境影响，环保署有权取消某个注册。1972 年的《杀虫剂、除真菌剂和灭鼠剂法》通过后，曾历经近 50 次修订，它可能是 20 世纪 70 年代通过的所有法案中被修订次数最多的一部法案，这在一定程度上反映了该法案所涉及的复杂的利益关系。

《杀虫剂、除真菌剂和灭鼠剂法》设计的检测登记程序（一种杀虫剂往往需要投入数百万美元的费用，经过长达 4 年的田间和实验室试验才能达到广泛应用的目的），对于控制那些可能会带来严重环境风险的化学杀虫剂的确发挥了很好的作用。[②] 不过，1972 年的《杀虫剂、除真菌剂和灭鼠剂法》也存在不少问题：首先，与《清洁空气法》基于人类健康而制定的环境标准不同，《杀虫剂、除真菌剂和灭鼠剂法》要求环保署在批准登记杀虫剂时，要权衡经济利益和环境风险的关系，这使得该法保护公众健康的目的被打上了很大折扣。其次，由于杀虫剂注册的巨大工作，环保署不得不依赖厂家提供数据，但在后来发现大量数据是伪造的，这大大挫伤了公众对环保署的信心。再次，杀虫剂厂商是一个庞大的利益集团，这个集团在一些以农业为主的州议会中有十分强大的影响，它们常常联合起来拒绝新的授权，20 世纪 70 年代末，《杀虫剂、除真菌剂和灭鼠剂法》的实施遇到了越来越大的阻力。最后，《杀虫剂、除真菌剂和灭鼠剂法》规定只有受到影响的当事人方能就有关杀虫剂影响问题提起上诉，代表公共利益上诉是不允许的。并且，新旧杀虫剂注册和审核被区别对待：未证明无害的新杀

---

① ［美］威廉·坎宁安主编：《美国环境百科全书》，张坤民主译，湖南科学技术出版社 2003 年版，第 243 页。

② 同上。

虫剂为非法，未证明有害的现有杀虫剂为合法，这显然是不公平的。[①] 总之，与《清洁空气法》相比，1972年的《杀虫剂、除真菌剂和灭鼠剂法》有很大局限。

有毒物质在20世纪60、70年代引起了人们的普遍关注。第二次世界大战后，随着现代科技的迅猛发展，每年新问世的化学制品数量较多，其中很多含有毒物质（如多氯联苯、聚乙烯、氟利昂、亚硝胺、铅和石棉等），这些物质被应用于生产和生活中，对人的生命和健康会构成潜在的致命威胁（据世界卫生组织和美国国家肿瘤研究所研究估计，60—90%的癌症是由环境污染所致）。[②] 20世纪60年代，科学的发展使人们越来越清楚地认识到有毒物质与疾病之间的密切联系，不断增加的污染事件和日益上升的疾病发生率又为这种认识提供了佐证。20世纪70年代初，为加强对有毒物质的管理而制订一部专门立法已显得十分必要。1970年，环境质量委员会建议授权环保署长采取措施，"限制使用或销售他认为对人体健康或环境有害的任何物质"。1971年，环境质量委员会提交了一份关于有毒物质的研究报告，该报告提到了几种对环境和健康有显著负面影响但未加控制的物质，建议制定一部综合性的法律来管制有毒物质。从1971年开始，国会就有毒物质管理立法展开辩论，1976年，国会参众两院通过了《有毒物质控制法》（*Toxic Substances Control Act*）。《有毒物质控制法》要求所有新化学物质在投入生产之前必须进行毒性检测，授权环保署禁止任何对健康和环境有不合理风险的化学物质的制造和使用，规定逐渐淘汰并最终停止多氯联苯等剧毒产品的使用，设立应对突发环境事件的紧急应变机制等。[③] 该法的通过使有毒物质的管理最终有了法律依据和保障。

4. 资源保护立法

土地管理局是公共土地的主要管理部门，但该机构是依据1946年行政改组命令、而不是议会立法设立的，因此，它缺乏管理公共土地的明确法

---

① Richard N. L. Andrews, *Managing the Environment, Managing Ourselves: A History of American Environmental Policy*, New Haven: Yale University Press, 1999, p. 243.

② *WHO Report on Cancer*, cited in In Re Shell, 6 ERC 2047, 1051.

③ "Toxic Substances Control Bill Cleared", *Congressional Quarterly Almanc*, 32 (1976), pp. 120 - 125.

律授权。这不但影响了该机构本身的稳定性，也没有足够的权威来实施土地管理计划。土地管理局承担着管理规模庞大的公共土地（超过林业局管辖土地面积的好几倍）的重大责任，但由于预算资金和职员严重不足等原因，它无法有效地履行管理公共土地的职责。在这种情况下，土地管理局一直致力于推动国会通过一项专门立法，以获得充分必要的权力来实现对公共土地的持久管理。1964 年，依据《公共土地法审查委员会法》成立的土地法审查委员会开始就有关土地管理问题展开调研。该委员会在 1970 年提交了报告。历经几年的论辩之后，国会最终于 1976 年通过了《联邦土地政策与管理法》（*Federal Land Policy and Management Act*）。《联邦土地政策与管理法》授权土地管理局基于多重利用与可持续产出原则来管理公共土地，要求就所辖土地内哪些部分可被划作荒野区提出建议。[①] 由于《联邦土地政策与管理法》没有确定土地资源管理目标的优先次序，也由于涉及众多公共土地使用者的利益，所以，土地资源保护工作在该法通过后仍面临重重阻力。

为了保护土地资源和景观免遭露天采矿的破坏，美国国会于 1977 年通过了《露天采矿控制与恢复法》（*Surface Mining Control and Reclamation Act*），这是一部保护土地资源的行业立法。此法对露天采矿进行环境管制，授权内政部对所有露天采矿行为执行国家环境标准。该法禁止在西部主要农业用地上采矿，要求在矿源开发结束后恢复原初地貌，防止水污染和土壤被侵蚀。该法要求设立 41 亿美元的废弃露天矿恢复基金。[②]《联邦土地资源保护立法》的另一重大胜利是 1980 年《阿拉斯加国家利益土地保护法》（*Alaska National Interest Lands Conservation Act*）的通过。1959 年，当阿拉斯加成为美国第 49 个州以后，环保主义者、国会参众两院、阿拉斯加州和主张开发土地资源的利益集团之间曾就有关该州公共土地划拨和保护问题展开辩争。经过反复较量，环保主义者和国会参众两院最终达成妥协，于 1980 年通过了《阿拉斯加国家利益土地保护法》。据此，4210 万公顷土地被列为

---

① "Public Land Management", *Congressional Quarterly Almanac*, 32 (1976), pp. 182 – 188.

② *30 U. S. C. § § 1201 – 1328, August 3, 1977, as amended 1978 – 1982, 1984, 1986, 1987, 1990 and 1992*, http://ipl. unm. edu/cwl/fedbook/smcra. html（2006 年 12 月 5 日）。

国家公益土地，1800万公顷土地被划归国家公园系统，2230万公顷土地被划归鱼类与野生动物庇护地系统，120万公顷土地被划归国家森林系统，2300万公顷土地被作为荒野。新增公园11个，野生动物保护区12个，国家天然风景河流系统26处。[①] 阿拉斯加州成了美国最大的保护区新增州。

森林是传统的资源保护对象，在历史上的相关保护立法已有许多。第二次世界大战后以来，国家森林和私有林地上迅速扩大的林木采伐引起了环保主义者的不满和抵制。20世纪60、70年代，木材工业与环保主义者之间的矛盾日渐激化。一方面，木材工业集团以稳定木材供应为借口要求增加采伐量，另一方面，环保主义者为了维护国家森林的原生形态要实施严格限制。20世纪70年代初，来自明尼苏达州的参议员休伯特·汉弗莱提出了一个长期资源规划，这一方案为相关各方（包括环保主义者、木材工业集团和林业局）所接受。1974年，《森林与草原可再生资源规划法》（*Forest and Rangeland Renewable Resources Planning Act*）获国会通过。该法主要内容是建立一套规划程序，即对国家森林和牧场资源进行清查评估，在此基础上制定一个资源开发利用规划。该法规定评估每10年举行一次，规划每5年举行一次，这些工作要由多学科人士组成的工作组实施，并且应保证广泛的公众参与。[②] 由于该法仅仅是一部规划法，对森林的采伐管辖权没有特别申明，因此有关森林采伐的争论仍在继续。国会在1976年通过了《国家森林管理法》（*National Forest Management Act*），授权林业局基于多重利用与持续产出原则对国家森林的采伐进行管理，林业局可均衡各种因素独立做出政策选择。[③]

20世纪60年代中期以后，濒危物种也被纳入法律保护范围内。保护濒危物种主要基于两个方面的原因：一是认识到濒危物种对于维持生态平衡和科学研究具有重要价值（其中也有美学和保护生物多样性方面的考虑）；二是一些激进派环保组织所坚持的动物权力论的影响，它们认为野生动物同人类一样具有生存的权力。1964年，内务部的渔业和野生生物局成立了一个稀有和濒危野生物种委员会，负责调查和识别美国本土的濒危物种。1966

---

① C. W. Allin, *The Politics of Wilderness Preservation*, Westport, CT: Greenwood Press, 1982.

② S. T. Dana. S. K. Fairfax, *Forest and Range Policy*, 2nd ed, New York: McGraw-Hill, 1980.

③ D. A. Clary, *Timber Service*, Lawrence, KS: University Press of Kansas, 1986; K. A, Kohm, *Br and the Forest Service*, Lawrence, KS: University Press of Kansas, 1986.

年，美国国会通过了第一个《濒危物种保护法》，该法颁布了一个濒危脊椎动物清单，规定禁止对这些物种进行捕猎。但该法所保护的范围仅限于国家野生动物庇护区。1969 年，新的《濒危物种保护法》又获通过，这部法案扩大了被保护物种的范围，禁止非法贸易濒危物种。在此基础上国会在 1973 年制定了一部比较全面的《濒危物种保护法》，使濒危物种保护工作大为加强。该法要求采取“一切必要的方法和步骤，使任何濒危和受到威胁的物种都达到无须依法保护的水平”，授权内政部识别“濒危”和“受到威胁”的植物或动物并采取保护措施。该法不但强调保护濒危物种本身，也强调保护其栖息地。[①] 关于保护濒危物种栖息地的规定对一些联邦项目和工程有很大的遏止作用，因为许多联邦工程具有破坏濒危物种栖息地的负面效果。因此，该法在实施中遇到的阻力也很大。

① K. A, Kohm, *Balancing on the Brink of Extinction*: *The Endangered Species Act and Lessons for the Future*, Washington, DC.: Island Press, 1990.

第三章

20世纪80年代美国的环境政策与环保立法

20世纪70年代美国的环境政策与环境立法未均衡好环境保护和发展经济的关系，政策目标带有某种超功利性。由于长期推行凯恩斯国家干预政策，美国经济在20世纪70年代末80年代初陷入滞胀困境，保守主义势力和思潮抬头。右翼共和党人罗纳德·里根就任美国总统后推行一套新的经济政策。该政策的核心内容就是放松国家对社会经济事务的过度干预和管制，更多地发挥市场机制的调节功能。以这一政策调整为背景，里根政府大幅度削减环保机构的预算资金和执行能力，放松对企业的环境管制，结果造成了环境政策的倒退。里根在环保问题上的“反动”立场遭到了国会和公众的抵制，面对来自社会各方的压力，里根政府在1983年后对其环境政策做了调整。由于环保主义者的推动和国会的努力，20世纪80年代美国的环境政策与环保立法取得了一定进展，出现了一些新趋向。

一　20世纪70年代末80年代初美国的政治经济形势

20世纪70年代末80年代初，美国经济面临诸多问题。1973年到1975年的经济危机发生后，美国经济陷入前所未有的“滞胀”困境，从那时起直到20世纪80年代初，美国一直没能摆脱经济滞胀的困扰。据美国劳工统计局统计，美国的消费价格指数在1975年、1979年、1980年和1981年分别为9.1%、11.3%、13.5%和10.4%；生产价格指数在1975年、1979年、

1980 年和 1981 年分别为 9.2%、12.6%、14.1% 和 9.2%。[①] 在物价持续上涨的同时，美国国民生产总值和制造业产值增长率却不断下滑。据联邦经济评估局和商业部门的调查显示，美国的国民生产总值在 1974 年至 1975 年增幅为 -1.2%，1979 年至 1980 年为 -0.4%，1980 年至 1981 年为 1.9%；美国工业生产指数在 1978 年、1979 年、1980 年和 1981 年分别为 84%、82%、78% 和 76%。[②] 同期，美国的失业率不断攀升，1979 年到 1982 年四年间美国的年失业率分别为 5.8%、7.1%、7.6% 和 9.7%，失业人数分别为 613.7 万人、763.7 万人、827.3 万人和 1067.8 万人。[③] 与以往不同的是，20 世纪 70 年代末至 80 年代初美国经济"滞胀"并发，三症并存，即经济增长乏力或停滞、物价飞涨、失业率居高不下。美国工业产品的国际竞争力也受到严重削弱，外贸逆差持续扩大。总之，20 世纪 80 年代初，美国经济面临第二次世界大战后最严峻的挑战，宏观经济政策大调整势在必行。

导致 20 世纪 70 年代至 80 年代初经济滞胀局面的因素有许多，不过为学术界公认的原因是自新政以来以凯恩斯理论为指导的不断强化的国家干预政策。凯恩斯主义认为，由于受消费倾向、资本边际效率和灵活偏好三个基本心理规律的影响，有效需求经常处于不足状态，单纯依靠市场调节不能维持充分就业所需的有效需求水平，因此国家必须干预经济，刺激社会总需求，从而使经济由低于充分就业的均衡达到充分就业的均衡。[④] 凯恩斯主义的政策建议是由国家出面来干预和调节国民经济运行，根据经济形势的变化采纳不同的财政和货币政策来实现充分就业和持续增长。由于凯恩斯主义是一种应对经济萧条的理论，它更多地强调扩张性财政和货币政策的使用，即主张通过扩大政府开支和增加货币供应等方法来刺激经济增

① U. S. Bureau of Labor Statistics, *Monthly Labor Review*; *Producer Prices and Price Indexes*, Monthly and annual, 1984.

② U. S. Bureau of Economic Analysis, "The National Income and Product Accounts of the United States, 1929 - 1976", and "Survey of Current Business, July 1982. U. S. Bureau of Economic Analysis", Quarterly date in *Survey of Current Business*, monthly, 1982 - 1983.

③ U. S. Bureau of Labor Statistics, *Employment and Earnings*, monthly. Bulletin 2096, 1984.

④ 杜厚文、朱立南：《世界经济学：理论·机制·格局》，中国人民大学出版社 1994 年版，第 79—84 页。

长。[①] 自罗斯福新政直到20世纪70年代末，凯恩斯主义一直主导美国的宏观经济政策，国家对经济的干预不断扩大。国家干预在特定时期对于维持经济增长和充分就业的确发挥了作用，不过也造成了难以治愈的痼疾——经济滞胀。凯恩斯主义的失败为古典经济学理论和保守主义政治思潮回流提供了历史机遇。

其实，国家对社会经济的干预早已有之，所谓自由资本主义时代也并非纯粹依靠市场机制对经济进行自发调节。不过，就国家干预的力度和范围而言还是有区别的。19世纪末叶以后，随着社会化大生产的发展和社会生活的日趋复杂化，国家越来越多地参与到社会经济事务之中，国家成为矫正市场缺陷和促进社会公正的不可或缺的力量。20世纪上半叶，为应对频繁发生的社会经济危机，不断有经济学家和社会学者提出了各种诊治理论和政策建议，其中最具影响力的便是凯恩斯的需求管理理论。富兰克林·罗斯福政府就采用芝加哥学派理论来应对20世纪30年代经济大危机并取得了一定成效。以新政为界碑，美国国家干预政策又有新的发展。

新政以后，国家干预的范围进一步扩大，干预力度也进一步加强。第二次世界大战后，美国除继续扩大公共项目投资和社会支出外，还大力强化对社会经济的全方位干预。20世纪60和70年代，美国联邦管制活动达到高峰，联邦管制条例和机构、从业人数和预算均大幅度增加。[②] 这其中，环境问题成为联邦管制扩张的重头部分。20世纪70年代明显地出现了健康、安全和环境管制的高潮。[③] 国家干预和管制的扩大被认为是造成20世纪70年代经济"滞胀"困境的主要成因之一。过分的干预和管制不仅抑制了部门和企业的活力，也造成了沉重的成本负担，最终限制了经济的发展。国家干预和管制还导致机构臃肿、效率低下、官僚主义等诸多弊病，这些问题反过来又加重了公众对政府的不满和抵触情绪，进而又降低了政府管理社会经济事务的效能。

至20世纪70年代中期，随着国家干预和管制所造成的各种社会经济问

① 丁冰、张连城、臧红：《现代西方经济学说》，中国经济出版社1995年版，第1—41页。

② 参见徐再荣《里根政府的管制改革初探》，《世界历史》2001年第6期，第32—37页。

③ ［美］马丁·费尔德斯坦主编：《20世纪80年代美国经济政策》，经济科学出版社2000年版，第395页。

题的不断增多，美国社会政治倾向开始右转，保守主义逐渐取代新政式自由主义居于主导地位。保守主义通常是指那些维持社会现状和护卫已有社会价值的思想倾向或政治意识形态。[①] 不同历史阶段，保守主义所要维持和护卫的传统是不同的。20 世纪 30 至 70 年代，保守主义一直处于美国政治舞台的边缘。20 世纪 70 年代中期，形势发生了变化。1974 年美国《时代》周刊称已有略多于半数的美国人可被称为保守主义者了。20 世纪 70 年代末，卡特政府的许多政策就带有保守主义色彩。大体说来，20 世纪 70 年代以后，美国的保守主义师承洛克式自由主义传统和斯密的古典自由主义思想，也部分融合了包括传统派在内的其他保守主义的意识形态。1980 年，共和党极端保守派人物里根以绝对优势赢得总统大选，这说明美国主流社会思潮已经转向。保守主义得势具有非同寻常的历史意义，它标志着新政式国家干预政策的失宠和经济新自由主义的复兴。[②]

20 世纪 70、80 年代，以保守主义的主要理论大师哈耶克和弗里德曼为代表的新自由主义的自由放任思想成为美国经济政策的重要理论依据。哈耶克是新自由主义的主要代表，他坚持一种极端的经济自由主义，主张个人自由高于一切，反对任何形式的国家干预。弗里德曼是货币学派的主要代表，他同样强调经济自由的价值，认为只有经济自由的市场经济才可能实现资源的最佳配置。[③] 经济学家卡恩把矛头指向联邦政府的管制政策，认为联邦的管制政策压制技术革新，姑息了无效率，引起了工资和物价螺旋式上升，结果导致了资源配置失效等。[④] 概而言之，保守主义的核心思想是要减少国家对社会经济事务不必要的干预和束缚，主张充分发挥市场机制的自发调节作用，以保障经济自由和财产权利，促进经济效率和实现经济的均衡发展。

以新自由主义为依据，保守主义也提出了他们的环境观和政策建议。保

---

① 参见徐大同、马德普《现代西方政治思想》，人民出版社 2003 年版，第 210—214 页。徐大同、吴春华《当代西方政治思潮（20 世纪 70 年代以来）》，天津人民出版社 2001 年版，第 53—62 页。

② 经济学中的“新自由主义”不同于政治学中的“新自由主义”，前者倡导的是市场，后者强调的是国家干预。因此，经济学中的“新自由主义”在政治上一般被称为“保守主义”或“自由保守主义”等。参见徐大同、马德普《现代西方政治思想》，人民出版社 2003 年版，第 210—211 页。

③ 丁冰、张连城、臧红：《现代西方经济学说》，中国经济出版社 1995 年版，第 209—224、128—134 页。

④ Alfred Kahn, *The Economics of Regulation*, Cambridge: MIT Press, 1982, p. 7.

守主义的环境观有很强的针对性，它是对 20 世纪 70 年代环境保护的两种极端趋势——宗教化趋势和政府包揽倾向的反动。[①] 保守主义认为，20 世纪 70 年代那种不计成本而把环境保护凌驾于经济之上的做法是反科学的，也是有违经济自由主义和美国传统价值观念的，它不仅会影响经济运行的效率，也无助于促进环境保护。保守主义反对那种在环境问题上由政府包揽一切的做法，认为在环境问题中，那些可以通过市场解决的部分如果也由政府包揽，其结果会同政府包揽经济事务一样，导致资源配置效率的降低，最终也不利于环境保护。

保守主义势力的大本营安扎在美国主流经济学领域，他们主要从经济学角度出发，以经济尺度来看待和衡量环境问题。保守主义把环境视为一种稀缺资源，承认保护环境的必要性，也愿意为保护环境付出代价，不过他们反对将环境置于经济之上，强调必须“经济”地对环境保护做出选择。保守主义的政策建议是：放松政府管制、改革命令—控制模式、采纳市场机制、进行成本—收益分析等。保守主义的环境观并非一蹴而就，比如征收排污费和实施排污可交易许可证制等改革建议早在 20 世纪 70 年代就为一些经济学家和法律学者提出，不过作为一种系统理论，它完成于 20 世纪 90 年代，保守主义者彼得·休伯《硬绿：从环境主义者手中拯救环境·保守主义宣言》一书是其主要标志。[②] 由于保守主义背后有强大的利益集团背景，加之 20 世纪 80 年代里根政府在环境保护问题上的倒退政策，人们有理由怀疑保守主义者保护环境的诚意。但无论如何，从 20 世纪 70 年代末和 80 年代初开始，环境保护在美国已经不再是单行线，保守主义同环境主义一起对美国的环境政策发挥着重要影响。

二　里根政府的“环保逆流”

在经济滞胀与保守主义回潮的背景下，右翼共和党人罗纳德·里根赢得

---

① ［美］彼得·休伯：《硬绿：从环境主义者手中拯救环境保守主义宣言》，戴星翼、徐立青译，上海译文出版社 2002 年版，Ⅲ。

② 参见彼得·休伯《硬绿：从环境主义者手中拯救环境 保守主义宣言》，戴星翼、徐立青译，上海译文出版社 2002 年版。

了1980年美国总统大选。1981年1月，里根就任总统后立即推出了一整套新的经济政策，这一政策的核心目标是抑制通货膨胀和激发经济增长的活力。以这一政策为框架，里根政府采取了一系列“反环保”措施，掀起了一股“环保逆流”。[①] 里根的“反环保”政策有着多方面的成因，它对美国的环境政策产生了一定影响，推进了市场导向的环境政策的发展。

1. 里根的保守主义主张和经济政策

美国著名历史学家阿瑟·林克曾说过：“里根是个直言不讳的极端保守派，长期以来就是共和党强有力的右翼宠儿。”[②] 作为一个极端保守派，里根早在20世纪60年代就已崭露头角。1964年，当共和党在竞选中已成颓势之时，里根发表了一次面向全国播放的、支持共和党总统候选人戈德沃特的非同寻常的电视演讲，此事使他成为令人瞩目的保守派政治明星。1966年，里根竞选加州州长获胜，在那时，他更加明白无误地表明了其保守主义立场。在任州长的8年时间里，里根尽可能精简州政府机构的规模，保持预算平衡，依靠专家来提高部门机构的办事效率。[③] 1980年总统大选，里根鲜明地打出了保守主义旗帜，针对当时的经济困境，他把矛头指向了20世纪70年代包括环境在内的联邦管制政策。他宣称，这些社会管制给美国经济造成了不必要的负担，如他当选，他将对政治管制宣战。在1981年1月就职演说中，里根表示要帮助美国人民实现增长经济、充分就业、稳定物价和公平机会等重大社会经济目标。为此他将通过改革来限制联邦政府的规模，将更多权力归还给各州和人民。里根的保守主义主张源自于他对古典自由主义的笃信，这昭示着他就任总统后的经济政策走向。[④]

---

① “环保逆流”（Counterrevolution）是美国作家菲利普·沙别科夫在《滚滚绿色浪潮：美国环保运动》（周律等译，中国环境科学出版社1997年版，第170页）中提出的一个概念，它是针对20世纪70年代的环境革命而言的，是对20世纪70年代环境革命的反动。

② ［美］阿瑟·林克、威廉·卡顿：《一九零零年以来的美国史》（下册），中国社会科学出版社1983年版，第351页。

③ ［美］李·爱德华：《现代美国保守主义运动史》，庄俊举摘译，《国外理论动态》2006年第2期，第15页。

④ 里根非常擅长通过广播和电视等媒体向公众表达和宣传其思想和政策主张，这种方式非常有效，同时可以明显发现其政策取向——即强调重视和解决所谓大政府、官僚主义和政府管制引起的各种问题。

里根的经济政策集中体现在他于 1981 年和 1985 年提出的《经济复兴计划》与《经济增长与机会的第二任期计划》中。概括起来，里根的经济政策主要包括以下几个方面内容：第一，减税——削减个人所得税和部分公司所得税，实现个人所得税指数化；第二，减规——放松对企业的管制，取消烦琐的、不合理且无意义的规章制度，减少国家干预；第三，紧缩通货——控制货币供应量的增长速度；第四，削减联邦社会福利等民用项目开支。①里根经济政策所要达到的目标主要有三项，即抑制通货膨胀、刺激经济增长和平衡联邦预算。里根经济政策的理论依据是作为保守主义支系的新自由主义经济流派，主要包括供应学派和货币学派。供应学派兴起于 20 世纪 70 年代初，以阿瑟·拉弗和罗伯特·蒙德尔为主要代表。供应学派坚持“供给会自行创造需求”的萨伊定律，主张把重点放在供给方面。政策建议是减税、减少限制性规章条例和政府支出、紧缩货币等。其中减税是最重要的刺激供给的手段，因为减税能促进储蓄与投资，增加产出和财政收入，进而实现平衡预算和抑制通胀的目的。货币学派兴起于 20 世纪 50、60 年代，以芝加哥大学教授米尔顿·弗里德曼为主要代表。货币学派强调经济中的货币因素，认为货币供应量是引起物价变动和经济波动的根本原因，主张把货币供应量控制在与生产增长率相适应的水平上。② 由此可见，里根的经济政策主要源自供应学派，也部分采纳了货币学派的主张。值得注意的是，里根并没有完全放弃凯恩斯主义，特别是在其任职后期，为应对经济困境他也不时诉诸凯恩斯的国家干预理论。

里根的保守主义思想与经济政策决定了他在环境问题上的政策取向。为了抑制通货膨胀和平衡预算，里根需要大幅度削减联邦机构的规模和各种项目支出。由于环保机构及其污染控制预算和项目支出占了国家财政的一定比例，自然就被列入了削减范围之内。20 世纪 70 年代，联邦环保机构及其污染控制费用大幅度增长。以现值美元计算，1972 年美国用于污染消除和控

---

① ［美］赫伯特·斯坦：《美国总统经济史：从罗斯福到克林顿》，金清、郝黎莉译，吉林人日出版社 1997 年版，第 193—361 页。

② 丁冰、张连城、臧红：《现代西方经济学说》，中国经济出版社 1995 年版，第 165—185、111—134 页。

制的支出是 182.2 亿美元，1975 年是 309.9 亿美元，1979 年达 484.95 亿美元。[①] 主要健康、安全和环境机构的人员编制在 1975 年是 34070 人，1980 年达到了 51182 人。[②] 环境机构不断增长的行政管理支出和污染控制投入加重了联邦政府的财政负担，加剧了通货膨胀。为激发企业的活力和实现经济增长，里根要求减少针对企业的限制性规章和条例，放松或取消对企业的各种管制和约束。20 世纪 70 年代见证了联邦环境机构和环保法规的史无前例的扩张，包括职业安全与健康管理局、环保署、国家公路交通安全管理局、消费品安全委员会与核管理委员会等在内的环境管制机构都在这一时期被建立，这些机构从国会那里获得了一定程度的立法授权，制定了难以计数的污染控制法规和条例，编织了一张对企业实施监控的巨大管制网络。20 世纪 70 年代的环保机构和环保法规的扩张不但给企业造成了沉重的管制成本和负担，也一定程度上限制了企业的自主权和创新精神，最终降低了企业的经济效益，进而影响了经济增长。因此，有着强烈自由主义思想的里根就任总统后对环保机构和环保法规与条例加以限制和削减也是顺理成章的事情。

2. 里根政府的“环保逆流”

由于共和党居多数的参议院的配合，里根在就任总统之初比较顺利地通过了他的《经济复兴法案》（*Economic Recovery Act*）。《经济复兴法案》包含了里根的主要政策议程和计划。该法案要求减少近 25% 的所得税并大幅度削减环境和社会项目开支。然而在其他多数环境问题上，里根面对的是一个分裂且不支持他的国会。在这种情况下，里根转而采取一种行政策略，即规避国会，通过行政系统强化对政策实施过程的控制来改变联邦环境政策的内容和效果。这一行政策略主要包括：通过设定严格的管制法案监督程序来修正或废止那些被企业界认为负担太重的规章；大幅度削减环保机构及其项目预算；任命与他意识形态相近或能够不折不扣地贯彻其政策的人士担当环境

---

① No. 351. Expenditures for Pollution Abatement and Control in Current Dollars, 1972 to 1979, AND BY MEDIA, 1979. U. S. Bureau of Economic Analysis, *Survey of Current Business*, March 1981.

② ［美］马丁·费尔德斯坦主编：《20 世纪 80 年代美国经济政策》，经济科学出版社 2000 年版，第 402 页。

机构的领导职务；将更多的环境职责下放给各州和地方政府等。

（1）加强法规监督和放松环境管制

20世纪70年代，美国三任总统已经认识到了环境法规对经济的某些负面影响，他们曾先后进行了一些尝试性改革，以加强白宫对环保署规章的监督和控制。尼克松总统在商业部设立了国家工业污染控制委员会，该委员会为工业界提供评议环保规章的机会，这曾被称为“生活质量评估”。[①] 福特总统建立了一种正式的管制监督程序。1974年，福特总统发布行政命令，要求管制机构就所有重要管制建议提交通货膨胀影响说明，同时设立工资与物价稳定委员会来监督管制机构的工作。卡特扩展了前任的法规管制影响分析，要求管制机构就管制建议进行成本—收益分析。卡特还成立了白宫管制分析审核小组，负责审议分析质量和管制建议的经济效果。[②] 20世纪70年代美国三任总统的规章监审改革的共同之处，就在于把经济影响作为管制评估的标准之一，这对里根政府产生了一定影响。

里根政府发起了一场非同寻常的规章监审改革。为实施此项改革，里根政府先后确立了几项审核管制法规的原则和标准。第一，1981年2月里根签署了第12291号行政命令，要求所有现存和即将提交审议的管制法规都要进行成本—收益分析，以保证各项管制措施以最小的成本实现最大收益。[③] 成本—收益分析是评估和审议法规是否适当的主要原则，它反映了里根政府的经济至上思想。成本—收益分析在理论上有助于废止那些得不偿失和严重影响经济效益的规章，迫使环保机构将资金用于那些切实对公众健康有重大威胁的项目上。但成本—收益分析也存在严重缺陷，因为环境保护的成本易于计算，且常常被夸大，而收益却难以量化（因保护环境而促进的人类健康和生命很难用货币来衡量）。[④] 成本—收益分析也难以被客

---

① Richard N. L. Andrews, *Managing the Environment, Managing Ourselves: A History of American Environmental Policy*, New Haven: Yale University Press, 1999, p. 251.

② ［美］马丁·费尔德斯坦主编：《20世纪80年代美国经济政策》，经济科学出版社2000年版，第402—403页。

③ Katherine Gillman and David Sheridan, *A Season of Spoils: The Reagan Administration's Attack on the Environment*, New York: Pantheon Books, 1984, pp. 23-24.

④ Philip Shabecoff, *A Fierce Green Fire: The American Environmental Movement*, New York: Hill and Wang, 1993, pp. 219-220.

观中性地利用，具有明显“反环保”倾向的审核机构往往以此为借口废止、驳回或无限期推迟某些环保法规和计划。第二，根据里根的12291号行政命令，所有管制法规都必须在“联邦登记册”颁布之前60天内交由联邦行政管理与预算局审查。1985年，里根又发布了第12498号行政令，要求各机构提前一年提交管制计划草案以供主管部门审核。这种程序上的规定在名义上是为了保证充足的时间对管制计划进行仔细审查，但实际上往往发挥着迟滞和拖延管制法规出台的作用。第三，1984年，环保署长拉克尔肖斯建议采纳“风险评估”和“风险管理”作为环保署管制法规的评估标准，此建议被里根政府所接受。风险评估就是根据污染风险的量化值来取舍环境管制，风险评估同样难以准确测度，它常常被用作拒绝环保法规的一种借口或托词。在实际上，风险决策用在放松保护美国公众健康的法规方面是最有效的。[①]

里根政府放松管制的愿望是迫不及待的，在持有强烈减规主张的管理与预算办公室主任戴维·斯托克曼的协助下，里根上任之初就采取了一系列举措来削减管制法规的影响。1981年1月22日，即出任总统的第二天，里根就设立了以副总统老布什为主席的放松管制特别工作组，以审核现行和新的联邦管制法规。根据被管制的工业界及其贸易协会的提议，特别工作组编辑了一份法规清单，从中选出110项立即开始审核。这110项法规包含大气质量标准、含铅汽油限制、危险废物和工业废水处理、有毒物质以及杀虫剂管理等方面的管制法规和条例。截至1982年8月，共有51项法规被修正或废止，另有25项悬而待决。[②] 1981年2月，里根又将所有管制规章交由一个职能机构——行政管理与预算局下属的信息和管制事务办公室审查。在里根的指引下，信息和管制事务办公室并未遵循美国立法程序的常规原则，它不对外公布信息，不对公众负责。信息和管制事务办公室成立后复查了许多环境管制法规和条例，并对新的管制计划施以严格限制。通过这一系列措施，里根政府构建了一个多层次的联邦管制法规监督体系：即管制机构依据第

---

① Philip Shabecoff, *A Fierce Green Fire: The American Environmental Movement*, New York: Hill and Wang, 1993, p. 223.

② Richare N. L. Andrews, *Managing the Environment, Managing Ourselves: A History of American Environmental Policy*, New Haven: Yale University Press, 1999, pp. 257 - 258.

12291 行政命令的指导原则所进行的自我监督；行政管理和预算局负责的以成本—效益分析为主的第二层次的监督；总统特别小组的终审监督。[①] 如此严密的监督审核体系和程序给环境管制法规和条例设置了空前的阻力，致使环保规章的数量在 20 世纪 80 年代初大幅度下降，对污染企业的环境管制也大幅度放松。

（2）削减环保机构的预算和编制

里根政府削减环保机构的预算和人员编制主要有两个目的，一是平衡预算抑制通货膨胀，二是放松对企业的约束和管制以促进经济增长。与其他部门相比，环保机构被削减的预算和人员编制的相对数额要大得多。在里根执政的 8 年时间里，环境部门的人员编制数额一直在下降。据统计，美国主要健康、安全和环境机构的人员编制在 1980 年为 51182 人，到 1989 年下降为 45775 人（这两个数字是指各财政年度永久性专职职位数。[②] 由于职能扩大，尽管人员数下降比例不是很大，但仍对环保机构的行政能力造成了严重影响，预算的削减存在同样问题）。略有不同的是，部分环境部门的预算削减主要发生在 1981 年至 1983 年或 1984 年间，1984 年以后，预算额则不同程度地得到了增加。环保署的财政支出额和人员编制在 20 世纪 80 年代初遭到很大削减。1980 年环保署财政支出额为 5.603 亿美元，1984 年下降到 4.076 亿美元，下降额度为 27%。如果把通货膨胀因素考虑进去，下降率可能更大。[③] 1980 年在环保署供职的行政人员为 14715 人，1983 年下降到 11931 人，减少了近 20%。[④] 在预算和人员减少的同时，环保署的职责却一直在增加。20 世纪 80 年代初，随着《超级基金法》的通过，国会授权环保署制定更多的反污染规划，但由于预算和人员的减少，环保署的执行能力大幅度下降，国会要求制定的大部分环保规章没能如期完成。环境质量委员会的情况更为严峻，1980 年环境质量委员会的预算额为 800 万美元，编制为 32 人，

① 参见徐再荣《里根政府的管制改革初探》，《世界历史》2001 年第 6 期，第 32—37 页。

② ［美］马丁·费尔德斯坦主编：《20 世纪 80 年代美国经济政策》，经济科学出版社 2000 年版，第 402 页。

③ Executive Office of the President, *Budget of the U. S. Government Historical Tables*, T. 1 – 4 (1988).

④ U. S. Department of Commerce, *Statistical Abstract of the United States 1988*, p. 309.

到1985年分别减至100万美元和11人。[①] 20世纪80年代末，环境质量委员会除了负责颁布年度《国家环境质量报告书》外，基本上停止了其他行政活动。其他一些环境机构，比如职业安全与健康管理局和消费品安全委员会等也遭到了不同程度的削弱。此外，联邦政府直接用于资源保护和污染治理的项目资金和研发投入也被列入削减范围之内。里根政府在20世纪80年代初对环保机构的预算和人员编制以及环保项目资金的削减幅度是前所未有的，它严重摧残了这些机构的行政和管理能力，导致了美国环境政策和环保事业的停滞甚或倒退。

（3）任命保守派人士担当环境部门的领导职务

里根上任后，充分利用总统的行政任命权来改写联邦政府的环境政策。他借改组之机，把大批与其具有相同政见的人士安插到关键职位上。

戴维·斯托克曼，这个强烈主张压缩环保预算和放松管制的极端保守分子被里根政府委以重任，负责联邦行政管理与预算局工作。在里根第一届总统任内，斯托克曼成为里根政府推行“反环保”政策的核心成员，几乎所有与环境有关的管制法规都被置于行政管理与预算局的直接监控之下。

詹姆斯·瓦特，这个长期支持私人公司反对联邦管制的科罗拉多右翼保守分子，被里根任命为内政部长。之前，瓦特是山地州法律基金会董事长，该基金会以反对政府管制为主旨。在推进“反环保”议程中，瓦特从来毫不犹豫。在3年多的任职时间里，詹姆斯·瓦特积极致力于开放联邦公共土地用于商业开发，推进公共资源的私有化，他也因此成了里根政府“反环保”政策的象征。安妮·戈萨奇·伯福德是来自科罗拉多的一名律师，其委托人大多是敌视联邦管制法规的资源开发商和农业利益集团，鉴于她对里根保守主义思想的忠诚，她被里根任命为环保署署长。伯福德也许是美国历史上业绩最差的环保署长，她在任内的一些行为和表现严重挫伤了环保署的行政管理能力和公众信誉。索恩·奥科特原是佛罗里达州一家建筑公司的负责

---

① ［美］马丁·费尔德斯坦主编：《20世纪80年代美国经济政策》，经济科学出版社2000年版，第401—402页；Walter A. Rosenbaum, *Environmental Policy and Politics*, Washington, DC.: CQ Press, 2005, 6th ed, p. 68。

人，也是该州的共和党领袖，他被里根任命为职业安全与健康管理局局长。他上任后很快放松了该局的管理职能。他公开表示雇主应该自我约束，主动采取措施来保护职工的健康和安全。约翰·科罗韦尔原是全国最大的国有森林采伐商——路易斯安那—太平洋公司的总顾问，他被任命为农业助理秘书，负责管理国有森林。超级基金负责人丽塔·拉韦尔原是一家主要工业污染者的公共关系部官员。内政部土地管理局局长罗伯特·贝福德原是科罗拉多的一位牧场主。国家公园管理局和渔业与野生生物局负责人也有“反环保”的历史背景。①

里根政府的这种行政策略非常有效。这些新上任的官员们很好地贯彻了里根政府放松环境管制、削弱环境保护的政策意图。在这些“反环保”中坚力量中，内政部长詹姆斯·瓦特和环保署长安妮·伯福德的表现尤其突出。内政部是美国主要的自然资源保护机构，负责这个国家规模庞大的公共土地和自然资源的管理工作。也许里根任命瓦特为内政部长的确别有用心，因为与其他人相比，瓦特不仅有着强烈的保守意识并与“反环保”的工商业利益集团有着密切关系，而且还具有丰富的处理公共资源的经验，他能更有效地清算此前的环境政策。瓦特果然不负里根所望，上任不久即全力推行其“反环保”政策。瓦特首先大幅度削减了各种用于资源保护的项目资金，比如濒危物种保护资金、土地和水资源保护资金等，这些资金是用来增加国家森林、野生生物庇护所与国家公园的面积和数量的。瓦特极力主张开放公共资源用于商业开发，他声称：“我们将更多地开矿、更多地钻探、更多地伐木。”② 据此，瓦特放松对石油和天然气及各种矿物资源开发公司的限制，支持和准备开放滨海土地、大陆架和荒野保护区。瓦特对环保主义者扩大公地的主张持有强烈抵触情绪，称“环保主义者是危险和破坏性的”，认为他们削弱了美国、破坏了自由。他认为环保主义者是极端主义者。他甚至把环保主义者与纳粹相提并论。瓦特将大量公共土地和国有资源以低廉价格出售给私人公司，其私有化速度甚至超过了 19 世

---

① Samuel P. Hays, *Beauty, Health, and Permanence, Environmental Politics in the United States, 1955–1985*, Cambridge: Cambridge University Press, 1987, p. 494; Philip Shabecoff, *A Fierce Green Fire: The American Environmental Movement*, New York: Hill and Wang, 1993, pp. 203–230.

② *James G. Watt*, http://www.reference.com/browse/wiki/James_ G. _ Watt（2006 年 9 月 16 日）。

纪公共土地的“大派送”。[①] 瓦特的行为激起了一些资源保护主义组织的强烈不满和反击。

环保署是全面负责联邦环境政策和环境保护领导与协调工作的职能机构，其环保责任更加重大。里根任命安妮·伯福德为环保署长同样颇具匠心，他确信伯福德对自己的忠诚会使她不折不扣地贯彻其政策和意图。上任之初，伯福德就表示将协助里根完成工业复苏计划，减轻环保机构压在企业肩上的过重负担。与里根一样，伯福德认为，联邦政府特别是环保署规模过大、过于浪费、过于限制企业，因此她将环保署预算削减了22%。《清洁水法》规章文书厚度从15.24厘米减少到1.27厘米（伯福德自己所称）。[②] 伯福德的主要策略是通过不作为来迟滞和削弱环保法规的实施。在伯福德任职其间，环保署针对违反空气和水质法规而提呈司法部仲裁的案件大量减少（针对空气和水质、有害物质和有毒农药的仲裁案件1978年是262件，1982年为112件），环保署以法案形式倡议的行政行动也大幅下降（1979年是1185项，1982年为864项）。[③] 作为环保署署长，伯福德不仅不积极发起环保议程，反而百般拖延甚至阻扰环保规章的实施。截至1982年7月，环保署仅采纳了12项新的空气污染源实施标准中的3项，这些标准在她上任之时就已经被提出来了。伯福德还取消了关于危险废弃物设施的报告和保险要求，转而采取一种所谓的自愿检测制度。她还以证据不足为借口故意搁置对甲醇等危险物质的管制，对酸雨等生态问题也不予重视。[④] 伯福德本人至少向一个公司保证过不必担心因违反汽油含铅规定而被强制管制。更为严重的是，伯福德对环保署的行政改组导致了严重的制度性损害。在上任第一年内，伯福德频繁地进行人员改组，排斥专业人士，任命那些与工业界有联系

---

① Philip Shabecoff, *A fierce Green Fire*: *The American Environmental Movement*, New York: Hill and Wang, 1993, p. 208.

② Anne Gorsuch Burford, *62*, *Dies*; *Reagan EPA Director by Patricia Sullivan Washington Post Staff Writer Thursday*, *July 22*, *2004*; *Page B06*, http://www.washingtonpost.com/wp-dyn/articles/A3418 – 2004Jul21.html（2006年9月16日）

③ ［美］马丁·费尔德斯坦主编：《20世纪80年代美国经济政策》，经济科学出版社2000年版，第431—432页。

④ Richard N. L. Andrews, *Managing the Environment*, *Managing Ourselves*: *A History of American Environmental Policy*, New York: Yale University Press, 1999, p. 260.

的政客担当要职。伯福德的表现激起了环保主义者的愤怒，甚至共和党和民主党一样指责她分解环保署而不是引导它积极地保护环境。

美国著名环境政治学专家罗森鲍姆指出："在里根8年的任期中，其行政任命平稳持续地放慢和延迟了大量环境项目的实施，而预算的削减使得许多环境机构延缓了重要的环保任务的完成。"①

（4）推行环境"新联邦主义"——将更多的环境职责交给各州和地方

新联邦主义曾经是20世纪70年代初尼克松政府的施政纲领。里根出任总统后，重新打出了新联邦主义这面旗帜。与尼克松不同，里根政府的新联邦主义是在给予更少资源的情况下要求各州和地方政府分担更多的联邦政府责任。罗伯特·达莱克指出，里根政府"希望将联邦政府四分之三的国内责任转移给各州和地方政府。"② 20世纪80年代，新联邦主义的实施导致了联邦环保活动的分散和经费不足，从而严重地削弱了联邦政府的环保实效。詹姆斯·莱斯特讲到："在里根和布什政府其间，各州许多环保项目都面临大量资金削减，这包括空气和水体污染控制、危险废弃物管理、杀虫剂管理、废水处理，以及安全饮用水等。"③

里根政府的新联邦主义政策的理论依据是新保守主义的经济思想。其宣称旨在通过减少联邦干预和增强州政府的自主权来提高行政效率和降低管理成本，进而减轻联邦政府的财政负担和政治责任。根据新联邦主义，里根政府逐渐把更多的环保职责和环保项目转交给各州。在伯福德任职其间，环保署授权实施《清洁空气法》中有关防止空气质量恶化项目的州从16个增加到26个，接替联邦管理危险废弃物的州从18个增至34个，有3个州可以发放水质许可证，26个州接管了地下水污染控制项目。④ 里根政府还放宽甚至取消了一些联邦环境质量标准，放松和减少对各州的环境管制和控制。

---

① Walter A. Rosenbaum, *Environmental Policy and Politics*, Washington, DC.: Congressional Quarterly, Inc., 1985, p. 69.

② Robert Dallek, *Ronald Reagan: The Politics of Symbolism*, Cambridge, Mass.: Harvard University Press, 1984, p. 100.

③ James Lester, "New Federalism and Environmental Policy", *Publius* 16 (1986), pp. 149 - 65.

④ Richard N. L. Andrews, *Managing the Environment, Managing Ourselves: A History of American Environmental Policy*, New Haven: Yale University Press, 1999, p. 276.

里根政府所实行的环境新联邦主义存在一个严重问题，即在将环境项目的责任和管理权由联邦向各州转移的同时，没有相应地实现财政资金的转移。联邦政府还大幅度削减对各州的财政资助额度和技术支持力度。[①] 在伯福德任职其间，环保署的预算砍掉了联邦政府对各州资助额度的47%。伯福德还宣布其终极目标是把对各州的补贴减至为零。里根政府所实行的环境新联邦主义是自相矛盾的，它一方面把大量环保项目和责任下放给各州，另一方面又大幅度削减对各州的补贴和资助，这必然导致其政策的失败。全国州长协会的调查显示，大多数州甚至不能补充联邦政府支持资金的20%的削减量，许多州声称，如果联邦减少资助的话，它们会考虑削减一些环保项目。该协会的自然资源保护小组组长爱德华·赫尔姆指出：人们的感觉是社区的环境管制工作毫无进展，环境新联邦主义致使各州的环境管制工作非常难做。事实上，环境新联邦主义成了削弱联邦政府环保政策的借口和托词。

3. 里根“反环保”政策的成因与后果

里根“反环保”政策的根本原因在于他那根深蒂固的保守主义思想。以1953年保守主义思想家拉塞尔·柯克的《保守主义思想》一书的出版为起点[②]，美国现代保守主义历经了几十年的发展，到20世纪70年代末80年代初已形成了一股强大的政治势力，在公众中有着不可忽视的影响。里根是一位保守主义的膜拜者和典型代表。他在1980年总统大选中以绝对优势击败民主党候选人卡特，说明美国国内主流政治思潮已经转向。由于20世纪70年代美国的环境政策在很大程度上有违保守主义的意识形态，因此它必然成为里根革命的对象。

里根政府的“反环保”政策背后有财团利益背景。20世纪60年代末70年代初，在环境意识举国高涨的形势下，大部分公司法人未及组织起来，它们也不敢逆时代潮流公开表达“反环保”立场。但随着经济状况的逆转和

① James Lester, “New Federalism and Environmental Policy”, *Publius* 16 (1986), pp. 149 – 165.

② [美] 李·爱德华:《现代美国保守主义运动史》，庄俊举摘译，《国外理论动态》2006年第2期，第13—17页。

环境政策对经济制约作用的显现，它们开始集聚在保守主义旗帜之下并以恢复自由市场之活力为名大张旗鼓地攻击联邦政府的环境政策。20世纪70年代末，包括一些矿业和开发公司、贸易联合会等实业界和商人开始联合起来，寻求机会倒转联邦政府的环境管制政策。右翼实业家理查德·梅隆·斯凯夫和约瑟夫·库尔斯及其他保守派不惜代价地资助"反环保"的广告、诉讼、选举活动，以及相关书籍文章出版发表工作，他们抗议和攻击"大政府"和"规章钳制"，指责环保主义是造成诸多社会问题的根源。这些富裕的"反环保"势力还成立了一些"思想库"（Think Tanks），其中最具影响力的是美国企业协会和传统基金会，后者每年提供1000万美元用来支持工商界抵制联邦的环境管制政策。[①] 在1980年总统大选中，工商利益集团给予里根强有力的支持，里根上台后，也把大批先前受到环保法规约束的实业界人士安插到关键职位上，这些人上任后自然会积极推行"反环保"政策。里根政府"反环保"政策的成因远不止于此，20世纪70年代末80年代初自由主义经济思想的流行、经济的滞胀以及公众对环境关注度的下降等，都对环境政策的逆转不同程度地产生了影响。

里根政府的"反环保"政策没能维持多久，到1983年前后，他就招致了来自于各方的激烈批评和指责，环保署长伯福德和内政部长瓦特先后被迫辞职，环境政策倒退趋势开始回转。导致里根政府"反环保"政策失败的因素主要有以下几方面：

第一，虽然凯恩斯主义国家干预政策导致了20世纪70年代末80年代初经济滞胀局面，但这并不等凯恩斯主义完全丧失了历史合理性。现代资本主义的发展需要一种综合性的经济理论为指导，单纯依靠凯恩斯主义或新自由主义，从一个极端走向另一个极端都无益于解决问题。里根政府环境政策的失败就在于他过分相信自由市场的力量。

第二，作为一种公共物品，环境具有外部性，完全凭借市场机制无法实现外部成本的内部化；许多环境问题有跨界特征，必须由国家出面加以整体规划和协调。总之，环境政策需要更大程度的国家化和非市场化，这已为

① Kirkpatrick Sale, *The Green Revolution: The American Environmental Movement, 1962 - 1992*, New York: Hill and Wang, 1993, p. 49.

20 世纪 50、60 年代美国环境保护的历史实践所证实。20 世纪 70 年代美国的环境政策确实存在着不少问题，但它需要的是改革而不是削弱，加强基于市场的政策工具不等于削弱或废弃国家对环境保护的必要干预和管制。里根政府的错误就在于它根本无视环境保护在国家宏观政策体系中的重要地位以及社会发展对环境的时代诉求。

第三，环境政策涉及众多机构的职能和公共利益关系，它需要遵循宪法程序并保证广泛的公众参与，然而里根政府奉行的是一种单边政策，不通过立法改革，不去寻求公众支持，而是通过封闭的行政途径来阻止、修正或废除环保法规，这种做法势必将国会、法院和公众置于联邦政府的对立面而使自己陷于孤立境地，从而导致政策失败。

第四，也许里根政府错误地估计了舆论民情。1970 年“地球日”以后公众对环境保护问题的热度的确在下降，但这并不意味着他们会容忍联邦政府放纵企业污染环境的行为，因为一个宜人且没有污染的环境同经济上的需求一样是他们生活中必不可少的组成部分。

里根政府“反环保”政策的后果十分严重，但却促进了环境政策的改革和转型。

第一，里根政府的“反环保”政策严重地损害了美国的环保制度。

经过20 世纪70 年代中前期的立法和行政改组，美国构建了较为完整的环境保护制度。这一制度由一系列环保法规、环保机构和环保管理体系组成。里根就任总统后，通过削减环保法规、分解环保机构和削弱环保管理体系等措施破坏了这一制度。20 世纪 80 年代初，不但原有环保法规的实施受到了限制，也鲜有新法规出台，几个关键的环保机构，比如环保署、环境质量委员会和职业安全与健康管理局等都被严重削弱了，环境质量委员会处于瘫痪状态，职业安全与健康管理局形同虚设，环保署陷入混乱中。理查德·安德鲁斯指出，里根政府的减规改革严重扰乱了环保署的有效运行，毁损了其工作人员的职业道德，侵蚀了其专业能力，并且首次把环保署与腐败和丑闻联系在一起。[①] 更为严重的是，里根政府的“反环保”行为

① Richard N. L. Andrews, *Managing the Environment, Managing Ourselves: A History of American Environmental Policy*, New Haven: Yale University Press, 1999, p. 259.

导致公众对联邦环保机构产生了不信任，他们对这些机构能否切实保护其健康持强烈怀疑态度。里根政府对联邦环保制度造成的创伤久治难愈，包括环保署在内的一些环保机构的管理和信誉直至里根去职时仍未恢复到1980年的水平。

第二，里根的“环保逆流”破坏了20世纪70年代出现的公众支持环境政策改革的局面，导致环境政策上的派系纷争和矛盾激化。实际上，里根政府试图颠覆70年代环保政策的行为激起了环保主义者的不满，加强了国会中民主党等支持环境保护的政治势力，推进了一些环保法的修订和出台。

第三，里根的“反环保”政策无意中起到了复兴环保组织的作用，最终巩固了环保力量。[①] 正是由于里根政府的“环保逆流”激发了公众新的环保意识，推动了环保组织的发展。民意测验显示，美国公众对环境问题的关注在20世纪80年代初以后稳步增长，在20世纪80年代末达到顶峰。统计数据表明，美国环保组织的数量和人数在20世纪80年代增长较快。环保组织的发展是与里根政府的环境政策有直接关系的。

三　来自国会和公众的抵制

里根政府的“反环保”政策引起了国会和环保主义者等社会各界的不满和抵制。环保主义者的反应最强烈，环保组织成为抵制和反击里根“反环保”政策的中坚力量。以主流派为核心的环保组织试图在现有政治框架内，通过政治和法律途径来遏制环境政策的倒退趋势。主流环保组织强化了20世纪70年代业已采用的行动策略，更多地参与选举、游说和提起诉讼等政治和法律活动。鉴于里根政府顽固的保守主义立场，环保主义者把工作重心放在国会方面，力图通过选举和游说来改变国会政治力量的构成，进而扭转环境政策的发展方向。环保组织赞助和支持有良好环保业绩的候选人当选国会议员，同时抨击和反对那些持有经济至上思想或“反环保”立场的人当

---

① Michael E. Kraft and Norman J. Vig, “Environmental Policy from the 1970s to the 1990s: An Overview”, *Environmental Policy in the 1990s: Reform or Reaction?* Washington, DC.: CQ Press, 1997, Third Edition, p. 14.

选。资源保护选民联合会和环境行动组织曾列举“肮脏一打”纪录单，挑选一些有“反环保”经历的立法者以便在下次选举中将其击败。[①]

虽然共和党较民主党更多地持有“反环保”立场，但环保主义者并没有放弃争取共和党的努力。对于环保主义者来说，党派所属并不重要，重要的是其环保纪录，这也许是环保主义者的一种策略。[②] 环保主义者乐于寻找那些支持环保的共和党候选人作为其政治扶助对象，利用他们在共和党内部争取到更多的环保同盟。20 世纪 80 年代，越来越多的环保组织把活动重心转向华盛顿，在首都设立专职办公室，雇佣科学家和专业人士从事游说活动。据统计，在首都登记的环境保护院外游说者 1969 年仅有 2 名，1985 年增至 88 名。[③] 环保主义者这一策略十分奏效，1984 年环保组织在国会和各州选举中发挥了重要作用，环保主义者赢得不少胜利。也是从这年开始，国会更倾向支持环保立法。1986 年，民主党重新控制了参议院，里根政府的“反环保”政策遇到了越来越大的阻力。

环保主义者继续运用法律手段，通过提起诉讼等来反击里根政府的“反环保”政策。20 世纪 80 年代的法院体系仍然有利于环保主义者——尽管出现了某些保守主义的苗头。一方面受环保主义者及公众反对削弱环境保护呼声的影响，另一方面出于对里根政府封闭的决策程序的质疑，联邦法院在涉及环境问题的司法审判中较多地做出了有利于环保主义者的判决，对于联邦政府放松环境管制的企图也大多予以抵制。为了加强对环境政治的影响，10 个最大的环保组织联合成立“十人组”（Group of Ten），“十人组”之间经常交流信息、协调策略、加强合作，从而更有效地抵制里根政府的“反环保”政策。[④] 环保组织也联合新闻媒体，及时揭露里根政府放松环境保护的“亲企业”行为，通过宣传来动员舆论，扩大环保组织的规模，进而对政府

---

① Kirkpatrick Sale, *The Green Revolution*: *The American Environmental Movement*, *1962 – 1992*, New York: Hill and Wang, 1993, p. 53.

② Samuel P. Hays, *Beauty*, *Health*, *and Permanence*, *Environmental Politics in the United States*, *1955 – 1985*, Cambridge: Cambridge University Press, 1987, p. 506.

③ Kirkpatrick Sale, *The Green Revolution*: *The American Environmental Movement*, *1962 – 1992*, New York: Hill and Wang, 1993, p. 53.

④ Robert Gottlieb, *Forcing the Spring*: *The Transformation the American Environmental Movement*, Washington, DC.: Island Press, 1993.

形成强大的压力，迫使其停止“反动”的环境政策。

由于里根政府极端的“反环保”行为表现以及环保主义者的宣传和鼓动，美国公众对环境政策的态度也很快发生了变化，1983年的一次哈里斯民意测验显示，大多数美国人给予这位总统的环境政策以否定性评价，1989年的一次民意测验发现，竟有94%的美国人主张国家为保护环境和根除污染，应该比目前做更多的工作。[①] 甚至一些污染企业也对包括环保署在内的环境机构表示不满，他们觉得这些部门的行为使环境政策走向越来越难以预测，担心因环保机构内部侵蚀造成环境政策和环境状况倒退而承担政治上的责任。[②] 正是在环保主义者和公众强有力的抵制下，里根政府的许多政策议程没能如愿，像放松危险废弃物管理和放宽汽油含铅量的限制等许多政策都因多方面的反对而被迫终止和放弃。

国会在抵制里根政府的“反环保”政策中也发挥了十分重要的作用。在环境问题上，国会最初表现了某种合作意愿，他们寄希望于里根通过改革来克服20世纪70年代环境政策的缺欠，实现发展经济与保护环境的双重目标。但后来的形势却事与愿违，国会更多地站在了白宫的对立面。导致国会抵制和反对里根政府的环境政策的原因主要有以下几个方面：

第一，里根政府的环境政策目标是消除环境政策对经济发展的限制，为此它要大幅度削减环境保护的预算资金和放松对企业的环境管制；国会的目标是既要实现经济增长又要维持一个良好的环境，虽然国会也同意里根的紧缩财政计划，但它们反对大规模削减环保项目资金，更不赞同大幅度放松对污染企业的管制，政策目标及政策取向的不同导致二者的矛盾和冲突。

第二，为了避开国会，里根政府更多地依赖白宫的咨询或办公机构来推

---

① ［美］查尔斯·哈帕：《环境与社会：环境问题中的人文视野》，肖晨阳、晋军、郭建如等译，天津人民出版社1998年版，第394页。里根与美国公众在环境问题上的认识不同。里根认为经济优先于环境，而多数公众不这样认为。在里根总统任期内，有三分之二的美国人赞同和支持环境保护优先于经济增长。里根支持通过市场机制和工商企业自觉处理环境问题，公众却不这样认为。到里根离任之时，有超过80%的美国人认为只有在联邦政府压力下工商企业才会采取行动（1970年这一比率是70%）。Byron W. Daynes and Glen Sussman, *White House Politics and the Environment: Franklin D. Roosevelt to George W. Bush*, College Station, TX: Texas A & M University Press, 2010。

② Richard N. L. Andrews, *Managing the Environment, Managing Ourselves: A History of American Environmental Policy*, New Haven: Yale University Press, 1999, p. 260.

行它的环境政策，总统行政办公室试图把许多机构置于其直接监控之下。[①] 里根政府甚至不顾美国立法程序的常规原则，指示行政管理与预算办公室采取有些独裁式的办公模式。本来，环境问题极易在国会与总统之间引发猜疑，里根政府的上述举措加深了相互间的不信任感，也促使国会采取更多对抗性行动。

第三，环保主义者把国会作为争取的主要对象，通过资助选举和宣传游说施以影响。环保主义者对国会的工作是非常成功的。实际上，从1982年起，国会特别是众议院已经带有一定的环保主义色彩了，从1984年起这一转变更加明显，到1986年国会两院都掌控在对环保主义者持支持倾向的民主党手中。从1984年至20世纪90年代初，国会在环境问题上基本上扮演着积极的角色。

国会主要利用其立法和行政监督权、预算审核权来抵制里根政府的“反环保”政策。国会多次否决里根政府减少甚至取消环保预算拨款的企图，国会也常常反对削减土地与水资源保护基金以用于获取公共土地的建议。一旦联邦机构擅自采取改变政策的行动，比如计划在荒野保护区和近海开发石油和天然气，或加快出售公共土地，国会就通过颁布法律或采取其他措施禁止出于此种目的的公共支出。主要是民主党控制的众议院，偶尔也是来自佛蒙特州的罗伯特·斯塔福德和来自罗德艾兰州的约翰·查菲领导的参议院共和党环保派提出抵制性的政策倡议。

国会也充分利用它的行政监督权来制约白宫的决策和行为。如果政府不能有效地管理诸如《露天采矿控制与恢复法》这样的环境法，或与工业界靠得太近而无视国会意愿时，国会就举行听证会加以宣传。1982年，参议院某个委员会就有关甲醇问题举行听证会，指责行政部门修改了相关科学证据的评估文件。国会行使行政监督权的典型事例是对环保署长伯福德和内政部长瓦特的调查上。通过国会的干预和调查，这两位政府高官的种种“反环保”行为被公之于众并且被迫辞职。国会还积极推动修订、更新和强化20世纪70年代的环保法案，发起新的立法倡议。包括资源保护与恢复法、超

① Samuel P. Hays, *Beauty, Health, and Permanence, Environmental Politics in the United States, 1955 - 1985*, Cambridge: Cambridge University Press, 1987, p. 506.

级基金法和《清洁水法》等重要法案均被修订，其中《清洁水法》多次被里根否决，但国会最终越过了里根总统的否决，给予该法以新的授权。

20世纪80年代初围绕环境政策而在白宫与国会和环保主义者之间发生的冲突，给美国的环境政治和政策带来了复杂影响。由于来自环保主义者、国会和公众激烈的反对和抵制，里根政府在1983年被迫从先前的立场上后退了。他重新启用拉克尔肖斯为环保署长就是一个重要标志。拉克尔肖斯上任后，除消减伯福德造成的各种消极后果外，还积极推进环境政策改革，努力强化环保署的执法地位。拉克尔肖斯的优先项目包括严格执法，改善超级基金管理，出台应对酸雨政策，澄清联邦、州和地方政府的关系等。拉克尔肖斯也不赞同伯福德的企业“自愿遵守”环保法规的做法，认为有效的环境法规及强制实施对自由企业是必要的。[①] 任命拉克尔肖斯为环保署长是环保主义者抵制里根环境政策的一个积极成果。里根还签署了《1984年危险废物与固体废物修正案》《1986年安全饮用水法》和《1988年海洋倾倒法》，这是公众和国会努力的结果，里根也因此获得舆论的好评。

由于里根政府的单边环境政策和环保组织的动员游说等诸多原因，国会甚至白宫在1983年至1989年间掀起了新的管制立法高潮。1981年至1983年被认为是放松管制时期，而1983年至1989年则被视为恢复管制时期。[②] 因里根“反环保”政策而激起的立法反弹对于强化环境保护产生了积极作用。到里根的第二任总统任期时，国会决定阻止里根政府的许多“反环保”的政策行为。1986年，民主党控制了参议院多数席位，里根在国会那里遇到了更大的阻力，这尤其体现在《清洁水法》的修订中。

20世纪80年代初，因里根政府的“反环保”政策引发的冲突在很大程度上被政治化了，民主党国会议员更多地出于政治斗争的需要而强化环保立法，其关注点不仅仅是环境政策本身，而更多的是政治博弈的结果。80年代初的环境斗争加深了联邦机构、社会团体、工商业利益集团及公众

---

① Richard N. L. Andrews, *Managing the Environment, Managing Ourselves: A History of American Environmental Policy*, New Haven: Yale University Press, 1999, p. 261.

② ［美］马丁·费尔德斯坦主编：《20世纪80年代美国经济政策》，经济科学出版社2000年版，第420页。

之间的不信任感和对立情绪，不利于环境政策和环境保护事业的长远发展。

四 20世纪80年代美国环境政策与环保立法的主要进展

1. 环境立法的新发展

20世纪80年代，美国环境立法的数量较20世纪70年代大为减少，并且这些环保法案大都是在1986年以后通过的。20世纪80年代的环保法案大体可分两类：一类是修订法案，另一类是新制定的法案，前者占了不小比重。20世纪70年代的一些重要立法，如《清洁空气法》和《水污染控制法》等虽然也以修正案的形式颁布，但其内容已远非修订或补充意义了。20世纪80年代的环境法修正案大多依据政治、技术和环境变化的新情况做了局部的调整。重要的环境立法和环境法修正案有：《安全饮用水法修正案》(*Safe Drinking Water Act of 1986*)、《清洁水法修正案》(*Clean Water Act Amendments of 1987*)、《资源保护与恢复法修正案》(*Resource Conservation and Recovery Act Amendments of 1984*)、《能源保护法修正案》(*Energy Conservation Act of 1987*)、《杀虫剂法修正案》(*Pesticides Law Amendments of 1988*)、《濒危物种法》(*Endangered Species Act of 1982*) 等。

《安全饮用水法修正案》提出了一项3年内必须得到控制的83种化学物质的时间表，责令环保署每隔3年为25种附加饮用水污染物设定标准。《清洁水法修正案》要求各州识别那些现有技术无法充分控制的水污染热点地区，3年内达到规定的水质标准。经过修订，20世纪70年代以来的水质立法体系更趋完善。《资源保护与恢复法修正案》扩展了危险废弃物报告制度的适用范围，要求置换因陈旧而泄露或被腐蚀的数千个地下废弃物储存罐。该法的特点是附加了更多、更详尽的限制性条款，体现了国会对里根政府环境政策的抵制。《杀虫剂法修正案》要求环保署重新登记注册或取消依据1972年以前安全检测标准仍在使用的大约5万种老产品。该法反映了在杀虫剂管理问题上农业及化学界利益集团强大的政治影响力。[①]

新颁行的环境法规除加强一些领域的保护工作外，还根据形势的变化扩大了管制范围。依据所要解决的问题和保护对象的不同，可把20世纪80年代的环境立法分为以下几类：保护荒野和湿地立法、食品安全立法、能源节约和保护立法、危险物处理立法、应对全球环境问题和保护海洋免遭污染立法等。1984年，国会通过了一系列荒野保护议案。这些议案强化了毗邻各州的荒野保护。[②] 1986年通过的《紧急湿地资源法》（*Emergency Wetlands Resources Act*）授予土地与水资源保护基金购买湿地的权利，要求建立国家湿地优先保护计划，加强对国家湿地的保护。

20世纪70年代以来，能源问题一直困扰着美国，也影响着环境政策的改革与发展。20世纪80年代，节能和寻求替代能源是联邦政府积极倡导的政策。1987年颁布的《国家应用能源保护法》（*National Appliance Energy Conservation Act*）为新建房屋的暖气供应、制冷系统及冰箱与冷藏库设定了最低效率标准。1988年通过的《机动车替代燃料法》（*Alternative Motor Fuels Act*）鼓励机动车生产厂家设计、制造可用替代能源的汽车。美国在20世纪80年代高度重视对危险废物的管理，除超级基金项目外，核废料、医疗废物和石棉等危险物质都有相应的处理计划。1982年通过的《核废料政策法》（*Nuclear Waste Polity Act*）要求能源部在1998年前开发一个永久性的高辐射核废料储藏场所。1988年通过的《卫生医疗废物跟踪法》（*Medical Waste Tracking Act*）要求与危险废物一样，详细记录医药运输过程，建立医药废物全程跟踪体系。1986年国会专门制定了针对石棉的《石棉危险紧急应变法》（*Asbestos Hazardous Emergency Response Act*），此法要求所有地方学校提交石棉检测和管理计划，对可能存在的风险要及时告知学生家长。

20世纪80年代，海洋污染受到联邦政府越来越多的重视，全球环境问题也成为美国环境政策的新领域。1987年通过的《海洋塑料污染研究及控制法》（*Marine Plastic Pollution Research and Control Act*）规定禁止向海洋倾

---

① *WestLaw*, http://web2.westlaw.com/signon/default.wl?fn=_top&rs=WLW6.09&rp=%2fsignon%2fdefault.wl&vr=2.0&bhcp=1（2006年11月26日）。

② Samuel P. Hays, *Beauty, Health, and Permanence, Environmental Politics in the United States, 1955–1985*, Cambridge: Cambridge University Press, 1987, pp. 507–508.

倒塑料，严格限制其他船舶垃圾在公海或美国水域倾倒，要求所有港口必须为入港船舶准备足够的垃圾处理设施。1988 年通过的《海洋倾倒法》（*Ocean Dumping Act*）要求截至 1991 年 12 月 31 日结束所有污物和工业废物的海洋处理，建立收费、许可证制度并对违反者施以民事处罚。1983 年通过的《国际环境保护法》（*International Environmental Protection Act*）授权总统协助其他国家保护野生动植物以维持生物多样性。1987 年通过的《全球气候保护法》（*Global Climate Protection Act*）提出了应对全球气候变化特别是温室效应的战略目标和解决办法。

2. 环境政策的初步改革

早在 20 世纪 70 年代中期，美国环境政策的改革就已起步。20 世纪 70 年代后期直至 80 年代初，环境政策的改革趋势增强。改革的根本原因在于 20 世纪 70 年代形成的环境政策及管理模式本身固有的缺欠。20 世纪 70 年代的环境管理模式在很大程度上有违美国自由主义传统。在美国，经济自由和经济至上在企业和民众中有很大市场，一旦经济形势和社会思潮逆转，以命令—控制为主要特征的环境政策很容易成为攻击的目标，随之而来的改革也在所难免。

20 世纪 70 年代的环境政策管理模式不但给企业带来了沉重的成本负担和过度的规章约束，而且对保护环境和预防污染也不是十分有效。20 世纪 80 年代初里根政府与国会围绕环境政策而展开的斗争也给环境政策改革以促动。虽然里根政府的环境政策带有浓厚的“反环保”倾向，但诸如成本—收益分析等政策因契合美国文化传统而更具效力。环保主义者和国会以更为严厉的行动来回应里根政府的“反动”行为，但他们有意无意中吸纳了对方的某些观点和主张，从而促进了联邦环境政策的改革。

（1）成本—收益分析

成本—收益分析、风险评估与风险管理、社区环境知情权以及采纳某些基于市场的政策工具等是 20 世纪 80 年代美国环境政策改革的主要内容。

成本—收益分析（Cost-Benefit Analysis）是评估一项环保政策法规或项目是否经济的重要步骤，其结论是决定该项政策法规或项目能否通过审核和付诸实施的重要依据。一般可把成本—收益分析概念表述为：通过计算实施一项政策法规或项目可能花费的各种成本和预期社会、经济和环境等方面收益的量化值，来确定成本与收益比率的一种技术性分析过程。成本—收益分析在20世纪70年代初就已包含在一些环保法规中，比如1972年的《杀虫剂控制法》就规定要“综合考虑使用杀虫剂所产生的经济、社会和环境方面的成本与收益”，有关水质的环境立法中也有相关的规定。[①] 1981年里根在其发布的第12291号行政命令中明确提出要对所有联邦管制法规进行成本—收益分析，由于环保法规具有更强的管制性和更多的非经济性特征，因此就成为成本—收益分析的重点对象。

对环保政策法规或项目进行成本—收益分析是必要的，因为毕竟经济资源是有限的，对于所有环境问题都采取不加选择、不计代价的政策显然既不现实也难以为企业接受。成本—收益分析也有助于恰当地分配用于环保的资源，确保那些解决严重威胁公众健康的项目得到优先关注。环保署的两份内部研究资料显示，该局曾在消除一些对公众健康有较低风险的环境威胁上面花费了更多的资金，而在解决那些对公众健康构成更大威胁的环境问题上的投入明显不够。原因是该机构出于政治考虑往往对那些容易为公众觉察但并非具有高风险的环境问题做出积极回应。如果被恰当运用的话，成本—收益分析无疑是一种更为理性的分配资源的方式。[②] 成本—收益分析在20世纪80年代初曾被里根政府的行政管理与预算局运用于大量环境法规和项目的审核上，但因受极端保守主义思想的影响，成本—收益分析在当时实际上成为削弱环保的一种工具。20世纪80年代中后期，由于国会与白宫之间的对立，成本—收益分析在很大程度上被政治化了。

（2）风险评估与风险管理

风险评估（Risk Assessment）即“依据科学确定由于接触某种物质或事态对个人或群体所产生危害的概率”。风险管理（Risk Management）是“解决已被确定存在的某种风险的决策程序。风险管理包括根据社会、经济与政

① 参见威廉·坎宁安主编《美国环境百科全书》，湖南科学技术出版社2003年版，第243页。

② Philip Shabecoff, *A Fierce Green Fire: The American Environmental Movement*, New York: Hill and Wang, 1993, p. 219.

治因素考虑减少风险的技术可行性”。[①] 风险评估与成本—收益分析有类似的功效和作用。风险评估可分为量化风险评估（Quantitative Risk Assessment）和比较风险评估（Comparative Risk Assessment）。量化风险评估早在20世纪70年代就已被环保署用在判定对不同杀虫剂、饮用水污染物和其他有毒化学物质优先处理次序方面。量化风险评估被视为一种技术性的程序，通过实施危险识别、剂量—反应评估、暴露评估和风险描述四步规程，来判定特定化学物质的健康风险。此种评估方法混合了来自于病理学、毒物学和流行病学的研究数据和假定，采用数学方法以动物试验的高剂量类推人类的低剂量情况，进而预测人类暴露于一定剂量的危险物质可能发生的风险。[②]

量化风险评估在20世纪70年代极少运用，1976年至1980年间，联邦机构仅对提议的8种被管制的化学物质进行过量化风险评估。但在20世纪80年代，这一数字迅速增加，1980年至1990年间联邦机构共计实施了100多项评估。20世纪90年代早期，量化风险评估已为联邦法律制度化了，成为联邦健康与环境保护中整合科学与决策的最普遍最基本的程序。[③] 导致量化风险评估在20世纪80年代迅速发展的原因主要是1976年通过的两部有毒和危险物质管理立法，特别是1980年通过的《综合环境反应、补偿和责任法》，以及1984年初拉克尔肖斯的行政倡议。量化风险评估可被用来判定特定物质的健康风险，但不能在更多环境问题中做出优先次序的选择。于是在1987年环保署又创造了“相对风险评估”技术，用以识别不同类型的风险。风险评估有许多局限，比如评估程序复杂、评估专家易被污染者收买、评估结论易受人为假设和价值判断的影响等。不过总的来讲，风险评估不失

---

① ［美］罗杰·芬德利、丹尼尔·法伯：《环境法概要》，杨广俊等译，中国社会科学出版社1997年版，第100页。卡内基委员会（Carnegie Commission）曾提出过一个非常简单实用的风险评估定义，认为风险评估本质上是判定某一物质具有多大风险的过程：第一步需要识别和定性描述应予评估的危险，接下来要估价暴露于危险物质或事态的程度，以及处于可疑状态下的有机体暴露于不同剂量风险的反应，最后依据上述信息量化地描述该风险的性质。（Carnegie Commission 1993：76）Sheldon Kamieniecki, George A. Gonzalez and Robert O. Vos, *Flashpoints in Environmental Policymaking: Controversies in Achieving Sustainability*, Albany, NY: State University of New York Press, 1997, p. 32。

② Richard N. L. Andrews, *Managing the Environment, Managing Ourselves: A History of American Environmental Policy*, New Haven: Yale University Press, 1999, p. 267.

③ Sheldon Kamieniecki, George A. Gonzalez and Robert O, Vos, *Flashpoints in Environmental Policymaking: Controversies in Achieving Sustainability*, State University of New York Press, 1997, p. 31.

为一种有用的决策工具，因为它为应对复杂多样的环境风险的政策选择提供了相对理性的依据，也为环保机构应对法律诉讼提供了某种科学语言。

（3）社区环境知情权

社区知情权（Community Right to Known）是指公众有知晓所在社区潜在环境风险及处理计划等方面信息的权利。社区知情权既是公民环境权的重要组成部分，也是促进环境保护的一种有效手段，因为保障社区知情权必然导致的信息公开化会造成一种舆论压力，迫使污染企业采取必要的防范性措施来减少环境风险。20世纪70年代的一些环境政策法规定了公民的环境参与权，但对社区居民的环境知情权却鲜有明确规定，对那些可能造成严重健康危害的化学物质的生产和储存，也往往以商业秘密为借口不予公开。20世纪70年代末80年代初，国内外不断发生的危险化学物质泄漏和污染事件推进和加速了环境信息公开化的立法步伐。截至1985年，已有29个州通过了某种形式的公众知情权法[①]，这些法案都要求公司企业把化学物质生产和使用过程中的危险信息公布于众，大多数知情权法为公众和雇员提供了某种了解潜在危险的信息渠道，这有效地保护了公众的环境权利。

1984年12月，在印度博帕尔发生了一起严重的化学品污染事件，造成了2000多人死亡，1万多人重伤，此事最终促成了1986年联邦《应急计划与社区知情权法》（*Emergency Planning and Community Right-to-Know Act*）通过。此法要求各州于1988年前建立州应急计划委员会，州应急计划委员会下设多个应急计划区及相应的应急计划委员会，每一个委员会都被要求为所在社区制定一个潜在化学污染事件的紧急处理计划。企业被要求公开并向州和当地应急计划委员会告知所有重要化学物质的使用、储存和排放情况，必须向环保署提供化学物质排放总量的年度报告（这些报告被称为“有毒物质排放目录”，TRI）。[②]《应急计划与社区知情权法》规定的信息报告制度增加了公众对厂商行为的了解，这也将促使厂商改变它们的一些行为。《应急计划与社区知情权法》的重要意义还在于它把工作重心转到事件的预防和前

① Robert Gottlieb, *Reducing Toxics: A New Approach to Policy and Industrial Decisionmaking*, Washington, DC.: Island, 1995, p. 133.

② *Emergency Planning and Community Right-to-Know Act of 1986*, 42 U. S. C. § 11001 – 11050 (1986).

期处理方面，这是环境保护政策的重大进步。

（4）基于市场的政策工具

基于市场的政策工具（Market-Based Policy Instruments）是指那些旨在通过市场信号来鼓励而非制定明确的污染控制水平或方法来规范人们的决策行为的规章和条例。[①] 基于市场的政策工具包括可交易的许可证制度（排污交易）和排污收费等。排污交易政策分四种：第一，补偿或抵消政策（Off-set Policy）。该政策规定未达标地区新建扩建项目必须从现存设施取得相应的污染削减量，以补偿或抵消新设施超标排放量。第二，气泡政策（Bubble Policy）。气泡政策想象在企业周围存在着一个无形的气泡，企业不必使每个污染源符合特定的要求，它只要保证气泡内总的污染水平不超标即可，企业在气泡内部可以灵活地选择经济的达标手段。第三，净得政策（Netting Policy）。此政策规定企业若通过改进设施而减少一个污染源的排放量，它可以在另一个污染源增加相应的排放量，只要净增量恰好等于净减少量即可。第四，排污存储（Banking）。它规定企业可将富余的污染削减量以信用卡的形式存储于特定银行里以备后用，或出售给其他需要排污权的企业。[②] 排污收费是根据污物排放量征收一定比例的税费，通过环境成本内部化以促使污染者更有效地管理废物的一种办法。

在环境政策中引入市场机制的建议在环保署成立之前就已经被一些经济学家和法律学者提出来了，但是这些建议在当时未被国会采纳。1972年，戴维·蒙哥马利首次从理论上论证了可交易许可证制度能为污染控制提供一种经济有效的政策工具。在经济学家的影响下，也由于命令—控制模式的缺欠，基于市场的政策工具从20世纪70年代中期开始受到关注。1974年，环保署将排污权交易作为旨在改善地区空气质量的《清洁空气法》中一个项目进行实验。1976年，“补偿”政策被应用于《清洁空气法》的解释条例，这一解释条例在1977年的《清洁空气法修正案》中正式生效。1979年，环保署又推出了名曰“气泡”的政策和存储计划，这

① Paul R. Portney and Robert N. Stavins, *Public Policies for Environmental Protection*, Washington, DC.: Resources for the Future, 2000, p. 31.

② U. S. Environmental Protection Agency, 1992a, *The United States Experience with Economic Incentives to Control Environmental Pollution*, Washington, DC.: U. S. EPA.

是基于市场的政策工具的重要创新。20世纪80年代基于市场的政策工具得到进一步发展。1980年，环保署扩大了气泡政策的应用范围。1982年，环保署颁布了“排污交易政策报告书”，允许各州建立排污交易系统。1986年，环保署把先前创立的各种措施编入排污交易计划中。1990年，《清洁空气法》创建了全国范围的二氧化硫排放交易市场，此法实现了基于市场的政策工具的重大突破。

在理论上，基于市场的环境政策工具能够降低污染控制成本，调动企业的积极性，进而更有效地实现环保的政策目标。从20世纪80年代的情况来看，基于市场的政策工具的使用对环境质量的影响效果不十分明朗（铅的排放削减是个特例①），不过一般都能节约一定数量的成本。② 总的来讲，尽管卡特和里根两届政府的经济学家积极倡导采纳市场方法，但直到老布什上任前它在整个环境政策体系中所占比重不是很大，其作用自然也非常有限。

导致基于市场的政策工具没有被充分重视和采用的原因比较复杂：第一，社会观念还没有完全转变过来，在很多人看来，环境不同于其他问题，不宜采用市场方法，允许企业就污染权进行交易难以接受。第二，包括政府机构、国会甚至环保署在内的一些官员也对市场方法是否可行持怀疑态度，担心会引发新的问题和新的矛盾。第三，大多数环保主义者都强烈反对环境政策的市场化，他们认为排污交易和排污收费等方法无异于发放污染通行证，最终是会纵容企业破坏环境的。第四，20世纪80年代初，里根政府带有“反环保”色彩的减规改革严重损伤了公众对环境政策改革的信心，他们怀疑基于市场的政策工具会被用作削弱环境保护的借口。第五，企业在走上排污交易道路时也面临实实在在的不确定性，因为这些环保署试验性的政策能否持续到其投资得到回报时是没有保证的。③

---

① 排污交易在20世纪80年代被用于含铅汽油的削减，1982至1987年间含铅汽油被快速淘汰，每年节约2.5亿美元。铅排放量的迅速降低也许是20世纪80年代改善环境最成功的业绩。Paul R. Portney and Robert N. Stavins, *Public Policies for Environmental Protection*, Washington, DC.: Resources for the Future, 2000, p. 37。

② ［美］马丁·费尔德斯坦主编：《20世纪80年代美国经济政策》，经济科学出版社2000年版，第420页。

③ 同上。

3. **超级基金与危险废弃物的清理**

有毒物质和危险废弃物管理的联邦政策体系完成于20世纪80年代。有毒物质管理立法主要包括《有毒物质控制法》《杀虫剂、除真菌剂和灭鼠剂法》《应急计划与社区知情权法》三部法案。《有毒物质控制法》颁布于1976年，该法是一部管制有毒物质的综合性立法。《杀虫剂、除真菌剂和灭鼠剂法》是一部针对和管理某一化学有毒物质类群的专门立法，此法制定于1972年，1988年有过一次较为重要的修订。《应急计划与社区知情权法》颁行于1986年，该法的目的是通过制定应急计划和为公众提供相关信息来预防和处理有毒物质泄漏问题。该法要求相关部门制定"有毒物质排放清单"，以此作为公共档案及确定优先行动次序的依据。危险废弃物处理立法主要有《资源保护与恢复法》《综合环境反映、补偿及责任法》以及《超级基金修正案和再授权法》。《资源保护与恢复法》是一部处理当前危险废弃物的法案，该法于1976年通过，1984年做了重大修订。《综合环境反映、补偿及责任法》（*Comprehensive Environmental Response*，*Compensation*，*and Liability Act of* 1980）是一部解决遗留危险废弃物问题的专门立法，此法在1986年修订后更名为《超级基金修正案和再授权法》（*Superfund Amendments and Reauthorization Act*）。同年颁布的《应急计划与社区知情权法》是该法的补充部分，此法与前两部法案构成一个较为完整的应对遗存危险废弃物问题的联邦管理政策体系。

危险废弃物特别是积存下来的危险废弃物，是20世纪80年代美国重点治理的对象。自20世纪70年代后期以来，随着危险废弃物数量和掩埋场所的不断增多，滞留时间的延长，其环境危害日益显现，相关的污染事件频繁发生。1978年，纽约市郊一个名为爱河（Love Canal）的社区被发现曾是一个化学废物处理场，据称该地区较高的发病率与地下掩埋的化学物质有关。[①] 此事引发了一场大规模的抗议运动，在公众和舆论的要求和呼吁下，

① Lois Gibbs，*Love Canal*：*My Story*，Albany：State University of New York Press，1982.

国会于1980年通过了《综合环境反映、补偿及责任法》。[①] 该法要求环保署查找和识别所有垃圾或废弃物储存点，经过分析和评估，把那些最危险的地方列入“国家优先名录”，作为环保署采取进一步行动的依据。根据该法设立了一笔16亿美元的联邦超级基金，用于危险废弃物储存点的清理和紧急事故的处理。该法还规定环保署有强制危险废弃物责任者进行清理的权力，或利用超级基金组织清理，环保署可在事后向责任人追偿。

1986年，国会通过了《超级基金修正案与再授权法》。[②] 据此，国会批准了为期5年的超级基金，总额为85亿美元。这笔资金来源于石油和化学等行业的税收、责任者交纳的清理费、基金利息和一般税收等。20世纪80年代，环保署在识别和清理危险废物方面做了许多工作。截至1990年8月全国有3.3万个地点被确认有潜在危险，1082个地点被列入国家优先处理名录。但是危险废弃物储存点的清理速度却十分缓慢，到1990年，国家优先名录上所列的危险地点只有54个完成清理。危险废弃物的清理面临许多困难，环保署常常遭受各方批评，环保主义者指责其工作没有效率，清理不彻底；化学工业等利益集团则声称清理代价昂贵且没有必要。因实施《超级基金修正案与再授权法》还引发了大量昂贵费时的诉讼案件，诉讼费常常超过了清理费，这一切都给清理工作造成了很大的障碍。在所有污染控制项目中，危险废弃物的清理恐怕是代价最昂贵的项目工程之一。[③]

---

① *Public Law 96 - 510 (11 December 1980), 42 U. S. C. § 9601 et seq*, Complete Text is Contained in Government Institutes' Environmental Statutes, 1982, pp. 504 - 548.

② United States, Congress House, *Superfund Amendments and Reauthorization Act of 1986: Conference Report* (to accompany H. R. 2005), Washington, DC.: U. S. G. P. O., 1986.

③ 关于《超级基金修正案与再授权法》的基本情况，可参见《美国环境百科全书》，第132—133、611—612页。

第四章
20 世纪 90 年代美国的环境政策与环保立法

20 世纪 90 年代是美国环境政策的变革时期。20 世纪 80 年代末至 90 年代，老布什和克林顿两任总统奉行某种具有“折中”色彩的宏观经济政策，力图在保守主义与国家干预主义之间寻求平衡。同一时期，美国的环保政策遭遇了诸多严峻挑战，“反环保”势力和“反环保”运动发展迅速。面对日益激化的环境冲突和来自多方的政治压力，联邦政府试图通过协调环保主义者和环保组织与工业界及其他环境管制对象之间、发展经济和保护环境之间的关系来推进环境政策的变革与发展。在此背景下，20 世纪 90 年代，美国的环境政策出现了一些明显的趋向，基于市场的政策工具得到较多重视和运用，环境政策的目标与手段也趋于理性化。

一 20 世纪 90 年代美国环境政策面临的重大挑战

20 世纪 90 年代，美国环境政策面临的挑战主要来自三个方面：一是环保运动内部的基层和激进派运动，其中以“环境正义运动”最具代表；二是产业界利益集团和私有业主等发起的“反环保”运动；三是第 104 届国会、联邦巡回上诉法院和最高法院的“反环保”政策倾向。20 世纪 90 年代，以争取环境平等权为目标的基层环保运动发展迅速，并对主流环保组织和联邦环境政策形成了很大冲击。作为环保力量及运动的对立面，工业界和其他“反环保”势力在发展壮大，它们对联邦环保政策造成的影响更具挑战性。1994 年选举产生的第 104 届国会积极推行某种“反环保”议程，联邦各级法院在司法实践中也为环境保护设置了一些障碍，从而导致了美国环境政策出现了某种“僵持”的局面。

1. “环境正义运动”的发展和影响

“环境正义运动”（Environmental Justice Movement）是20世纪80年代初在美国兴起的以实现环境平等权为宗旨和目标的一场基层群众运动。[①]“环境正义运动”的最初发动者是有色人种和低收入阶层，但随着运动的发展和壮大，参加者的范围逐渐扩大。“环境正义运动”是现代环保运动的一个新支流，它的兴起是对主流环保组织及其运动的挑战。20世纪90年代初，“环境正义运动”走向联合，联邦政府和国会不同程度地对“环境正义运动”做出了回应。“环境正义运动”以环境权利的公平分配为主要目标，推进了美国环境权利的公正化进程。

（1）“环境正义运动”的缘起

“环境正义运动”源起于环境风险的不公平分配这一社会现实。环境正义是相对环境非正义（不公正）而言的，环境风险的不公平与环境不公正并非同一概念：环境风险不公平是指有色人种和低收入阶层以及其他弱势群体暴露于有毒或危险物质“机会”的不平等，而环境不公正却有着更加广泛的内涵。美国克拉克·亚特兰大大学社会学教授罗伯特·布拉德等人认为：环境不公正是指环境状况、环境政策和实践等方面存在不公平、不公正和不合法的现象。主要包括：环境法、民权和公共健康法实施中的不平等；在居所、学校、民族居住区和工作场所中的某些人口承受着不同比例的有害化学物质、杀虫剂和其他毒素的影响；在环境风险评估和管理中存在的不合理假定；歧视性的分区制和土地利用实践；对某些个人和群体在相关决策中的参与权给以排他性限制等。[②] 环境不公正的内涵远大于

---

① 环境正义是指特定社会所有成员，不论种族、性别、阶级、社会地位和收入水平，均应平等地享有环境权利和权益，公平分担环境风险和义务。美国环保署界定的环境正义概念是：在环境法律、法规和政策的制定、贯彻和实施中，全体人民，不分种族、肤色、籍贯和收入，应予公平对待和充分参与。公平对待意指任何族群的人民不应承担不合理的环境风险，包括工业、市政和商业活动或联邦、州、地方和部族项目与政策的实施而导致的负面环境后果。

② R. D. Bullard, “Race and Environmental Justice in the United States”, *Yale Journal of International Law*, 1993. 18 (1), pp. 319 –355; Also see C. Lee, *Proceedings*: *The First National People of Color Environmental Leadership Summit*, New York: United Church of Christ, Commission for Racial Justice, 1992.

环境风险不公平，环境风险不公平只是环境不公正的表现之一。“环境正义运动”是在反毒斗争的基础上演变而来的。“环境正义运动”是有色人种和低收入阶层反对强加给他们的不成比例的环境风险斗争的进一步发展。

有足够的证据证明，有色人种、少数民族和其他弱势群体承担着不合理的环境风险。佛罗里达大学政治学教授埃文·林奎斯特从污染设施分布、暴露于污染物的情况和污染对健康的影响三个方面考察了环境不公平现象，证实了美国社会的确存在着环境不公正现象。[①] 研究发现，1969 年至 1990 年间，在弗吉尼亚国王和王后县建造的垃圾填埋场大多都位于非裔美国人居多数的社区。在休斯敦地区，有 82% 的废弃物设施分布于黑人社区，尽管非裔美国人仅占休斯敦地区人口的 28%。社会学家布拉德称：来自休斯敦和弗吉尼亚的调查结论非同寻常。它说明这个国家中的少数民族社区正承受着不公平的垃圾填埋场和焚化设施分布份额。[②]

更多的研究集中在危险废弃物处理和储存设施的分布上。1983 年美国会计总署对环保署第Ⅳ区进行调查发现，该区四座最大的商用危险废弃物掩埋场有三处位于少数民族人口居多数的社区。密歇根大学一些研究人员考察了底特律地区的情况，发现在危险废弃物处理、储存设施 1.609 公里内的居民，其中 48% 是少数民族，29% 处于贫困线以下。[③] 1987 年联合基督教会种族正义委员会在全国对商用危险废弃物处理、储存设施分布情况进行了一次深入的调查和统计，结果显示，危险废弃物设施分布随穷人和少数民族人口的增加而增加。此项研究后来被扩及商用以外的所有设施，证明种族是影响危险废弃物设施分

---

① Evan J. Ringquist, “Environmental Justice: Normative Concerns and Empirical Evidence”, See Norman J. Vig and Michael E. Kraft, *Environmental Policy in the 1990s: Reform or Reaction*, Washington. DC. : A Division of Congressional Quarterly Inc. , 1997, Third Edition, pp. 236 – 242; Or see *Environmental Policy: New Direction for the Twenty-First Century*, 2003, pp. 252 – 259.

② Robert Bullard, *Dumping in Dixie: Race, Class and Environmental Quality*, Boulder: Westview, 1990.

③ Paul Mohai and Bunyan Bryant, “Environmental Racism: Reviewing the Evidence, In Race and the Incidence of Environmental Hazard”, eds. , Bryant and Mohai, See *Environmental Policy in the 1990s: Reform or Reaction*, Washington, DC. : Congressional Quarterly Inc. , 1997, p. 238.

布的一个主要变量。[①]

有很多证据证明，少数民族和穷人有更多机会遭受各种有害污染物质的影响。早期的研究发现，在城市中，穷人和少数族裔集中的地区空气污染更为严重。最近的数据显示，非裔美国人和拉丁血统的居民比白人更有可能居住在空气质量较差的地区（见表2—4—1）。[②] 联邦"有毒物质排放清单"显示，美国工业排放的有毒污染物在1987年至1992年间呈下降趋势，但在一些穷困和少数民族人口聚集区则不尽然。林奎斯特通过汇总1987年至1991年间有毒物质排放清单数据并与所有邮区的种族和阶层结构相对照发现，少数民族和非裔美国人所承受的有毒污染物水平呈上升趋势。保罗·莫海和班扬·布赖恩特通过对21项不同环境风险的分布情况进行研究，发现94%的环境风险与种族不平等有联系，80%与经济状况有关。类似的研究结论大多一致，即种族不平等较收入不平等与环境风险有更大关联。[③]

表2—4—1　　**居住在空气质量非达标区的不同种族人口比例**

污染物	白人	黑人	拉美裔人
颗粒物	14.7%	16.5%	34.0%
一氧化碳	33.6%	46.0%	57.1%
臭氧	52.5%	62.2%	71.2%
二氧化硫	7.0%	12.1%	5.7%
铅	6.0%	9.2%	18.5%

虽然已经有充分的调查和研究证明，少数族裔和低收入阶层更多地居住在污染设施附近，承受着更多污染物质的影响，科学研究也发现了污染与健

① 埃文·林奎斯特在*Environmental Justice*：*Normative Concerns and Empirical Evidence*一文中概括了污染设施分布不公平的五个因素：科学合理性（Scientific Rationality）、市场理性（Market Rationality）、居民迁移（Neighborhood Transition）、政治权利（Political Power）、有意歧视（Intentional Discrimination）。

② Ken Sexton, et al.,"Air Pollution Health Risks：Do Class and Race Matter?" Toxicology and Industrial Health, 1993（5）, pp. 843－878, See *Environmental Policy*：*New Direction for the Twenty-First Centrury*, p. 255.

③ Norman J. Vig and Michael E. Kraft, *Environmental Policy in the 1990s*：*Reform or Reaction*, Washington, DC.：Congressional Quarterly Inc., 1997, pp. 23－240.

康之间的某种联系，并且发现少数族裔和低收入阶层有更高的疾病发生率和更短的寿命也是事实，但是要在环境风险的不公正性与健康之间找到更精确的联系还是比较困难的，只有铅污染是一个明显的特例。自20世纪80年代以来，美国的铅污染治理进展较顺利，但白人与少数族裔体内含铅量下降的比率却有很大差异。据1994年的一份调查结果显示，非裔美国儿童铅中毒比例超过同等收入水平的白人儿童两倍还多。低收入的非裔美国儿童铅中毒率超过了28.4%，白人儿童为9.8%。1976年到1991年间，非裔和墨西哥裔美国儿童血铅含量水平下降速度远远低于白人儿童。① 长期以来，少数族裔和低收入阶层的环境参与权得不到充分重视，环境政策在实施中也存在诸多不平等现象——比如对于白人社区的污染和环境侵权行为往往施加更为严厉的制裁，而对于少数族裔和低收入阶层社区则另当别论，在环境诉讼中也带有种族歧视倾向等。总之，环境不公平尤其是环境风险的不公正现象是导致美国"环境正义运动"的主要原因。

"环境正义运动"也有着广阔的历史背景和深刻的历史渊源。②

第一，"环境正义运动"与"传统"的环保运动有很大联系。③"传统"的环保运动以主流环保组织为主体，传统的环保运动对"环境正义运动"有着双重影响。一方面，传统的环保运动动员、教育了美国民众，普及了环境知识，提高了包括有色人种和少数族裔在内的美国公众的环境风险意识；主流环保组织的斗争实践也给"环境正义运动"提供了某些经验和启示。

---

① Robert D. Bullard and Glenn S. Johnson, "Environmental Justice: Grassroots Activism and Its Impact on Public Policy Decision Making", *Journal of Social Issues*, 2000, 56.（3）, p. 562.

② 卢克·科尔和希拉·福斯特认为"环境正义运动"有六大基础和支流：民权运动（Civil Rights Movement）、反毒运动（Anti-Toxics Movement）、学术界（Academics）、土著美国人的斗争（Native American Struggles）、劳工运动（Labor Movement）和传统环保主义者（Traditional Environmentalists）。See Luke W. Cole and Sheila R. Foster, *From the Ground Up: Environmental Racism and the Rise of the Environmental Justice Movement*, New York and London: New York University Press, 2001, pp. 20－33。丹尼尔·费伯和黛博拉·麦卡锡认为"环境正义运动"至少汇集了7个不同的社会运动：民权主义、职业健康与安全、移民权、土著美国人保护其土地的斗争、环境健康运动、人权和反全球化及团结运动、社区权利运动。See Daniel Faber and Deborah McCarthy, "The Evolving Structure of the Environmental Justice Movement in the United States: New Models for Democratic Decision-making", *Social Justice Research*, 2001. Vol. 14（4）, pp. 409－414。

③ "传统的环保运动"意指20世纪60年代兴起的那场环保运动，实际上指的是主流环保组织。*From the Ground Up: Environmental Racism and the Rise of the Environmental Justice Movement*, pp. 28－29。

另一方面，主流环保组织忽略有色族裔和草根民众切身利益以及追求“华盛顿路线”的做法激发和催生了“环境正义运动”。20 世纪 70 年代以来，主流环保运动无视环境问题与社会正义的关系，偏离基层，倾向于依靠专业技术人员，试图通过立法、游说和参与选举等途径来影响环境政策和政治的发展方向。这一切都引起了以非裔美国人为主体的广大基层民众的不满。在一定意义上，“环境正义运动”可被视为现代环保运动的发展。

第二，“环境正义运动”与美国现代民权运动有着深刻的渊源关系。“环境正义运动”的斗争目标是实现环境权利的平等。“环境正义运动”实际上是一场以争取平等的环境权为宗旨的社会运动。环境权是现代环保运动和民权运动发展和交融的产物，是对民权的扩展，它在本质上是民权的一个组成部分。“环境正义运动”继承了民权运动的精神，更多地采用游行示威、签名等与民权运动相似的斗争方式开展斗争。许多“环境正义运动”领导人就是当年民权运动的组织者，这些人自然会选择延续民权运动的政治倾向和行动策略。一些很有影响的民权运动领导人也积极支持“环境正义运动”。1992 年，乔治亚州众议员约翰·刘易斯——一位 20 世纪 60 年代抗议运动的积极参加者，向议会提交了环境正义法案，提案虽未通过，但他首次把环境正义问题提到国家日程上来，这是一个重要开端。在谈及该议案时，刘易斯承认，通过倡导把环境保护作为所有公民的权利、而非少数人的特权，可以使“环境正义运动”助力于复兴民权运动。[①] 总之，20 世纪 60 年代的民权运动为“环境正义运动”奠定了思想与社会基础，在更为广泛的意义上，“环境正义运动”是民权运动的发展和延续。

如前所述，“环境正义运动”源起于“草根阶层”（Grassroots）的“反毒运动”，也可以说，“环境正义运动”直接由“反毒运动”演化而来。长期以来，抵制和反对危险废弃物设施、填埋场和焚化装置的不合理分布的基层社区斗争始终没有停止过，不过这种斗争一直处于地方性的分散和孤立状态，没有引起全国性的关注。20 世纪 70 年代末的“爱河事件”把

---

① A History of the Environmental Justice Movement, From *the Ground Up*: *Environmental Racism and the Rise of the Environmental Justice Movement*, New York: New York University Press, 2001, p. 21.

"反毒运动"推向高峰。[①]"爱河事件"是因胡克化学废弃物公司埋置在纽约州布法罗一个名叫爱河的社区地下的有毒物质而给该地居民造成严重的健康危害而引发的一场基层抗议运动，"爱河事件"经过媒体充分报道和宣传，几乎达到了家喻户晓的程度。"爱河事件"主要领导人是洛伊斯·吉布斯，一个普通的家庭妇女，她组织了一个名为清除居室危险废物的公民团体（Citizens' Clearing House for Hazardous Wastes），积极促进基层社区的协作和联合斗争。[②] 在很大程度上受她影响，美国的基层反毒组织开始发展起来。"爱河事件"曾引起美国政府的高度重视，卡特总统宣布爱河地区为灾区，拨出专款用来疏散和安置爱河地区居民。爱河污染事件并非孤立的现象，类似的事件在全国频有发生。"爱河事件"的重要性在于激起了基层民众的环境风险意识，推动了基层环保组织的发展，从而为"环境正义运动"奠定了群众和组织基础。"爱河事件"是"环境正义运动"的前奏。1982年，在北卡罗来纳州又发生了"沃伦抗议事件"，与"爱河事件"不同的是，"沃伦抗议事件"带有浓厚的反种族歧视色彩。"沃伦抗议事件"首次把环境风险与社会经济问题联系起来，在全国引起了强烈反响。"沃伦抗议事件"被普遍视为"环境正义运动"开始的标志。[③]

（2）"环境正义运动"的发展

在美国"环境正义运动"发展史上，1982年的"沃伦抗议事件"和1991年举行的有色人种环境领导人高峰会议具有重要地位，这两件事分别标志着"环境正义运动"发展进程的两个起始点，即"环境正义运动"的开始和走向联合。"沃伦抗议事件"始于1978年，当时北卡罗来纳州从沃伦县的阿夫特购买了一个破产的农业用地用来储存危险废弃物多氯化联苯，遭到本地居民的反对，经过长达三年的法律诉讼，法院最终裁定允许建造该废弃物填埋场，于是抗议者转而采用直接行动的方式来加以阻止，此次抗议中

---

① Mark Dowie, *Losing Ground: American Environmentalism at the Close of the Twentieth Century*, Massachusetts: The Massachusetts Institute of Technology Press, pp. 127–128.

② Louis S. Warren, *American Environmental History*, Oxford: Blackwell Publishing Company, 2003, p. 319.

③ Norman J. Vig and Michael E. Kraft, *Environmental Policy in the 1990s: Reform or Reaction*, Washington, DC.: Congressional Quarterly Inc., 1997, Third Edition, p. 234.

有500多人被捕，其中包括一位名叫沃特·方特罗伊的众议院议员。[①] “沃伦抗议事件”非同寻常，这是首次以非裔美国人为主体的集体抗议行动，在全国引起了一系列连锁反应。

“沃伦抗议事件”引发了针对有毒和危险废弃物设施、填埋场和焚化设备分布情况的调查，调查证实，有色人种和少数族裔承担着更高的环境风险。调查结果经过媒体的报道和宣传，在全国掀起了一股抗议浪潮，一些团体和个人指责这是一种环境种族主义（Environmental Racism）。[②] 在上述背景下，基层环境正义组织在全国大量涌现，群众基础也在迅速扩大。随着社会的广泛参与和调查研究的不断深入，人们逐渐把环境问题与民权和社会正义联系起来，从而使这场运动获得了强大动力。迫于舆论压力，美国联邦政府和各级政府采取了一些措施来改革废弃物设施管理工作，吸纳有色人种和少数族裔代表参与相关决策，建立相应的制度来保障公民的环境知情权。以“沃伦抗议事件”为起点，“环境正义运动”进入了早期发展阶段。20世纪80年代，由于运动的主体是分散于全国各地的基层组织，它们之间缺乏必要的联系与协作，这就限制了该运动对政府和环境政策的影响力。

1991年10月24至27日，来自美国及其他一些国家的草根和全国性组织的代表650人（美国50个州都有代表参加，包括阿拉斯加和夏威夷）齐聚华盛顿哥伦比亚特区，召开了有史以来第一次有色人种环境保护领导人高峰会议（National People of Color Environmental Leadership Summit）。这次会议

---

① Eileen Maura McGurty, Policy Review: Warren County, NC, and the Emergence of the Environmental Justice Movement: Unlikely Coalitions and Shared Meanings in Local Collective Action, *Society & Natural Resources*, 13: 373 – 387, 2000. Copyright 2000, Taylor & Francis.

② 环境种族主义概念本身含有价值判断，意即环境不公正与种族主义相关联。布拉德等认为：环境种族主义是指那些对某些种族和肤色的个人、组织或社区造成不同或不利影响的环境政策和实践——无论是有意还是无意。环境种族主义是环境非正义的一种表现形式，它因政府、法律、经济、政治和军事制度而得到强化。环境种族主义把公共政策与工业实践结合起来，为白人提供利益，而把成本转嫁给有色人种。R. D. Bullard, *Confronting Environmental Racism: Voices from the Grassroots*, Boston: South End Press, 1993; R. W. Collin, “Environmental Equity: A Law and Planning Approach to Environmental Racism”, *Virginia Environmental Law Journal*, 1992, 13 (4), pp. 495 – 546; K. C. Colquette and E. A. H. Robertson, “Environmental Racism: The Causes, Consequences, and Commendations”, *Tulane Environmental Law Journal*, 1991, 5 (1), pp. 153 – 207。

的内容和成就主要包括以下几个方面：第一，重新界定环境运动，制定解决影响美国和世界有色人种环境问题的共同计划和行动战略。会议着意强调“环境正义运动”与传统环保主义的区别，以彰显自己的独立性。第二，扩展“环境正义运动”的范围，使之包括公众健康、工人安全、土地利用、交通运输、住房、资源配置等更加广泛的内容。第三，决定采纳“环境正义17条原则”作为组织和建立网络、联系政府与非政府组织的指导方针。[①] 第四，承认有必要在地方各个组织之间、社区之间建立有效的制度性联系。会议指出该运动的主旨之一是要帮助社区成员解决其面临的环境不公和其他社会问题。

有色人种环境保护领导人高峰会议的历史意义体现在以下几方面。第一，它汇集了第二次世界大战后的各种基层社会力量，实现了“环境正义运动”的全国大联合，从而有力地推动了环境政策的变革和深化。第二，会议明确将环境公平与社会正义联系起来，宣布要为促进整个社会的全面公正而奋斗，这有助于获得公众的广泛支持，从而扩大运动的群众基础，进而增强对环境政策与政治的影响力。第三，高峰会议宣布了环境运动一个新支流的诞生。正如与会者所称：“我们不介意加入环保运动，我们已经属于一场运动。”[②] 以这次高峰会议为标志，“环境正义运动”不仅对传统的环保主义提出了挑战，也对美国的环境政策议程提出了新要求。

有色人种环境领导人高峰会议最重要的成果是制定并公布了“环境正义运动”17条原则，这些原则含纳了“环境正义运动”的主要政治目标。“环境正义运动”17条原则包含的内容十分宽泛，几乎涉及了当代环境政治的所有重大问题。考虑到传统环保主义者的顾虑，也为了争取更多的联盟，“环境正义运动”17条原则把对自然的生态伦理关怀、职业安全、可持续发展和代际公平、生产与消费模式、文化多样性及国际环境问题等都纳入其中。

“环境正义运动”17条原则的核心是环境公正问题。第一，环境正义

---

① See Robert D. Bullard and Glenn S. Johnson, “Environmental Justice: Grassroots Activism and Its Impact on Public Policy Decision Making”, *Journal of Social Issues*, 2000, 56 (3), pp. 556 – 557.

② Luke W. Cole, *From the Ground up: Environmental Racism and the Rise of the Environmental Justice Movement*, New York: New York University Press, 2001, p. 31.

要求公共政策建立在各民族相互尊重和公正的基础之上，避免任何形式的歧视或偏见。第二，呼吁确保各民族在政治、经济、文化和环境方面的自决权。第三，要求在每一层级的决策中，包括必要性评估、制定计划、贯彻实施和总结等各个阶段有平等的参与权。第四，保护环境不公平的受害者获得充分的损害补偿、赔偿及优质医疗护理的权利。第五，呼吁严格执行知情同意原则，停止对有色人种进行的生殖试验、医疗程序和疫苗的（差别）检测。[①] 上述内容包含了环境权的诸多方面，如环境参与权、知情权、补偿权、自决权、被尊重权和平等权等。"环境正义运动"17条原则还援用国际法理和契约论来强化环境正义原则，认为环境非正义不仅违反了国际人权法，而且背离了土著美国人与政府达成的契约精神。上述原则为"环境正义运动"提供了明确的政治目标，有力地促进了"环境正义运动"的发展。

1991年有色人种环境领导人高峰会议之后，"环境正义运动"在美国进入了一个快速发展阶段，使"环境正义运动"真正成了一场全国性的运动。"环境正义运动"大发展主要表现在全国性基层组织网络体系的形成，以及公众支持率的上升及对环境政策与政治影响力的加强等方面。建立全国性的联合网络体系是高峰会议做出的一项重要决策，其目的是扭转20世纪80年代基层组织和运动各自为政的局面，提高运动的战斗力和影响力。高峰会议之后，地方草根团体和基层组织迅速联合起来，建立了从地方到地区、从各州到全国、从法律到教育资源、从政策分析到运动等多层次、多功能的网络体系。这些网络体系充分利用现代媒体工具，在组织、团体和个人之间建立了多种联系途径，进行信息交流和协调行动等。[②]

网络体系的建立标志着"环境正义运动"组织模式的重大转换，这对于推动广泛的社会议程及政策变革至关重要。1991年10月以后，"环境正义活动"人员又举行了几次地区性会议，其中最大一次是由南方组织委员会

---

① Mark Dowie, *Losing Ground: American Environmentalism at the Close of the Twentieth Century*, Cambridge, Mass: MIT Press, 1995, pp. 284－285.

② Daniel Faber and Deborah McCarthy, "The Evolving Structure of the Environmental Justice Movement in the United States: New Models for Democratic Decision-making", *Social Justice Research*, 2001. Vol. 14 (4), pp. 415－417.

于1992年12月在新奥尔良举办的，与会者达2000多人。此次会议扩展了南方地区的信息网络，并加入了全国“环境正义运动”组织体系。[①] 依靠这样的网络，“环境正义运动”在全国各地展开宣传、动员和组织工作，通过直接行动、与主流环保组织建立联合、法律诉讼和调查研究等方式保护有色人种、少数族裔及其他弱势群体的环境权益，促进环境公正。在“环境正义运动”形成的强大压力下，20世纪90年代美国各级政府纷纷采取措施来解决环境不公正问题。

（3）“环境正义运动”的影响

20世纪90年代，美国联邦行政机构，特别是环保署、总统和国会、法院系统、各州与地方政府不同程度地对“环境正义运动”做出回应，通过改组机构、支持促进相关研究和教育项目，提起诉讼等多种措施来推动环境政策变革，以解决因环境权益和风险的不公正分配而引发的社会矛盾。

环保署隶属于美国联邦政府，该机构在促进环境正义方面做了不少工作。1990年，环保署设立了一个环境公平工作组来研究和收集环境风险不公平分配的证据。1992年，在与一些社区领导人、学者、民权领袖会晤后，环保署长威廉·赖利承认存在环境不公正现象并设立了环境公平办公室（第12898号总统行政命令发布后更名为环境正义办公室），来负责协调和解决环境不公平问题。[②] 此前环保署曾提出过一份综合性环境风险及公正性的评估文件——《环境公平：减少所有社区的风险》。[③] 环保署还在各地区办公室派驻协调员，以监督各地区的环境正义工作。1993年，依据《联邦顾问委员会法》，环保署设立了国家环境正义顾问委员会，由来自草根社区和环保组织、州和地方及部族政府、学术与工业界25名代表组成，分6个小组委员会，就不同问题展开研究并提出政策建议。[④]

环保署也利用法律手段来控告那些环境风险的责任者。在这方面，环保

① Mark Dowie, *Losing Ground: American Environmentalism at the Close of the Twentieth Century*, Cambridge, Mass: MIT Press, 1995, pp. 153 – 154.

② Robert D. Bullard and Glenn S. Johnson, “Environmental Justice: Grassroots Activism and Its Impact on Public Policy Decision Making”, *Journal of Social Issues*, 2000, 56 (3), p. 560.

③ *U. S. EPA*, *1992a*, http: //www. epa. gov/iris/subst/0213. htm（2006年12月6日）。

④ Robert D. Bullard and Glenn S. Johnson, “Environmental Justice: Grassroots Activism and Its Impact on Public Policy Decision Making”, *Journal of Social Issues*, 2000, 56. (3), p. 560.

署充分利用1964年的《民权法》。该法第Ⅵ款规定，禁止联邦资金用于那些有歧视性后果的项目。由于环保署为各州环保机构和非政府部门提供联邦资助，因此法律专家发现可以利用《民权法》第Ⅵ款来促进环境正义。1983年环保署民权办公室开始调查路易斯安纳“癌症胡同”污染事件，指控博登化学与塑胶公司非法储存的危险化学物质污染了附近贫穷和少数族裔社区的地下水，这是第一个由环保署发起的环境种族主义案例。截至2001年8月，共有107件此类控告案例发生，其中23件被移交司法部处理。[①]

环保署还积极组织有关环境不公平问题的调查、研究和教育等方面的工作。1991年，环保署要求所有地区办公室进行本区环境正义研究，旧金山第Ⅸ办公室调查了加利福尼亚流动性劳工营地的水质状况，芝加哥第Ⅴ办公室调查了穷人孩子铅中毒的程度，纽约城第Ⅱ办公室调查了是否富裕社区在清理危险废物时得到优先处理。各地区办公室开始搜集因种族和收入差别而暴露于污染物的事实和数据。[②] 环保署还设立了一些专门性学术研究机构，征募少数族裔学生到环保领域工作。1994年，包括环保署在内的7个联邦机构联合组织了一次全国性恳谈会来研究环境正义问题，与会者包括草根组织领导人，以及受到环境风险影响的社区居民和联邦部门代表等。会议建议：应支持有色人种和低收入阶层的环境问题研究，促进疾病和污染预防，加强机构间合作以确保环境正义的实现等。

面对大量环境不公正的事实和社会各界的广泛关注，克林顿总统把解决环境不公平，促进环境正义当作一项优先政治议程。1994年2月，就在全国健康恳谈会的次日，克林顿签署了第12898号行政命令，声称：“所有美国人都有享有免受污染危害的权利，不限于那些能够承担得起居住在更干净、更安全社区的人。”[③] 要求采取“联邦行动以解决少数族裔和低收入

① Norman J. Vig, *Environmental Policy: New Direction for the Twenty-First Century*, Washington, DC.: CQ Press, 2003, Fifth Edition, p. 265.

② Norman J. Vig and Michael E. Kraft, *Environmental Policy in the 1990s: Reform or Reaction*, Washington, DC.: Congressional Quarterly Inc., 1997, Third Edition, p. 247.

③ William J. Clinton, "Executive Order Actions to Address Environmental Justice in Mining Populations and Low-Income Populations, and Statementon the Executive Order on Environmental Justice", *Weekly Compilation of Presidential Documents 30*, no. 7 (February 11, 1994), pp. 276, 283.

人口的环境正义问题”。[①] 他发布了一项环境正义备忘录，对所有联邦机构提出了明确的政策要求。依据第12898号行政命令，他还创设了一个关于环境正义的机构间工作组来协调所有受到影响的联邦机构的环境正义计划。

第12898号行政命令和环境正义备忘录主要包括以下内容：第一，要求联邦机构确认、解决美国领土内所有对少数族裔和低收入者造成不成比例的高风险和负面健康与环境影响的项目、政策和活动，把实现环境正义作为联邦各机构工作的必要组成部分。第二，确保所有获联邦资助并影响人类健康和环境的项目与活动不得因种族、肤色和血统偏见而有歧视倾向。第三，无论何时，依据《国家环境政策法》的环境影响评估要求，都要对（项目或政策）给穷人和少数族裔社区带来的环境与健康后果进行分析。第四，确保穷人和少数族裔社区有充分的机会来了解与人类健康、环境计划和环保法规相关的公共信息。[②] 第五，呼吁改善评估和减轻由于暴露于污染物并产生累积后果的健康风险的方法，收集关于低收入和少数族裔人口承受不成比例风险和影响的数据。第六，鼓励参与环境影响评估程序，包括研究、信息收集、方案选择和分析、风险削减和监督等。[③] 从这份行政命令和备忘录的内容看，克林顿政府试图在现有联邦法律框架内解决环境非正义问题——比如通过扩展和强化1964年的《民权法》和1969年的《国家环境政策法》来促进环境正义的实现。1969年的《国家环境政策法》要求确保所有美国人享受安全、健康和愉悦的环境，这一规定为推进“环境正义运动”提供了具有最高权威的法律依据。

在“环境正义运动”的影响下，国会中的一些议员和小组委员会也积极提起立法倡议，不过由于保守派的阻挠等多种复杂原因，环境正义立法提案几乎很少获得通过，唯一的例外是1992年的《民用含铅油漆削减法》。

---

① Robert D. Bullard and Glenn S. Johnson, “Environmental Justice: Grassroots Activism and Its Impact on Public Policy Decision Making”, *Journal of Social Issues*, 2000, 56 (3), p. 561.

② Norman J. Vig and Michael E. Kraft, *Environmental Policy in the 1990s: Reform or Reaction*, Washington, DC.: Congressional Quarterly Inc., 1997, pp. 249 – 250.

③ Robert D. Bullard and Glenn S. Johnson, “Environmental Justice: Grassroots Activism and Its Impact on Public Policy Decision Making”, *Journal of Social Issues*, 2000, 56 (3), p. 561.

1992年国会通过了《民用含铅油漆削减法》（*Residential Lead-Based Paint Reduction Act*），依据此法拨款37500万美元用于检查和削减低收入阶层居室的铅含量，要求环保署培训铅削减项目承包人并实施资质许可制度，为各州开发铅削减和培训项目提供联邦资助。截至1995年，环保署为45个州的铅削减项目提供了1100万美元的资金支持，建立了5个铅削减培训中心。[①]《民用含铅油漆削减法》是20世纪90年代颁行的含有促进环境公正内容的重要立法之一。

1992年，就在有色人种环境领导人高峰会议后不久，来自乔治亚州的民主党众议员约翰·刘易斯和来自田纳西的民主党参议员戈尔提出了《环境正义法案》（*Environmental Justice Act*）。此法案要求环保署识别和确认美国境内100个最严重的有毒化学物质污染区，并把它们列入"环境高危影响区"，规定如果在环境高危影响区发现不利健康的证据，环保署有权终止在该地区修建新的有毒污染物储存设施。[②] 此法虽未获国会通过，但草根环境正义活动家认为这是一个良好的开端。[③] 1993年，刘易斯和另一位民主党参议员马克斯·鲍克斯再度提起《环境正义法案》，仍未通过。同年，伊利诺伊州民主党国会议员卡迪斯·柯林斯提出了《环境公平权力法案》（*Environmental Equal Rights Act*），旨在预防在穷人和少数族裔占人口多数的社区建设更多的危险废弃物储存和处理设施。共和党人比尔·克林杰和民主党人迈克·西纳尔等提出的《资源保护与恢复法修正案》，要求私人开发商和政府官员准备"社区信息说明"，以公布拟修建的危险废弃物储存和处理设施周围地区的社会经济和人口构成情况。1993年至1995年间，先后有6项相关法案被提交国会，没有一项获得通过。[④] 1994年以后共和党控制了国会两院，有关促进环境正义的立法更为艰难。总之，在20世纪90年代，国会在促进"环境正义运动"方面的进展和成就是非常有限的。

---

① Norman J. Vig and Michael E. Kraft, *Environmental Policy in the 1990s: Reform or Reaction*, Washington, DC.: Congressional Quarterly Inc., 1997, p. 246.

② Ibid.

③ Mark Dowie, *Losing Ground: American Environmentalism at the Close of the Twentieth Century*, Cambridge, Mass: MIT Press, 1995, p. 154.

④ Norman J. Vig, *Environmental Policy: New Direction for the Twenty-First century*, Washington, DC.: CQ Press, 2003, pp. 263-264.

2. “反环保”势力的壮大和反攻

环境保护说到底就是要对某些经济活动施加某种限制，因此必然激起各种抵制和反抗，从而形成“反环保”势力。在美国，自20世纪50、60年代以来，随着环保政策立法的发展和环保力度的逐渐强化，来自社会各个方面的“反环保”势力不断衍生出来。20世纪60年代，化学杀虫剂生产厂商曾对卡逊的《寂静的春天》一书做出激烈反应。20世纪70年代的环境政策造就了一股庞大的“反环保”势力，这一势力在20世纪70年代末得到强化并于20世纪80年代对联邦环境政策产生重要影响。20世纪80年代末90年代初，“反环保”势力已颇具规模，通过捐赠、游说、宣传、诉讼和参与立法等各种活动，“反环保”势力对联邦政府的环境政策与环保立法展开了强大的反攻。

（1）工业利益集团的“反环保”运动

工业界“反环保”不难理解，因为工业企业及其经济活动就是联邦环境政策和环保法规管制的主要对象和目标。1965年以后直到20世纪70年代末是联邦环境管制机构和管制活动扩张时期。1960年到1980年间，联邦管制机构从28个增至56个，环境及相关部门占了很大比例。[①] 各州和地方政府也建立了自己的环境管制体系，成立了许多环境管制机构。这些分布于各个层级的、大大小小的环境部门和机构制定了大量规章和条例，对社会经济诸多方面进行干预和管制。20世纪60、70年代的管制尤其是环境管制的扩张严重限制了企业的经济自主权，引起了一些产业部门的抵制。

工业界“反环保”的直接原因是政府的环境管制增加了其成本和负担，降低了企业的利润率。环保政策与环保法的贯彻实施，大多要求企业安装某些污染控制设备、支付违规处罚金或排污费等，这对于长期习惯于不付任何成本和代价而随意破坏环境和排放污染物的企业来说自然是不愿接受的。据环保署对提供一种清洁环境的过去和预期成本的研究显示：环保费用在1972年是260亿美元，2000年则达到1600亿美元（以1986年的美元价值计算）。以占国内生产总值的比例计算，这一数字增长了3倍多，即从1972

① Kenneth J. Meier, *Regulation*: *Politics*, *Bureaucracy and Economics*, New York: St. Martin's, 1985.

年的 0.9% 上升到 2000 年的 2.8%。更为重要的是，直接用于公共和私人污染控制的费用大约有 40% 为政府机构承担，其余的 60% 则由公司企业负担。[①] 1993 年，一项调查发现：一些高层公司法律顾问相信他们所代理的企业为更为严密的监督和更加苛刻的惩罚所钳制，绿色法律和法规的复杂性和宽泛性使其被全面遵守是不可能的。[②]

工业界“反环保”势力主要来自木材、纸浆、造纸、煤炭、石油、核能、化学和汽车制造等众多行业部门。[③] 在 20 世纪 50 年代中期至 70 年代中期的 20 年里，空气和水污染占去了国会大部分议程，该时期的一系列空气和水质立法成为资源开发工业反对的主要目标。木材、纸浆和造纸业首先意识到环保法规对其行业利益的潜在影响，他们把矛头指向了联邦扩展荒野和国家公园的努力及污染控制立法。木材工业组织的全国木器制造商协会（National Lumber Manufacturers Association）曾试图阻止几个土地使用议案的通过，它们也参与游说反对空气和[illegible]控制立法的斗争。煤炭与石油工业是抵制空气和水质污染控制政策的主要行业利益集团。1959 年，代表煤炭生产商、电力和矿业设备公司及煤炭运输业利益的组织全国煤炭政策协调会（National Coal Policy Conference）宣告成立，该组织在 20 世纪 60 年代把削弱污染控制立法作为工作重心，反对强制实施联邦法规。1972 年，全国煤炭协会（National Coal Association）成立，这个新组织十分活跃。汽车工业始终是联邦环境管制的重点，20 世纪 70 年代以来，汽车工业联盟主要以成本和技术因素为借口削弱环境管制，它们的努力在 1990 年通过的《清洁空气法》中得到了体现。20 世纪 70 年代末以前，来自工业部门的“反环保”势力还较为分散，尽管其“反环保”的行业组织已经成立，但联合斗争尚未成为一种全国性的普遍现象。该时期在环保运动和公众环保情绪高涨的背景下，工业部门还不愿或者不敢公开站出来大张旗鼓地反对

① U. S. Environmental Protection Agency, *Environmental investment: The cost of a clean environment*, EPA-230-11-90-083 (Washington, DC.: EPA, November 1990), pp. 2-5.

② Marianne Lavelle, "Environmental Vise: Law, Compliance", *National Law Journal*, August 30, 1993, p. S1.

③ Jacqueline Vaughn Switzer, *Green Backlash: The History and Politics of Environmental Opposition in the U. S*, Boulder London: Lynne Rienner Publishers, 1997, pp. 103-170.

环境保护，它们还没有找到更充分的借口和理由来抵制环境管制，因此影响也是有限的。

20 世纪 70 年代末以后，美国的经济遇到了不少问题和困难，通货膨胀居高不下，失业率剧增，环境政策的命令—控制模式的影响日渐明显，这就为工业利益集团和其他“反环保”势力提供了反攻的机会和借口。同期，美国公众和国会把注意力转向了有毒和危险物质上面，相关立法和管制政策也随即问世。在此背景下，有越来越多的部门和企业（化学和石油工业，西部牧业和矿业等行业尤为引人注目）加入到“反环保”队伍中来。化学工业曾在 20 世纪 50、60 年代围绕杀虫剂问题发动了一场强大的论辩，在 20 世纪 70 年代末它再度成为社会关注的焦点。塞缪尔·海斯曾把化学制造商视为最具广泛性的工商业环保反对派，[①] 这也许是由化学工业本身的特点所决定的。20 世纪 70 年代末，化学工业界加强了行业内部的联合“反环保”斗争。1977 年，道化[illegible]领导组建了“美国工业健康委员会”，该委员会把反对职业安全与健康管理局的预防癌症政策作为其主要任务之一。1979 年，化学制造业协会更名为“化学制造商协会”，该协会采取一种先发制人的战略来游说和推动环境政策变革，使环境政策朝着有利它们的方向发展。

20 世纪 70 年代末，工业界“反环保”的一个重要特点是联合趋势的增长。西部地区委员会是由西部几个大型银行、公共事业和能源公司的最高董事组成的一个机构，该机构有着共同的敌人——《清洁空气法》，其联合是为着一个共同目标，即修改《清洁空气法》。1980 年成立的负责任的大气政策联盟和 1988 年组建的清洁空气法工作组等都是代表不同行业的“反环保”联盟，前者包括 250 个产业界成员，其使命是通过在国会委员会作证和游说议员来减缓消除导致温室效应的氟氯化碳的时间表。[②]

20 世纪 80 年代末至 90 年代初，包括工业界在内的“反环保”斗争进

---

① Jacqueline Vaughn Switzer, *Green Backlash*: *The History and Politics of Environmental Opposition in the U. S*, Boulder London: Lynne Rienner Publishers, 1997, p. 112.

② Ibid., p. 116.

入了一个新阶段，形成了一种足以和环保运动相抗衡的社会运动。“反环保”势力的壮大主要表现在以下几个方面：第一，包括“明智利用运动”“县权至上运动”“财产权利运动”等在内的“反环保”运动在这一时期获得迅速发展，这些运动大多有利益集团背景，或与产业界有不同程度的联系，它们遥相呼应，共同对联邦的环保政策体系构成了巨大挑战。第二，以西部牧业、矿业等资源开发工业为背景的利益集团在20世纪80年代初曾一度占据了联邦政府环境保护的核心领导机构，但这股势力遭到了公众的抵制和环保派的反击，在经历挫折之后，20世纪80年代末至90年代初，一个有更多产业部门参加的规模和实力更为强大的工业利益集团加入到“反环保”队伍中来，并最终推动着保守主义共和党赢得了1994年国会选举的胜利，从而把“反环保”议程提到国家层面上来。第三，在长期的“反环保”斗争中，工业界曾成立了许多保守主义研究机构和思想库，通过宣传环境保护的成本和代价、环境保护对美国经济及国际竞争力的影响来影响公众舆论和塑造企业形象，为其“反环保”行为造势。20世纪90年代美国社会对环境政策的市场化趋向认同率提高与工业界的宣传是有一定关系的，联邦法院在司法判决中不再像20世纪70年代那样倾向环境保护也有着相同的缘由。总之，工业界利益集团在20世纪90年代已经发展成为一股不可忽视的“反环保”力量，这股力量对美国的环境政策走向产生了很大影响。

通过对历史的追溯，我们发现工业界“反环保”势力及其“反环保”斗争经历了一个由弱到强、由分散走向联合的过程，在这一过程中，工业利益集团从事“反环保”斗争的领域、策略和手段不断扩展，经验越来越丰富，对环境政策造成的影响也越来越大。工业利益集团主要通过游说、捐赠、提供技术咨询、参与立法创制和听证会、开展公关活动等方法和途径来影响联邦立法、行政机构和法院的环境政策走势，塑造自身在公众中的形象等。20世纪80、90年代，工业界把工作重心转到立法领域中来，通过参与立法和在听证会上作证等来影响国会委员会的终审结果。工业界在立法领域花费了大部分资源，通过政治行动委员会（《联邦选举法》禁止个人公司给国会议员提供捐赠）或以其他形式给国会议员或候选人提供资助来影响环境政策走向。1988年，曾经得到政治行动委员会资助的共和党参议员鲁迪·博希威茨在参议院农业委员会听证会上讨论相关的杀虫剂法修正案时，积极支持可能推迟各州制定更为严格的杀虫剂管制法规努力的法案。① 1993 年到 1994 年选举中，实业界政治行动委员会给国会议员候选人捐赠了 1.9 亿美元，这一数字很难有哪个草根组织或个人与之相比。②

法律诉讼是工业界“反环保”的有力工具，与对手相比，工业利益集团对漫长而昂贵的诉讼有更强的承受力。工业界也通过成立一些专门性的法律组织来支持本行业领域的“反环保”斗争。第一个法律支持组织是 1973 年建立的“太平洋法律基金”，该组织的主要目标是挑战环境影响报告和化学杀虫剂管制。最有影响的组织之一是 20 世纪 70 年代中期建立的“山地州法律基金”，该组织领导人瓦特称基金宗旨是：“为了利益而诉诸法院，捍卫个人权利与合理的经济增长。”③ 总之，工业界“反环保”势力的触角已经伸向社会政治的各个领域，它们与环保主义者和环保组织一样，成为塑造和影响美国环境政策走向的重要力量和因素。

（2）“山艾树反抗运动”

“山艾树反抗运动”（Sagebrush Rebellion）是 20 世纪 70 年代末在美国西部兴起的一场试图把联邦公共土地转归各州控制的政治运动。④ “山艾树反抗运动”的参加者主要包括牧场主、矿业开发商、伐木者及农民等广泛的行业群体及其代表。“山艾树反抗运动”的兴起与 20 世纪 60、70 年代联邦的荒野保护立法和公共土地管理政策有直接关系，因为这些政策和立法严重限制了他们开发和利用土地及自然资源的自由。在 20 世纪 60、70 年代环保运动高涨的形势下，联邦政府与国会先后制定和通过了许多资源与荒野保护立法，其中对西部有重大影响的是 1964 年的《荒野法》和 1976 年的《联邦土地政策与管理法》。《荒野法》规定由联邦政府划定一些土地为荒野保护区，禁止任何形式的开发和破坏。《联邦土地政策与管理法》要求

---

① David Corn，“Shilling in the Senate”，*The Nation*，1989，Vol. 249（July 17），pp. 84 – 87.

② Where the PAC Money Goes，*Congressional Quarterly Weekly Report*，April 15，1995.

③ Ron Wolf，“New Voice in the Wilderness”，*Rocky Mountain Magazine*，（March-April 1981），p. 33.

④ “山艾树反抗运动”一词为内华达新闻记者约翰·赖斯所创造，通常被用指发生在 1978 年至 1981 年的那场有组织的反对联邦公共土地政策的政治运动。Jacqueline Vaughn Switzer，*Green Backlash：The History and Politics of Environmental Opposition in the U. S*，Boulder London：Lynne Rienner Publishers，1997，p. 171。

土地管理局加强对公共土地的管理，限制公共土地上的采矿和放牧等经济活动。[①]

长期以来，西部一些地区的放牧者、矿业开发商和伐木者等行业利益群体几乎无须支付任何费用就可以完全不受限制地使用公共土地，以至于他们甚至把这些土地视为自己的领地。在他们看来，对于使用这些土地和资源的任何限制，包括增加放牧费和采矿税的联邦政策都是无法接受的。由于《荒野法》和《联邦土地政策与管理法》的实施限制了这些土地传统使用者的经济自由，影响了他们的生计和经济利益，因此这些法律成了他们攻击的目标。以此为契机，一场反对联邦公共土地政策的运动在更为广阔的范围内展开。在更深层次上，“山艾树反抗运动”的兴起与西部保守主义价值观念以及我行我素的“牛仔文化”传统有某种联系，因为无论保守主义还是牛仔文化都更加强调自由市场的价值和私有产权的神圣性，对经济自由和财产使用的任何限制都会被看作是对他们基本权利的侵犯。“山艾树反抗运动”兴起于美国西部也与联邦政府在西部拥有更大比例的公共土地，以及西部各州资源开发产业在整个经济中占有更大比重等有一定的关系。

“山艾树反抗运动”公开宣称的目标是，要把更多的公共土地转归各州控制，由各州自主地对土地和自然资源的使用和管理做出决定。他们的理由是：西部各州承受着联邦政府不公正的公共土地政策的影响，西部“州权”遭到了联邦政府的侵犯；公共土地的大量存在对西部各州的经济造成了负面影响。历史上，新州被接纳成为联邦成员时，需将相当数额的土地交给联邦作为公共土地，公共土地所有权归属联邦政府，禁止各州对联邦财产征税或干涉公共土地。“山艾树反抗运动”认为这是不公平的，因为联邦政府控制了新州更大比例的土地，而最初13个殖民地加入联邦时其界内土地仍属各州所有，并没有创设联邦财产。联邦政府在西部各州拥有更多的公共土地。20世纪90年代末，内华达州有21.8万平方公里土地处于联邦政府管辖之下，约占该州土地的四分之三还要多。1996年，亚利桑那州

---

① *Wilderness Act of 1964 Public Law 88 – 577（16 U. S. C. 1131 – 1136）88th Congress*, Second Session September 3, 1964. Public Land Management, *Congressional Quarterly Almanac* 32（1976）, pp. 182 – 188.

有10.33平方公里土地，新墨西哥州有9.15平方公里土地，阿拉斯加有100平方公里土地由联邦政府管制。[①] 西部许多州在加入联邦时划作公共土地的比例很高，后来，特别是20世纪60、70年代又有扩展。由于大片土地被控制在联邦政府手中，加之20世纪60、70年代出于环保目的而采取的更为严格的公共土地使用政策更激起了西部诸州的不满，它们认为公共土地的所有权与使用权的分离造成了资源的无效利用，基于这种理由，它们对公共土地所有权提出了要求。

"山艾树反抗运动"的政治主张集中体现在1979年内华达州立法机构制定的《A. B. 423号法令》中，该法令有如下内容：第一，除那些被特别授予联邦的权力以作各州代理外，美国宪法的缔造者们意在确保各州在其管辖范围内所有事务上的主权；第二，在授权法中，美国国会有意强加给内华达州一项要求，内华达州"放弃州界内未被占用的公共土地所有权和资格"，作为联邦接受内华达州加入联邦的先决条件，该法超越了国会的权力范围，因而是无效的；第三，联邦政府拥有内华达州公共土地所有权和控制权是没有根据且明显违背美国宪法的；第四，联邦对内华达州公共土地的控制给该州人民造成了严重的、持续的困苦。[②]"山艾树反抗运动"试图从美国宪法中寻找某种法律依据，证明联邦政府对西部各州的控制干涉了"州权"，造成了西部经济相对落后的局面。实际上，"山艾树反抗运动"的背后隐含的是西部行业利益，其真实意图是削弱联邦政府对公共土地和资源的控制和管制，推进公共土地和资源的私有化进程，进而谋取更大的经济利益。

"山艾树反抗运动"首先兴起于内华达州，后扩展到犹他州、科罗拉多州和怀俄明州等地区，最终蔓延到阿拉斯加州，在那里，它又获得了"苔原反叛"（Tundra Rebellion）的称谓。[③]"山艾树反抗运动"的主要活动包括成

① Data on the amount of federally managed land is compiled by the U. S. General Services Administration, Interior Department, and the U. S. Department of Agriculture.

② Jacqueline Vaughn Switzer, *Green Backlash: The History and Politics of Environmental Opposition in the U. S*, Boulder London: Lynne Rienner Publishers, 1997, p. 171.

③ Mark Dowie, *Losing Ground: American Environmentalism at the Close of the Twentieth Century*, Cambridge, Mass, MIT Press, 1995, p. 91.

立各种组织，利用州立法机构促进“反环保”议程，联合国会领导人并把地区性争论引向全国等。20世纪70年代末，“山艾树反抗运动”联合成为几个组织良好的利益团体。1978年，在3个大型矿业公司的资助下，保守的亚利桑那州参议员巴里·戈德华特和前加利福尼亚州首席检察官约翰·哈默联合成立了一个名为“争取平等州权进步联盟”，其成员由各州相关行业利益集团代表及相关运动领导人组成。联盟指责荒野保护组织寻求阻碍西部土地用于放牧，攻击土地管理局对公共土地管理不善。类似的组织还有：“西部公共土地联盟”“西部土地使用者协会”“犹他州矿业协会”等等，这些组织都把促进西部土地自由利用作为其宗旨和目标。

“山艾树反抗运动”也获得了山地州法律基金的支持，该基金由西部一位大型酿造商约瑟夫·科尔斯提供资助，并由里根政府时期的内政部长瓦特担任主席。山地州法律基金帮助或代表其成员提起诉讼，将反抗运动引入司法领域。“山艾树反抗运动”充分利用西部州议会作为攻击联邦公共土地政策的主要阵地。1979年至1981年间，计有15个西部州就山艾树立法展开辩论，挑战联邦对公共土地的控制。西部州长办公室主任菲利普·伯吉斯认为：“划定荒野区和保护荒野不应以牺牲农牧业生产为代价，因为这些行业是西部经济的传统支柱。”[1] 在西部各州中，内华达州的反应和表现最为强烈。1979年，内华达州立法机构宣布联邦土地管理局在该州的土地属该州所有。仅在1981年，内华达州就通过了7个“山艾树反抗运动”议案。

“山艾树反抗运动”也把它们的目标转向了华盛顿。1979年，犹他州的奥林·哈奇提出了第一个联邦“山艾树反抗运动”立法，他本人则成为这场运动的事实上的全国代言人。此后又有几个相关法案被提交国会，这些法案都把矛头指向联邦政府的荒野保护政策，要求将更多联邦土地转交各州控制。1981年里根就任总统后，曾把一批西部“山艾树反抗运动”分子和公共资源开发商及其代理人带入白宫，从而使“山艾树反抗运动”势力控制了许多政府部门，这些右翼保守分子任职后不遗余力的出卖联邦土地和公共

① Richard D. Lamm and Michael McCarthy, *The Angry West: A Vulnerable Land and its Future*, Boston: Houghton Mifflin, 1982, p. 266.

资源，积极推进土地私有化进程，把“山艾树反抗运动”推向了高潮。[1]

“山艾树反抗运动”在1981年中期开始消退，1983年前后基本偃旗息鼓，原因有以下几个方面：第一，西部各州所面临的具体问题不尽相同，它们之间对于如何协调行动往往不能达成一致，因此“山艾树反抗运动”并未实现真正的联合，充其量不过是拥有共同的口号而已。第二，在西部各州内部，尽管有一定的支持率要求减少公共土地和联邦限制，但是许多行政官员，甚至州长本身对这场运动也并不很热心。国会中的西部议员对“山艾树反抗运动”立法的支持也不充分。第三，这场运动缺乏有力的组织和领导，这也必然影响其持久性。第四，联邦的公共土地使用及管理政策并非“山艾树反抗运动”宣传的那样会限制地方经济或不利于土地使用者，“山艾树反抗运动”的真实意图是要迫使联邦政府把公共土地出售给富裕的土地主和小牧场主，无地工人不仅不会从中受益，反而会丧失享受廉价使用公共土地和获得联邦补贴的机会，从切身利益出发他们也不会支持这场运动的。第五，1981年里根上台后在一定程度上平息了西部“反叛”者的怒气，他们认为，里根的保守主义哲学和西部背景会使他帮助他们实现其愿望的。第六，1983年瓦特、贝福德等西部势力的代表人物的行为招致普遍不满，“山艾树反抗运动”在美国公众中的形象大为下降，这场运动也随之落下帷幕。

尽管“山艾树反抗运动”没有持续发展下来，但对这场运动给此后美国环境政治造成的影响却不能小视。“山艾树反抗运动”的直接后果是刺激了环保组织的发展和环保运动的复兴，最终巩固了其对立面。[2]“山艾树反抗运动”虽然暂告平息，但这股“反环保”势力及其思想依然存在，这股势力为日后其他“反环保”势力所利用，从而形成了更为强大的“反环保”力量。在很大程度上，“山艾树反抗运动”为后来的“明智利用运动”“县权至上运动”和“财产权利运动”等“反环保”运动提供了经验、思想和社会基础。

---

① Jacqueline Vaughn Switzer, *Green Backlash: The History and Politics of Environmental Opposition in the U. S*, Boulder London: Lynne Rienner Publishers, 1997, pp. 176 – 185.

② Ibid., p. 186.

（3）“明智利用运动”

“明智利用运动”（Wise Use Movement）是 20 世纪 80 年代末在美国兴起的一场以反对限制性的公共土地和资源管理政策为目的、有各个阶层参加的社会运动。[①]“明智利用运动”是作为蓬勃发展的现代环保运动和日益增多的联邦环境管制法规的对立面出现的。“明智利用运动”与“山艾树反抗运动”之间有联系，两者有类似的背景和原因，“明智利用运动”可被视为“山艾树反抗运动”的发展和延续。“明智利用运动”与“山艾树反抗运动”也有许多不同之处，虽然两者都反对联邦的公共土地和资源管理政策，但后者以获取联邦土地为首要目标，而前者侧重于开放公共土地和自然资源，主张加速资源的开发和利用；“山艾树反抗运动”主要服务于富裕地主的利益[②]，“明智利用运动”却有着更为广泛的社会基础。

参加或支持“明智利用运动”的行业包括受到联邦荒野保护法规、湿地保护法规和土地及森林、矿产等资源使用政策限制的采矿业、牧业、农业、渔业、石油开发甚至越野机动车制造业等。运动的主体是一些化学公司和伐木、矿业及石油公司等大型企业，它们是这场运动的主要推动者和赞助商。运动的中层是一些小土地所有者、小农场主、牧业经营者、小型矿业商和伐木商等，这些人面临着沉重的财政压力和资源枯竭的限制，其经营成本在提高，生存受到威胁。运动的底层是受雇于这些资源开发行业的工人，尤其是伐木和矿业工人等，他们面临的切身问题是就业，他们担心政府的环保政策会导致他们失业，“明智利用运动”充分利用这一点在工人中间争取到了更多的支持。总之，“明智利用运动”是有一定群众基础的。

---

① “明智利用运动”是资源保护主义者吉福德·平肖在《开辟新天地》一书中提出的一个概念，意即为了人类永久的利益要合理地利用土地及其资源。Gifford Pinchot, *Breaking New Ground*, New York: Harcourt, Brace, 1947, p. 505。此概念后来为那些信奉和支持可持续管理和多重利用自然资源的人所利用，也为现代“反环保”势力所借用，形成了所谓的“明智利用运动”。20 世纪 80 年代末，“反环保”主义的主要代表人物罗恩·阿诺德在《明智利用议程》中明确将这一概念作为该运动的标签，并自称为“新环境保护论者”。

② Mark Dowie, *Losing Ground: American Environmentalism at the Close of the Twentieth Century*, Cambridge, Mass, MIT Press, 1995, p. 95.

“明智利用运动”的政治纲领集中体现在20世纪80年代末罗恩·阿诺德和艾伦·戈特利布共同起草的《明智利用议程》中，这份文件可被视为“明智利用运动”的政治宣言书（马克·道伊称之为“明智利用运动”的《圣经》）。《明智利用议程》主要包括以下几个方面内容：第一，寻求开发阿拉斯加北极野生动物庇护区的石油资源；第二，倡导对国家森林中的老龄林进行商业性采伐，由政府出资在公共土地上种植幼苗；第三，要求国家开放公共土地，包括国家公园和荒野保护区，以便开发其中的矿产和石油等自然资源；第四，提倡将国家公园用于娱乐目的，推动对国家公园进行商业性开发；第五，反对牧场限制；第六，反对放任森林自然燃烧的做法，保护商业性木材开发；第七，要求修改《濒危物种法案》，以削弱该法作为环境保护工具的作用；第八，减少政府对资源开发的限制，保护私有财产权利。[①]很显然，“明智利用运动”的核心议程是要促进公共资源的开放与开发，因此，它把矛头指向对此施加限制的环保主义和环境政策。为了提高说服力，罗恩·阿诺德还把环保主义与社会经济问题联系起来，认为环保主义对私有财产的进攻影响了经济发展，每年减少国内生产总值6%，造成了许多紧迫的社会问题。[②]

透过其他文献，我们发现“明智利用运动”也涉及人与自然的关系、科学和技术及自由观等环境问题。马克威廉斯·斯奈德将主流的“明智利用运动”的要旨甄别为以下几点：第一，平衡（Balance）——人与自然能够达成一种生机勃勃状态下的和谐共存。通过对经济活动的利用性管理，自然能够获得适当的保护。第二，人类第一（People Come First）——人类是卓越的物种。自然为人类而存在，人的需要是首位的。第三，乐观态度（Can-Do Attitude）——科学、技术和我们的独创性能够解决人类所面临的环境问题。第四，选择自由是个人权利（Freedom of Choice Is Our Individual Right）——管的最少的政府是最好的政府。个人自由和个人选择是最重要

① Alan Cottlieb, ed., *The Wise Use Agenda*, Bellevue, WA: Free Enterprise Press, 1989.

② Mark Dowie, *Losing Ground: American Environmentalism at the Close of the Twentieth Century*, Cambridge, Mass, MIT Press, 1995, p. 96.

的。[1] 可见，“明智利用运动”不仅提出了具体的行动纲领和政策目标，还道出了非同寻常的环境观，由此展现给世人一副乐观向上、相信科学和理性、尊重人类和自由的崭新面目，因此也颇具蛊惑力。

罗恩·阿诺德声称，“明智利用运动”的领导者和追随者才是“真正的环保主义者”。他认为：毕竟他们才是土地的管理者。我们是耕种这片土地的农民，我们知道如何管理这片土地。我们是采矿者，这片土地是我们赖以为生的地方。他指责环保主义者是“精英人物”，由于他们“住在纽约市的玻璃塔中。他们不是环保主义者。他们就是问题的一部分”。[2] 冠军纸业与常绿树基金会传播这样的句子：“森林只有修剪和使用农药才会健康，才能成为‘美丽、平静和神秘的地方。’”[3]

1988年8月，由罗恩·阿诺德和艾伦·戈特利布领导的自由企业保卫中心在内华达州的里诺举行了一次多重利用战略讨论会，来自全国各地和加拿大的代表总计300多人参加了会议，这次会议被许多人视为“明智利用运动”诞生的标志。里诺会议背后有着强大的政治经济背景，一些大公司、右翼公司和企业、政治和宗教组织为会议提供了经费，派出了代表。里诺会议的主题是就有关环保运动和环境政策给企业造成的影响进行相关研讨和分析，并制定统一的行动策略和政治目标。与会者普遍感到，一些行业已经受到了环保主义的威胁，赞同或支持采取联合行动。里诺会议是“明智利用运动”的核心人物罗恩·阿诺德精心策划的，其用意是通过发起一场运动来打击或摧毁环保主义，因为在他看来，击败一场社会运动的最好途径是发动一场新的运动。里诺会议后，“明智利用运动”进入了一个新的发展阶段。

“明智利用运动”通过成立各种组织、游说国会议员、组织集会和示威

---

① Mac Williams Cosgrove Snider, *The Wise Use Movement: Strategic Analysis and the Fifty State Review*, Washington DC.: Environmental Working Group, 1993, pp. 12 – 20.

② Ron Arnold, *Overcoming Ideology, and excerpt from A Wolf in the Garden: The Land Rights Movement and the New Environmental Debate*, *ed*, Phillip D. Brick and R. McGreggor Cawley, Lanham, Md.: Rowman and Littlefield Publishers, 1996, Center for the Defense of Free Enterprise, http://www.eskimo.com/-rarnold/wiseuse.htm（2009年3月9日）。

③ William Kevin Burke, “The Wise Use Movement: Right-WingAntiEnvironmentalism”, *Public Eye Magazine 7*, no. 2 (June 1993), http://www.publiceye.org/magazine/vo7n2/wiseuse.html（2009年3月9日）。

游行等途径和活动来推进其政治议程。除自由企业保卫中心外，重要的跨地区性“明智利用运动”组织有美国联盟、蓝丝带联盟、西部诸州公共土地联盟等。美国联盟以一年一度的“为自由而降落”活动而闻名，这种活动就是每年带领几百个地方行动主义者到首都开展一对一的游说国会议员活动。该组织声称要“恢复人民在环境上的平等”权利。蓝丝带联盟积极推动立法议程及相关变革，号召成员关注对自身产生影响的环境法案和规章。联盟主席亨利·亚科辩称：荒野地区没有内在价值，因为这些地区“没有经济价值，没有木材价值，没有石油和天然气生产，没有开矿，没有牧业，没有机动娱乐”。[①] 西部诸州公共土地联盟代表西部矿业利益，曾试图改变黄石国家公园的生态计划。草根“明智利用运动”组织有数百个，其中最典型的是加利福尼亚沙漠联盟和沙斯塔资源与环境联盟，前者曾试图击败国会的一项沙漠保护法案，后者致力于推动土地和资源管理政策的变革。

“明智利用运动”有三大策略：建立紧密联系的成员或组织网络来迅速有效地动员社会力量；通过发起公共关系运动来塑造自身形象；通过贬抑对手制造舆论而使其丧失存在的合理性。“明智利用运动”充分利用国际互联网、传真机等现代通信手段来加强成员和组织内部的信息交流和协调行动，这一策略对于边远的西部地区极为有效。“明智利用运动”注重通过出版业和各种媒体来宣传自己，改变公众对自身的负面认识。“明智利用运动”最惯常的策略是使用煽动性语言来攻击对手，它们把环保主义与法西斯主义和其他极端事物联系起来，极尽可能地搜寻各种词汇来加以贬损和攻击，比如，它们把环保主义者称为“环境极端主义分子”“树的拥抱者”“环境宗教狂热者和生态纳粹”“自然法西斯主义”“毁灭工业文明”等等。一些激进派分子甚至还采取极端手段来恐吓和威胁环保主义者乃至国会议员和政府官员，“明智利用运动”的这些行为曾引社起舆论的广泛关注和担忧。[②]

---

① Policy Objectives of the Wise Use Movement, Wild Wilderness, http: //www . wildwilderness. org/wi/wiseuse. htm（2009 年 3 月 9 日）。

② Jacqueline Vaughn Switzer, *Green Backlash*: *The History and Politics of Environmental Opposition in the U. S*, Boulder London: Lynne Rienner Publishers, 1997, pp. 216 – 219; David Helvarg, *The War Against the Green*: *The "Wise Use" Movement*, *the New Right*, *and Anti-Environmental Violence*, San Francisco: Sierra Club Books, 1994, pp. 130 – 140.

“明智利用运动”领导人自称他们拥有500万名积极分子、12000万同情者，舆论界普遍认为这是一个夸张的数字。由于运动本身的特点（运动的积极分子经常改换名称和活动地点），要精确统计该运动到底有多少参加者是不可能的。不过根据参加和支持这场运动的社会阶层和行业群体的广泛性来判断，其规模还是相当可观的。由于有大企业背景，特别是有石油工业、采矿业和伐木业等大型资源开发公司的支持，“明智利用运动”有充足资金从事各种宣传、游说和诉讼活动。虽然有许多大公司和大企业参与，但“明智利用运动”基本上还属于一场草根运动。荒野协会曾组织一次全国性调查，结论认定“明智利用运动”是一场地方性运动，主要为地方性而非全国性问题所驱动。①

“明智利用运动”的多重政治目标决定了它具有较为广泛的社会基础，不仅有为数众多的中小企业而且还有大量工人都成了它的同情或支持者。从斗争方式和行动策略来看，“明智利用运动”较“山艾树反抗运动”更为成熟，它们甚至与经验丰富的主流“反环保”组织相比也毫不逊色。“明智利用运动”还积极与国会和政府内部的保守主义势力结盟，借助意识形态上的亲缘关系，联手抵制联邦政府的环境保护政策。20世纪90年代中期，美国国会在环境政策上出现的倒退倾向在很大程度上与“明智利用运动”等“反环保”势力的工作有联系，主要是由于它们及工业利益集团的推动，美国联邦层面的环境政治力量对比才出现某种失衡局面。“明智利用运动”与“县权至上运动”等也是有一定联系的，在所有“反环保”运动中，“明智利用运动”对现代环保主义构成的挑战最大。②

（4）“县权至上运动”

“县权至上运动”（County Supremacy Movement）是20世纪80年代末90年代初在美国西部一些地区兴起的一场以获取更多资源管理和使用控制权为核心内容的政治运动。“县权至上运动”与其他“反环保”运动既有联系又

① Mac Williams Cosgrove Snider, *The Wise Use Movement*: *Strategic Analysis and the Fifty State Review*, Washington DC.: Environmental Working Group, 1993, p. 27.

② Norman J. Vig and Michael E. Kraft, *Environmental Policy in the 1990s*: *Reform or Reaction*, Washington, DC.: Congressional Quarterly Inc., 1997, 1887, p. 61.

有区别，联系是它们在政治目标、领导模式和行动策略等方面具有重叠性①，区别是前者的主要推动力来自于西部一些地方牧场主和矿业主，参加者甚至包括许多公选的县政官员，运动大多在县级层面上展开，没有广泛的群众基础。“县权至上运动”主要发生在美国西部一些边远地区，那里的主导产业是资源开发业，人口稀疏，联邦政府控制着大量公共土地。“县权至上运动”反对联邦政府，特别是土地管理局对其界内土地以及其他资源开发、管理和利用的干预和限制政策，反对把更多的土地划定为荒野区或濒危物种保护区。

以犹他州为基地的国家土地联合会与亚利桑那和新墨西哥诸县稳定经济增长联盟是两个具有较大影响的“县权至上运动”组织。以犹他州为基地的国家土地联合会是由放牧诉讼人韦恩·哈格和新墨西哥州一名牧场主与矿主迪克·曼宁于1989年创立的，其宗旨是通过教育、立法和诉讼来支持“县权至上运动”。该组织的主要活动是传播相关信息，发起和主办西部地区研讨会，邀请地方资源使用者和公共官员就如何发展“县权至上运动”进行交流等。在推动通过颁布县法令来废除那些令他们不满的联邦规章方面，该组织发挥了先锋和主导作用。

亚利桑那和新墨西哥诸县稳定经济增长联盟是迪克·曼宁于1989年在新墨西哥州的卡特伦县成立的，该组织最初曾关注希拉国家森林公共土地上的放牧问题，后来把工作集中到代表成员提起法律诉讼上面。该组织的主要目标是影响濒危物种法案，除直接采取法律行动外，它也为一些县和个人在如何制定关于《濒危物种法》可能给本地区经济造成的影响的现状报告上提供技术帮助。“县权至上运动”还依赖一些全国或地区性的保守主义组织或研究中心提供思想、法律和技术支持，比如联邦土地法律基金就帮助家畜饲养者起诉濒危物种法分配的放牧额，代表该联盟维护县主权。②

“县权至上运动”主要通过推动颁布县法令和提起诉讼等方式和途径来

① Jacqueline Vaughn Switzer, *Green Backlash: The History and Politics of Environmental Opposition in the U. S*, Boulder London: Lynne Rienner Publishers, 1997, p. 241.

② Ibid., pp. 229 – 231.

实现其政治目标，为此它们诉诸 3 条法理来支持其立法和诉讼请求。第一条源于美国宪法，认为联邦的权力范围仅限于宪法第 8 款第 1 条所列的那些土地上面，照此规定，联邦政府仅可管辖哥伦比亚特区、防卫设施和某些必要的建筑物，联邦政府的作用几乎为零。[①] 第二条理论建立在“地位平等”原则上，即联邦政府由于历史原因和根据契约持有新州土地，但联邦在适当时候应该结束这种托管而将这些土地归还给各州管理。通过把这些土地设定为国家公园、国家森林和荒野保护区而拒绝归还各州土地，联邦政府已经破坏了这种契约。第三条理论来自 1970 年的《国家环境政策法》，“县权至上运动”认为此法意在鼓励地方政府建立自己的环境保护体系，号召联邦机构与各州和地方政府合作来“保护我们自然遗产的历史、文化和自然景观”。上述 3 条认识是“县权至上运动”的主要法理根据。

在制定县权至上法令方面，新墨西哥州的卡特伦县颇为典型，该州有“县权至上运动”首都之称。1991 年，卡特伦县采纳了《关于公共土地和资源利用及私有财产权保护的临时政策法案》[②]，该法案是一项县权控制其界内州属和联邦土地的重要声明，它将所有关于该县土地和资源利用的决策权置于公选产生的县委员手中。该法令要求联邦政府在制定任何获得和处理该县土地的计划时要与该委员会商议，在未获许可的情况下，不能改变任何现存管理措施。正在考虑或采纳类似于卡特伦县法令的县的数量估计在 35 个到 500 个之间，大都位于西部，更多集中于牧业利益者中间。“县权至上运动”也通过诉讼来维护其所谓的自治权利。一个典型的案例是亚利桑那州新墨西哥诸县联盟在阿尔伯克基美国地区法院控告联邦渔业和野生生物局将墨西哥斑枭列为濒危物种一事，该组织担心这个新增保护项目会导致斑枭栖息地的伐木、采矿和放牧限制。“县权至上运动”的法律诉讼努力并未达到预期目的。1996 年 3 月，联邦地区法院法官劳埃德·乔治裁定，内华达奈县县权法令为非法；同年 8 月，又裁定内华达州在“山艾树反抗运动”其间的一项立法无效。劳埃德·乔治法官对“县权至上运动”的两项裁决严重打击

---

① *U. S. Constitution*, *Article 1*, *Section 8*, http://www.usconstitution.net/xconst_A1Sec8.html（2006 年 12 月 6 日）。

② Catron County, *New Mexico*, Ordinance 004 - 91（May 21, 1991）.

了该运动的法理基础，对该运动的发展产生了很大程度的抑制作用。

尽管如此，对于“县权至上运动”在推动联邦环境政策变革方面发挥的作用仍然不能低估。如前所述，“县权至上运动”与“明智利用运动”和“财产权利运动”有一定联系，如以犹他州为基地的国家土地联合会的某咨询委员会的许多成员就与“明智利用运动”有联系，甚至包括自由企业保卫中心的罗恩·阿诺德和财产权组织牧业乘务员律师马克·波洛特这样的人物都与该运动有牵连。“县权至上运动”也支持“明智利用运动”的多重利用主张，赞同财产权理论，例如以犹他州为基地的国家土地联合会从约翰·亚当那里借用了一句格言，即“必须维护财产权的神圣性，否则自由不复存在”，作为自己的行动指针。与其他“反环保”势力联合，“县权至上运动”在美国环境政策议程设定上获得了一席之地。如上所述，“县权至上运动”的动力可能因法院的裁决结果而削弱了，但是它们已将自己的要求和主张送达华盛顿，迫使联邦政府倾听它们的声音。正如该运动领导人迪克·卡弗所言：“我们有自己的论点。我们得到我们想要的。为了在（政治）舞台上有我们一席之地，我们需要采取一种进取立场。我们正是这样做的。现在，他们在倾听我们的意见。”①

（5）“财产权利运动”

“财产权利运动”（Property Rights Movement）是20世纪80年代兴起并于90年代初壮大的一场以抵制联邦环保法规和政策，维护不受限制的私有财产使用权及其利益的社会运动。“财产权利运动”直接起因于联邦湿地、濒危物种保护政策及扩展荒野和国家公园的努力，因为这些政策和法令限制了业主开发和使用私有财产的自由，降低和减少了其财产的“公平市场价值”和获得收益的机会。自20世纪60年代以来，根据《荒野法》《土地与水资源保护基金法》及《濒危物种保护法》等相关法案，大量土地不断被添加到国家资源与自然保护体系中。1965年，有20.2万平方公里土地被划定为国家公园、野生生物庇护区或荒野保护区；1980年，达到了近90多

① Jacqueline Vaughn Switzer, *Green Backlash: The History and Politics of Environmental Opposition in the U. S*, Boulder London: Lynne Rienner Publishers, 1997, pp. 228 - 243.

万平方公里；20世纪90年代初上升到近105万平方公里。[①] 根据相关立法的规定，某些地区一旦被联邦机构指定为湿地、野生生物栖息地、荒野或濒危物种保护区，这些土地上的经济活动就要被禁止或受到严格限制，对于违反规定者，联邦政府要给予严厉的处罚和制裁。20世纪80年代以来，随着联邦保护区范围的不断扩展，不动产业主与联邦土地管理局和其他联邦机构因土地使用问题不断衍生矛盾和冲突，在这样的背景下，一些私有财产业主开始行动起来，通过成立维权组织、提起诉讼和游说立法等多种途径来维护自身的“权益”，最终促成了一场规模浩大的“财产权利运动”的兴起。

“财产权利运动”也是有其历史根源的，它与三个有关政府作用的传统认识有很大联系。第一个认识来自那些私有土地业主，他们不愿接受政府机构告诉他们在自己的土地上能做什么和不能做什么，他们世代习惯如此。第二个观念认为尽管政府为了公共利益而管制土地使用具有某种正当性，但对这种管制应该给予补偿。第三个观点强调财产权利，如果财产价值得不到充分的保证，整个经济体系就会处于危险中。[②] 上述认识是“财产权利运动”的思想基础，该运动正是在这些传统观念受到冲击的情况下兴起的。

实际上，围绕私有财产使用与限制而发生的矛盾早已存在，只不过在20世纪70、80年代以后因环境管制的强化而变得越发突出罢了。政府为了公共利益限制私有财产的使用并由此给业主造成经济损失需要给予补偿成了“财产权利运动”的共同要求。20世纪80、90年代，“财产权利运动”对环保法规的攻击日渐猛烈，大大小小的私有土地业主指责联邦环境管制政策影响了他们土地的发展潜力，降低了其财产的价值。保守主义的一份杂志《美国观察家》声称，“环保法规日益增长的极端主义事实上在全国已经掠夺了大量财产，阻碍了价值数十亿美元的经济活动”。[③] 某些激进分子甚至把环保主义视为资本主义制度的最大威胁。

---

① Jacqueline Vaughn Switzer, *Green Backlash: The History and Politics of Environmental Opposition in the U. S*, Boulder London: Lynne Rienner Publishers, 1997, p. 252.

② Ibid., pp. 249 – 250.

③ Tom Bethell, “Property and tyranny”, *American Spectator*, 1994. Vol. 27 (8), p. 16.

"财产权利运动"主要通过法院系统，而非立法和行政领域来实现其经济政治目标。财产权纠纷大多由分散的个人通过法律诉讼途径来解决，他们也依靠一些财产权组织提供帮助。[①] "财产权利运动"依据美国宪法第5条修正案来提起诉讼和要求补偿其财产损失。美国宪法第5条修正案规定："除非给予公平补偿，否则不得征用私有财产。"财产权诉讼的关键是如何界定征用及为了公共利益的管制征用是否需要赔偿问题。直至20世纪80年代末以前，几乎很少有私有财产业主因政府的管制征用而被法院裁定需要赔偿的。但1987年联邦最高法院在"格伦代尔第一英格兰路德教会诉洛杉矶县案"中判决洛杉矶县向路德第一教会支付赔偿之后，形势发生了变化。

20世纪90年代初，"财产权利运动"对于环保机构和环保主义者来说已经成为一个严重问题，通过提起诉讼，私有财产及私有土地业主不断挑战政府管制放牧和水权、命令清理有毒废物、购买土地扩展国家公园、保护濒危物种和湿地及限制荒野区的采矿等方面的权威[②]，政府也被要求因其影响了私人财产价值而支付赔偿。私有财产业主不仅在地方和州级法院提起诉讼，还乐于把讼案引向联邦申诉法院和联邦最高法院，因为那里的法官们更倾向于维护这些私有财产业主的权利。1990年以前，提交联邦申诉法院的财产权讼案寥寥无几，但在1991年计有52项诉讼案被提交。[③] 财产权争讼大多因联邦保护湿地和濒危物种的管制政策和立法而引起，这方面的矛盾和冲突激烈且旷日持久，对环境政策走向的影响也最为深刻。

20世纪90年代，私有财产业主赢得了不少诉讼。典型的"哈格诉美

---

① 全国性的财产权组织大多成立于20世纪90年代初，较为重要有美国财产权基金会（Property Rights Foundation of America）、牧业乘务员（Stewards of the Range）、全国财产权业主权利恢复联盟（National Association of Reversionary Property Owners）、财产权保卫者（Defenders of Property Rights）和"美国土地权利协会"（American Land Rights Association）等。这些组织的工作侧重点不同，如财产权保卫者为财产权申诉人提供法律帮助，土地权利协会致力于促进财产权利政策变革，牧业乘务员积极宣传宪法权利，而财产权业主权利恢复联盟则利用因特网向财产权业主提供相关信息等。

② Mark Dowie, *Losing Ground: American Environmentalism at the Close of the Twentieth Century*, Cambridge, Mass, MIT Press, 1995, p. 100.

③ Jacqueline Vaughn Switzer, *Green Backlash: The History and Politics of Environmental Opposition in the U. S*, Boulder London: Lynne Rienner Publishers, 1997, p. 266.

国”案是涉及牧牛主哈格的一场旷日持久也最具争议的诉讼案。1991年，哈格因内华达州的一个牧场使用问题与联邦政府发生了矛盾，林业局官员没收了他的牧牛并强行拍卖，哈格则将林业局告上了法庭。1996年，联邦申诉法院法官洛伦·史密斯支持哈格的要求。他说：在保护公民自由问题上，法官有一种特殊的使命，立法与行政机构的工作人员也有义务卫护那些珍贵的自由。[①] 1992年，私有土地业主卢卡斯在“卢卡斯诉南卡罗来纳海岸管理委员会”案中赢得诉讼，此案成功地改变了联邦法院在管制征用问题上的态度，承认当管制征用造成私有财产丧失全部可用经济价值时应当给予补偿，这项判决对此后的私有产权纠纷产生了重大影响。“财产权利运动”最重要的一次胜利是1992年联邦申诉法院判决联邦政府支付怀俄明州一个煤炭公司15000万美元的赔偿，该公司控告由于内政部禁止在一个保护区采矿而给它造成了损失，最高法院支持了下级法院的判决。[②] 但是，“财产权利运动”在联邦法院也并非一片坦途，它们也遇到了不少阻力，这反映了环境问题的复杂性，也说明环保主义在美国社会中具有的影响力。

“财产权利运动”对美国行政部门、立法机构也产生了一定影响。1988年，里根总统签署了第12630号行政命令，要求联邦机构审查可能对私有财产造成影响的所有法规，禁止政府行为干涉宪法保护的财产权。[③] 同年6月，首席检察官埃德温·米斯为风险评估和避免不可预见的“征用”财产而颁布了一项指针。此文件规定，如果一份“征用（财产）影响分析”（Takings Impact Analysis）证明一项政府法规会使财产主人丧失使用其土地的权利，政府应予补偿。[④] 第12630号行政命令和“指针”意味着政府因保护土地、空气、水质和濒危物种而对私有财产造成损失时同征用土地一样要给予业主赔偿。这是对“财产权利运动”的回应，对该运动产生了一定程度的鼓励作用，并为那些最坚定的“反环保”势力——私有土地业主提供了根据。

20世纪90年代初，在“财产权利运动”的游说和压力下，美国国会

---

① Jacqueline Vaughn Switzer, *Green Backlash: The History and Politics of Environmental Opposition in the U.S*, Boulder London: Lynne Rienner Publishers, 1997, p. 251.

② Ibid., p. 267.

③ Ibid.

④ Ibid.

就财产权利立法展开了讨论，国会财产权利特别工作组多次举行听证会并起草了许多议案。1994 年，前堪萨斯参议员鲍勃・多尔提出了一个《私有财产权利法》，该法案要求对政府可能给私有财产业主造成的影响进行评估。与此同时，国会中一些更具保守主义色彩的议员则试图把里根的第 12630 号行政命令变成正式的法律。由于财产权利法案会极大地削弱联邦政府保护环境和公众健康的权威，也由于支付数额巨大的财产补偿会使政府财政不堪重负，加之公众和许多环保组织的强烈反对，20 世纪 90 年代初的财产权利立法进展甚微，这也迫使“财产权利运动”转而更多地依靠法院系统，通过诉讼手段来实现其目标。

“明智利用运动”“县权至上运动”和“财产权利运动”大多属于基层运动。基层运动与工商界“反环保”势力有着相同的价值目标，它们都反对联邦政府的环境管制政策，都谋求不受限制的经济自由和对自然资源开发的权利，两者在成员构成和斗争策略上也有交叠和相同之处，在运动中也相互借助和联合。基层“反环保”运动对环保组织推动环保立法和管制项目的努力难以构成重大威胁，就对环境政策及其贯彻实施的影响而言，工商界的影响要比基层组织更为有效。工业界有组织的“反环保”斗争早在 20 世纪 50 年代就已出现了，并且从那时起一直持续下来，而基层运动不然。工商界有更为广泛老练的政治策略和更加充足的资源从事“反环保”斗争，相比之下，基层组织则较为分散。

更为重要的是，20 世纪 80 年代末至 90 年代，来自各方面的“反环保”势力和运动构成了一种合力，集结为一股强大的抵制环保政策的潮流，对联邦的环境政策与环保立法构成了巨大挑战。尽管如此，对工商界和基层“反环保”势力对环境政策的影响也不能高估。自 1969 年《国家环境政策法》颁布以来，几乎没有证据显示基层“反环保”组织或企业能够废止任何重大联邦环境立法，环保反对派可能会放慢或延迟环保组织建议的新法案，但是它们不能改变环境保护的大趋势。“反环保”运动的战果是迫使环境政策与环保立法制定过程更多地向工业及其他利益团体开放。值得注意的是，在 20 世纪 90 年代中期，“反环保”势力与一些环保主义团体和环保主义者似乎达成了某种共识，即它们之间需要坐下来协商和谈判来解决彼此间的分歧。在 1996 年 4 月的全国环境政策研究协会会议上，共和党保守派金里奇向各方呼吁倡导一种“新环保主义”，表示环境政策应该建立在合作而非对抗的基础上。[①] 20世纪90年代美国环境政策的折中化和市场化趋势正是在上述背景下出现的。

3. 来自国会与法院的阻力

美国国会和联邦法院在20世纪90年代一反先前的立场，在环境政策和环保立法上扮演了一个消极角色。1994年共和党的《与美国定约》是国会环境政策的转折点。第104届国会推行一系列激进的“反环保”议程，第105届和第106届国会虽有所缓和，但保守主义仍然是其主导倾向。20世纪90年代，由于里根总统和老布什总统任命的大批保守派法官占据多数，联邦巡回上诉法院和最高法院在司法判决和司法审查中为环境保护设置了不少阻力。这样，环境保护政策在国会和联邦法院遇到了前所未有的挑战。

（1）共和党的改革议程——《与美国订约》

如前所述，美国是实行两党政治的国家，无论总统还是国会向来都是由民主党或共和党交替担任和控制，两党不同的意识形态及政治倾向会对联邦政策议程的设定产生影响。大体说来，自新政以后，民主党信奉自由主义，在经济上主张国家干预；共和党信奉保守主义，在经济上主张放任自由。[②] 第二次世界大战后一段时期内，民主党及其思想一直主导着美国的宏观经济政策走向，直到20世纪80年代初共和党里根出任总统之后，局面才发生变化。20世纪80年代，共和党的保守主义政策在一定程度上受到了民主党控制的国会的牵制。20世纪90年代初以后，由于美国社会经济形势及公众舆论发生了重大变化，共和党保守主义政治势力乘机抬头，开始谋求主导国家政策议程。1994年9月27日，有300多名共和党国会议员候选人签署了一份文件——《与美国订约》（*Contract with America*），此文件实际上是共和党的一份保守主义的改革和立法纲领，它清楚地表明了共和党的政策取向。

---

① John H. Cushman Jr., “Gingrich Calls for a ‘New Environmentalism’”, *Times*, April 25, 1996, p. A8.

② 陈宝森：《美国两种经济哲学的新较量：兼论两党预算战》，《美国研究》1996年第2期，第21页。

《与美国订约》提出了8项改革议程和10项立法，内容如下：第一，制定《财政责任法案》（*Fiscal Responsibility Act*），减少政府开支，在2000年实现平衡预算目标。第二，严格控制增税，规定只有经过众议院3/5多数同意政府才能增税，制定了对中产阶级家庭实行减税的《重圆美国梦法案》（*American Dream Restoration Act*），削减资本收益税50%。第三，制定了《常识法律改革法案》（*Common Sense Legal Reform Act*），规定实行败诉者支付诉讼费制度，以大量减少民事诉讼案件。第四，削减三分之一的国会委员会委员。[①] 这份订约的主旨是削减政府的规模和支出，缩小联邦政府作用，反映了保守主义欲完成20世纪80年代里根政府未就事业的决心。订约虽未提及环境问题，但以这种政策议程为背景的环境政策取向是可想而知的。

（2）第104届国会的“环境政策”

自20世纪30年代以来，美国国会两院大多为民主党控制。[②] 20世纪60年代至90年代初，这个民主党居多数的国会在环保问题上大体上扮演了积极角色，制定并巩固了一系列环境政策和环保立法，即使在20世纪80年代里根政府推行“反环保”政策背景下也不例外。然而，在1994年中期选举后，第104届国会在环境问题上的态度和政策发生了历史性的变化。1994年国会选举中共和党取得了绝对优势的胜利，共和党与民主党在参众两院席位之比分别为55∶45和230∶204，这是40年以来共和党首次同时控制参众两院。值得注意的是，在此次选举中共和党原任议员全部当选，当选议员中有许多知名保守派人物——如众议院议长纽特·金里奇。在州长选举中共和党赢得了2/3的多数。1994年国会中期选举非同寻常，共和党的重大胜利表明了社会的新自由主义倾向。大选过后，以保守主义共和党居多数的第104届国会雄心勃勃地准备发动一场“革命”，以彻底改变政府的角色和作用。由于环保机构和环保政策是所谓大政府、大开支的主要领域，因此便成为他们改革的首要目标。众议院多数党领袖迪克·阿梅说：“如果我们不关闭环保

---

① Ed Gillespie and Bob Schellhas, eds., *Contract with America: The Bold Plan by Rep. Newt Gingrich, Rep. Dick Armey, and House Republicans to Change the Nation*, New York: Times Books, 1994.

② 关于国会两院民主与共和两党人数对比变化的历史状况，可参见李道揆《美国政府和美国政治》，中国社会科学出版社1990年版，第776—787页。

署，我们至少要给它们戴上一付马嚼子并骑上这匹小马。因为它们失去控制了。”[①] 环保署署长卡罗尔·布朗指出：“这项立法（第104届国会的立法议程）不是改革，而是对保护公众健康和环境的十足的正面进攻。”[②] 显然，第104届国会与环保署在环境问题上的立场鲜明对立。

第104届国会继续了20世纪80年代里根式的放松管制改革，这种改革的认识基础是20世纪70年代的环境政策缺乏灵活性、对企业干涉太多、负担过重，有时建立在不充分的科学和经济学基础上。国会认为，在环境、健康和安全法规中存在着官僚主义的繁文缛节，它们严重限制了经济增长。鉴于联邦管制法规和条例中存在的诸多问题，国会规定在提出新的管制建议时，必须进行成本—收益分析和风险评估，并把这一要求作为贯彻实施那些所谓命令—控制性法规和条例的必要程序。1995年，众议院提出了《增加工作和工资法案》（*Job Creation and Wage Enhancement Act*），要求广泛实施成本—收益分析和风险评估。此法还包括一项《征用条款》（*taking provision*），此条款规定当某些法规致使土地价值减少20%以上时，应向私有土地业主提供赔偿。同年，国会通过并由总统签署了《未备资金命令改革法》（*Unfunded Mandates Reform Act*），该法免于国会向州和地方政府提出没有联邦资金支持的项目要求。1996年，国会又提出了《小企业公平管制法案》（*Small Business Regulatory Enforcement Fairness Act*），要求联邦机构帮助小企业遵守法规，规定各机构向国会提交规章草案以供审核。[③] 这些法案的用意在于限制联邦政府的管制行为。

在美国，包括环境在内的许多方面的公共政策和立法是经过严格的法定程序制定出来的，国会无法轻易取消或变更这些政策和法案本身；但是，由于公共政策的实施严重依赖于国会年度预算拨款，因此国会往往利用其拨款权间接地对政策施加影响。第104届（包括第105、第106届）国会就采用

---

① Quoted in Neil Hamilton, “Open Season on the Environment”, *Sierra*, 1995, Vol. 80, no. 2 (March-April), p. 13.

② Quoted in Herbert Buchsbaum, “Has Regulation Run Amok?” *Scholastic Update*, 1995, Vol. 127, no. 13 (April 7), p. 6.

③ Norman J. Vig, *Environmental Policy: New Direction for the Twenty-First Century*, Washington, DC.: CQ Press, 2003, pp. 138–139.

《附加条款》（*Appropriation Riders*）的方式来削弱环境保护政策，所谓附加条款就是在拨款法令中附加某些先决条件来限制甚至削弱项目实施的一种做法。共和党保守派议员戴维·麦金托什毫不隐讳这一策略的目的，他说："法律仍然存在，但是没有钱来实施它们。"另一共和党议员比利·陶兹说，这是"控制政府机构失控"的更为迅捷的方法。①

由于这种《附加条款》方法较立法变革更加隐蔽和有效，因而成为国会削弱环境保护政策和环保立法的主要策略和手段。在第104届国会，在7个不同预算法案中附加了50多个环境《附加条款》，这些《附加条款》在很大程度上带有减缓或阻碍环保署、内政部和其他相关机构实施环境法的目的。1995年，一项环保署预算案中竟然附加了17个《附加条款》，借此方式，国会试图阻止该机构实施某些饮用水和水质标准，限制它管制来自石油和天然气提炼厂商的有毒气体排放。国会的这种做法后来引起了一些环保组织和环保主义者的警觉，自然资源保卫委员会称其为国会对环保法规的"秘密进攻"（stealth attack），并对国会的这种行为进行跟踪和统计，环保署、克林顿总统也指控国会采取不适当的方式图谋政策变革。②

作为平衡预算的一部分，国会还大幅度削减环保署和内政部等机构的环保预算及项目资金。1995年，国会削减环保署预算11亿美元，这部分资金原本用于水质项目。1996年，国会削减克林顿提出的环保署预算总额的34%，其削减幅度在所有联邦机构中是最大的。众议院拨款小组委员会解释说："该机构（环保署）由于错误的原因而走在错误的方向前面，这种方式会给美国的工业造成不必要的负担。"③ 参议院削减了环保署总预算的22%，给予各州和地方安全饮用水项目资助的45%，以及环保署实施项目资金的24%。

国会大幅度削减环保预算和项目资金的行为，不仅严重影响了环保机构履行职责的能力，而且招致了各方的批评。由于资金限制，环保署宣称它将

---

① Bob Herbert, "Health and Safety Wars", *Times*, July 10, 1995. A11.

② Normal J. Vig, *Environmental Policy: New Direction for the Twenty-First Century*, Washington, DC.: CQ Press, 2003, pp. 139 – 141.

③ John H. Cushman, "G. O. P. 's Plan for Environment is Facing a Big Test in Congress", *Times*, 1995, July 17. 1. A9.

被迫推迟污染监控和清理废弃物的工作。该机构的官员表示来年春季可能不得不解雇数千名工作人员。内政部长布鲁斯·巴比特抱怨这种“灾难性”的预算削减对保护公共土地和自然资源的影响。1996 年 1 月，克林顿总统在其国情咨文中就共和党国会削减环保预算及削弱环保机构的行为提出了尖锐抨击，赢得了一些民主党人士的喝彩。环保组织、公众也纷纷对共和党的行为表示了不满和愤怒。在此形势下，在 1996 年春季，国会不得不对其环境政策进行调整，同意恢复许多先前对环保署预算资金的削减。[①]

（3）国会“反环保”的背景及其影响

第 104 届国会其间，尤其是在 1995 年这一年里，实际上推行的是一种“反环保”政策，第 105 届国会和第 106 届国会虽然没有第 104 届国会那样极端，但在环境保护问题上的态度还是相当保守的。第 104 届国会的政治构成及其保守主义倾向决定了它的环境政策取向。因为无论从历史上还是理论上看，信奉新自由主义哲学的共和党更有可能把带有更多政府干预特征的环保政策作为其革命的对象。第 104 届国会的“反环保”政策也是有其深刻历史背景的，它与 20 世纪 90 年代初美国国内某些重大变化有直接关系。

第一，20 世纪 90 年代初，美国经济形势好转但社会问题增多，有相当比例的美国民众对社会现实不满，他们把矛头指向在任者，特别是民主党控制的联邦政府和国会，在这种形势下，保守主义逐渐占据了上风，这就为共和党在 1994 年国会中期选举中获胜并推行新的政策奠定了社会基础。

第二，包括“明智利用运动”“财产权利运动”和“县权至上运动”在内的“反环保”运动和势力在 20 世纪 90 年代初发展和壮大，这些来自社会各方面的多元的“反环保”势力不仅对联邦的环保政策构成巨大压力，而且也给与共和党保守派以重大影响。受环境政策与环保法管制的工商界利益集团在 20 世纪 90 年代也加强了对联邦机构的工作，并且较草根“反环保”运动更有效地影响了联邦政府和国会的政治构成及其议程。[②]“反环保”势力的壮大为保守的共和党国会推行“反环保”政策奠定了社会政治基础。

---

① Norman J. Vig, *Environmental Policy: New Direction for the Twenty-First Century*, Washington, DC.: CQ Press, 2003, pp. 141 – 142.

② Jacqueline Vaughn Switzer, *Green Backlash: The History and Politics of Environmental Opposition in the U. S*, Boulder London: Lynne Rienner Publishers, 1997, pp. 103 – 128.

第三，进入20世纪90年代，保守主义思想的影响在不断扩大，像美国企业协会、竞争性企业协会等都在积极联合共和党保守派人士，攻击环保主义者的环保思想和政策，试图扭转公众在环境问题上的态度。共和党的《与美国订约》以及第104届国会及后来的许多立法建议都源于保守主义思想库。[①] 第104届国会推行“反环保”政策与美国民众在20世纪90年代初对环境问题的关注度下降、环保组织多元化、白宫和国会中支持环保的政治力量的弱化以及高财政赤字等均有一定关系。

第104届国会的“反环保”政策造成了某些负面影响。

第一，它削弱了环保机构及削减环保预算的行为，不但造成了联邦环保职能的大幅度下降，也使得许多环保项目被迫延迟、停止、甚至废弃。第104届国会迫使许多联邦机构考虑其管制程序和优先事项。到了1996年，环保署、内政部和食品药品管理局等主要环保机构对管制法规的成本更加敏感，在许多种情况下，成本—收益分析和风险评估几乎成了衡量环境管制法规和环保项目的唯一标准。并且，这些环保机构也根据国会的批评调整了某些政策，降低一些环境标准，放松了对一些污染源的管制力度。

第二，与20世纪80年代里根政府的“反环保”政策有些类似，第104届国会在1995年的大部分时间里专注于放松管制和削减联邦预算，环境政策改革并未纳入其议程之中。国会的行为激起了各方的强烈反响，公众不支持国会削弱环境保护，环保主义者和环保组织抨击国会对环境的进攻，克林顿总统和国会中的某些民主党议员也对国会的行为发出了责难。

白宫与国会之间及国会内部因环境问题引发的矛盾与党派纷争交织在一起，加剧了环境问题的政治化倾向并导致了环境政策的停滞。国会的“反环保”行为也激起了公众舆论的反弹，1995年8月的一份民意测验显示有60%的人反对削弱环保署的权力[②]，1996年1月的一份民意测验发现，在共和党中竟有55%的人不相信自己所属党派的环境政策。第104届国会的环境

---

① Norman J. Vig and Michael E. Kraft, *Environmental Policy in the 1990s: Reform or Reaction*, Washington, DC.: Congressional Quarterly Inc., 1997, p. 128.

② Margaret Kriz., “How Green the Grass Roots?” *National Journal*, September 16, 1995, 2265.

政策严重削弱了共和党在公众中的地位，为避免下一届国会选举中失利，共和党保守派在 1996 年对其激进政策做了某些调整。

（4）联邦法院在环境政策中的作用

联邦法院在环境政策中也发挥着不可忽视的作用。[①] 联邦法院通过拒绝或受理环境诉讼案、司法审查、解释环境政策和法律、裁决环境纠纷和提出校正措施等方式对环境政策施加影响。其中，司法审查是联邦法院最重要的权力。司法审查包括对联邦立法和行政执法的程序和实质内容的审查。通过审查，联邦法院可以宣布违宪的方式使某项环境政策或立法失去效力。联邦法院有解释国家政策和法律的权力，通过这种解释，法院可以扩大或缩小环境政策与法律的适用范围。联邦法院在审查和裁决法律争讼中有一定的自由空间，它们可以通过选择不同的审查标准和原则来影响环境争讼的处理结果，还可通过确定环境争讼上诉人是否具有起诉资格及争议本身是否适宜法院裁决来支持或否定某项环境政策或环保立法。

总体来看，联邦法院系统在 20 世纪 70 和 80 年代的司法实践中较多地倾向于支持环境保护，20 世纪 90 年代则走向了反面。不过，这仅仅是一种粗略的说法，实际上，联邦下级法院、申诉法院和最高法院不仅在不同历史时期，而且在同一时期或同一讼案中所发挥的作用及做出的司法裁决也是各不相同的。20 世纪 70、80 年代，联邦上诉法院对环境保护基本上给予了积极的回应，而联邦最高法院有所不然，比如在 20 世纪 70 年代最高法院对联邦机构是否实质上履行了《国家环境政策法》不愿深究，反对过分干预职能机构的决定，最高法院的这一态度对下级法院也产生了一定影响。[②] 20 世纪 90 年代，政府机构、私有土地业主和工商业利益集团虽然较此前的环保主义者及环保组织赢得更多诉讼，但无论是联邦上诉法院还是联邦最高法院

① 美国有两套并行的法院系统：联邦法院系统和各州法院系统，联邦法院系统包括联邦地区法院，联邦巡回上诉法院和联邦最高法院（另外还有一些特别法院，比如权利申诉法院，国际贸易法院和军事上诉法院等），有关环境问题的争讼一般都在联邦法院系统审理，因为环境争讼大多涉及对联邦法令及宪法的解释。关于美国法院的结构、功能及运行等基本情况，可参见李道揆《美国政府和美国政治》，中国社会科学出版社 1990 年版，第 480—531 页。

② 参见韩铁《环境保护在美国法院所遭遇的挑战："绿色反弹"中的重大法律之争》，《美国研究》2005 年第 3 期，第 74—77 页。

在司法实践中也并非绝对一边倒。

20 世纪 90 年代，联邦法院在司法审查和诉讼判决中较 20 世纪 70 年代更多地考虑私有财产业主的利益和环保法规与政策的多方面影响，环保团体和个人的诉讼资格及环境争讼的“适宜性”也受到更多限制。这样，环保政策和环保法案在联邦法院那里遇到了新的阻力。成本—收益和风险评估成为联邦法院否决或推翻某项环保政策或法规的主要理由之一，1991 年的“防蚀设备公司诉环保署案”（Corrosion Proof Fittings v. EPA）就是一个非常典型的实例。1989 年，在历经 10 年研究，耗费大量资金和工作之后，环保署发布了一项逐步淘汰直至彻底禁止生产和使用石棉的规定。由于此规定极大地影响了石棉工业的利益，因此迅速激起了它们的抵制，防蚀设备公司以此项规定违反《有毒物质控制法》为由把环保署告上了法庭。1991 年，联邦第 5 巡回上诉法院判定环保署完全禁止生产和使用石棉的规定违反了 1976 年《有毒物质控制法》，因而是无效的。法院判决的理由是：环保署没有选择最小成本的风险削除方案，其石棉替代品既非更有效也非更安全。在此案中法院实际上对环保署提出了一个无法实现的要求。学者们也注意到此项判决严重削弱了环保署依据《有毒物质控制法》管制有毒物质的权威。[①]“防蚀设备公司诉环保署案”说明：法院可以通过选择审核标准来影响判决结果，进而鼓励或限制某项环境政策和法律。在这一案例中，成本—收益问题和风险评估成为法院推翻联邦机构环保法规和政策的主要根据。

联邦法院也以通过审查和判定环境争讼是否适宜而做出矫正性裁决来影响环境政策与环保法案的实施。20 世纪 80 年代末，美国林业局为南俄亥俄州韦恩国家森林保护区制定了一项土地与资源管理计划，遭到了几个环保组织——包括塞拉俱乐部和资源保护与环境控制公民委员会的反对。他们认为这一计划是不合法的，因为它允许以低成本价格销售木材的规定会起到鼓励采伐的作用。林业局在俄亥俄州森林协会的支持下拒绝修正其计划，于是塞拉俱乐部把林业局告上了法院，但地方法院裁定林业局为合法，塞拉俱乐部又上诉到第六巡回区法院，上诉法院推翻了地区法院的判决，认定塞拉俱乐

① Corrosion Proof Fittings v. EPA, 33 ERC 1961 (1991).

部不仅有起诉资格，且此案已经“成熟”且适宜审查，认为林业局的计划不适当地鼓励了木材采伐。于是，俄亥俄州森林协会又把塞拉俱乐部告上了最高法院，1998 年，最高法院法官一致裁决支持俄亥俄州森林协会，最高法院的判决理由是：由于森林砍伐的事实还没有发生，法院不能就未发生的争讼支持原告方，因此此案适宜法院审查的时机还不成熟。[①] 在此案中，最高法院以争讼内容并非迫近的事实为由，否决了塞拉俱乐部的要求，支持了俄亥俄州森林协会和林业局可能增加林木采伐规模的计划。

因环保法规和政策的实施而导致的财产权利纠纷是联邦法院面临的一大棘手问题。财产权利纠纷主要涉及如何界定“征用”和因环境管制而构成征用时是否需要赔偿问题。[②] 在环境管制日益加强的 20 世纪 70 年代和 80 年代初，联邦最高法院对管制造成财产损失这类案件很少视其为需要赔偿的征用。[③] 1987 年，联邦最高法院在“格伦代尔第一英格兰路德教会诉洛杉矶县案”（First English Evangelical Lutheran Church of Glendale v. County of Los Angels）中判定洛杉矶县因临时禁止在防洪区内建房致使教会不能利用自己的地产需要赔偿，理由是政府使业主的财产处于完全不能使用状态，此判决标志着联邦法院对待因环境保护而引发的财产权纠纷的态度的转变。

20 世纪 90 年代，因环境管制而引发的财产权争讼判决出现了不利于环境保护的趋势和局面。1992 年，南卡罗来纳州最高法院在“卢卡斯诉南卡罗来纳海岸管理委员会案”（Lucas v. South Carolina Coastal Council）中判决因实施《滩头管理法》致使业主卢卡斯完全丧失其土地使用价值而支付 150 万美元的赔偿。“卢卡斯诉南卡罗来纳海岸管理委员会案”是一件非常典型又广为人知的讼案。此案上诉人戴维·卢卡斯于 1986 年在南卡罗莱纳州的查尔斯顿购买了两块滨海土地并准备开发，但后来该州制订了《滩头管理法》，此法禁止重要区域的建筑开发，这个重要区域就包括卢卡斯购买的滨

---

① *Ohio Forestry Association, Inc. v. Sierra Club, 523 U. S. 726 (1998)*, http://supreme.justia.com/us/523/726/（2006 年 12 月 8 日）。

② 在美国，关于“征用”的界定及司法实践中的征用赔偿是一个非常复杂的问题，在不同历史时期征用的内涵及征用补偿的司法判决也有所不同。国内相关研究，可参见林来梵《美国宪法判例中的财产权保护：以卢卡斯诉南卡罗莱纳海岸委员会为焦点》，《浙江社会科学》2003 年第 5 期，第 76—83 页。

③ 参见韩铁《环境保护在美国法院所遭遇的挑战：“绿色反弹”中的重大法律之争》，《美国研究》2005 年第 3 期，第 70 页。

海区土地，卢卡斯认为该州的行为使其土地丧失了价值，于是提出了赔偿请求。但是地方法院坚持认为，由于该法具有合理必要性，即便构成了“征用”也不予以赔偿，于是卢卡斯又上诉到联邦最高法院。1992 年，最高法院否决了地方法院的判决，并对管制征用及其赔偿问题做出了新的解释和说明，即当管制使业主土地的所有在经济上可行的使用都不再成为可能时，就构成了需要赔偿的征用——即使为了公共目的，除非所禁止的使用从一开始就不是业主所有权的组成部分。据此地方法院修正了先前的判决。[①] 最高法院在卢卡斯诉南卡罗来纳海岸管理委员会案判决中首次承认，即便为了公共利益而进行的管制给财产主人造成损失时也要做出赔偿，这对此后联邦法院因环境管制而引起的财产权纠纷案的判决具有重要影响。[②]

起诉权或起诉资格（Standing to Sue）是法院可资利用的重要手段，法院可通过宣布上诉方有无起诉资格或起诉权来拒绝或受理某项争讼。传统意义上的民事诉讼主体是普通法中的个人和团体，提起诉讼的前提是发生了事实上的伤害。20 世纪 70 年代的“环境的十年”中，成文法和公法成为环境诉讼的主要法律依据，环保主义者和环保团体也获得了公益诉讼主体的资格。20 世纪 70 年代初的一些环保法案都规定了公民个人有权对触犯环保法规和未能履行职责的环保机构及官员提起诉讼。在 1972 年的“塞拉俱乐部诉莫顿”（Sierra Club v. Morton）一案中，最高法院承认对环境的破坏构成“事实上的伤害”，任何个人和团体只要能证实其本身受到这种伤害，便可获得起诉资格。[③]

20 世纪 70、80 年代，起诉资格并未成为环保主义者和环保团体挑战那些削弱环保政策破坏环保行为的主要障碍。进入 20 世纪 90 年代，形势发生了很大变化。20 世纪 90 年代，联邦法院拒绝了国家野生生物联盟对土地管理局的一项土地开发计划的指控，法官安东尼奥·斯卡利亚以该联盟不能证实承受过任何具体伤害而否决它的起诉资格。[④] 1992 年，联邦最高法院在

---

① *Lucas v. South Carolina Coastal Council, 505 U. S. 1003 (1992)*, U. S. SUPREME COURT.

② 参见韩铁《环境保护在美国法院所遭遇的挑战：“绿色反弹”中的重大法律之争》，《美国研究》2005 年第 3 期，第 70 页。

③ *Sierra Club v. Morton, 405 U. S. 727 (1972)*.

④ *Lujan v. National Wildlife Federation, 110 S. Ct. 3177 (1990)*.

“卢汉诉野生生物保护者协会案”（Lujan v. Defenders of Wildlife）中否决了原告的起诉资格，认为《濒危物种法》的公民诉讼条款允许任何人以自己的名义起诉、控告任何人，包括美利坚合众国和政府机构的违法行为。[①]“卢汉诉野生生物保护者协会案”的判决结果对此后近十年内下级法院的司法实践产生了很大的影响，环保主义者及环保团体的主张和要求往往因起诉资格问题而被束之高阁。总之，在20世纪90年代，联邦法院倾向于限制和减少以公共利益为目的的个人或组织的起诉资格和起诉权。

20世纪90年代，联邦法院在环境问题上的保守主义倾向与该时期法院法官的构成有直接关系。由于美国的法官终身任职，享有优厚的生活待遇和较高的社会地位和威望，也由于他们不是民选官员，可以不必受制于选民舆论，因此法官在司法实践中更多地受自身的哲学思想和价值观、政治倾向与法学观点等因素影响。[②] 1969年至1986年，当沃伦·伯格任最高法院首席大法官其间，联邦法院中的自由派占优势，环境保护在法院中获得了积极支持。1986年，里根总统任命保守派威廉·伦奎斯特为首席大法官，此后直到20世纪90年代初正值联邦法院自然交替时期，克林顿就任美国总统之时，在联邦地区法院、巡回区上诉法院、最高法院总计714名法官中有一半以上是由里根和老布什两位共和党总统任命的。[③] 这些新任命的法官大多属于政治上的保守派，他们在20世纪90年代早期支配着联邦巡回区法院，环保主义者和环保团体在涉及环境问题的司法争讼中更少胜诉。[④]

20世纪90年代联邦法院在环境问题上的司法倾向与20世纪80年代以来美国的管制改革潮流也有一定联系，20世纪70年代奠定的环境政策基础及此后的发展给美国的企业和经济造成了很大负担和制约，因此放松环境管制、限制环保团体和个人的诉讼资格以及综合考虑环境政策与环境

---

① *Lujan v. Defenders of Wildlife, 112 S. Ct. 2130 (1992).*

② 参见李道揆《美国政府和美国政治》，中国社会科学出版社1990年版，第483—484、511—512页。

③ Mark Dowie, *Losing Ground: American Environmentalism at the Close of the Twentieth Century*, Cambridge, Mass: MIT Press, 1995, p. 79.

④ “Courthouse no Longer Environmental Citadel”, *Times*, March 23, 1992, 1.

立法的多方面影响也就成为法院的必然选择。从制度和文化层面讲，20 世纪 90 年代联邦法院在司法实践中的某些“反环保”倾向也是维护市场经济和私有产权制度等传统价值目标的必然结果，因为环境政策具有更大程度上的管制色彩，对私有产权构成的冲击也最大，正如马克·道伊所言，环保主义就其本质而言“威胁到我们文化最神圣的制度——私人产权”，因此，以维护私有产权的神圣性为主要使命的美国法院自然要对此加以限制。

联邦法院特别是联邦最高法院的司法倾向对联邦法规和政府政策具有重大影响，这是由法院的司法审查权和司法实践中的先例原则决定的。1803 年联邦党人约翰·马歇尔领导的最高法院在“马伯里诉麦迪逊案”中率先确立了法院的司法审查权和宪法解释权，据此联邦最高法院的裁决不仅对下级法院而且对所有其他政府部门都具有约束力，这便大大加强和提高了法院、特别是联邦最高法院的权力和地位。先例原则是美国司法实践中约定俗成的一项原则，即在司法裁决中要遵循先前判例的效力及其法理精神，先例原则是为了维护法律内涵的稳定性及司法实践的公正性。[①] 由于上述两个因素，20 世纪 90 年代联邦法院特别是联邦最高法院在司法审查、解释和个案判决中的一些不利于环保的影响不限于具体事件本身，它往往为下级法院、同类争讼和案件及后来的司法实践所遵循和效仿。由于法院体现了国家的法理权威，它的判决对普通民众和联邦机构的思想和行为也会产生深刻影响。美国锡拉丘兹大学教授罗斯玛丽·奥利里在 20 世纪 90 年代初对 2000 多项联邦法院判决进行研究后发现，遵守法院命令已成为环保署优先考虑的事项之一，有时超过了国会授权，威胁到代议制民主。[②] 总之，联邦法院在 20 世纪 90 年代对美国的环保政策构成了不小阻力，产生了某些负面影响。

---

① 李道揆：《美国政府和美国政治》，中国社会科学出版社 1990 年版，第 483—484、526—527 页。

② Rosemary Leary, *Environmental Change: Federal Courts and the EPA*, Philadelphia: Temple University Press, 1993, p. 170。参见韩铁《环境保护在美国法院所遭遇的挑战：“绿色反弹”中的重大法律之争》，《美国研究》2005 年第 3 期，第 63 页。

二　20 世纪 90 年代美国环境政策的变革及发展趋势

20 世纪 90 年代是美国环境政策变革的十年。以老布什的“折中主义”和克林顿的“第三条道路”为背景，美国的环境政策与环保立法出现了混合与多元化的趋势。通过发展基于市场的环境政策工具，采用成本—收益分析，实施可持续发展战略，促进环境信息公开化，推进环境权利与义务的公平分配，鼓励环保技术创新等，联邦政府和国会开创了美国环境政策的新阶段。20 世纪 90 年代美国环境政策的变革是由时代变迁和美国的文化传统决定的，对此后美环境政策与环保立法的走向产生了一定影响。

1. 20 世纪 90 年代美国宏观经济政策的新趋向——从老布什的“折中主义”到克林顿的“第三条道路”

里根政府的保守主义经济政策虽然对遏制通货膨胀和刺激经济增长发挥了一定作用，但也造成了结构性的“孪生赤字”和贫富悬殊等新的社会经济问题。20 世纪 80 年代末，美国社会政治倾向开始趋向于“中间偏右”，公众普遍希望推行一种居中稳健的宏观社会经济政策。1989 年上任的老布什政府在一定程度上适应了选民的这种要求，实施了某种“折中”色彩的宏观政策。老布什政府的“折中主义”带有过渡性，克林顿总统明确提出了“第三条道路”政策纲领，试图对美国社会经济进行一次全面变革。在此背景下，美国环境政策进入了一个新时期，出现了许多新变化。

（1）老布什政府的“折中主义”社会经济政策

老布什在任内推行了一种“折中主义”（或温和保守主义）的宏观经济政策，这一政策既不同于新政式国家干预模式，也有别于里根的新保守主义，而是两者兼而有之。[①] 具体来说，不是僵化地坚持凯恩斯主义大政府大开支的扩张性财政货币政策或供应与货币学派的减税和小开支的紧缩性政策，而是根据具体形势灵活地采用不同的经济理论和经济政策。老布什的社

① 关于老布什政府的国内经济政策，可参见钟文范、宋霞《乔治·布什政府国内政策特点探析》，《世界历史》1998 年第 2 期，第 11—19 页。

会政策也有类似特征，即不再像里根那样走极端，在照顾大公司大企业利益同时也兼顾其他社会阶层的要求。这样做的目的——按照老布什的话来说——是想帮助塑造一个“更友善、更温和”的社会。老布什的“折中主义”倾向是对其前任极端保守主义政策反思的结果。

里根政府推行的以放松管制和减税等为主要内容的经济政策虽然取得了一定成效（恶性通货膨胀得到遏制，经济持续增长），但是也造成了结构性“孪生赤字”，即巨额的财政赤字和外贸逆差。[①] 1981 年，美国财政赤字仅 579 亿美元；到 1986 年，增至 2207 亿美元；到 1987 年，美国丧失了维持 70 年之久的债权国地位，成为国际净债务国。里根政府的“劫贫济富”税收政策拉大了贫富差距，引发了新的社会问题。面对众多里根政策的“后遗症”，作为共和党温和派的老布什总统必然选择一条有别于其前任的“中间道路”。老布什的“折中主义”政策选择了在一定程度上反映了 20 世纪 80 年代末美国社会的主流意识和政治倾向，即民众既不希望回归 20 世纪 70 年代以前的老路上去，也反对里根的极右路线。由于老布什并非刻板的反政府的里根派分子，他肯定与尼克松式的共和党人一样不保守[②]，因此多数美国选民选择了他。老布什的“折中主义”对其环境政策取向有很大影响。正是在这样的宏观政策背景下，带有妥协特征和兼顾多方利益的《清洁空气法》最终于 1990 年获得通过，并且由此开始了环境政策改革的新阶段。

（2）克林顿政府的“第三条道路”

老布什政府的“折中主义”宏观政策反映了一种时势和潮流，因此它不独为共和党“温和派”所倡导，也为民主党“保守派”所推崇。20 世纪 70 年代及此前的国家干预主义和 20 世纪 80 年代的新保守主义遭遇挫折，说明单一理论无以指导和解决当代资本主义社会面临的诸多问题，于是现代主流经济学出现了融合趋势，宏观经济政策也有了兼收并蓄的特征。因此，克林顿才提出了“第三条道路”思想。“第三条道路”是克林顿在 1993 年就任总统后正式提出的一种政治路线。他讲到：我们的政策既不是共和党的，

① 郭吴新等主编：《90 年代美国经济》，山西经济出版社 2000 年版，第 23—33 页。

② ［美］赫伯特·斯坦：《美国总统经济史：从罗斯福到克林顿》，金清、郝黎莉译，长春人民出版社 1997 年版，第 366 页。

也不是民主党的，而是介于自由放任的资本主义和福利国家之间的“第三条道路”。克林顿的“第三条道路”思想和政策的形成并非一簇而就，而是经历了一个发展和完善的过程。直到其第二任期后，克林顿的“第三条道路”思想才逐渐成熟。

“第三条道路”综合吸纳了凯恩斯主义、货币主义、供应学派和理性预期学派等众多经济学派的理论和主张，根据具体经济形势而采取不同的对策。“第三条道路”的基本思路是要在极端自由主义、保守主义与民主主义的政治、经济和社会目标之间寻求一种平衡和折中，把前者竭力倡导的市场效率和竞争机制与后者主张的社会公正更好地结合起来。“第三条道路”既主张积极有限的政府干预，又强调激发市场活力；既要克服第二次世界大战后 20 多年里政府对经济过多干预造成的“政府失灵”和“市场僵化”，又要克服 20 世纪 70、80 年代经济自由主义过度膨胀带来的“市场失灵”等社会经济问题。[①]“第三条道路”的关键之处在于其改变了对政府和市场作用的两种片面认识，有助于避免宏观政策选择的极端化倾向和政府干预不当或干预不足的局面。“第三条道路”着意淡化党派界限和意识形态分歧，力求在社会各阶层及各种利益之间寻求平衡，这对 20 世纪 90 年代的美国来说不失为一种理性的选择。以“中间路线”和“第三条道路”为宏观背景，20 世纪 90 年代美国的环境政策注重兼顾多元利益和诉求，政府干预和市场导向的环境政策工具都得到了发展。

2. 老布什与克林顿政府的环境政策

（1）老布什政府的环境政策

鉴于里根的“反环保”声誉，老布什决心在环保政策上与里根拉开距离。他在竞选中做出承诺，表示希望继承西奥多·罗斯福的传统，成为一位“环保主义者”。在任期前两年，他在环保问题上还是比较积极的，他支持通过了里根时期极力阻滞的《清洁空气法修正案》（1990 年）。但是在任期后两年，老布什的环境政策趋向保守，他在 1992 年里约热内卢地球峰会上

① 宋玉华等：《美国新经济研究：经济范式转型与制度演化》，人民出版社 2004 年版，第 276 页。

的消极态度就颇具代表性。在那时，他更像1980年的里根。[①]

老布什政府的环境政策不但没有持续性，而且带有折中的特点。老布什总统任命了几位环保人士到白宫任职——比如前世界野生生物和资源保护基金会主席威廉·赖利（William Reilly）被任命为环保署长，前新英格兰环保署署长迈克尔·迪兰（Michael Deland）被选为环境质量委员会主席。但是他也任命了一些保守派人士担当要职——比如任命理查德·达曼（Richard Darman）为预算管理办公室主任，迈克尔·波斯金（Michael Boskin）为经济顾问，曼纽尔·卢汉（Manuel Lujan）为内政部长，约翰·苏努努（John Sununu）为内政部长。最重要的是副总统丹·奎尔（Dan Quayle）被任命为新创建的竞争力委员会主席。该委员会的职责是根据成本—收益分析来评估环保立法和政策创制，负责审查任何可能影响企业竞争力的规章，该委员会成为解除涉及环境问题的管制规章的主要机构。

老布什声称清洁空气是其优先议程，承诺支持修订《清洁空气法》。老布什试图推动产业界领导人、环保主义者和政府机构官员达成妥协。众议院民主党人亨利·维克斯曼（Henry Waxman）代表洛杉矶空气污染受害者支持通过法案。众议院民主党人约翰·丁格尔（John Dingell）代表着密歇根州庞大的汽车制造业的利益，反对修订法案。在参议院中，西弗吉尼亚州参议员罗伯特·伯德（Robert Byrd）担心《清洁空气法》可能会影响其所在州的煤炭业发展。老布什政府主要依靠罗杰·伯特、罗伯特·格雷迪、博伊登·格雷和威廉·罗森博格从中斡旋，国会最终于1990年通过了《清洁空气法修正案》。该法的通过，老布什政府确实发挥了积极的领导作用，也得到了环保主义者的肯定。布什在签署该法时讲到："现在立法僵局已经打破"，"该法案将最终使这个国家每个城市都能达到空气质量标准"。

1990年，老布什总统签署的另一部重要环境立法是《石油污染法》（*Oil Pollution Act*）。该法是在严重的石油泄漏事件推动下通过的。老布什就任总统两个月，埃克森·瓦尔迪兹（Exxon Valdez）号油轮搁浅在阿拉斯加

---

① 关于老布什政府的环境政策，可参见 Byron W. Daynes and Glen Sussman, *White House Politics and the Environment*: *Franklin D. Roosevelt to George W. Bush*, College Station, TX: Texas A & M University Press, 2010; Norman J. Vig, "Presidential Leadship and the Environment", *Environmental Policy*: *New Direction for the Twenty-First Century*, Washington, DC.: CQ Press, 2003, p. 105。

州海岸威廉王子湾，泄漏原油1100万加仑，造成了严重的污染。石油泄漏威胁着上千万只海岸候鸟和水禽，以及数百只海獭、海豚、海狮、鲸鱼等。[①] 此事经媒体报道后迅速传播，其社会影响很大。作为对这次事件的回应，老布什发表声明暂停对阿拉斯加州布里斯托尔湾的石油和天然气开采，但他声称他支持在阿拉斯加北极国家野生生物保护区的石油钻探与埃克森·瓦尔迪兹号灾难没有联系。[②] 以这次石油泄漏为背景，国会通过了《石油污染法》（*Oil Pollution Act*），次年老布什签署了该法。该法要求相关公司向海岸警备队和环保署呈递石油泄漏应急计划，并训练其雇员。[③] 此法是国会与总统在石油泄漏危机的促动下共同努力打破僵局的立法成果。

老布什政府非常重视解决能源问题，通过能源部制定新的能源战略，主要是通过扩大国内生产以减少对进口石油的依赖。这一战略试图在能源生产与资源保护之间寻求平衡。在老布什政府的推动下，尽管能源开发和资源保护是最具争议的问题，但最终各方还是达成了妥协，于1992年通过了《能源政策法》。[④] 该法规定重建电力工业，对石油和天然气钻探减免税负，鼓励能源保护和提高能源利用效率，促进可再生能源和汽车替代燃料的生产和使用，发展核电，投入数十亿美元用于与能源相关的研究和开发，在能源部设立了一个气候保护办公室。该法的内容体现了兼顾能源开发和资源保护的思想，对各方关切都给予了充分的考虑。

老布什政府的环境政策与里根政府时期的环境政策有继承也有区别，就其环保立场而言属于“中间偏右”类型。老布什政府一方面结束了里根时期的僵硬政策，另一方面在一定程度上恢复了被里根政府破坏的信念和资源，推动签署了《清洁空气法修正案》。但事实上，老布什政府在环境政策上没有太多作为。老布什政府的环境政策预示了一种政策趋势，就是力图调

---

① U. S. Environmental Protection Agency, *Exxon Valdez Oil Spill*, *Emergency Management Learning Center*, *Nationally Significant Incidents*, http: //www . epa. gov/emergencies/content/learning/ exxon. htm（2009年11月17日）。

② Pamela A. Miller, *Exxon Valdez Oil Spill*: *Ten Years Later*, *Technical Background Paper*, *1999*, *Arctic Circle*, *University of Connecticut*, http: //arcticcircle. uconn. edu/SEEJ/Alaska/miller2. htm（2007年2月15日）。

③ Michael E. Kraft, *Environmental Policy and Politics*, 2nd ed. New York: Longman, 2001, p. 68.

④ Ibid. , p. 152.

和各方的主张和利益诉求，走一条温和折中的路线和道路。这一特征在老布什政府时期不甚明显，到了克林顿政府时期就颇为明显了。

（2）克林顿政府的环境政策

在1992年的总统大选中，比尔·克林顿（Bill Clinton）和阿尔·戈尔（Al Gore）获得了环保主义者的大力支持，社会对他们抱有很高的“环保”期望。民意测验显示，有64%的人认为克林顿将会“改善环境质量”。[①] 大选过后，《塞拉》杂志社的卡尔·波普将克林顿—戈尔团队描绘为环保主义者，称他们最有希望将这个国家从环境与资源破坏和消耗中拯救出来，实现可持续发展。[②] 克林顿也视自己为环保主义者。他讲到：如果有一件事能够使我们超越代际和党派，将我们这个好争善辩的国家团结起来，那一定是我们拥有的对这片土地的爱。[③] 然而，环保主义者对克林顿的期望在克林顿第一任期开始不久便烟消云散了，许多环保组织表达了不满和失望。塞拉俱乐部认为克林顿在面对利益集团和政治反对派压力时显得软弱。[④]

如以往一样，克林顿政府也是利用行政权力通过机构改革和人员任命来推进其政策议程。上任不久，克林顿就裁撤了老布什政府设立的竞争力委员会，该委员会以牺牲环保为代价，维护企业利益。他还设立了新的环境机构：包括国家生物管理局（National Biological Service），负责统计和监控生物资源以确定哪些物种需要保护；白宫环境政策办公室（White House Office

---

① “The actual question asked the public was Next, I have some questionsabout the Clinton administration, which will take office in January. Regardlessof which presidential candidate you preferred, do you think the Clintonadministration will or will not be able to do each of the following.” JohnKenneth White, “The General Campaign: Issues and Themes”, *America's Choice: The Election*, ed., William Crotty, Guilford, Conn.: Dushkin Publishing Group, 1993, p. 67. “The environment had come third, after improvingeducation, which was named by 69 percent, and improving conditions forminorities and the poor was chosen by 68 percent of the public.”

② Carl Pope, “Lead and Learn”, *Sierra Magazine* 78, May-June 1993, p. 26.

③ David Foster, Clinton Designates Several National Monuments: With a Presidential Legacy on the Line Clinton Gets Environmental, Associated Press, August 7, 2000, http://abcnews.go.com/（2009年11月14日）。

④ 关于克林顿政府的环境政策，可参见 Byron W. Daynes and Glen Sussman, *White House Politics and the Environment: Franklin D. Roosevelt to George W. Bush*, College Station, TX: Texas A & M University Press, 2010; Norman J. Vig, “Presidential Leadship and the Environment”, *Environmental Policy: New Direction for the Twenty-First Century*, Washington, DC.: CQ Press, 2003, p. 105.

on Environmental Policy），职责是协调环境政策；总统可持续发展委员会（President's Council on Sustainable Development），由由来自白宫、企业界、劳工、环境和民权领域的领导组成政策顾问团。克林顿还试图将环保署升为内阁级别，但因国会反对没能实现。

克林顿政府将一批赞同和支持环保的人士安置在政府机构中。布鲁斯·巴比特（Bruce Babbitt）被任命为内政部长，他是一位积极的环保主义者。卡罗尔·布朗纳尔（Carol Browner）被任命为环保署署长，在其长达八年的任职其间，环保署成为克林顿实现其全球环境议程的有力工具。凯瑟琳·麦克金蒂（Kathleen McGinty）是环境质量委员会主席和克林顿政府在环境和自然资源问题方面的顾问，她为克林顿政府提供了很多重要的政策建议。迪莫斯·沃斯（Timothy Wirth）成了克林顿的国务卿助理，职责是就全球气候变化造成的威胁提出应对建议。黑兹尔·奥利里（Hazel O'Leary）被任命为能源部部长。最重要的是副总统戈尔，他曾是参议院中一位环保运动的倡导者，1992 出版了《濒临失衡的地球：生态和人文精神》一书。克林顿政府任命的这个班底可能是美国历史上最强大的“绿色团队”。在回顾这个“绿色团队”的成就时，克林顿评价极高，他说：“由于他们的努力，我们的空气和水质更干净了；我们的食物更安全了；8 年中我们清洁的有毒废物场所是之前 12 年的两倍多。更多土地被纳入保护范围，比西奥多·罗斯福以来任何一届政府都多，我们支持研究、开发和发展能源保护和技术，以及清洁的能源，我确信，我们能够把保护环境和发展经济结合起来。”①

在第 103 届国会其间，克林顿总统面对的是不合作的共和党。保守派的智囊团建议，应当把一些面临经费紧张和过度拥挤的国家公园出售或转让给私人。三个重要环境法——《清洁水法》《清洁空气法》和《濒危物种法》遭到了国会中共和党人的抨击。爱达荷州共和党参议员拉里·克雷格（Larry E. Craig）反对《濒危物种法》拯救三种鲑鱼的努力，认为这干扰了爱达荷州民众的生活。第 103 届国会的环境立法成就非常有限，只通过了《加州沙漠保护法》（*California Desert Protection Act*）和《大沼泽地水流法案》（*Ev-*

① Bill Clinton, Remarks on the Designation of New National Monuments, January 17, 2001, Public Papers of the Presidents: William J. Clinton, 2000 - 2001 (Washington, DC., 2002), 3: 2930.

erglades water-flow bill)。《加州沙漠保护法》虽确保了3万多平方公里的公共土地的安全，但仍然允许在公地上放牧、采矿、狩猎，允许娱乐性车辆通行。① 克林顿说服国会通过了《大沼泽地水流法案》，根据该法将提供78亿美元来修复长达一个世纪的排水对大沼泽地造成的破坏。

1994年中期选举之后，克林顿政府面对的是共和党控制的极其顽固且不合作的国会，这迫使克林顿总统频繁地使用否决权。1998年在对资源保护选民联合会的演讲中，克林顿解释他将如何利用否决权去保护共和党力图削弱的环保成果。他说，他将否决任何"对环境造成不可接受的伤害"的决定。② 在第二任总统任期内，他一共行使了37次否决权，其中许多次是因为环境问题。第104届国会支持对联邦管制私营部门实行成本—收益分析和风险评估，竭力维护私有财产权，为环境政策立法设置了重重阻力。《清洁水法》就是共和党通过授予污染者如石油、采矿和造纸业污染豁免来削弱环保立法的实例。国会与总统的这种对立使环境政策再度陷入僵局。

与尼克松政府和里根政府不同，克林顿政府的环境政策出现了一些新特点和新趋向。克林顿认为，环境与经济之间有密切关联，健康的环境有赖于健康的经济。他强调要在发展经济与保护环境之间寻求平衡，由此决定了在具体的环境事务中要考量和协调各方的利益和诉求。在南加州，克林顿政府致力于与环保主义者、地方政府官员以及当地产业界一道，通过协商来拯救该地食虫鸣禽和濒危鸟类，最终达成了妥协，加州食虫鸣禽被列入了濒危物种名录，其生态系统置于联邦政府保护之下，当地开发商进入该区域也受到了一定限制。另一个事例是1993年西北部的"木材峰会"。克林顿在竞选总统时曾承诺将尽最大努力解决伐木者与加强联邦法律保护森林和濒危物种之间持续5年的矛盾。克林顿邀请各方代表大约60人在俄勒冈州的波特兰开会，希望通过对话来解决这一难题。③ 这次峰会的参加者除了专家学者、环

---

① The 103rd Congress: What Was Accomplished, and What Wasn't, *Times*, October 9, 1994, 28; Issue: Wilderness Areas, *Congressional Quarterly Weekly Report 52*, no. 43 (November 5, 1994), pp. 3174 - 3175.

② John Cushman Jr., "Bipartisan House Rejects Public Lands Measure", *Times*, October 8, 1998, 23A.

③ *The President's Radio Address, April 3, 1993, American Presidency Project, ed., Woolley and Peters*, http://www.presidency.ucsb.edu/ws/print.php? pid = 464o1 (2009年11月14日)。

保主义者、科学家、渔夫、土著部落领导，还有波特兰社区领导。克林顿率领副总统戈尔与内阁成员及相关工作人员一同参加。克林顿表示，他和他的政府发言人来波特兰就是“倾听和了解”情况的。他主张各方应坐下来协商讨论，而非诉诸法律，这是一种成功解决问题的方式。[①]

1996年总统大选前，克林顿政府欲在犹他州建立大阶梯—埃斯卡兰特国家保护区，但却遭到了犹他州居民的抵制。他们认为这是联邦政府通过不正当方式获取犹他州土地，是民主党为了获得环保主义者的选票而为之。犹他州州长迈克尔·莱维特（Michael Leavitt）消极抵制。鉴于这种情况，克林顿派内政部长巴比特与莱维特谈判，最终达成了妥协，创立了设立国家纪念区的模式，通过联邦政府和州政府协商来解决土地利用问题。[②]

这个保护区的建立给环保主义者留下了深刻印象，因为它将5261平方公里红岩峡谷区纳入联邦保护之内[③]，这个保护区的设立对克林顿赢得1996年总统大选发挥了作用。这也是克林顿利用1906年《文物法》有效“保护具有特殊文化、历史和科学价值的联邦土地”的一种尝试。克林顿政府利用此法新建了大量国家森林、禁猎区、鸟类保护区、国家公园、纪念区等，其中新建19个国家纪念区，扩建3个，面积达2.4万平方公里，这些保护区大都位于西部。[④]

克林顿政府环境政策的一个亮点是倡导“生态系统”方法。就是不仅仅关注单一环境问题，而且考虑到所有相关要素之间的关系，比如人、动植物与土壤、空气和水体及气候的和谐关系。在保护西北太平洋沿岸地区某些物种时，克林顿政府就遵循了这种“生态系统”保护理念。一位观察者将这种保护理念称为“美国土地政策史上最重要的变革”。[⑤] 内政部长巴比特对恢复和保护佛罗里达湿地非常感兴趣，认为这是“这个国家从事的规模最

---

① Byron W. Daynes and Glen Sussman, *White House Politics and the Environment: Franklin D. Roosevelt to George W. Bush*, College Station, TX: Texas A & M University Press, 2010.

② Ibid.

③ For a description of these monument, See Reed McManus, "Six Million Sweet Acres", *Sierra*, September-October 2001, pp. 40 – 53.

④ Charles Levendosky, "Clinton Left Us One of the Greatest Land Legacies", *Liberal Opinion Week*, February 5, 2001, 6.

⑤ Roger Schlickeisen, "Ecosystem Opportunity", *Defenders*, Summer, 1994, 5.

大、最雄心勃勃的生态系统恢复项目”。[①]

克林顿政府积极倡导通过保护濒危物种栖息地来保护濒危物种和其他野生动植物[②]，该政府先后创建了42个野生生物保护区[③]，包括佛罗里达大沼泽地、黄石国家公园区和加州古红杉林等。克林顿政府时期，尤其是在执政后期，其环保业绩还是比较突出的。克林顿通过行政命令将约1931公里海岸线、夏威夷岛西北部珊瑚礁纳入保护。克林顿称，保护国家森林17万多平方公里无路区是他任期内采取的最大的保护措施。[④] 在2001年1月离任前，克林顿发布了一项环保主义者期待已久的行政命令以保护国家森林近24万平方公里无路区域，限制道路建设和开发。[⑤] 资源保护选民联合会甚至认为克林顿是“最好的（环境）总统之一”。

3. 20世纪90年代美国的主要环保立法

20世纪80年代末，美国的污染事件发生率有升高趋势，公众对里根政府的环境政策也十分不满。在1988年总统大选中，老布什表示要做一名“环境总统”，决心与其前任的“反环保”立场拉开一定距离。[⑥] 上任后，老布什政府采取了一些积极的环保举措。在老布什政府的推动下，乘着“地球日”20年周年纪念日的东风，美国迎来了一次新的环境立法的高峰。1990年，美国计有5部重要环境法案问世，它们是：《海岸湿地规划、保护和恢复法》（*Coastal Wetlands Planning, Protection, and Restoration Act*）、《国家环境教育法》（*National Environmental Education Act*）、《石油污染预防、回应、

---

① Alexander Cockburn, “Beat the Devil: Environmental Policies of Interior Secretary Bruce Babbitt and the Bill Clinton Administration”, *The Nation* (September 6, 1993), p. 234.

② “As an alternative way of implementing the Endangered Species Act, the Clinton administration supported completion of more than 250 habitat conservation plans protecting some 170 endangered plant and animal species while allowing controlled develipment on 20 million acres of private land.” William Booth, “A Slow Start Built to an Environmental End-run”, *Washington Past*, January 13, 2001.

③ Charles Levendosky, “Clinton Left Us One of the Greatest Land Legacies”, *Liberal Opinion Week*, February 5, 2001, 6.

④ Clinton, *Mp Life*, 907.

⑤ Douglas Jehl, “Road Ban Set for One-third of U. S. Forests”, *Times*, January 5, 2002; Eric Pianin, “Ban Protects 58.5 Million Forest Acres”, *Washington Post*, January 5, 2001.

⑥ John Holusha, “Bush Pledges Aid for Environment”, *Times*, September 1, 1988.

责任和补偿法》(*Oil Pollution Prevention, Response, Liability, and Compensation Act*)、《污染预防法》(*Pollution Prevention Act*)和《清洁空气法修正案》(*Clean Air Act Amendments*)。

《海岸湿地规划、保护和恢复法》是一部分配联邦资金用于各州海岸保护的专门立法。《国家环境教育法》要求环保署在增进公民环境素养方面承担主要责任，在环保署内设立环境教育办公室，负责广泛的环境教育议程。[①]《石油污染预防、回应、责任和补偿法》是对埃克森·瓦尔迪兹事件回应的产物，该法为石油泄漏设立了联邦综合责任系统，增加了石油泄漏清理成本及后果的责任限制。《污染预防法》要求从源头上治理污染，强调通过变革生产体系来预防污染。该法也包括提高能源和水体及其他自然资源的利用效率，包括循环利用和可持续农业等十分广泛的内容。[②]

在1990年制定的环境法案中，以《清洁空气法修正案》最为重要，此法是美国环境政策变革的转折点，代表着美国环境政策发展的新趋向。由于里根政府的抵制，20世纪80年代修订《清洁空气法》的努力一直未能成功，老布什上任后支持修订《清洁空气法》，参议院多数党领袖乔治·米歇尔和国会中其他成员如丁格尔、瓦克斯曼和伯德等都积极推动修订该法。老布什曾召集环保团体和人士以及工商界代表等就新的《清洁空气法修正案》进行协商和提出建议。1990年6月，老布什提出了全面修订《清洁空气法》的立法议案，议案要求采取必要措施抑制威胁美国人民健康和环境的几大威胁——即酸雨、城市空气污染和有毒气体。建议案于7月21日递交国会，经过专门委员会历时近4个月的辩论后，国会最终通过了《清洁空气法修正案》并送交白宫，在1990年11月15日由老布什签署生效。《清洁空气法修正案》是老布什任内最重要的环境立法，[③] 此法把老布什作为"环境总统"的形象推至顶峰。

---

① *Environmental Education Act of 1990* (*20 USC 5501 - 5510*; *104 Stat. 3325*) —*Public Law 101 - 619*, signed November 16, 1990.

② *Pollution Prevention Act of 1990. P. L. 101 - 508*, *Nov. 5*, *1990*, *104 Stat. 1388 - 321*, http://www.madcon.com/law_ lib/ppa/ (2006年11月6日)。

③ Norman J. Vig, "Presidential Leadership and the Environment: From Reagan to Clinton", *Environmental Policy in the 1990s*: *Reform or Reaction*, Washington, DC.: Congressional Quartely Inc., 1997, 1887, p. 102.

《清洁空气法修正案》包括四个方面的内容，即酸雨、有毒空气污染、未达标地区、臭氧层损耗。为解决酸雨问题，该法要求到2000年在1980年的水平上分阶段削减1000万吨二氧化硫和200万吨氮氧化物排放量，削减的大部分来自于老式公共发电厂。鉴于以往对有毒或危险空气污染控制不力的局面，在修正案中加入了更严格的规定，要求环保署在未来10年内对189种有毒空气污染源实施控制。对一些标准污染物控制水平未达标地区（80个城区），修正案要求在3—20年内完成达标任务。为配合这些地区的污染控制，该法要求制定更严格的机动车排放标准。为了减少臭氧损耗，该法规定逐渐停止制造和使用氟氯化碳等破坏臭氧层的化学物质。

创立二氧化硫排放许可证交易制度是1990年《清洁空气法修正案》最重要的内容，据此在全国形成了一个完整的二氧化硫排放交易市场，这是基于市场的环境政策工具的重大进展。《清洁空气修正案》实行污染收费制度，规定企业超出年度污染排放限额后每吨排放物将被处2000美元的罚款，允许各州对被管制的空气污染物征收排污税，对严重违规地区实行更高的税率。《清洁空气法修正案》要求环保署不得强制燃煤电厂安装特定装置来降低排污，各企业可灵活地选择不同方法和措施来实现达标目的。《清洁空气法修正案》要求环保署对该法在1970年到1990年间的实施成本和效益进行全面回顾，同时对未来的情况进行前瞻性分析。[①]

《清洁空气法修正案》通过后，鉴于来自政府内部保守派的压力以及1990年至1991年的经济萧条，老布什政府开始从先前的立场上后退，不愿在环保政策上采取进一步行动。1991年没有任何重要环境立法通过，但在国会和其他部门的努力下，1992年出台了几部重要的环保法案，这些法案是：《消减住宅危险含铅油漆法案》《联邦设施达标法》《野生鸟类保护法》《综合水法》和《能源政策法》等。

《消减住宅危险含铅油漆法案》要求环保署采取一切可能措施减少公众接触含铅油漆的机会，定期检查和减少低收入居民住宅油漆的危害，开展铅

① *Clean Air Act Amendments of 1990*, http://www.epa.gov/oar/oaq_caa.html/（2007年1月28日）。

危害宣传教育活动以及对铅削减工程承包商进行专业培训和实行执照制度等。《综合水法》是主要针对水利工程和保护水资源的一部综合立法，该法允许把水权移交给城区管理并鼓励通过分层价格体系保护水源，同时还包括广泛的野生生物保护、迁徙和恢复项目。[①]《能源政策法》要求能源部开展能源研究和项目开发，减少美国对进口石油的依赖，放松原子能核电站的许可要求，促进可再生能源和汽车替代燃料的生产和使用等。此外，扩展了1975年《能源政策和保护法案》的商品能源效率标识范围，将白炽灯和荧光灯、淋浴喷头、水龙头和洁具等都纳入其中，还规定利用差别税率鼓励利用太阳能、风能和地热等可再生能源。[②]

在1992年的总统大选中，克林顿对环境问题表现出了很大的热情。他选择《濒临失衡的地球》的作者阿尔·戈尔为他的竞选搭档，以表明他欲推进环保议程的态度。1992年“地球日”中，克林顿许诺将在环保方面采取有力行动。然而在就任总统的最初两年，克林顿并未担当起环境保护有力的领导角色，其许多举措象征性大于实际意义，这引起了环保主义者和环保团体的不满。1994年共和党保守派控制国会后，克林顿政府面临更大的政治压力。1996年，面对公众的不满和国会的挑战，克林顿政府采取一种“行动主义”策略，积极推动环境政策议程。[③]

美国的环境立法与该时期的政治气候变化相同步。1992年至1996年间，《加利福尼亚沙漠保护法》（*California Desert Protection Act*）是仅有的少数环境立法之一。1996年通过了几部重要环境立法：《含汞蓄电池管理法案》（*Mercury-Containing and Rechargeable Battery Management Act*）、《马格努森—史蒂芬斯渔业保护和管理法》（*Magnuson-Stevens Fishery Conservation and Management Act*）、《食品质量保护法》（*Food Quality Protection Act*）和《安全饮用水法修正案》（*Safe Drinking Water Act Amendments*）等。

在1996年通过的几部环境立法中，以《安全饮用水法修正案》和《食

① Norman J. Vig and Michael E. Kraft, *Environmental Policy in the 1990s: Reform or Reaction*, Washington, DC.: Congressional Quarterly Inc., 1997, Appendix 1.

② *Energy Policy Act of 1992*, http://web.em.doe.gov/acd/rpt9-2.html（2007年1月28日）。

③ Norman J. Vig, “Presidential Leadship and the Environment”, *Environmental Policy: New Direction for the Twenty-First Century*, Washington, DC.: CQ Press, 2003, pp. 110-115.

品质量保护法》最为重要。《安全饮用水法修正案》是工商界、地方官员和环保护主义者之间妥协的结果。为减轻《安全饮用水法》给企业和各州造成的财政负担，新的修正案规定从1996年至2003年间由联邦提供76亿美元的资助和贷款，用以支持地方建设处理设施和负担执行成本；给予地方供水系统应对公共健康风险以更大的权力，允许环保署在制定有关水质标准时均衡多因素以整体降低风险；要求对新的管制措施进行成本—收益分析。在环保主义者的坚持下，《安全饮用水法修正案》还包括一项信息知情权条款，要求所有社区饮用水供应方必须向每位消费者邮寄有关水质和水中各种污染物含量水平及健康影响的年度报告。[①]《食品质量保护法》是一部保护食品安全的专门法案，该法特别强调食品添加剂对儿童的影响，规定了针对儿童的致癌食品添加剂标准。根据知情权原则，该法要求食品店在其销售的商品上加贴有关农业化学残留物的相关信息，以便消费者在购买商品时能够知晓可能导致的健康风险。[②]

4. 20世纪90年代美国环境政策的重大变革和发展趋势

1989年以后，美国环境政策变革的步伐明显加快，环境政策发展的趋势愈益明朗。[③] 概括而言，这种变革和趋势主要表现在以下几方面：第一，环保工作的重心从末端治理转向源头控制，环保实践中更加重视污染的预防而非事后处理；第二，基于市场的环境政策工具得到更多运用，环境政策手段愈益灵活；第三，可持续发展成为环保战略的一项重要原则，环境政策更加注意在社会、经济和环境等多重因素之间寻求平衡；第四，顺应公开化和

---

① Mary Tiemann（Specialist in Environmental Policy, Environment and Natural Resources Policy Division）, *Safe Drinking Water Act Amendments of 1996: Overview of P. L.* 104 – 182. *CRE Reort for Congress.* 96 – 722 *ENR.*

② *The Food Quality Protection Act of 1996*, http://www.pesticidesafety.uiuc.edu/newsletter/ipr8 – 96/foodqual.html（2007年1月26日）。

③ 美国公共政策学者保罗·伯特尼和罗伯特·史蒂文斯认为，1989年以来环境政策演进呈现六大趋势：对基于市场的环境政策工具的兴趣剧增；信息批露条款和制度安排的增加；成本—收益分析在一些环保法规及行政命令中得到一定程度的扩展和运用；在“环境正义”名目之下，由管制模式引起的成本—收益的分配问题受到重视；作为许多政策争论的一个重要焦点，对全球气候变化的关注已经出现；废弃物循环利用得到迅速推广。Paul R. Portney and Robert N. Stavins, *Public Policies for Environmental Protection*, Washington, DC.: Resources for the Future, 2000, pp. 1 – 2。

民主化的时代潮流，环境信息披露和公民知情权条款被附加到更多环保法规中，环境权利和义务的公平分配也被纳入环境政策改革的议程中；第五，环境政策的制定和实施日益强调合作而非对抗，倡导企业自愿遵守环保法规和政策，充分发挥环境政策相关各方的积极主动性；第六，克林顿政府尤其强调通过技术创新和技术变革来实现控制污染保护环境的目标，全球环境问题成为美国政府难以回避的环境政策新领域。

长期以来，美国环保工作的重心一直放在污染末端和事后处理上，这种做法代价高昂且效果不佳。20世纪80年代末，环保署开始探索从源头控制污染。依据1986年的《危险废弃物最小化》和技术评价办公室的后续研究报告，环保署确定了预防污染的四种主要方法：改变制造业体系、更新设备、设计替代产品和改善工业管理。研究表明，采纳这些方法不仅能有效控制污染获得更清洁的环境，还能节约很多成本和开支。在环保署充分调研的基础上，国会于1990年通过了《污染预防法》。《污染预防法》主要包括以下内容：资助各州制定和建立污染预防计划；由环保署帮助工商界开发污染预防技术；设立一个从源头控制污染的信息交换所，负责搜集和传播从源头控制污染的相关信息；创建污染预防问题咨询委员会；奖励在源头控制污染方面做出杰出贡献的单位等。①

《污染预防法》是预防污染的一项专门立法，目的是通过信息搜集、技术转让和资金支持等方式建立一套国家污染预防制度，尽可能从源头减少和控制污染。为有效实施该法案，环保署还设立了一个专门办公室来推行和管理污染预防计划和项目。《污染预防法》与此前的环保法规的根本区别在于，它把控制的重心从污染末端转到污染的源头方面，反映了美国环保政策和环保思想的重大转变，具有重要意义。《污染预防法》从源头控制污染的理念和系列规定对20世纪90年代美国的环保实践产生了很大影响，它降低了污染事件的发生率和污染治理的成本，取得了良好的社会与环境效果。

环境政策一般由政策目标和实施手段两部分组成，后者包括行政、法律和经济手段等。20世纪70年代至90年代的30年间，美国环境政策立法发

① *Pollution Prevention Act of 1990. 42 U. S. C. § 6601 et seq. P. L. 101 - 508, Nov. 5, 1990, 104 Stat. 1388 - 321*, http://www.madcon.com/law_lib/ppa/（2006年11月6日）。

展的总趋势是基于市场的政策工具日益受到关注和重视。不过有两点需要注意：一是所谓命令—控制模式在美国的环保法规和政策实践中始终居于重要地位，即使在20世纪90年代也不例外[①]；二是环境政策的行政和经济手段在不同时期并非处于非此即彼的绝对化地位，市场化的政策工具早在以命令—控制模式为主导的20世纪70年代初起就已得到局部应用，而行政手段在环境政策市场化趋势日益浓厚的20世纪90年代仍被广泛采用。

总体来看，以1990年的《清洁空气法修正案》为界标，美国环境政策的市场化趋势开始强化，环境政策的经济手段得到更多运用。[②] 以市场为导向的环境政策工具可分为四个主要类别：排污收费制度、可交易许可证制度、市场壁垒削减制度和降低政府补贴制度。[③] 20世纪80年代末直至90年代，上述市场导向的环境政策工具获得不同程度的发展，其中，可交易许可证制度成为美国最常用的基于市场的环境政策工具。[④]

老布什与克林顿两任总统对基于市场的环境政策工具，特别是对于可交易许可证制度的兴趣及活动继续增长[⑤]，甚至采用这种政策来应对全球气候变化。与基于市场的政策工具相联系的大量行动也在各州和地方发生。在市场导向的环境政策工具不断扩展的同时，环境保护的行政与法律手段并没有被完全弱化。在环保实践中，联邦政府和机构往往根据具体问题灵活地选择不同的政策工具，环境保护的行政和经济手段实际上发挥着"大棒"与"胡萝卜"的作用。环境政策的上述趋势既是相关利益集团影响的结果，也

① 罗伯特·史蒂文斯认为，尽管政治家们近年来对基于市场的政策工具的兴趣俱增，这些政策也取得很大进展，但他们还没有从根本上改变美国环境政策的主流模式，市场导向的政策工具在很大程度上仍然处于管制政策的边缘。Paul R. Portney and Robert N. Stavins, *Public Policies for Environmental Protection*, Washington. DC.: Resources for the Future, 2000, p. 56。

② 基于市场的政策工具可被分为三个阶段：即20世纪70年代的萌发和个别利用阶段，20世纪80年代的初步发展阶段和20世纪90年代的充分发展阶段。

③ Paul R. Portney and Robert N. Stavins, *Public Policies for Environmental Protection*, Washington. DC.: Resources for the Future, 2000, pp. 33 – 34.

④ 关于美国发展和运用基于市场的环境政策工具的详细情况，可参见 Paul R. Portney and Robert N. Stavins, *Public Policies for Environmental Protection*, Washington. DC.: Resources for the Future, 2000, pp. 2 – 3, 35 – 56。

⑤ Sheila Cavanagh, Robert Hahn and Robert Stavins, "National Environmental Policy During the Clinton Years, Working Paper Number: RWP01 – 027", Kennedy School Faculty Research Working Papers Series, 7/2/2001.

是联邦环境政策理性化发展的表现。

在环保运动高涨的20世纪60年代末70年代初，保护环境成为一些环保法规与政策优先追求的价值目标，而在经济“滞胀”和保守主义回潮的20世纪70年代末80年代初，形势又走向了另一面。这种局面其深层根源在于人们对保护环境与发展经济之间关系的认识，即认为两者彼此对立且难以兼顾。20世纪80年代末，国际社会就如何解决环境与经济的矛盾展开探索和研究，结果催生了“可持续发展”这一理念。[①] 美国联邦政府和国会也曾就怎样协调环境与经济的关系做出过不少尝试，卡特、里根、老布什和克林顿几届政府都要求对重大环境、健康和安全管制条例进行经济影响评估就是明显的例证。实际上，直到克林顿政府其间，美国联邦政府才最终完成了观念的转变，即认为保护环境与发展经济能够在可持续发展基础上统一起来。克林顿政府背离了有关环境保护与经济增长之间关系的传统辩争，认为就业与环保相对立的讨论是一个错误的选择，因为环境清理工作会创造了就业机会，美国经济的竞争力将取决于发展环境上清洁、高效节能的技术。[②]

克林顿政府试图通过推行可持续发展战略和谋求政策变革来实现保护环境和发展经济的双赢目标。1993年6月，克林顿总统宣布成立总统可持续发展委员会，负责为实现国家可持续发展和实现经济、环境、公正目标的新途径提出政策建议。该委员会成员来自工商、教育、劳工、政府和公民社团等社会各界，主席由环保组织和产业界的两名代表担当，这反映了克林顿政府的政治意愿，即试图在多元利益之间达成一致。

1996年，可持续发展委员会发布了一项名为《可持续发展的美国——争取未来的繁荣、机会和健康环境的新共识》的报告。1999年5月，该委

① 可持续发展是1987年世界环境与发展委员会（WCED）在《我们共同的未来》（*Our Common Future*）中率先阐释的概念，意为既要满足当代人的需要又不以牺牲后代人满足他们需要的能力为代价。1992年联合国在巴西里约热内卢举行的地球高峰会议（Earth Summit）上通过了《21世纪议程》（*Agenda 21*），提出了可持续发展的具体行动方案。联合国的可持续发展理念和行动对包括美国在内的世界各国都产生了重要影响。

② Norman J. Vig, “Presidential Leadship and the Environment: from Reagan to Clinton”, *Environmental Policy in the 1990s: Reform or Reaction*, Washington, DC.: Congressional Quarterly Inc., 1997, pp. 105 - 106.

员会提交了报告——《迈向可持续发展的美国》（*Towards A Sustainable America*），报告系统地构想与构建了可持续发展的环境政策框架。在总结过去环境管理模式及实践经验教训基础上，《迈向可持续发展的美国》提出了新的环保理念和政策建议：采纳更为灵活的、更加注重成本与效益的环境管理体制；充分利用市场机制；加强与联邦、州和自治体的合作，调动社会各界的积极性；注重从整个生态系统的角度管理自然资源等。[①] 以可持续发展理念将保护环境与发展经济整合起来，注重均衡环境与经济、短期与长期目标是20世纪90年代美国环境政策最重要的发展趋势和特征之一。

在20世纪90年代，成本—收益分析在环境管制和环保项目中占据了突出的地位。1993年9月，克林顿总统发布了第12866号行政令取代里根政府的第12291号和第12498号行政令，新命令仍然要求对管制措施进行成本—收益分析。与以往不同的是，第12866号行政命令试图在社会、经济、生态和环境目标间保持平衡，避免其前任特别是里根政府过于强调经济利益的局限性。第12866号行政令要求："在做出是否及如何管制的决定时，各机构应该权衡所有可得管制方案的成本与收益。"成本—收益分析应在定量与定性的基础上进行。"在选择管制方法时，机构应选择那些净收益最大化的措施（包括潜在的经济、环境、公众健康和安全及其他利益，影响分布和公正等），除非法令规定有其他管制途径。"[②] 20世纪90年代，国会和环保署也在积极倡导运用成本—收益分析。1995年，国会颁布了《非资助性命令改革法案》（*Unfunded Mandated Reform Act*），要求对包括环境在内的所有拟议中和最终的管制条例进行收益和成本的数量比较，并命令机构选择成本最小的管制措施，或者对不能选择成本最低的措施做出解释。[③] 1997年，环保署在其制定的环境政策规划中把成本—收益分析作为指导原则。1999年，环保署在其发布的展望报告里再次强调成本—收益分析的作用。

---

① The President's Council on Sustainable Development, *Towards a Sustainable America: Advancing Prosperity, Opportunity, and a Health Environment for the 21st Century*, May 1999, http://clinton2.nara.gov/PCSD/Publications/（2006年11月5日）。

② "Executive Order 12866-Regulatory Planning and Review", *Federal Register*, Vol. 58, no. 190, October 4, 1993.

③ *The Unfunded Mandated Reform Act. Public Law 104 – 4 104th Congress*, http://www.blm.gov/nhp/news/regulatory/1600 – Final/pl104 – 4. html（2006年11月5日）。

20世纪90年代，尤其是克林顿政府时期，美国比较重视解决有色人种、少数族裔、低收入阶层以及其他弱势群体与小规模实体（企业、非营利机构和小型政府部门）所面临的不公平和不对等的环境权利与义务问题，并且把这些问题的解决与促进社会正义联系起来。[①] 为了保障公民的环境知情权并促进环境政策的有效实施，美国联邦政府还积极利用国际互联网等现代资讯手段向公众提供环境信息和开展环境教育，许多环境法明确规定了部门或厂商标识其行为和产品所隐含的环境风险及耗能效率的义务。[②] 为减轻能源压力和节约耗材，美国政府鼓励和资助各级政府和企业开展物资循环利用，倡导使用可循环利用的绿色商品。克林顿政府特别强调通过技术创新来解决环境问题，主张以开发新技术和新产品来实现保护环境与发展经济的双重目标。从老布什开始，美国政府很注重协调环境政策相关各方的关系，通过推动合作与倡导自愿项目，努力发挥政府与企业、公民和团体保护环境的积极性和主动性。克林顿政府对全球环境问题也给予了回应，他上任后签署了《生物多样性公约》和《海洋法公约》。克林顿政府还积极倡导《北美自由贸易协定》的环境附加条款。[③] 由上可见，20世纪90年代美国环境政策的变革涉及十分广泛的领域，其发展呈现了混合与多元化趋势。

---

① *For example*, *Small Business Regulatory Enforcement Fairness Act of 1996*, *The Thomas Internet website of the Library of Congress*, http: //thomas. loc. gov.

② Paul R. Portney and Robert N. Stavins, *Public Policies for Environmental Protection*, Washington. DC. : Resources for the Future, 2000, p. 3.

③ Richard N. L. Andrews, *Managing the Environment*, *Managing Ourselves*: *A History of American Environmental Policy*, New Haven: Yale University Press, 1999, pp. 363 - 364.

第三部分

美国历史上的环保立法个案研究

美国的环境保护更多地以国会立法的形式开展和实施。20世纪，尤其是20世纪下半叶在美国通过了大量环保法案，这些法案涉及资源和荒野保护、空气和水体污染控制、生物多样性保护、化学杀虫剂和有毒物质控制等诸多领域，在污染预防、信息披露、社区知情权等诸多方面都出现了制度创新。在环保立法酝酿和讨论、通过和实施过程中，各相关行为体，包括环保组织和环保主义者、企业和利益集团、政府部门和国会等，针对一些焦点问题展开了激烈辩论和博弈，最终达成了妥协。本部分选取20世纪60、70年代通过的几部重要环保立法：1964年的《荒野法》、1972年的《水污染控制法》和同年的《杀虫剂控制法》、1976年的《有毒物质控制法》，以环境政治史视角进行历史考察。透过这种辩论和博弈，来观察其背后隐含和反映的不同价值观念和利益诉求。

第一章
1964年《荒野法》

1964年的《荒野法》是美国国会通过的一部专门保护美国荒野的重要法案。以国会立法的方式来保护荒野，这在世界历史上尚属首次，体现了荒野在美国历史与文化中的重要地位。《荒野法》的通过有着特定的历史背景和文化渊源，在美国的荒野保护史上具有重要地位，值得关注和研究。[①]

一　1964年《荒野法》的立法缘起

1964年通过的《荒野法》是美国荒野保护史上的重大事件。该法的出台有着深刻的历史渊源和广阔的时代背景。综合起来主要有以下几个方面。

---

① 荒野（Wilderness）一词在美国学术史上是一个颇具争议的概念。19世纪美国自然主义思想家亨利·大卫·梭罗提出荒野是“世俗世界的保留地”。20世纪40年代美国生态伦理学家奥尔多·利奥波德提出荒野是“人类从中锤炼出所谓文明的原材料”。20世纪60年代美国环境史学家罗德里克·纳什提出荒野是一种“思想状态”（a State of Mind）（人看待自然的态度），他假设从纯野性到纯文明之间如同一个环境光谱，其间有强度变化，但并非黑白分明。20世纪90年代美国环境史家威廉·克罗农提出荒野是人类文化上的创造；另一环境史家塞缪尔·海斯针锋相对，认为荒野是一种客观存在。笔者认为，“荒野”这一范畴有广义和狭义之分，广义上的荒野即克罗农所指，与文明相对，可以理解为一般意义上的自然；狭义上的荒野乃海斯所指，是一种客观存在。对于狭义上的荒野，不同文化背景不同历史条件下对其界定是不同的。美国学术界主要相关研究成果有：Roderick Nash, *Wilderness and the American Mind*, New Haven, Conn.: Yale University Press, 2001; Craig Allin, *The Politics of Wilderness Preservation*, Westport, Conn.: Greenwood Press, 1982; Scott Doug, *The Enduring Wilderness*, Golden, Colo.: Fulcrum, 2004; Mark Harvey, *Wilderness Forever: Howard Zahniser and the Path to the Wilderness Act*, Seattle: University of Washington Press, 2006; Michael Frome, *Battle for the Wilderness*, Salt Lake City: University of Utah Press, 1997。

第一，荒野在美国历史和文化中有着十分重要的地位。

自拓殖之初直至18世纪晚期美国立国，北美大陆广袤土地上那看似无尽的边疆地区——荒野一直是文明征服的对象。荒野中蕴含的丰富多样的自然资源成为文明赖以发展的基础。可以这样说，倘若没有北美大陆辽阔的荒野，很难想象会有后来发达的北美文明。当美利坚民族国家建立后，荒野在美国人的思想和文化语境中又有了新的蕴意，此时的荒野又成了民族文化赖以形成的基础和有别于旧大陆的独特之处及民族自豪感的源泉。作为在新大陆荒野中建立起来的新兴国家——美国没有自己的历史，与旧大陆相比，其文化成就亦相形见绌，其唯一独特之处，就是那无尽的荒野。到了19世纪中叶的几十年，荒野已被视为美国文化和道德的渊源，以及民族自尊的基础。[①] 在“边疆学派”创始人特纳看来，正是边疆和荒野塑造了独特的美国文明，美国的民主、美国的文化源于森林和荒野。这个国家的蛮荒是其最基本的组成部分，它对民族性格的形成有着本质的影响。[②] 荒野锻造了美国人的个人主义、独立性和自信心，进而鼓励了自治。[③] 荒野还是美国文学和艺术的源泉，荒野之美一直为画家、文人乃至政治家称道和赞誉。托马斯·杰弗逊以家乡弗吉尼亚的秀美风光为自豪，他曾如此感叹和赞誉：“这一景色是值得横渡大西洋的。”[④]

第二，美国历史上的自然主义思想家、文人和艺术家对“荒野”的赞美以及对荒野价值的阐释在很大程度上促发了美国人对自然的喜爱情感。

早在19世纪中叶，乔治·马什在《人与自然》一书中就指出了荒野对调节气候保持水土的作用。[⑤] 在自然主义思想家与哲人亨利·梭罗看来，荒野是“生命的原材料”，是“灵感、活力与力量的源泉”，荒野能够“帮助

---

① Roderick Nash, *Wilderness and the American Mind*, New Haven, Conn.: Yale University Press, 2001, p. 67.

② Frederick Jackson Turner, *The Significance of Sections in American History*, New York: Henry Holt and Company, 1932, p. 183.

③ Ibid., pp. 2, 213, 311.

④ Thomas Jefferson, *Notes on the State of Virginia*, New York: Harper, 1964, p. 17.

⑤ George Perkins Marsh, *Man and Nature*, New York: Charles Scribner, 1864, pp. 35, 228, 235.

人类恢复精神活力”。[①] 另一位自然保护主义者约翰·缪尔认为：荒野是“自然的殿堂”和“生命的源泉”[②]，荒野能够满足人类的精神需求。“人类不但需要面包，也需要美、游览和祈祷的地方。”荒野“能抚慰身心，并给人以力量”。[③] 荒野是“美学，娱乐和宗教的源泉”。[④] 野生的自然充满了“神圣的美”与“和谐”。缪尔说他生活的唯一希望就是去诱导人们去认识大自然的美。进步主义时期资源保护运动的主要领导人西奥多·罗斯福曾讲道：“那些寂静的地方……那些地球上广阔而荒僻，人迹未至，只在永恒时间的缓慢推移中发生变化的地方”有一种强烈的美学吸引力。[⑤]

20世纪上半叶，生态学家、环境伦学家奥尔多·利奥波德从生态学的视角阐释了荒野的价值。他使世人懂得了在同一环境中一切生物相互依存的道理。他认为，保留某些野生土地与美国人的生活品质——一种超越物质需求的国家福祉，利害攸关。“虽然荒野的萎缩是一件好事，但是它的灭绝却是一件非常糟糕的事。”[⑥] 自20世纪20年代早期开始，利奥波德就一直致力于让这个国家，尤其是林业局明白保护荒野的意义。[⑦] 利奥波德认为：荒野“塑造了美国的历史”[⑧]，“如果剩余的荒野很快消失，那么美国历史和文化的影响也将逐渐消失”。[⑨] 在利奥波德看来，文明对环境的改变是如此的剧烈，以致未曾改变的荒野显得尤为重要。

成立于20世纪30年代的荒野保护组织——荒野协会的创建者罗伯

---

① Herny David Thoreau and Michael Nelson, eds., *The Wilderness Debate Rages on*, Athens: University of Georgia Press, 2008, p. 38.

② John Muir, "The Wild Park and Forest Reservations of the West", *Atlantic Monthly*, Vol. 81, (1898), p. 15.

③ John Muir, *The Yosemite*, New York: The Century Company, 1912, p. 256.

④ Roderick Nash, "The American Wilderness in Historical Perspective", *Forest History*, Vol. 6, No. 4 (1963), p. 8.

⑤ Theodore Roosevelt, *African Game Trail*, New York: Charles Scribner's Sons, 1910, p. xxvii.

⑥ *National Conference on Outdoor Recreation Proceedings 1926*, *69th Cong.*, *1st Sess.*, *Senate Doc. 117* (April 14, 1926), p. 63.

⑦ Roderick Nash, *Wilderness and the American Mind*, New Haven, Conn.: Yale University Press, 2001, p. 190.

⑧ James Morton Turner, *The Promise of Wilderness: A History of American Environmental Politics* [D], Princeton University, 2003, p. 21.

⑨ Scott Doug, *The Enduring Wilderness*, Golden, Colo.: Fulcrum, 2004, p. 28.

特·马歇尔认为，荒野的基本意义在于其迎合那种文明不能满足的人类需要的能力。与荒野的接触有利于人的健康。[①] 对马歇尔来说，荒野的最大价值是智力上的。荒野能够满足“文明人”“逃往原始的心理需求”。荒野提供了一个避难所：它的荒僻和宁静缓和了紧张，并鼓励“沉思冥想”。马歇尔同样强调“荒野的美学意义和美学价值”。自然之美高于各种人工之美。“荒野为纯粹的审美愉悦……提供了最好的机会。”[②]

画家与文人，特别是爱好文学和艺术的东部人，他们在荒野欣赏中起到了重要的引领作用。他们对荒野进行了浪漫主义的诠释与讴歌，对荒野的急速消失表达了深切扼腕的忧虑和惋惜。约翰·詹姆斯·奥杜邦在《美国之鸟》一书中呼吁关注自然之美。他对“森林……很快消失在斧头之下”深感惋惜。19 世纪 50、60 年代的哈德逊河画派（Hudson River School）以讴歌自然之美为主旨。画家托马斯·莫兰的《黄石大峡谷》描绘了黄石地区壮美的荒野景观。1874 年美国国会花了一万美元买下了这幅画，并将其悬挂于参议院的大厅，以展示引以为自豪的美国自然景观。乔治·卡特琳指出：“大自然的作品中有很多原始、荒野的东西。”“当我们离原始的野性和美丽越远，有知识的人在重返这种情形时所感受到的快乐就越多。”[③] 她还最早提出了建立“一个壮丽的公园”的设想，希望通过这种方式把荒野保护起来。[④] 这一切对美国人之于荒野的态度的转变产生了重要影响。

第三，自 19 世纪后期以来美国自然与资源保护运动的历史积淀。

19 世纪末，因荒野的迅速消失，美国人尝试通过创建国家公园等方式来保护荒野。早在 1864 年，美国联邦政府就将约塞米蒂谷地作为“公众休闲和度假等用处”的公园授予加利福尼亚州，从而开创了重要的先例。1872 年，经格兰特总统批准，将位于怀俄明州西北部 0.8 万平方公里的土地划为

---

① Robert Marshall, “Recreational Limitations to Silviculture in the Adirondacks”, *Journal of Forestry*, Vol. 23 (1925), p. 173; Robert Marshall, “The Problem of the Wilderness”, *Scientific Monthly*, Vol. 30, No. 2 (1930), pp. 142 – 143.

② Robert Marshall, “The Problem of the Wilderness”, *Scientific Monthly*, Vol. 30, No. 2 (1930), pp. 144 – 145.

③ George Catlin, *North American Indians*, Applewood Books, 2010, pp. 294 – 295.

④ ［美］理查德·福特斯：《美国国家公园》，大陆桥翻译社译，中国轻工业出版社 2003 年版，第 11—12 页。

黄石国家公园，以为公众休闲用地。相关法案规定，公园内“所有森林、矿藏、天然珍品或奇观”都要保留以维持其“自然状态”，免于开发与买卖。[①]这是世界历史上首例从公共利益出发设立的国家公园。1885 年，纽约州在阿迪朗达克山区建立了一个面积为 0.2 万平方公里的“森林保留区”，以使其“永远留作野生林地”。1890 年，美国国会通过法案，建立了约塞米蒂国家公园，规定将赫奇赫奇及其周围地区划为荒野保留区，这是第一个有意识保护荒野的国家公园。

1892 年，缪尔领导成立了塞拉俱乐部，以致力于“探索、欣赏太平洋沿岸山区”。1891 年，国会通过了一项法案修正案，授权总统从公共领地收回的土地上创建“森林保留地”（后更名为国家森林）。哈里逊总统适时宣布建立了 15 个这样的保留地。1897 年，克利夫兰总统建立了 8.5 万平方公里森林保留地。20 世纪初，在美国发生了有名的赫奇赫奇筑坝之争——即围绕是否在约塞米蒂峡谷修筑水坝的辩论。这场辩论波及全美国，极大地激发了美国人保护荒野的兴趣。这场斗争虽然最终以反坝派的失败而告终，但却赢得了社会和公众对荒野保护主义者的同情、理解和支持。以此为契机，马瑟发起了一场公园运动，其结果是 1916 年《国家公园管理法》的问世。纳什指出，在 19 世纪最后 10 年里，对荒僻地区的赞赏和保护的愿望，已由少数文人扩展到相当规模的普通人中。在长达 3 个世纪时间里，他们一直毫不迟疑地选择了文明。但是到了 1913 年，他们不再那么肯定了。[②] 在赫奇赫奇峡谷筑坝之争中，因缪尔等荒野保护主义者的宣传，使更多美国民众懂得了保护荒野的意义，这为后来《荒野法》的通过奠定了社会基础。

20 世纪 20、30 年代是美国荒野保护的初步探索阶段。1924 年，在奥尔多·利奥波德的推动下，第三区林务官普勒将 0.23 万平方公里荒野划出以专为休闲之用。1929 年，林业局推出了一项全国范围的荒野保护政策——“L – 20 Regulation”，从国家森林划出专为科学研究和教育目的的原始林区，规定在这些林区“尽可能维持其交通、供给、居住和环境的原始状态”。

---

① *U. S.*，*States at Large*，*17*，p. 32.

② Roderick Nash，*Wilderness and the American Mind*，New Haven，Conn.：Yale University Press，2001，p. 181.

1937 年，科里尔批准在印第安保留地上划出了 16 个荒野区。[1] 1939 年，林业局以“U Regulation”取代了“L—20 Regulation”，据此在 5.7 万平方公里荒野区限制道路修建、定居和经济开发。直到 1964 年《荒野法》颁布之前，“U”系列管理规定是美国联邦政府主要的荒野管理法规。

从 19 世纪下半叶直至 1964 年《荒野法》颁行之前，美国联邦政府及相关机构与国会为保护美国的荒野实施的一系列政策举措，为第二次世界大战后美国将荒野保护纳入法制化轨道积累了经验和教训，奠定了重要基础。

第四，第二次世界大战后美国兴起了“荒野热”，这是《荒野法》得以通过的重要社会背景。

来到北美大陆的白人对荒野的态度大致以 19 世纪末为拐点经历了由恐惧和征服向珍爱与保护的转变。这种转变的部分缘由是对文明的不满和对荒野迅速消失的忧虑与担忧。19 世纪末，人们用一种曾经针对荒野的敌意来看待城市文明，以至于出现了“城市荒野”这一概念。在一些人看来，太多的文明，似乎是这个国家种种困境的根源。由此，美国人对“未开化的事物”即荒野的情感发生了变化。到 20 世纪初，对荒野的赞赏已经由一个较小的浪漫主义与爱国主义文人学者圈中传播开来，成为一种全国性热潮。纳什指出，边疆的消失促使许多美国人寻求在现代文明中保留荒野影响的方式，童子军运动就是对这种需求的回应。19 世纪后期，在美国出现了大量户外俱乐部，诸如东部的阿巴拉契亚山俱乐部和西部的塞拉俱乐部等，它们将热心于荒野者组织在一起，成为荒野保护的中坚力量。20 世纪初很多美国人的阅读和休闲情趣也倾向于野性。像杰克·伦敦的《野性的呼唤》，伯勒斯的《人猿泰山》等荒野作品，都是颇受大众欢迎的充满野性的畅销书。这些都反映了美国人对荒野态度的变化。

20 世纪 50、60 年代，在美国兴起了一股“旅游热”。伴随着高速公路网的建设和发展、家庭汽车的普及、野外旅行和野营设备的创新，中产

---

① John Collier, *From Every Zenith: A Memoir and Some Essays on Life and Thought*, Denver, CO.: Sage Books, 1963, pp. 270 - 275; Robert Marshall, “Wilderness Now on Indian Lands”, *Living Wilderness*, No. 3 (1937), pp. 3 - 4.

阶层带薪休假和休闲时间的增多等因素，前往国家公园、国家森林及风景区旅游观光的人数在迅猛增长，荒野成了很多美国人向往的世外桃源。美国人对荒野的喜爱也通过各种大众媒体体现出来。很多著名杂志和报纸，像《日落》（*Sunset*）、《国家地理》（*National Geographic*）等，竞相刊载一些迷人的荒野风景图片。野生动物及自然景观成了电影和新的媒体电视播放的重要主题之一。迪士尼公司生产的系列荒野探险电影如《奥林匹克麋鹿》（Olympic Elk）、《海豹岛》（Seal Island）、《沙漠奇观》（Living Desert）及《消失的原野》（Vanishing Prairie）等颇受公众欢迎。[①] 第二次世界大战后美国兴起的“荒野热”是荒野保护取得重大进展的重要社会基础。

第五，《荒野法》的直接起因是第二次世界大战后美国荒野的极速萎缩和荒野面临的巨大威胁。

自 19 世纪以来，对荒野消失的忧虑和感伤之声不绝于耳。前文提到的托马斯·科尔有一首名为《森林的悲伤》的作品中这样写道，只要“短短几年”，荒野就将消失。库柏在《大草原》中表达了同样的伤感。即便奉守功利主义价值观的资源保护主义者吉福德·平肖对美国资源浪费的程度和速度也深表忧虑。他在《为保护自然资源而战》一书中预言，按当时的开发速度，美国的木材不够 30 年之用、无烟煤仅够使用 50 年、烟煤不到 200 年。[②] 纳什提到，罗斯福新政高潮其间，从马歇尔的办公桌上发出的各种电报和邮件指出了公共工程使荒野陷入困境的信息，其中，使荒野地区最易受到灭绝影响的是那些道路修筑。

第二次世界大战结束后，高速发展的经济、迅速增长的物质需求，使美国的荒野面临着前所未有的威胁。来自资源开发工业，例如林业开发、采矿和伐木、石油和天然气开采、水利建设尤其是修筑水坝等，急剧压缩和破坏着荒野。从 1950 年至 1966 年间，“国家森林中木材采伐量是国家森林体系

---

① Michael Lewis, *American Wilderness: A New History*, New York: Oxford University Press, 2007, p. 189.

② Gifford Pinchot, *The Fight for Conservation*, Seattle: University of Washington Press, 1967, pp. 123 – 124.

存在以来前 45 年采伐总量的两倍之多”。[1] 来自旅游业的威胁更严峻。截至 1955 年，国家公园接待游客 5600 万人，是 1940 年的三倍。[2] 此外，家庭汽车的普及、高速公路网的发展、野外旅游装备革命（比如塑料和尼龙及轻便的铝制品，帐篷和睡袋）等，都为美国人便利地到达州立和国家公园、国家森林及其他景观区，实现荒野之爱提供了条件。旅游业的迅猛发展一方面反映了美国人对荒野的态度和需求的变化，另一方面也对荒野构成了新的威胁，侵蚀着荒野的野性，这是荒野保护面临的新的挑战。

第六，《荒野法》得以通过的另一重要原因是通过行政手段保护荒野的低效和无效。

20 世纪 20、30 年代，在生态学家利奥波德等人的推动下，林业局实施了一些保护荒野的举措。1929 年的《L—20 条例》有很大局限——因为条例没有禁止在荒野区伐木等商业开发。其间国家公园管理局和林业局因管理职权等问题矛盾重重，相互攻讦。林业局指责国家公园管理局为发展旅游业而无视荒野保护，亵渎了荒野。国家公园管理局针锋相对，抨击林业局荒野保护举措的无效。1939 年农业部以《U 管理条例》取代了《L—20 条例》，对荒野区实施分类管理。事实上，重新分类进展十分缓慢，直到 1964 年《荒野法》通过时，计划中仍然有 20 万平方公里土地尚未归类。斯科特指出：从 1939 年至 1964 年间，林业局管理下的荒野保护区的面积仅增长了 2%，而且保护区面临生物多样性减少的趋势。[3] 这种局面使自然保护组织及其领导人认识到，仅仅依靠国家公园管理局和林业局通过行政手段无法有效保护荒野，他们开始考虑采取立法手段，争取通过一部《荒野法》来永久保护荒野。

第七，《荒野法》是自然保护主义组织和保护主义者借助 20 世纪 50 年代“回声谷反坝斗争”胜利的契机，积极争取和努力推动的结果。

在约翰·缪尔之后，奥尔多·利奥波德、罗伯特·马歇尔、西格尔德·

---

① Kevin Hillstrom, *U. S. Environmental Policy and Politics*: *A Documentary History*, Washington, DC.: CQ Press, 2010, p. 341; Quoted in Charles Wilkinson, *Crossing the Next Meridian*: *Land*, *Water*, *and the Future of the West*, Washington, DC.: Island Press, 1993, p. 137.

② Kevin Hillstrom, *U. S. Environmental Policy and Politics*: *A Documentary History*, Washington, DC.: CQ Press, 2010, p. 348.

③ Scott Doug, *The Enduring Wilderness*, Golden, Colo.: Fulcrum, 2004, p. 35.

奥尔森、霍华德·扎尼泽和大卫·布劳尔，以及荒野协会等荒野保护主义者和自然保护组织，成为推动荒野保护的中坚力量。在发起、酝酿、推动国会通过《荒野法》的事业中，布劳尔与扎尼泽发挥了重要作用。

早在20世纪40年代后期开始，荒野协会主席、被称为"《荒野法》之父"的霍华德·扎尼泽就发起了争取荒野保护立法的运动。1949年，在受扎尼泽影响的几位国会议员的建议下，美国国会图书馆发表了一份有关美国荒野状况的报告，建议加强荒野保护。[①] 1951年，扎尼泽在塞拉俱乐部第二届荒野年会上正式提出，要建立一个全国性的荒野保护体系。20世纪50年代"回声谷反坝斗争"的胜利增强和坚定了荒野保护主义者的信心，鼓舞了他们采取更为积极的行动争取通过一部《荒野法》的热情。纳什指出，对国家恐龙遗址的成功捍卫，激励着自然保护主义者促成荒野在美国文明中得到一种更为积极的认可，其注意力集中在建立一个由完整法律认可的荒野保护国家体系的可能上。"回声谷反坝斗争"的胜利赋予自然保护主义者一种动力，即需要发动一场争取国家荒野保护政策立法的运动。[②]

1956年，在挫败回声谷筑坝计划之后，扎尼泽马上草拟了一份国家荒野保护体系的计划书，并将其散发给他的朋友和资源保护的同仁。最终，扎尼泽和其他自然保护主义者促使参议员休伯特·汉弗莱和众议员约翰·塞勒向第84届国会提交了《荒野法》提案，希望国会保证向当代与后代美国人长久提供荒野。提案列举了在国家森林、国家公园和名胜、野生动物栖息地，以及印第安人保留地中的160多个地区，可以组成一个国家荒野保护体系。在之后长达8年的时间里，以扎尼泽为首的荒野保护主义者不懈努力，做了大量工作，殚精竭虑，积极推动荒野保护立法取得成功。若无荒野协会和塞拉俱乐部与扎尼泽和布劳尔这样的自然保护主义组织和人物的努力推动，是不可能有1964年《荒野法》问世的。

---

① C. Frank Keyser, *The Preservation of Wilderness Areas: An Analysis of Opinion on the Problem*, *Committee on Merchant Marine and Fisheries*, *Subcommittee on Fisheries and Wildlife Conservation*, Committee Print 19 (Aug. 24, 1949).

② Roderick Nash, *Wilderness and the American Mind*, New Haven, Conn.: Yale University Press, 2001, pp. 220, 200.

二　《荒野法》的立法过程及矛盾的焦点

1956年提交国会的《荒野法》提案（S.4013）强调立法宗旨是永久保护美国的荒野，为此要建立一个荒野保护体系，这个体系包括国家公园地区、国家森林、国家历史纪念地、野生生物庇护区，以及印第安人保留地等。在这些地区，除了必要的管理需要外，禁止商业性耕作、放牧、伐木、探矿和采矿，禁止修筑道路及其他公共设施，禁止使用机动车。但提案同时也提出，之前已经存在的设施，以及放牧和使用机动车的荒野区可继续使用这些设施和机动车，可以继续放牧。荒野保护区的管理机构不变，仍然由国家公园管理局、林业局及渔业和野生生物管理局来管理。提案还建议成立国家荒野保护委员会，成员由政府相关人士和荒野保护者等组成。

对于这个提案，国家公园协会、荒野协会、塞拉俱乐部、全国奥杜邦协会、艾萨克·沃尔顿联盟、西部户外俱乐部联盟以及部分联邦机构比如渔业与野生生物管理局等均持支持的态度和立场。它们强调指出，单纯的行政手段难以有效保护荒野，如果没有法律限制，就无法阻止未来的农业部长“大笔一划”废除荒野保护区。反对者来自采矿、伐木、牧业及石油等自然资源开发行业利益集团和联邦商业部以及部分国会议员和政府官僚等，大部分是林业专业工作者，积极推进机械化进入户外休闲区域的倡议者也反对《荒野法》提案。反对派声称在美国爱好荒野的只是少数人，为了满足少数人的娱乐需求而保护大面积荒野是侵犯了多数人的利益，会影响经济发展。认为荒野保护体系过于严格，缺乏灵活性。他们声称荒野保护立法提案将数万平方公里土地封锁起来只是为了少数野营者的利益，显然是不公平的。[①]

针对各方的意见，汉弗莱等人于1957年2月又向国会提交了一份修正案（S.1176）。新的修正案赋予总统很大权力，规定总统出于公共利益考虑，可通过行政命令授权在荒野区进行“勘探和开矿及兴建水库等”。[②]

---

① Richard W. Smith, "Why I Am Opposed to the Wilderness Preservation Bill", *Living Wilderness*, Vol. 21 (1956 - 1957), pp. 44 - 50.

② *Senate Interior Committee*, *Hearings on S. 1176*, June 19 - 20, 1957, p. 274.

从听证会辩论的情况来看，矛盾的焦点集中于自然保护主义坚守的抽象的荒野价值与资源开发者主张的经济利益的对立。提案禁止在荒野保护区兴建水库及其他水利工程的内容遭到水资源开发商和使用者的强烈抵制，这股反对势力十分强大，“19个反对派利益集团中，有5个代表来自水资源利益集团”。[1] 因关乎切身利益，其间甚至出现反转情况，比如“加利福尼亚参议员托马斯原本支持荒野法提案，但因其更加关注该州的水资源开发，后转而反对该提案”。[2] 在美国，在公共土地上采矿有很长的传统，矿业集团顽固抵制对采矿的限制。在国家森林中放牧也是久已存在的传统，牧场主在西部各州拥有很强的政治势力。1929年的《L—20条例》和1939年的《U管理条例》允许在荒野区开展受限制的放牧活动。1956年的提案禁止放牧，1957年的修正案规定农业部在认为合适的情况下，可允许在荒野保护区进行受限制的放牧。1963年改为可以在荒野保护区进行符合荒野保护管理条例的放牧活动。西部的牧场主顽固地反对限制荒野保护区放牧的规定。

农业部的林业局与内政部的国家公园管理局对提案的态度耐人寻味。林业局局长理查德·麦卡德尔说：林业局不认为急需荒野立法，但也不永远反对。实际上林业局更关心的是其在荒野保护中的实际权力和地位问题。内政部有的官员认为，“荒野仅仅是整个户外娱乐的一个组成部分，不值得对其进行专门立法”。国家公园管理局局长康妮·维尔特则声称《荒野法》提案“限制了在国家公园中必要的道路和其他设施建设”。[3] 这些部门机构的表态背后都有着各自权利诉求和其他考量，这也增加了立法的难度。

为了争取林业局和国家公园管理局支持《荒野法》提案，荒野保护主义者作出了一些妥协，对法案内容进行了修改和调整。在荒野保护主义者看来，要击败对手，联邦相关公共管理机构的支持至关重要。妥协的内容包括取消国家森林和国家公园荒野区的详列名录，认可农业部长依照多重使用原

---

① Craig Allin, *The Politics of Wilderness Preservation*, Westport, Conn.: Greenwood Press, 1982, p. 109.

② Dennis Roth, “The National Forests and the Campaign for Wilderness Legislation”, *Journal of Forest History*, Vol. 28, No. 3 (Jul., 1984), p. 123.

③ Richard E. McArdle and Elwood R. Maunder, “Wilderness Politics: Legislation and Forest Service Policy”, *Journal of Forest History*, Vol. 19, No. 4 (Oct., 1975), p. 173.

则来管理作为整体的美国森林等。[①] 这些妥协取得了效果，农业部和内政部改变了立场，转而对《荒野法》提案持谨慎的支持态度。1959 年 2 月，汉弗莱提交了新的修正案（S. 1123），该修正案授权"农业部长有权采取措施消灭荒野区的昆虫和疾病"，农业部还获得了长达 10 年的宽限时间来对原始荒野区进行评估和分类，农业部和内政部可以指派下属到依法成立的国家荒野保护委员会中任职。[②] 最终，《荒野法》于 1964 年在国会两院获得了通过。这年 9 月 3 日，林登·约翰逊总统签署了《荒野法》。

《荒野法》的立法过程十分艰难，历时 8 年。纳什曾指出：国会在荒野议案上花费的时间和精力比美国自然资源保护史上任何其他措施都要多。从 1957 年 6 月至 1964 年 5 月，先后召开了 9 次听证会，证词多达 6000 页。提案被修改、重写和重新提交达 66 次之多。这反映了美国社会对荒野价值的认识与经济利益之间存在深刻的分歧，要达成妥协是极为艰难的。

1964 年的《荒野法》得以通过在很大程度上应归功于以扎尼泽为核心的荒野保护主义者的努力。在"回声谷反坝斗争"胜利后，荒野保护主义者采取了一种"进攻"的态势，积极争取通过立法手段保护荒野。20 世纪 50 年代"回声谷反坝斗争"使荒野保护主义者得到了锻炼，积累了经验。他们通过电影、杂志和书籍等媒体向大众广泛宣传其荒野思想和主张。布劳尔和扎尼泽相信，只要发动群众，荒野保护是完全可以取得胜利的。扎尼泽几乎参加了所有涉及荒野保护问题的全国性辩论。在这场斗争中，荒野保护主义者更加牢固地抓住了影响政治进程的策略。扎尼泽把大部分"时间花费在对华盛顿的游说上"。[③] 20 世纪 50 年代以来，自然保护主义组织尤其是塞拉俱乐部与荒野协会之间加强了团结与合作，形成了一股足以影响国会政治议程的社会力量，从而保证了《荒野法》的通过。

当然，1964 年的《荒野法》能够通过还得益于时代的变化，这就是第二次世界大战后美国人生态意识的增强以及对荒野价值认识的深化。缘此，荒野保护获得了广泛的民众支持。罗德里克·纳什对此给予很高评价：若无

---

① *Senate Interior Committee*, *Hearings on S. 1176*, June 19 – 20, 1957, p. 270.

② *United States Congress*, *The Congressional Record 105* (*February 19*, *1959*), pp. 2638 – 2643.

③ Mark Harvey, *Wilderness Forever*: *Howard Zahniser and the Path to the Wilderness Act*, Seattle: University of Washington Press, 2006, p. 5.

整个美国社会对荒野保护主义者的回应，他们的努力也是徒劳的。[①] 从立法者的角度，令他们印象深刻的是草根阶层对此议案支持的程度。1958 年 11 月，在俄勒冈州、加利福尼亚州、犹他州和新墨西哥州召开的参议院听证会上，他们收到的信件中有1000 多封是赞同《荒野法》提案的，只有 129 封反对。自赫奇赫奇筑坝之争以来，荒野的保护者们不断地斗争，但是直到 20 世纪 50、60 年代，他们的努力和行动都不足以影响立法程序。[②]

1964 年的《荒野法》确立了一整套荒野保护的管理政策。首先是划出荒野保护区，对农业部和内政部提出了一个渐进的评估时间表。法案授权内政部以 10 年为期限对国家野生生物庇护区和国家公园体系内 20 多万平方公里荒野区及无路岛屿进行评估，并向总统提出荒野区划的建议，经国会审议通过，最终成为荒野保护区。然后授权农业部在《荒野法》生效后 10 年内完成对现有原生态区域的评估，选定适合作为荒野而加以保护的地区。对于选定的荒野保留区，农业部还要作出评估报告提交总统，经总统审查和筛选后推荐给国会讨论通过。这样就开始了荒野体系的建立程序。

法案给予美国总统、内政部长和农业部长很大权力。法案规定，出于对公共利益的考虑，农业部长有权划定不超过28 万平方公里的荒野保留区。在农业部建议的基础上，总统可以增加荒野保留区面积，但是单一地区不能超过5 平方公里，最多不超过20 平方公里。法案授权总统为了公共利益可以决定是否在特定的国家森林保留区内兴建水利工程及附属设施。法案不改变既有荒野管理机构设置及其职能划分，不干预和不改变国家公园管理局和林业局的相关管理法规，明确授予和规定国家公园管理局和林业局承担其所辖范围内荒野保留区的荒野保护职责。《荒野法》对内政部的权责也作了规定。

《荒野法》明确规定了荒野保留区的禁止事项。比如禁止在荒野保留区从事商业活动和修筑永久性道路；禁止使用机动设备和摩托艇；禁止飞行器起落；禁止其他形式的机械运输等。法案同时又规定在某些情况下可允许一些活动——比如在涉及安全的紧急情况下，管理者可以使用临时道路和机动

① Roderick Nash, *Wilderness and the American Mind*, New Haven, Conn.: Yale University Press, 2001, p. 200.

② Ibid., p. 235.

车、其他机动设备和飞行器等，以及必要的建筑和设施，但是要以“最低限度的满足”为原则。为了控制荒野保留区的虫害、疾病和火灾，可以实施某些禁止的活动或措施。法案还规定在《荒野法》生效前已经使用航空器和摩托艇的荒野保留区经农业部允许可以继续使用。已经存在放牧活动的荒野保留区可以继续放牧。《采矿法》和《矿业出租法》继续适用于国家森林荒野保留区。1983 年 12 月 31 日以后，国家森林荒野保留区的采矿活动被禁止；但在遵守森林管理条规的前提下，允许合理采伐成材的树木；在国家森林荒野保留区的探矿活动可以继续，但要符合荒野保护条规。可见，兼顾既有权利格局是该法的特点之一。

《荒野法》的一些规定体现了对州权和私有产权的维护，也体现了该法为公众娱乐提供便利的目的。比如法案规定不能干预各州在国家森林中的野生动物和渔业管理权，不能废止各州的相关水法。国家荒野保留区的私人或州属土地拥有者可以进入荒野保护区，或者交换相等的其他国有土地。商业机构为公众娱乐及相关目的可以在荒野保护区提供商业服务等。

三 《荒野法》的历史地位及其局限

1964 年的《荒野法》是世界历史上首部保护荒野的法案，具有相当重要的历史地位，此法在美国荒野保护史上是一个重要的“界碑”。

第一，以立法的形式来保护荒野，这在世界历史上也属首次。运用法律手段保护荒野更为持久更加有效。先前，在国家森林中实施的保护政策仅仅是一种行政决策，随时可能因林业局的人事变动等因素而改变，具有很大的不确定性和不稳定性。即使设立国家公园和国家名胜的法律也特意为道路、为旅游者提供住宿的设施建设留下余地。而《荒野法》要使任何在该体系内对荒野的改变成为非法。在美国这样一个法治社会，法律是更有效的荒野保护武器。1964 年的《荒野法》规定了建立荒野保护区的法律程序：首先由职能部门作出评估并提出报告，之后向总统提交报告，在总统审议后再向国会提出立法建议，国会立法和举行听证会，国会通过后并由总统签字生效。通过繁琐的程序，一旦荒野保留区被依法划定，要想改变是很难的，因此较之行政手段，通过立法手段来保护荒野更有效更持久。

1964 年的《荒野法》只是运用立法手段保护荒野的开始。其后，美国又先后通过了几部重要的荒野保护相关法案。1968 年国会通过了《野生与风景河流法》（*Wild and Scenic Rivers Act*），这是以国家荒野保护体系为模式创建的一个保护法类别。此法规定：在已有的美国河流的适当地段建设水坝或其他设施的国家政策，需要一项能够确保其他河段自由流淌的政策来补充。1975 年国会通过了《东部地区荒野法》（*Eastern Areas Wilderness Act*），这是专为保护东部地区荒野的地区立法。1976 年国会通过了《联邦土地政策与管理法》（*Federal Land Policy and Management Act*），此法将联邦土地管理局监管下的无路地区纳入了《荒野法》的评估系统中。1980 年国会又通过了《阿拉斯加国家利益土地保护法》（*Alaska National Interest Lands Conservation Act*），据此将阿拉斯加地区 20 万平方公里土地纳入荒野保护体系，这是《荒野法》生效以来建立的全美面积最大的荒野保留区。

第二，1964 年的《荒野法》的立法主旨之一是建立荒野保护体系，这意味着要把美国境内的荒野作为一个整体来进行保护，改变先前那种碎片化的做法。“荒野保护体系”概念的提出标志着美国自然保护主义史上的一次思想观念革新。“荒野保护体系”的内涵有三：其一是给予作为整体的美国荒野总体上的保护，而非保护某个特定地区；其二是给予美国境内的荒野一种前所未有的保护；其三是制定一种永久保护荒野的制度。“荒野保护体系”使荒野地区得到了国家史无前例的认可。自《荒野法》颁布实施以来，美国的荒野保护区面积不断扩大。《荒野法》将 0.4 万平方公里土地纳入联邦保护范围之内，初步建立起国家荒野保护体系。据统计，迄今美国共设立了 757 个荒野保护区，纳入保护的土地达 44 万多平方公里。那些原有荒野保护区的面积也在不断扩展，比如加利福尼亚本塔纳荒野保留区由原来的 222 平方公里扩展到 396 平方公里。现今该荒野保护区面积达 1012 平方公里。[①]

第三，在围绕《荒野法》立法的持续 8 年的论辩中，包括回声谷筑坝之争中，荒野思想，尤其是历史上自然保护主义者对荒野的思考和认识得到了广泛宣传，使美国社会和民众更多地了解了荒野保护的历史与思想。荒野保护的代言人将一个世纪以来有关荒野的内涵和价值的思考带入这场辩论中，

① Scott Doug, *The Enduring Wilderness*, Golden, Colo.: Fulcrum, 2004, p. 10.

从而产生了广泛的影响。自赫奇赫奇筑坝之争以来，还不曾有那么多美国人那样完全地投入到荒野保护是否明智的辩论中。这场辩论成了当时一些较有影响的报纸——如《生活》《科里尔》《新闻周刊》《读者文摘》和《纽约时报》等报道的主题之一。越来越多的美国人，包括普通民众认同荒野保护的必要。到20世纪70年代，有关荒野的杂志如《背包旅行者》《荒野露营》等都在向公众传播和传递着同样的信息——荒野的多重价值及保护荒野的必要。"野性"在当时美国流行的话语中已变成了褒义词。自然保护主义者对荒野价值的评判也获得了反主流文化的认同，后者甚至将荒野等同自由和真实，按照流行的说法就是"随心所欲，享受快乐"。[①]

在当时，国会听证会的证词和新闻界的文章中不断出现梭罗、缪尔、马歇尔和利奥波德的名字。梭罗与利奥波德生前仅在小圈子里为人知晓，现在成为荒野保护运动的知名人士。在这场辩论中，利奥波德的荒野思想成了荒野保护主义者保护荒野的有力武器和高尚的旗帜。来自新墨西哥州的参议员克林顿·安德森，时任举足轻重的内务和岛屿事务委员会主席，声称他对荒野体系的支持是差不多40多年前与利奥波德接触的直接结果。[②] 在《纽约时报》上的一篇支持《荒野法》的重要声明中，当时的内政部长斯图尔特·尤德尔谈到了生态学和土地伦理，并将利奥波德比作现代荒野保护运动的倡导者。1961年，在一次参议院听证会上，布劳尔这样讲道："没有任何一个具有开明思想和清醒良知的人，在读了利奥波德的书之后，还能够站出来，表明反对荒野法议案。"[③] 可以断定，利奥波德及其土地伦理思想的影响在20世纪60年代迅速扩大，与《荒野法》之辩有直接关系。

第四，《荒野法》之辩的焦点是抽象的荒野价值，这场辩论使更多的美国民众认识到了荒野的多重价值。以往美国将某一地区纳入荒野保护的理由多是强调其审美和娱乐价值，而1964年的《荒野法》明确认可荒野具有多重价值，包括生态学价值、科学研究价值、地理学以及教育和历史文化价值等。荒野具有历史价值，荒野是一部活的历史文献。洞穴壁画讲述着土著印

① Roderick Nash, *Wilderness and the American Mind*, New Haven, Conn.: Yale University Press, 2001, pp. 210, 213, 253.

② *Congressional Record*, *87th Cong.*, *1st Sess.*, *107* (*Jan. 5*, *1961*), pp. 191 – 193.

③ *Brower in Senate*, *Hearing* (*1961*), p. 347.

第安人在白人到来前的故事，古老小木屋和原野农庄浸润着早期拓殖者的艰辛生活。罗德里克·纳什认为："失去荒野就意味着失去了理解过去的能力。"[①] 荒野尤其具有娱乐价值。在荒野中徒步和背包旅行、远足和野营、狩猎与钓鱼、划独木舟、观赏野生动植物等，都会带给人愉悦和休闲。荒野还具有生态和科学研究价值。荒野具有维持生物多样性和调节气候等功能，能提供研究原生自然环境的机会。[②] 事实上，美国人对荒野多重价值认识的深化和普及，正是在20世纪60年代以后。无疑，《荒野法》立法之辩以及《荒野法》的通过起到了十分重要的作用。

第五，《荒野法》对何为荒野，以及荒野保护的主旨等作了界定、阐释和说明，这对此后美国的荒野保护具有一般性的指引意义。《荒野法》首先对荒野保护作了政策说明，强调其立法主旨是"为了当代和后代美国人能够永久享受荒野带来的益处"，为此要永久保护美国的荒野。法案对"荒野"作了界定：在荒野区，"自然力居主导地位，人到此只是短暂来访，并不在此居留。荒野区主要受自然力影响，可提供娱乐机会，面积至少20平方公里"。1964年的《荒野法》是美国保护荒野的"根本大法"，此法奠定了美国荒野保护政策的基调，美国学术界对此有较多共识。

不过，1964年的《荒野法》也是一部妥协的法案，这在立法过程中及法案最终文本里均有体现。根据《荒野法》，荒野保护的首要目的是为了公众"娱乐"等，这依然是一种以人为中心的功利主义，与梭罗、缪尔和利奥波德等历史上的自然与荒野保护主义思想家的本意相悖。《荒野法》赋予美国总统以很大的权力，总统保留在荒野中进行水资源勘探、建造水坝、修筑道路和兴建其他公共设施的决定权——如果他认为是出于国家和公共利益考虑。法案虽规定了荒野保留区的一些限制或禁止行为，但同时又提出了在某些条件下可实施这些行为——紧急情况，出于管理所必须，为控制火灾、昆虫和疾病等；还规定在《荒野法》生效前已存在放牧和使用摩托艇及飞行器等机动设备的地区，在获得农业部批准的情况下可以继续放牧和使用这

① Roderick Frazier Nash, *American Environmentalism: Readings in Conservation History*, McGraw Hill Press, 1989, p. 265.

② Roderick Nash, "The Value of Wilderness", *Environmental Review*, Vol. 1, No. 3 (1976), p. 23.

些机动设备。对于在荒野保留区采矿和荒野保留区的划定和评估等，法案规定了一个很长的过渡期，等等，这些都反映了《荒野法》的折中特点。

对于这种妥协和折中，我们可以做如下分析和解释。

第一，这是荒野保护主义者的一种策略，是为了减少阻力，争取通过法案所做的必要让步。比如，如果不考虑林业局和内政部的立场和主张，不获得它们的支持，要通过这部法案难度是相当大的。

第二，美国社会的多元化及政治体制的特点决定妥协是一种常态，任何政策立法必须兼顾多元主体的利益和诉求，达成一种妥协和折中，才能顺利通过和实施，尤其是荒野保护这样一部牵涉更多利益的法案更是如此。

第三，从更加宏观的层面来看，这种妥协反映了一种带有普遍性的规律：文明是人类孜孜以求的目标与趋势，但荒野也是人类所必须——因为人原本来自于自然。从生态学的角度来看，人与自然是不可分离的，《荒野法》就是在荒野急速萎缩和面临消失的威胁，文明与荒野失衡的情况下，力求通过限制人类对荒野的行为来保护荒野，重新达成人与自然的平衡。

历史地看，美国荒野保护的主要措施是将更多的公共土地纳入“荒野保护体系”。自1964年《荒野法》颁行以来，美国划入荒野保护体系的土地面积在不断地增长。事实上，将土地纳入“荒野保护体系”仅仅是保护的第一步，更为重要的是要制定行之有效的荒野保护管理政策。在美国，逐渐达成的共识是：若没有维持荒野状态的管理政策，荒野区的划定是没有意义的。此外，走入误区的“荒野管理”也会侵蚀荒野的本质，影响荒野保护目标的实现。纳什指出，行政及法律上的荒野区划正在“以各种微妙的方式侵蚀着荒野未被控制的特质”。国家荒野保护体系被认为是一种为土地而设的动物园。荒野被清楚地绘制在地图上，被合法放入笼中加以展示。[①] 荒野的特质因保护而消失，过度管理走向了反面。

在纳什看来，美国荒野保护的前景并不乐观。从根本上来说，首先是由于“文明”还在不断地加速扩张。其次，珍爱荒野兴趣的不断增长同扩大对资源的开发一样对荒野构成了巨大威胁。“正是对荒野赞赏的不断高涨导

---

① Roderick Nash, *Wilderness and the American Mind*, New Haven, Conn.: Yale University Press, 2001, p. 340.

致其毁灭。"① 迄今，在美国荒野管理的实践中，人类中心主义价值观和机械论自然观依然占有很大市场，这也许是影响美国荒野保护目标即野性难以维持的深层次思想根源。因此，消减人类中心主义，确立生态自然观也许是更好地实现荒野保护主旨的必由之路。从管理层面来看，应当正确理解"荒野管理"的内涵和要义。"荒野管理"并非管理荒野，而是管理人对荒野的行为，要对人施于荒野的行为加以限制，以保护荒野的"原初"状态或野生特质。对"荒野"的思考以及荒野保护，美国人走在了世界前列。纵观美国保护荒野的历史，既有许多经验值得肯定和借鉴，也有不少问题与局限需要解决和克服。未来不仅要进一步变革荒野保护管理制度，更要从思想深处来一场更为彻底的革命，才能实现持久有效保护荒野的目标。

① Roderick Nash, *Wilderness and the American Mind*, New Haven, Conn.: Yale University Press, 2001, pp. 340, 316.

第二章

1972年《水污染控制法》

水是一种重要的自然资源，在人类生产生活中有着广泛且不可替代的用途和价值，工农业生产、休闲娱乐、城市排污等都离不开水。近代以来，随着工农业生产的发展和城市的扩张，水体污染越发严重。水污染在早期工业化国家最典型，其治理也颇为曲折。在美国，联邦和各级政府与国会为治理水污染制定和通过了一系列政策和立法。其中，1972 年通过的《水污染控制法》（修订后为《清洁水法》）占有重要地位，值得深入研究。

一 《水污染控制法》的立法背景和动因

1972 年的美国《水污染控制法》（*Federal Water Pollution Control Act*，FWPCA-72）出台的时代大背景、动因和缘由可大致归结为以下几方面。

第一，第二次世界大战后，尤其是 20 世纪 50、60 年代美国水污染加重趋势十分明显。

第二次世界大战后，美国河流湖泊污染情况十分严重。美国联邦统计资料显示，在美国 47 个主要河流湖泊中，有 22 个区域遭受污染的水体，其里程达总里程的 40% 以上。其中被污染里程占总里程 50% 以上的区段有 18 个，被污染里程占总里程 70% 以上的有 9 个。在人口密度最高的东北部各州，河流湖泊的平均污染里程占总里程的 40%；在五大湖沿岸各州的比率为 35%；在农牧业发达的北部各州其比率为 42%。1969 年一项联邦调查发现，3/4 的公共饮用水供水系统有一半低于水质标准。1971 年，“拉尔夫—纳德工作小组报告”陈述了美国水体污染的严峻局势，引起了美国公众和媒体的广泛关注。

第二，第二次世界大战后，伴随着社会经济的发展、物质的富足和人民受教育水平的提高，美国民众的环境意识在不断增强，他们对生活质量有了更高的要求，更加关注与自身生活和健康息息相关的环境质量的改善，特别是空气和水体的质量。第二次世界大战后，随着国民收入水平的提高和中产阶层队伍的扩大，美国迈入一个“丰裕社会”时代，绝大部分社会成员不再为衣食住行等基本生活需要担忧。美国的教育在第二次世界大战后发展十分迅速，而中产阶层接受教育的比率和层次是最高的。这样，美国社会具备了追求高质量生活水平的条件。美国人尤其是中产阶层的价值观也经历了转型，不再单以物质上的富足和消费品的多寡来衡量生活标准，其兴趣和注意力日益转向与他们的健康和安全息息相关的生活和工作环境上面，开始关注空气、水质和食物安全，更多从事旅游和娱乐等休闲活动。这正是 20 世纪 70 年代美国加强环境立法，尤其是空气和水质立法的时代背景。

第三，第二次世界大战后美国的水体污染治理政策与实践存在很多缺陷。

1948 年通过的《水污染控制法》是第二次世界大战后美国第一部治理水体污染的联邦立法，该法后经多次修订。1956 年的修正案明确了联邦政府为市政污水处理提供财政支持。1965 年通过的《水质法》把提高水质作为重心，要求各州制定境内跨州河流最低水质标准及执行计划和方案，联邦政府的职责是通过批准、否决和加强执行会议等程序实施监督。

虽然联邦与各州及地方先后颁行了一系列治理水体污染的法案，但无论从管理体制还是水污染治理实践等具体情况来看，效果并不理想，存在的问题很多。首先，第二次世界大战后，美国水污染治理权大多被交给了各州和地方政府，受利益集团和财政经济等诸多复杂因素的影响，各州和地方政府往往把经济因素和经济利益考量置于优先地位，这必然影响水污染治理的效果。在很多人看来，由各州执行的标准和实施系统是无效的和不可行的。由于各州治理水污染的步伐不一、标准各异，这就严重影响了水体污染治理的整体效果。其次，虽然有联邦的拨款和资助，但各州和地方水污染治理资金不足，而且治理重点是饮用水和市政污水处理，工业排放这一大块污染源并未得到足够重视。再次，以“水质标准”为基础的水污染治理方式局限很大，因为这种治理方式很难区分水体的自净与污染治理成效比率，不能转化为有效的排污限制，是一种末端治理，这就需要政策创新来加以改变。最后，因缺乏相应的有关公民诉讼的具体法律规定，当公民遭受水污染侵害时不能通过法律途径来维权，这也限制了水污染治理的效果。

第四，第二次世界大战后，声势浩大的现代环保运动动员了美国民众，民间环保组织十分活跃，反污染斗争高涨，对联邦政府和国会形成强大压力。

第二次世界大战后，一方面，富裕起来的美国人要求更高水准的生活质量；另一方面，他们的生存环境却在迅速恶化，他们的健康、家园受到无处不在和无时不有的污染威胁，现代环保运动缘此而发。在污染日趋严重的大背景下，老的环保组织不断发展壮大，新的环保组织大量涌现，主要环保组织成员人数都有不同程度的增长。主流环保组织致力于通过与政府和污染者协商谈判来解决环境问题，基层和激进环保组织则推行强硬的政治路线，对政府、国会和污染者直接施加压力。以声势浩大的现代环保运动为背景，尼克松政府积极推动环保政策和立法，国会在这一时期对保护环境也持积极态度，提出、修订和通过了一系列重要环保立法，包括水污染控制法等。

二 《水污染控制法》立法辩论的焦点

1971年2月，参议员埃德蒙·马斯基提出了一项全面修订水法的提案(S. 523)，并举行听证会讨论。自1971年3月至1972年10月，《水污染控制法》提案经参议院听证会、参议院和众议院分别讨论和审议，再经参众两院联席会议商议，最后通过议案。其间，围绕水质标准和达标时限、强制执行与公民诉讼、联邦责任与财政支持等焦点问题，致力于保护公众健康和环境的环保组织代表等与钢铁、化工石油等业界代表展开辩论和博弈，最终达成妥协，通过了美国水污染立法史上最重要的立法——1972年美国《水污染控制法》。在立法中，各方矛盾的焦点集中于以下几个方面：

第一，关于水质标准和达标时限。

马斯基提案建议设定严格的水质标准，并在3年内达到这一标准。该建议得到环保组织代表的支持。人口零增长组织代表卡尔·波普（Carl Pope）

指出，绝大多数美国人对以“水质标准”来控制水污染的方式和效果是不满意的。他认为，迄今为止，美国水污染净化主要依靠自然生态系统，意指水质标准存在不能区分自然净化和人为因素比率的局限，因此效果有限。他举证蒙哥马利县水质很差，主要原因是水体流经农区为化肥污染所致。[①] 来自地球之友的代表乔治·奥尔德森（George Alderson）主张设立较高的水质标准，由污染者承担举证责任，来证明其排放物不会对水体造成污染。[②]

针对马斯基提案的水质标准达标时限，工业界代表纷纷提出质疑和批评。美国钢铁协会代表雷诺·麦克唐纳（Reynold C. Macdonald）认为 S. 523 号提案中的 3 年达到一定水质标准不切实际。来自化学制造业联盟的代表查尔斯·塞尔楚（Charles L. Sercu）认为这一草案提出的水质标准达标时限过于僵硬，而没有考虑技术的复杂性、水污染控制项目建设进展等情况，3 年内很难实现；他主张应当开展实地调查，之后再讨论设立初始目标。[③]

1971 年 7 月，参议院听证会之后的修改案中提出要对“新源”实施严格控制标准并禁止某些有毒污染物排放，“为了保护贝类、鱼类、野生动物及能够在水中进行娱乐活动，要在各州实行国家最低水质标准”。工业界代表声称在一些工业发达及工业污染较重的州及地方很难执行这项规定，强调针对“新源”的控制条款过于严格，认为有关“新源”的水质标准应考虑企业的负担，质疑实行如此严格的标准对提高水质的作用。[④]

在水污染控制标准和达标时限问题上，马斯基代表的参议院提案得到了环保组织的支持，他们赞同制定严格的标准和达标时限。工业界反对这样做，理由是缺乏技术上的可行性，过于僵硬，会加重企业经济负担等。针对既有水质标准局限的质疑，资源保护基金会代表西德尼·豪（Sydney Howe）提出，采用污染控制技术作为一种有效手段和标准，由各州制定的执行计划应包括水质标准达标的具体时间表，环保署对新建工厂实施“经济上可行的

---

① *United States. Senate. Committee on Public Works. Subcommittee on Air and Water Pollution*, *Water Pollution Control Legislation. Hearings*, *Ninety-second Congress*, *First Session*, Washington, U. S. Govt. Print.

② Ibid.

③ Ibid.

④ Ibid.

最佳可得（污染控制）技术”。[1] 该建议富有创意，为参议院采纳。众议院不反对以污染控制技术为基本方法，但不同意废弃既有“水质标准”，建议将两者结合起来，规定在国家可航行水域实行既有水质标准，同时规定在新的国家污染物排放清除系统下“点源”（固定且可识别的独立污染源）排污适用新的排污限制条款。最终各方达成妥协，接受基于技术的污染控制方法，同时保留既有的“水质标准”为辅助手段。

第二，关于强制执行。

针对以往水体污染治理政策执行的无效和无力，环保行动组织代表芭芭菈·里德（Barbara Reid）建议完善强制执行机制。她讲道，尽管之前已经制定了好几部水污染控制法，但“问题增长的速度似乎比我们处理问题的速度还要快”。她认为，由于担心企业因治理污染负担过重而迁走，进而影响当地就业，地方政府不愿制定和执行强硬的污染控制措施，从而影响了水污染治理的成效，她主张水污染控制立法应完善强制执行条款。[2]

迫于舆论和时势，美国石油协会代表皮特·加莫加尔（Peter N. Gammelgard）表示同意加强强制执行机制，但他认为强制执行权应交由各州而非联邦。化学制造业联盟代表查尔斯·塞尔楚（Charles L. Sercu）提出：为了保证强制执行的有效性，管理机构应充分听取水污染控制专家的建议，在执行机构检查时应遵循宪法，除非得到被检查的公司或法人同意或公民健康和安全处于污染威胁的情况下，否则执行机构若无许可证不得进入公司检查，且为了保护私有财产信息不得检查与污染不相关的内容。[3]

总之，环保组织代表极力主张应强化水污染控制的强制执行机制，主张把这一权力交给联邦。而企业界虽然迫于形势表面上同意加强强制执行机制，但为此设定了种种限制条件，比如将这一权力交由各州来执行，在执行中要征得被检查者的同意，保护私有财产信息等。显然，企业对强化执行机制是持抵制态度的。最终，环保组织的意见占了上风，法案将水污染控制的主要权力和责任转归联邦。这也是大势所趋，因为第二次世界大

---

① *United States. Senate. Committee on Public Works. Subcommittee on Air and Water Pollution*, *Water Pollution Control Legislation. Hearings*, *Ninety-second Congress*, *First Session*, Washington, U. S. Govt. Print.

② Ibid.

③ Ibid.

战后由各州管理水污染的成效有限。不过工业界的意见也得到了关照，各州在水污染治理中仍然保留很多权限，甚至拥有在环保署授权下颁发排污许可证的权力。

为了提高水污染治理的有效性，马斯基提案建议设立严厉的违规处罚制度。环境行动组织代表里德认为司法部门以往对污染行为的处罚太轻，她要求加重对污染行为的处罚力度。来自美国石油协会的代表加莫加尔认为处罚不能过于严厉，且处罚制度应相对灵活。美国钢铁协会麦克唐纳声称：马斯基提案的刑罚规定过于严厉，企业没办法接受这样的条款。

第三，关于公民诉讼。

马斯基提案建议建立公民诉讼制度，环保组织代表力挺这一建议。资源保护基金会代表豪表示支持马斯基提案中的公民诉讼条款，认为公民诉讼条款给公民提供了机会，能够保证他们在污染控制中发挥积极作用。但美国石油协会代表加莫加尔强调，只有那些遭受环境侵害的公民才可以拥有诉讼资格，认为公民诉讼条款必须受到限制，以防止诉讼权的扩大。美国钢铁协会代表麦克唐纳认为，马斯基提案中的公民诉讼和处罚过于严厉，企业担心这样的条款会加重其负担。化学制造业联盟代表塞尔楚认为，由公民个人提起的民事诉讼在某些情况下应遵从一定标准，不应鼓励这类诉讼，如果行政机构已经采取了有效措施阻止污染，就不应当再提起诉讼。[①]

参议院在综合各方意见后提出的修正案建议给予公民诉讼权，建议任何人都可以对破坏排污限制的人提起诉讼，也可以对执行不力的联邦或州执法机构提起诉讼。众议院虽支持参议院的建议，不过将“公民”的范围作了限制，规定“公民”是指那些居住在污染区的直接受害者或可能受到伤害的人。在 1972 年 5 月至 9 月两院组成的联席委员会会议上围绕这一问题展开辩论，最后达成妥协，将诉讼主体定为“有直接利害或可能受到有害影响的人”，这一界定为联邦最高法院裁决“塞拉俱乐部诉莫顿”一案所采纳。

第四，关于联邦职责与财政支持。

针对以往市政污水处理资金的不足，马斯基提案建议在未来的五年中建

① *United States. Senate. Committee on Public Works. Subcommittee on Air and Water Pollution*, *Water Pollution Control Legislation. Hearings*, *Ninety-second Congress*, *First Session*, Washington, U. S. Govt. Print.

设污水处理厂的资金应增加到每年25亿美元，其中联邦拨款比重应占到66%。美国妇女选举人联盟代表唐纳德·克鲁森（Donald E. Clusen）认为建设污水处理厂每年仅有20亿美元或25亿美元资金是不够的。在过去10年中地方政府在建设污水处理厂问题上一再拖延。她建议联邦增加对各州水污染处理厂建设拨款，当社区遭受严重污染时，联邦应当增加援助比率。来自美国钢铁协会的代表麦克唐纳抱怨，除了根据1965年《水质法》每年提供2000万美元外，政府几乎未给企业资金帮助。1967年到1970年间，企业总计只收到2400万美元的援助。[①]

来自明尼苏达州的代表威廉·蒙代尔（Walter F. Mondale）提到该州淡水湖面临的严重富营养化问题，认为要改善这一局面，就需要加大联邦政府拨款。他指出，明尼苏达州的淡水湖占全国的15%，联邦政府原有拨款根本不够，而地税收入又有限，除非立即采取措施，否则局势会进一步恶化。通过技术来解决淡水湖污染问题同样需要来自联邦政府的资金支持。俄亥俄州代表查尔斯·瓦尼克（Charles A. Vanik）陈述了俄亥俄州大城市面临的水污染问题，认为联邦应该增加州污水处理厂建设资金资助比重，即从原来的50%增加到70%。[②] 关于联邦资助市政污水处理设施建设问题，参议院建议联邦政府在“四年内拨款140亿美元”，众议院建议“三年内拨款180亿美元”，法案最终采纳了众议院的意见。各方均要求提高水污染处理设施建设的联邦资金支持额度，但该建议遭到尼克松政府的反对。

对于新的《水污染控制法》提案，不但环保组织与企业界之间存在分歧乃至对立，而且尼克松与国会之间也存在不同意见。尼克松不愿接受国会提出的巨额联邦拨款与联邦职责的过分扩大的建议，他甚至为此不惜动用总统否决权，但国会无视他的否决，再次通过了《水污染控制法》。

综上所述，在围绕修订《水污染控制法》的辩论和较量中，环保组织代表公共利益，主张设立明确的达标时限和严格的水质标准，制定严厉的强制执行和实施机制，包括严厉的处罚和诉讼制度等，以切实改善美国的水体

---

① *United States. Senate. Committee on Public Works. Subcommittee on Air and Water Pollution*, *Water Pollution Control Legislation. Hearings*, *Ninety-second Congress*, *First Session*, Washington, U. S. Govt. Print.

② Ibid.

污染状况。钢铁、化学、石油企业等行业界代表虽然在民意和舆论普遍呼吁加强环境保护的形势和压力下不得不表示支持治理水体污染，但出于治理成本等经济负担及相关利益考虑，他们大多持消极态度，他们以保护私有财产信息和技术的复杂性及资金缺乏等种种理由为借口和托词进行抵制。各州则希望联邦承担更多的责任提供更多的资金支持，但联邦政府特别是尼克松政府不愿走得太远。由此可以看到，从 1971 年 3 月至 1972 年 10 月，围绕《水污染控制法》的辩论，反映了代表公共利益的环保组织和代表钢铁、化工和石油等行业利益代表之间，各州和地方与联邦政府之间的利益、主张、诉求的分歧。在经过反复辩论、协商与博弈之后，最终还是达成了妥协，于 1972 年 10 月通过了《水污染控制法》。

三　《水污染控制法》的成就与局限

通过上述考察，我们发现在《水污染控制法》立法中存在三种“政治力量”：资源保护基金会、环境行动组织和地球之友等环保组织代表；美国钢铁协会、化学制造业联盟及美国石油联合会等利益集团代表；联邦机构如环保署、国会议员等。立法过程就是这三种力量围绕一些焦点问题辩论的过程，最终的《水污染控制法》是这三股力量博弈和妥协的产物。这便是美国环境政治史家海斯概括的环境政治中的三种力量博弈过程：致力于保护和改善环境的个人和团体；环境保护的反对者和中间阵营间复杂的政治关系。[①] 从《水污染控制法》文本内容可以看到三股力量影响的影子。

第一，在强烈要求治理水体污染保护公众健康的社会舆论压力下，在以环保组织为代表的各方人士的积极争取下，1972 年通过的《水污染控制法》添加了许多保护水质和有效治理水体污染的条款。从法案内容看，环保组织和环保主义者占了上风，由此也决定了该法所具有的历史地位。

该法设定了全国统一的水质目标和达标时限：至 1983 年 7 月 1 日，应使水体达到适合游泳和钓鱼的标准，能够满足鱼类、贝类和野生生物的生存

① Samuel Hays, *Explorations in Environmental History*, Pittsburgh: University of Pittsburgh Press, 1998, p. xxii.

和繁衍；在1985年以前消除所有向可通航河流排放污染物的现象，实现“污染物零排放”。[①] 由此，我们可以发现美国水体污染治理政策目标性质的转变——1965年的《水质法》注重保护溪流的休闲和生态价值，1972年的《水污染控制法》把适合游泳和钓鱼作为全国性的政策目标。这两个目标的设定反映了民众对休闲娱乐的时代需求以及现代环保运动的影响。

为了达成上述目标，《水污染控制法》在水体污染控制标准、强制执行、民事与刑事处罚、公民诉讼、联邦责任及水体污染设施财政援助等方面都作了相应的规定。

1972年的《水污染控制法》第一次确立了主要针对点源污染的“国家污染物减排系统”，并据此建立了非常严格的许可证管理制度。许可证管理制度属于强制性制度，它规定所有排放者必须领有排污许可证方能向指定水域排放污物，并且要遵守环保机构指定的以技术为基础的污染控制标准。该制度还规定了联邦强制执行程序，即当环保署发现存在环境污染侵害时，必须向该州和污染者发出通知，若该州在30天内未对污染者采取措施，则由环保署发布一项要求服从命令的指令或对污染者提起民事诉讼。[②]

与先前相比，1972年的《水污染控制法》最重要的变化之一是将制定水污染控制目标和水质标准、监督实施和执行水污染控制政策的主要责任由各州转归联邦，给予联邦政府在水污染治理方面统领各州的权力和至高的权威，并且规定由环保署和陆军工程兵团来具体领导和组织实施水污染控制政策。1972年的《水污染控制法》颁行之前，水污染治理的主要责任在各州和地方，而各州和地方政府在处理水污染时往往优先考量经济因素，对污染者处罚太轻。并且即便联邦可以介入州和地方水污染控制事务，但程序十分烦琐，时间漫长，效果有限。1972年的《水污染控制法》规定由联邦主导污染控制标准的强制执行程序，这在很大程度上免除了先前州政府在实施污染控制中的种种顾虑。作为专事环保工作的职能部门，环保署不但拥有制定水污染控制标准的权力，还可以直接向各州和污染者发出要求执行污染控制标准的命令。环保署无须像过去那样执行烦琐复杂的程序，它可以直接对污

---

① *Pub. L. No. 92 - 500*, *§ 101* (*a*) (*1*), *reprinted in 1 LEG. HIST* [*G*], 1972.

② Ibid.

染者进行处罚或提起诉讼，对于情节严重者甚至可以追究其刑事责任。由此，《水污染控制法》确立了一种污染治理的命令—控制模式，该模式空前强化了联邦在污染控制中的权威和强制执行权力。

尤其重要的是，1972 年的《水污染控制法》参照 1970 年通过的《清洁空气法》设立了公民诉讼制度，规定美国公民可以通过民事诉讼来维护其环境权益。任何受到污染的居住地公民，均可对任何破坏排污限制的自然人或组织提起诉讼，也可以对执行不力的联邦或州执法机构提起诉讼。[①] 此条款在很大程度上加强了公民在面对水体污染侵害时维护自身利益的权力，也加强了对水体污染者和政府部门的有效监督。

第二，虽然 1972 年的《水污染控制法》添加了很多控制水体污染和保护水质的内容，但还是存在一些局限，反映了包括钢铁、化学及石油等主要污染者的影响、抵制和不作为，这也说明治理水体污染任务的艰巨性。

在公民诉讼问题上，参议院建议法案允许任何美国公民都可以对违法行为者提起诉讼，亦可对执法不力的联邦或州执法机构提起诉讼，但在企业界等的抵制下，法案最终对“公民”一词作了限定，规定只有那些“利益受到直接损害或可能受到有害影响的人”才有诉讼权利。[②] 相较《清洁空气法》中的公民诉讼条款，在《水污染控制法》中，这一权利被削弱了。

1972 年的《水污染控制法》颁布以来，执行不力情况较为严重。1981 年到 1982 年间，美国总会计署开展了一项为期 18 个月的调查，他们依据的是排放源提供的资料，仍然发现存在严重的不遵守管制条例的现象。污染源总是存在隐瞒实际排放量，实际违规比调查发现的结果更严重。[③] 可见，由于排污者没有严格遵守和执行管制条例，加之管理部门尤其是环保署因人力及其他多种因素制约导致监管不力，在许多地方水污染情况仍在恶化。1992 年末公布的一项历经 5 年的检测结果称：从 314 处水体中捕获的 119 种鱼类体内聚积的污染物多达 60 种，有 90% 以上的监测点发现了汞、多氯联苯和

---

① *Pub. L. No. 92 - 500*, *§ 505 (a) (1)*, *(2)*, *reprinted in 1 LEG [G]. HIST*, 1972.

② Ibid.

③ Paul R. Portney and Robert N. Stavins, *Public Policies for Environmental Protection*, Washington, DC.: Resources for the Future, 2000, pp. 181 - 183.

滴滴涕等有毒有害物质。[①] 这说明因涉及的利益关系的复杂性以及污染者的抵制等各种原因，水污染治理成效是有很大局限性的。

从是否在预定的时限达标这一点来看，1972 年的《水污染控制法》实施效果同样不很理想，因之 1977 年的《清洁水法修正案》延迟了几项排放标准达标期限，1987 年《水质法》再次延迟排污达标时限，甚至直到 1994 年仍然没有达到该法设定的能够满足鱼类、贝类和野生生物生存和繁衍，以及游泳和钓鱼的标准。究其原因，因受高涨的现代环保运动的影响，20 世纪 70 年代美国的环保政策立法，特别是《清洁空气法》和《水污染控制法》设定的许多目标因缺乏充分调研而偏离了实际，加之污染者执行不力，致使包括《水污染控制法》在内的一些环保法规定的达标时限一再被延迟。

第三，在立法过程中，参议院持支持立场的议员居多，而众议院则相反，有很多议员反对参议院提出的那些较为激进的条款。尼克松总统与国会及环保署、内政部和环境质量委员会等联邦机构之间也存在分歧。

如前所述，尼克松总统的环境政策取向具有投机性。针对国会提出的 3 年内由联邦拨付 180 亿美元的巨额市政污水处理设施建设资金，以及扩大联邦政府在水污染治理中的责任的规定，尼克松表达了强烈不满，在说服国会两院联席委员会考虑削减资金数额无效后，他威胁会动用否决权，但国会并未理会，于是，尼克松否决了法案，然而国会参众两院又以绝对多数票通过了此法案，1972 年 10 月 18 日，国会正式颁布了《水污染控制法》。

拉克尔肖斯领导的环保署在《水污染控制法》立法中虽然持积极的立场，但在该法执行中也存在不力现象。据保罗·贝特尼研究，1972 年，法案要求环保署在该法生效一年内公布污染限制条例，但事实上环保署在规定期限内未颁布一个条例。直到 1977 年最后期限，环保署仍然没有向有关污染源公布其应当遵守的所有 BPT 规则。截至 1976 年 3 月 31 日，环保署仅给 67% 的各类工业排污者发放了许可证。许可证发放比例在主要工业污染源中应更高些，但这些许可证有许多是在污染限制条例颁布前制定的。[②]

---

① United States Environmental Protection Agency, "Clean Water Agenda: Remarking the Laws that Protect our Water Resource", *The Clean Water Act: Has It Worked*, Vol. 20, No. 1 – 2 (Summer, 1994), p. 12.

② Paul R. Partney and Robert N. Stavins, *Public Policies for Environmental Protection*, Washington, DC.: Resources for the Future, 2000, p. 181.

第四，在致力于保护公众健康的环保组织、国会议员及社会各界人士群策群力的推动下，该法有许多创新之处，其践行也颇有成效。纵观美国的水污染治理历史，1972 年的《水污染控制法》是最重要的一部立法。

与此前的水污染立法相比，1972 年的《水污染控制法》在水污染治理目标、污染控制标准、联邦责任、污染物排放消除制度等方面，均有重大修订和创新。1972 年的《水污染控制法》提及立法主旨为“恢复和保持国家水体的化学、物理和生物方面的完整性”。[①] 这一提法显然受到了环保主义的影响，带有生态内涵。1972 年的《水污染控制法》最具创新的内容就是以技术为基础的污染控制标准体系的建立和实施。进一步说，就是由环保署制定全国适用的以可行性污染控制技术为基础的排污限制标准，据此对个体污染源发放排污许可证。在此之前，美国的水污染控制是以水质为标准，这一标准是 1965 年的《水质法》的重要内容。此种方法属末端控制，其最大缺陷和问题就是难以区分和判定水体自净能力和污染控制所发挥的作用比率以及究竟是哪些污染源污染了水质。由此，如何确定每个污染源必须削减多少排污量以达到预先设定的流域水质是十分困难的。而以技术为基础的排污限制方法，免除了管理者评估水体污染者究竟要承担多大程度的污染责任，以及哪个污染源应承担责任的重负，并且这种方法是从源头上治理水体污染，治理效果更佳。对之前的以水质为标准的制度，国会也决定保留下来，将其作为检验以技术为基础的污染排放控制制度是否有效的标准。

1972 年的《水污染控制法》的一项重要内容是由联邦政府承担市政污水处理设施建设的主要资金，并大幅度地增加其支持总量。该法规定将联邦分担的污水处理设施建设经费比例提高到 75%，三年内计划拨款总额为 180 亿美元。20 世纪 90 年代美国城镇污水处理成为有史以来最大的联邦公共工程项目。[②] 据统计，自 1972 年至 1989 年的 17 年间，联邦政府在市政污水处理设施建设方面总计投入了 560 亿美元，连同其他部门、各州和地方，总投入超过了 1280 亿美元。市政污水处理设施建设的作用是不言而喻的，其受

---

① *Pub. L. No. 92 - 500*, *§ 101 (a) (1)*, *reprinted in 1 LEG. HIST* [*G*], 1972.

② Richard N. L. Andrews, *Managing the Environment*, *Managing Ourselves*: *A History of American Environmental Policy*, New Haven: Yale University Press, 1999, p. 236.

益面十分广泛。据统计，其直接受益者 1970 年为 42%，1975 年达 67%，1980 年为 70%，1985 年达到了 74%。[①] 联邦为支持地方建设污水处理设施支付了巨额资金，但毫无疑问，这笔资金花费是非常值得的。

1972 年的《水污染控制法》颁行以来确已取得成效。据估计，截至 1977 年，约 80% 的工业排放者遵守了相关的 BPT 污染限制标准；到 1981 年，有 96% 的工业污染源达到了该标准的要求。不过，对来自市政排放源的污染物进行二次处理这一要求的遵守情况在上述两个时间点却相对低得多。关于水质标准的报告与一些研究结论也有出入。在 1990 年环保署的报告中提到在美国约有 3/4 的河流和港湾、82% 以上的湖泊以及 90% 的海洋水体达到了水质标准。[②] 另据保罗·贝特尼研究：自 1972 年以来美国水质得到了改善，但从总体的衡量指标和全国平均水平看，这种变化不很明显，有些地方报告显示从前曾被严重污染的水体现在清澈许多，但在另外一些地方污染仍在继续，一些地方水体质量还有下降趋势。[③]

需要注意的是，1972 年《水污染控制法》重点控制的是工业污染源或点源，而对非点源和有毒物质污染控制重视不够。有鉴于此，1977 年的《清洁水法修正案》加强了对有毒污染物质的管理，在传统污染物和有毒物质之间进行了更为清楚的区分。1987 年的《水质法》要求环保署对下水道污泥中的有毒物质进行鉴别并制定新的控制标准，对于非点源污染法案要求各州严格执行非点源污染控制项目。考虑到 1972 年《水污染控制法》实施以来的水质状况，对该法成效的评估应联系经济规模的增长作出。1972 年以来，经济规模和排污总量均有巨大增量，如果不采取有效措施或政策无效，现有水体污染状况无疑会严重恶化，即使水体质量维持在 1972 年的水平，那也是不小的成绩。

第二次世界大战后，在美国水体污染控制和治理的立法史上，1972 年的《水污染控制法》的地位是最重要的。美国的水污染控制法案从 1948 年

① United States Environmental Protection Agency, "Clean Water Agenda: Remarking the Laws that Protect our Water Resource", *The Clean Water Act: Has It Worked*, Vol. 20, No. 1 – 2 (Summer, 1994), p. 10.

② Ibid., p. 12.

③ Paul R. Partney and Robert N. Stavins, *Public Policies for Environmental Protection*, Washington, DC.: Resources for the Future, 2000, p. 189.

第一次制定到1972年之前共经历5次修订，而1972年法案是修订幅度最大的一次。此法是在环境危机意识普遍增强和现代环保运动高涨的背景下制定的，它总结了过去几十年美国水体污染立法的经验教训，有许多创新之处，特别是“国家污染物减排系统”制度的建立，意义十分重要。从环境政策发展史角度来看，1972年的《水污染控制法》的通过体现了环境政策国家化的必要性。1972年的《水污染控制法》对此后美国的水体污染治理政策和立法影响颇为深远。自1972年该法案颁行以来，美国国会虽几度修订水法，但该法的基本框架未曾改变，基本目标和政策手段也未有大的调整，这也说明该法所具有的历史地位。

第三章

1972年《杀虫剂控制法》

美国是世界粮食生产与出口大国，化学杀虫剂在促进和保障其粮食产量中发挥着重要作用。[①] 现如今，美国的杀虫剂监管制度在世界上也是比较完善的。但这种较为完善的监管制度并非一蹴而就，而是经历了一个相当长时期的曲折发展和改进与完善过程的。在这一过程中，1972 年通过的《杀虫剂控制法》具有非常重要的历史地位，此法对其后美国杀虫剂管理政策具有深远影响，因此有深入研究的必要。

一 《杀虫剂控制法》出台的历史背景

1972 年通过的《杀虫剂控制法》是美国杀虫剂立法史上的界标。此法

① 杀虫剂（Pesticide）是用来灭杀昆虫、杂草和其他生物以保护人类、庄稼和家畜的化学制品。杀虫剂有许多实际的好处，但滥用杀虫剂也会对环境造成许多危害。杀虫剂可分为杀菌剂（Fungicides）、除草剂（Herbicides）、杀虫药剂（Insecticides）、杀螨虫剂（Acaricides）、软体动物杀虫剂（Molluscicides）、杀线虫剂（Nematicides）、灭鼠剂（Rodenticides）、杀鸟剂（Avicides）；抗生素（Antibiotics）等。马尔奇·波特曼等：《美国环境百科全书》（Marci Bortman, Peter Brimblecombe, Mary Ann Cunningham, William P. Cunningham and William Freedman, *Environmental Encyclopedia*）（电子版），第三版，第1072—1073 页。美国学术界对化学杀虫剂及相关问题的研究大体从两个角度入手：其一是从法学和管理学角度，其二是从公共政策和政治的角度；前者偏重于考察法案管理条例的具体内容，后者偏重于考察社会各方面围绕应对化学杀虫剂污染及其管理政策的社会政治关系。这方面的重要著述有：Thomas R. Dunlap, *DDT: Scientists, Citizens, and Public Policy*; Robert Gordon, *Poisons in the Fields: The United Farm Workers, Pesticides, and Environmental Politics*; Christopher J. Bosso, *Pesticides and Politics: The Life Cycle of a Public Issue*; Brooks Flippen, *Pests, Pollution, and Politics: The Nixon Administration's Pesticide Policy*。国内相关成果主要有：高国荣：《20 世纪 60 年代美国的杀虫剂辩论及其影响》，《世界历史》2003 年第 2 期；金海：《20 世纪 70 年代尼克松政府的环保政策》，《世界历史》2006 年第 3 期。尚未发现有从历史角度专门研究 1972 年美国的《杀虫剂控制法》的成果。

较大幅度地修订了1947年的《杀虫剂、除真菌剂和灭鼠剂法》，突出强调保护公众健康，并据此创制了一些新的杀虫剂监管法规，把对杀虫剂的监管权由农业部转归环保署。该法成为后来美国杀虫剂监管制度的基础法律。

第一，1972年美国《杀虫剂控制法》得以出笼并将保护公众健康和环境的主旨纳入该法是由时代决定的，因为提升生活质量是时代的要求。这是一种新的环境观念——现代环境主义。这是20世纪70年代美国加强环保立法，尤其是包括空气和水质及杀虫剂立法共同的时代大背景。

第二，20世纪40年代至60年代在美国投入使用的化学杀虫剂品种和数量急剧增长，杀虫剂的广泛使用对野生动植物、包括人体健康造成了严重危害。20世纪60年代以后，因《寂静的春天》一书的揭露以及随之发生的全国性杀虫剂问题大辩论，引起了整个社会对杀虫剂问题的关注，使更多的美国民众意识到杀虫剂对环境和健康的危害。当社会普遍认识到杀虫剂对环境和人体健康有严重持久的安全隐患时，必然要求对其实施限制。

在美国农业中使用杀虫剂的历史可以追溯到19世纪中叶，但真正迎来杀虫剂生产、销售和使用高峰是20世纪40年代以后。美国农业部杀虫剂登记处颁布的1947年至1961年间杀虫剂登记种类增速很快。[①] 同期，杀虫剂的销量和使用量也是一路飙升。[②] 20世纪50年代被称为杀虫剂的"黄金时代"，自1947年至1960年间，合成有机杀虫剂使用量增长了5倍之多，从每年的1.24多亿磅增至6.37多亿磅，这些产品的批发总价值超过了2.5亿美元。[③] 在1962年至1971年间，人工合成有机化学杀虫剂的产量和销量增长迅速。[④] 这些杀虫剂绝大部分被用在了农业和农场。[⑤] 从1950年至1967年间，在美国每个农业生产单位使用的杀虫剂数量增长了168%。在亚利桑

---

① T. H. Harris and J. G. Gummings, "Enforcenement of the Federal Insecticide, Fungicide and Rodenticide Act in the United States", *Residue Reviews*, 1964, Vol. 6, p. 107.

② The President's Science Advisory Committee, *Use of Pesticides: A Report*, the White House, Washington, DC., 1963. 5. 15, pp. 6 – 7.

③ ［美］蕾切尔·卡逊：《寂静的春天》，吕瑞兰等译，吉林人民出版社1997年版，第13页。

④ The United States Department of Agriculture, Agricultural Stabilization and Conservation Service, *The Pesticide Review of 1972*, Washington. DC., p. 23.

⑤ House of Representative, *Pesticide Research*, Rport No. 1223, 90th Congress 2d Session, pp. 2 – 3.

那，1965年至1967年间用在棉花上的杀虫剂数量增加了3倍。[①] 有些毒性很大但杀虫效果较高的杀虫剂如滴滴涕的产销增长尤为迅速。

作为科技进步的成果，杀虫剂在农林畜等生产领域的应用有着很高的效率和很好的效果，特别是在提高农业生产率和粮食产量产值中发挥着重要作用，因此社会对其需求量很大。化学制造商看到了巨大的利润潜力，积极增加资金和技术投入，不断推出更新、更高效的杀虫剂。社会对滴滴涕的需求给化学"制造商们创造一切机会去生产和销售滴滴涕"。[②] 化学制造商不遗余力地向公众宣传杀虫剂的好处。美国政府也积极支持推广使用杀虫剂，极力宣传杀虫剂的益处，而无视杀虫剂对健康和环境的危害。

杀虫剂是一种毒性和副作用很大的化学合成制剂，对生物有严重的潜在危害。因化学杀虫剂本身的特点及喷洒方式等缘故，例如飞机喷洒，其波及和影响面非常广泛。杀虫剂残留会随风飘落至森林和草地中，流入河流湖泊里；野生动物流动性大，接触地域广，在迁徙和觅食中可能会接触到各种杀虫剂残留，从而受到伤害。杀虫剂给鸟类和鱼类造成的伤害最明显。因自然界食物链的关联性，滥用杀虫剂常常引发一系列连锁反应，威胁整个生物链，导致生态失衡。早在1950年，埃文·迪克就曾警告："许多新的杀虫剂能够破坏某一地区的生态平衡，因为我们使用杀虫剂有效控制一种昆虫的同时，其强效破坏性更有可能波及其他数量较少的昆虫的生存。"[③] 约翰·费雷斯写道：使用滴滴涕是一种无选择性屠杀，正"如同在人群中放了一把火，（所伤害的）既有我们的敌人，也有我们的朋友"。[④]

杀虫剂对人体健康同样有很大危害。长期接触杀虫剂会导致头晕、恶心、不安、倦怠、抑郁等症状，严重者甚至中毒死亡。[⑤] 调查发现，1959年加利福尼亚州因接触杀虫剂而患职业病者达1.1万人，其中绝大多数是农业

---

① ［美］巴里·康芒那：《封闭的循环》，侯文蕙译，吉林人民出版社1997年版，第120页。

② Christopher J. Bosso, *Pesticides and Politics: The Life Cycle of a Public Issue*, University of Pittsburgh Press, 1987, p. 46.

③ Thomas R. Dunlap, *DDT: Scientists, Citizens, and Public Policy*, Princenton University Press, 1981, pp. 77 – 78.

④ John Ferres, "Dynamite in DDT", *New Republic*, 1945. 1. 6, p. 415.

⑤ ［美］蕾切尔·卡逊：《寂静的春天》，吕瑞兰等译，吉林人民出版社1997年版，第189页。

工作者。[1] “科学资料已证实，大多数杀虫剂产品对人体都有毒性侵害。”[2] 迈阿密大学的一项研究发现，在相当数量的晚期癌症患者的肝脏、脑和脂肪组织中发现了很高的杀虫剂残留。[3] 美国公共卫生管理局曾对一些饭馆和大学食堂做过一次调查，得出结论是：“几乎不存在让人信赖的、完全不含滴滴涕的食物。”[4]

杀虫剂之所以有严重的后患还在于其残留和毒性的持久性和积聚性。杀虫剂残留可以长久保持在土壤里。据 1963 年肯尼迪总统的科学顾问委员会调查报告，杀虫剂最重要的特征就是其毒性在环境中的持久存留。存留于土壤中的氯化烃类杀虫剂的毒性，多年后仍能被检测出来。除虫菊杀虫剂、鱼滕酮和尼古丁虽然在使用后能快速溶解，但其化合物中包含的铜、铅、砷对土壤的危害则是长久的。[5] 像滴滴涕、氯化烃类等强效杀虫剂都有积聚性，可以在生物体内长期积聚并引发各种疾病。这种积聚性对人体危害很大。当处于食物链顶端的人类接触或食用含有杀虫剂残留的动植物后，这些看似微量的杀虫剂残留便会在人体内不断积聚，最终引发疾病甚至死亡。

杀虫剂的各种危害长期被忽略，甚至被有意掩饰。但随着杀虫剂导致的各种环境危害特别是对人体健康造成的损害日益加重和显现，社会开始警醒。1962 年蕾切尔·卡逊出版了《寂静的春天》一书，该书以寓言的方式揭露了化学杀虫剂对环境和健康的危害。这本书在当时引起轩然大波，引发了长达 10 年的杀虫剂问题大辩论，辩论使公众普遍认识到杀虫剂对健康和环境的危害。“20 世纪 60 年代初，因《寂静的春天》的出版，几乎每天都是报纸头条的杀虫剂问题影响着百姓的生活，杀虫剂已成为家庭生活的主题

---

① The President's Advisory Committee, *Use of Pesticides*: *A Report*, The White House, Washington, DC., 1963. 5. 15, p. 9.

② Christopher J. Bosso, *Pesticides and Politics*: *The Life Cycle of a Public Issue*, University of Pittsburgh Press, 1987, p. 72.

③ ［美］弗兰克·格雷汉姆：《寂静的春天续篇》，罗进德、薛励廉译，科学技术文献出版社 1988 年版，第 141 页。

④ ［美］蕾切尔·卡逊：《寂静的春天》，吕瑞兰等译，吉林人民出版社 1997 年版，第 175 页。

⑤ The President's Advisory Committee, *Use of Pesticides*: *A Report*, The White House, Washington, DC., 1963. 5. 15, pp. 6 – 7.

词，而且还是全国性的。”① 肯尼迪总统亲自命令总统科学顾问委员会调查杀虫剂问题，并将调查结果写成了报告，报告肯定了杀虫剂对野生动物和人体健康的多种危害。受杀虫剂论战和报告的影响，国会也高度关注杀虫剂问题，多次举行杀虫剂听证会，讨论杀虫剂的环境影响及相关问题。

第三，美国以往杀虫剂管理制度存在着严重漏洞和问题。

早在1910年，美国联邦管理处就颁布了《杀虫剂控制法》，不过此法在当时的主要目的是管制杀虫剂生产、销售和运输过程中的掺假行为。第二次世界大战后，鉴于化学杀虫剂在农业生产中的重要地位，为保障农民利益并确保经济增长，美国农业部酝酿制定了一部新的管理杀虫剂的立法，这就是1947年的《杀虫剂、除真菌剂和灭鼠剂法》。然而该法从起草到通过，大化学制造商和农业部一直居主导地位，由此也决定了该法的局限性。该法给化学制造商以很大的自由空间，只要求它们在其产品上贴上标签即可，而在杀虫剂生产、管理和违法惩罚等关键问题上都未作明确规定，更未涉及保护公众免于杀虫剂危害的内容。由此，该法曾被戏称为“杀虫剂的标签和登记法”，未起到对化学杀虫剂产品进行有效监管的作用。

从1947年《杀虫剂、除真菌剂和灭鼠剂法》颁布直到1972年《杀虫剂控制法》出台，美国联邦政府和国会多次修订此法，但这些修订未触及《杀虫剂、除真菌剂和灭鼠剂法》的主要问题，一直没有补充管控杀虫剂环境危害和保护公众健康的条款，也不损害与杀虫剂相关的农业和工业部门的利益，它在实质上始终是一部“杀虫剂产品登记和标签法”。究其原因，从该法最初制定到后来多次修改，主导该法的政治势力一直是农业部与农业和工业利益集团。长久以来，杀虫剂一直被视为单纯的农业问题，作为处理农业问题的农业部与农业化工业利益集团有着共同的考虑和利益诉求。杀虫剂作为促进农业生产提高农业产值必不可少的工具，即使已经被证实会产生严重的环境危害，但出于经济利益考虑，左右该法修订的政治势力也会选择对其危害视而不见的态度。

第四，20世纪60、70年代在美国兴起了一场空前规模的现代环保运动，

---

① Arthur Beverue and Yoshihiko Kawano, “Pesticides, Pesticide Residuces, Tolerances, and the Law USA”, *Residue Reviews*, 1971, Vol. 35, p. 104.

民间环保组织发展迅速，其社会基础不断扩大，成为一种不容忽视的政治力量。在污染日趋加重的背景下，老的环保组织不断发展壮大，新的环保组织大量涌现。自《寂静的春天》一书出版以后，杀虫剂的环境危害成为方兴未艾的现代环保运动关注的焦点。环保组织不断提起法律诉讼，要求停止使用滴滴涕、艾氏剂、狄氏剂和某些剧毒除草剂等杀虫剂，强烈要求修订相关立法，加强对农药的管理。一些传统的环保组织如全国野生生物协会、全国奥杜邦协会等积极推动政府和国会制定一部新的立法，实施严厉的杀虫剂监管政策。早在 1967 年，环境保卫基金会就曾多次起诉因使用滴滴涕导致的环境危害，最终虽没能胜诉，但却吸引了公众对滴滴涕环境危害的高度关注。次年，在威斯康星州举行了关于滴滴涕污染问题的听证会。经过激烈辩论，最终宣布滴滴涕为有毒污染物，建议未来在威斯康星州禁止使用滴滴涕。这是环保主义者取得的一次重要胜利，不但鼓舞了环保主义者的信心，也促使联邦政府加快了调整杀虫剂政策的步伐。

第五，以声势浩大的现代环保运动为背景，尼克松在第一任总统任内早期积极推动环保政策立法，国会在这一时期对保护环境也持一种积极的态度，通过了包括《杀虫剂控制法》在内的一系列重要环保法案。

20 世纪 60、70 年代，民间环保组织把影响选举政治、争取政治候选人的支持作为一种主要策略。尼克松认识到："环境问题是一个普遍而突出的问题，同样孕育着大量政治利益和具有强大势力的选民。"[①] 因此，他上台后宣布"今后的十年将是环境的十年"，并积极推进环保政策与立法。1969 年至 1970 年，尼克松在环保问题上采取主动行动的一个重要原因是为了和民主党争夺环保主义者的选票。[②] 这就是环境问题的政治化趋向。1971 年 2 月，尼克松总统在国会发表的环境咨文中重点提及杀虫剂问题，他表示"全面加强杀虫剂控制法是十分必要的"，建议重新修订《杀虫剂、除真菌剂和灭鼠剂法》。在收到尼克松总统的立法建议后，环保署立即起草了一份提案——编号为 HR4152 的提案并提交众议院审议。特别值得注意的是，以空

① J. Brooks Flippen, *Nixon and the Environment*, Albuquerque: University of New Mexico Press, 2000, p. 4.

② 金海：《20 世纪 70 年代尼克松政府的环保政策》，《世界历史》2006 年第 3 期，第 28 页。

前严重的环境污染为背景，在声势浩大的现代环保运动和社会舆论普遍要求加强环境保护的巨大压力下，20 世纪 70 年代美国国会在环保问题上大体持有积极立场，这是该时期包括《杀虫剂控制法》在内的大量环保法案得以修订和通过的重要原因。

二 《杀虫剂控制法》立法辩论的焦点

通观《杀虫剂控制法》的立法过程，介入其中的各派政治力量十分复杂，主角大体可分为致力于保护公众健康和环境的环保组织代表，包括农业与化工业等行业利益代表，以环保署为代表的联邦机构，国会参众两院议员等，这些主角围绕杀虫剂立法展开了激烈的斗争。

如上所述，作为新成立的专事环境保护的联邦职能机构——环保署较为积极主动，最初的提案就是由环保署提出来的。环保署提案（HR4152）的许多具体内容，比如支持公民上诉，反对赔偿法律禁止使用的杀虫剂产品持有者，司法诉讼标准定为“对任何人产生不利影响”，确定违禁行为民事罚款最高为 1 万美元等[①]，均体现了保护公众健康和环境安全的宗旨，也反映了环保署在加强杀虫剂管控问题上的雄心勃勃的愿望。

环保署的提案从被提交众议院讨论到 1972 年秋季通过，其间经历了激烈的辩论和反复的修改，最终于 1972 年 10 月通过了议案。综观国会听证会记录及国会审议录，有关产品的分级使用、检测任务的归属、信息数据披露、公民上诉和违法处罚以及赔偿等问题，是各方分歧的焦点。

第一，关于产品的分级使用。

环保署的提案的重要内容之一是根据含毒量和危害程度将化学杀虫剂分为三个使用级别：一般使用（允许使用环保署认为对环境不会造成明显危害的产品），限制使用（产品中含有较多有毒成分，仅由可证明的申请人使用），批准使用（这类产品会给环境造成持久危害，必须经过特别批准才能使用）。但众议院农业委员会提出的修正案（HR10729）取消了“批准使用”级别，只保留了“一般使用”和“限制使用”两个级别，这种划分以

---

① *Hearings on the Federal Environmental Pesticides Control Act of 1971*, *Serial No. 92 – A*, p. 893.

是否“对环境有重大影响”为评判标准。这一调整是因为在听证会上化学制造商强烈反对“批准使用”这一级别，认为这一规定会增加杀虫剂产品登记的难度，另外也会严重影响杀虫剂产品的销售。

然而，环保派认为这种划分过于笼统。他们坚持认为，各州应当在“一般使用”的联邦标准上实施更为严格的标准，以达到限制高危杀虫剂产品使用的目的。鉴于联邦政府过去在杀虫剂管理方面的表现，很多人怀疑环保署可能会被化学制造商和农业利益集团所操控，担心这样的划分难以奏效。议员亨利·赫尔斯托斯基（Henry Helstoski）指出，没人知道环保署把杀虫剂产品分为“一般使用”和“限制使用”两个级别所依据的“对环境有重大影响”的标准究竟是如何确定的，并认为所谓“对环境有重大影响”的标准太模糊了。

环保派德尔伯特·拉塔（Delbert L. Latta）提出，应当扩大环保署的管理权，以便使其更好地发挥保护环境与公众健康的作用。他讲道：修正案（HR10729）要求杀虫剂在投入生产前进行登记，这种登记要在“一般使用”和“限制使用”中作出选择。若属于“一般使用”，将被要求贴上标签；若是“限制使用”，就需要注明使用环境和条件。若违反了法律规定，制造商将面临民事与刑事双重处罚。他提出，杀虫剂生产者在递交产品登记申请表时必须附上一份有关杀虫剂产品对动植物的环境影响的情况说明，环保署必须拥有更广泛的权力，来暂停某种危险杀虫剂产品的使用。

农业及相关利益集团代表坚决反对扩大环保署的管理权，认为这样势必削弱一向维护农业利益的农业部对农业事务的监管权。迫于形势和压力，农业利益集团代表约翰·凯尔（John Kyl）主张让步，接受州政府有权对“一般使用”的杀虫剂产品实施更严格的监管条款的建议。[①] 最终，各方达成妥协，同意各州有权在“一般使用”的联邦标准基础上实施更严格的标准。

第二，关于检测任务的归属。

在1972年的《杀虫剂控制法》中，有一项主要内容是对投入生产和市场的化学杀虫剂实施检测，但如何检测，由谁来检测争议颇大。在当时既有法律框架中，杀虫剂产品检测任务是由化学制造厂商负责的，由杀虫剂制造

① *Congressional Record, House, 118 Cong., 1971. 11. 8, 40045.*

商负责检测并将检测结果送交环保署审查。但农业委员会的提案（HR10729）把这一责任移交给了环保署。这引起了环保派的强烈不满。在环保派看来，这会加重环保署的负担，环保署将在检测产品上花费大量人力、物力和财力，必定会干扰环保署的工作。而这对化学制造商来说十分有利，因为这不但减少了一大笔检测费，也无须承担其他任何相关责任。

鉴于强烈的反对呼声，众议员道（John G. Dow）提出了一份修改意见，建议把检测责任交还化学制造商[①]，这一建议得到了许多议员的支持。来自纽约的查尔斯·瓦尼克（Charles A. Vanik）指出：将杀虫剂安全性的“检测责任”从化学制造商手中转到环保署是一种明显的退步。[②] 议员阿布朱格认为，提案将把那些不允许登记的杀虫剂产品的检测责任推到管理者那里，倘若管理者认为一种杀虫剂是不安全的，它必须在拒绝批准此产品登记之前提出该杀虫剂对环境有“大量不利影响”的根据并作出决定，这会极大地增加环保署的负担。化学制造商的目标是追求利润最大化，在目前的法律框架内，它们承担着检测其产品安全性的责任，它们必须提供其产品在使用说明指导下被使用是安全的证明。他特别强调：这个提案要求由管理者去证明某种杀虫剂产品的不安全性，很明显是不合理的。[③]

从最终通过的《杀虫剂控制法》的内容来看，在这一问题上环保派的意见占了上风，因为法案规定对杀虫剂的检测任务仍由制造商来负责。

第三，关于信息和数据披露。

是否将杀虫剂产品的相关信息对外公开和披露，何时公开，是整个立法过程中另一颇具争议的问题。环保组织代表主张把公开杀虫剂信息条款添加到法案中，认为这是保护公众健康和安全的一种有效手段，公众也有权知道将要投入市场的产品会对其生活产生怎样的影响，这还可成为监督化学制造商生产合格产品的有效办法。在1972年由哈特组织的环境委员会在召集环保组织、农业和工业利益代表举行的听证会中，环保组织坚持要求环保署将已经登记的杀虫剂产品的有效数据向公众公开。健康调查协会代表安尼塔·

---

① *Congressional Record*, *House*, *118 Cong.*, *1971. 11. 9*, pp. 40027 -40033.

② Ibid. , p. 40048.

③ Ibid. , p. 40036.

琼森（Anita Jonson）表达了其支持公开登记数据和信息的主要理由：首先，这样做有利于政府集思广益作出决定；其次，保密会使公众对政府产生怀疑和不信任，从而可能影响政策的实施效果。[①]

但化学制造商代表强烈反对公开杀虫剂产品数据信息，认为所有上交的登记信息都属“商业秘密”，应当受到法律保护，允许公众接触这些信息就是允许竞争对手复制它们花费了大量资金研究得出的数据，这会削弱其研发新产品的动力和积极性，损害其经济利益，给批评者提供更多“口实”。[②]国家农业化学品联盟代表约翰·康纳（John D. Conner）援引理查德·韦尔曼（Richard H. Wellman）博士的研究来表达其不满。韦尔曼做了一项关于研发一种新型杀虫剂的花费和投入市场后收回成本年限的研究。其中有两个典例，第一例的一种杀虫剂产品投入市场 18 年后才能收回成本，第二例要等产品上市 13 年后才能收回成本。康纳是要说明：研发一种新型杀虫剂须要投入大量人力、物力和财力，如若产品研发数据被竞争者免费获得，它们可以在较短时间内生产出更便宜的产品，这对研发者是非常不公平的，“申请人研究得出的数据应享有被保护的权利。如果知识产权不能得到合理保护，那将是非常不公平的”。[③]

关于数据信息公布的时间，各派意见也存在很大分歧。环保署的立场前后不一。最初，环保署提出的提案建议在产品获得登记之前 30 天内让公众接触到产品信息。理由是这样公众可能会给环保署提供更多有益建议，从而使环保署作出的决策更合理。但在 1972 年 3 月参议院审核提案时，环保署的态度发生了变化，转而反对提前公布数据，而希望在做出登记决定之后再向公众公开。环保组织代表始终坚持在登记之前公布杀虫剂数据，认为这样有利于集思广益，帮助环保署作出有助于保护公众健康的决策。环境保卫基金会代表指出，“化学制造商应该让公众在产品登记前接触到有效数据，登记后再评价就太晚了”。[④] 1972 年 9 月末 10 月初，参众两院合议时再次讨论了这一问题。参议院坚持在杀虫剂产品有效登记之前让公众获得数据，环保

---

① *Hearings on the Federal Environmental Pesticides Control Act of 1972*, p. 116.

② *Hearings on the Federal Environmental Pesticides Control Act of 1971*, p. 313.

③ *Hearings on the Federal Environmental Pesticides Control Act of 1972*, p. 150.

④ Ibid., p. 116.

署依然反对，认为这会妨碍环保署对登记产品作出正确判断。众议院一些与农业和工业有密切利益关系的代表坚称，登记数据属交易秘密不应对外公开。经过协商，最后各方同意将规定改为在杀虫剂产品登记成有效数据后，公众可以获得为期30天的查看数据的权利。显然，最终的结果还是有利于化学品制造厂商。环保主义者虽然可以接触到杀虫剂产品登记数据，但他们无法在产品获得登记之前阻止有害产品的登记，他们只能在产品登记成功后发现存在重大错误时上诉环保署，由环保署来启动取消产品登记程序。

第四，关于公民上诉和违法处罚。

要保证《杀虫剂控制法》的有效实施，建立相应的制度——如公民诉讼和违法处罚制度，十分必要，环保派充分认识到了这一点。

环保派认为，如果允许公民上诉化学品制造商、使用者和环保署，将会极大地加强杀虫剂立法在保护公众免受化学杀虫剂危害中的作用。允许公民上诉会促使化学品制造商、环保署、农民在杀虫剂产品生产、检测、销售和使用过程中愈加谨慎地约束各自的行为，从而能更有效地保护公众健康和环境。全国奥杜邦协会代表威廉·富特雷尔（William Futrell）强烈呼吁给予公民上诉权利。他讲到："加强这个法案的最重要的方法就是给予公民上诉权。"化学制品在环境中的传播和影响是无处不在的，就像被污染的空气充斥着我们生活的环境那样。应对杀虫剂污染同处理空气污染一样需要有强有力的工具——公民上诉。[①]

反对公民上诉规定的呼声同样强烈，这在参议院中很有市场，其理由是允许公民上诉对化学品厂商和法庭而言将是致命的，也是非常不理智的，因为只需两美元就可以提交一纸诉状。[②] 化工厂没有足够的精力和财力去应对每个起诉者，公民源源不断的上诉将可能拖垮化工厂，扰乱化工厂的正常运营并影响杀虫剂产品的正常生产和销售。大量上诉请求也将扰乱法庭的正常工作，允许公民上诉，联邦法庭的工作量将是无法估计的。由于环保派的持续压力，在参议院提出的修订议案中规定了公民上诉条款，但仅允许公民上诉环保署，而不允许上诉化学制造商和杀虫剂使用者，这意在让环保署代表

---

① *Hearings on the Federal Environmental Pesticides Control Act of 1972*, p. 116.

② Ibid. , p. 108.

公众去管制和监督化学制造商与杀虫剂使用者。但众议院的议案不允许公民上诉任何部门。环保署支持了众议院的意见，因为环保署担心若允许公民上诉环保署，将给其执法带来很大的阻碍。经过协商，各方最终同意仅允许“受到影响的团体”上诉，而不允许个体公民上诉。

关于违法处罚及处罚额度，各方意见分歧很大。环保署最初的提案（HR4152）将私人最大民事罚款定为1万美元。但众议院农业委员会将其降至1千美元。环保派主张上调最大民事罚款额度，认为农业委员会制定的1千美元处罚虽然在多数情况下还算有威慑力，但对大型农场和公司来说1千美元的惩罚是远远不够的。因此环保派建议提高罚款上限至1万美元，认为1万美元的惩罚对于阻止任何大型企业知法犯法还是有足够威慑力的。这条建议得到了环保署的回应，但最终的议案还是没能如其所愿。

第五，关于赔偿问题。

关于是否赔偿那些被禁止使用的杀虫剂产品持有者的经济损失，是立法中争论最大的问题之一。坚持对杀虫剂实施严格管理的环保派，与化学杀虫剂制造、销售厂商和使用者等行业利益代表以及国会农业委员会部分成员就此展开了激烈辩论，前者出于保护公众健康的考虑反对赔偿，后者为了维护自身利益，保证其利益不受损失而坚持赔偿。后者的托词是：赔偿是为了保护那些已经购买或者已经生产出来但刚好被禁止的杀虫剂产品的无辜持有者，因为这些产品在《杀虫剂、除真菌剂和灭鼠剂法》的管理体系下已经获得了登记，但之后却被环保署宣布为违禁的，政府应对此承担责任。他们坚称这样做是为了降低农民的损失，因为如果农民拥有的杀虫剂被宣布违禁而不允许使用，那么这些农民购买杀虫剂的投入就会付之东流，他们还得赶在农时之前再次购买合法的杀虫剂，这会大大增加其负担。对杀虫剂制造商和农民及相关利益集团来说，赔偿规定至关重要。如果取消赔偿规定，农民、杀虫剂制造和经销厂商的经济利益必将大受损害，这对于在国会中拥有庞大势力和影响的农业利益集团来说是难以接受的。

代表公众利益的环保派针锋相对，坚决反对将赔偿条款纳入法案。国家野生动物协会代表乔尔·皮克尔（Joel Pickelner）指出，大量赔偿支出可能会使国家财政处于一种难以预料的状态，并且也没有这样的先例。[①] 来自科罗拉多州的弗兰克·埃文斯（Frank E. Evans）认为，对化学制造商来说，赔偿制度会使其放松对生产的杀虫剂产品实施更为严格的检测。因为即使生产出的产品有危害，所有损失也会由政府买单。由于政府保障其利益不受任何损失，制造商就失去了检测产品的动力。马虎大意的检测可能会生产出对公众和环境有害的产品。这条规定还会使环保署不愿承认某种产品对公众和环境有害，这将极大地限制环保署的执法行动，进而阻碍环保署发挥保护公众健康的作用。[②]

环保派认为，赔偿规定会使得无论在检测产品方面有无过错均由政府买单将会为其他法案开了一个很坏的先例。未来政府为保护环境和消费者的安全可能会加强环境管理，而赔偿规定将造成不可估量的财政负担。如若赔偿规定变成了法律，那将是对环境和公众健康的极大伤害。本来是为了控制滥用杀虫剂，减少其对环境的破坏，结果非但没有达到目的，反而成了保护生产违禁杀虫剂制造商和使用者的法律。议员贝拉·阿布朱格（Bella S. Abzug）在议会中慷慨陈词，他指责这个议案将赔偿那些因生产的产品是不安全的而被移出市场的制造商。如果我们抓到了抢劫银行的劫匪和证据，我们是不是也应该赔偿这些劫匪啊？[③]

环保署在赔偿问题上的态度和立场前后不一。最初，环保署副署长戴维·多米尼克（David Dominick）指出，赔偿规定不是一个好的先例，认为强迫环保署去赔偿那些违禁产品的生产和持有者将打乱环保署的管理，削弱其执法能力，使环保署陷入僵局，但为了促使议案尽快通过，环保署最终放弃了其立场。

通过上述考察，我们同样发现，在围绕《杀虫剂控制法》立法过程中存在三种政治力量的角逐：致力于保护和改善环境的个人和团体，以及环境保护的抵制者和中间阵营之间复杂的政治关系。[④] 这些行为体各有其利益和

---

① *Hearings on the Federal Environmental Pesticides Control Act of 1971*, p. 246.

② Congressional Record, House, 118 Cong., 1971. 11. 8, p. 40047.

③ Congressional Record, House, 118 Cong., 1971. 11. 9, p. 40037.

④ Samuel P. Hay, *Explorations in Environmental History*, Pittsburgh: University of Pittsburgh Press, 1998, p. xxii.

诉求：环保力量以保护公众利益和健康为主旨，主张对化学杀虫剂从生产到销售各个环节实施严厉的监管；包括化学杀虫剂制造和销售厂商及部分使用者，以及它们在政府与国会中的代表为了维护行业利益，竭力抵制强化对化学杀虫剂的管制。后者提出了各种理由：比如强化监管会给企业造成经济负担和经济损失，影响杀虫剂产品的正常生产和销售，降低企业研发新产品的积极性，最终会影响经济发展；信息披露制度不利于保护知识产权，会导致竞争的不公平等。而作为职能机构的环保署的立场和态度前后不一，左右摇摆，这与尼克松政府的机会主义政策也有一定关系。

最终通过的《杀虫剂控制法》实际上是上述三种力量博弈和妥协的结果。最终法案于1972年10月由参众两院审议通过。1972年10月21日，距离总统大选还有3周，尼克松总统签署了《杀虫剂控制法》，他宣称该法是自1947年《杀虫剂、除真菌剂和灭鼠剂法》之后最重要的立法。1947年的法律只是一部杀虫剂登记法，从保护公众健康和环境的角度，该法存在许多缺欠和漏洞，新法弥补了这些缺欠和漏洞。①

三　《杀虫剂控制法》的历史地位

通过考察《杀虫剂控制法》的具体内容，我们亦能够看到环保派与化学杀虫剂产品制造商和相关利益方及联邦机构各方之间妥协的影子和痕迹。

第一，与先前的杀虫剂相关立法相比，1972年的《杀虫剂控制法》将环保理念融入其中，制定了许多加强管控杀虫剂环境危害的内容和法条，这是由于环保组织等社会力量积极推动和努力争取的结果。

与先前的杀虫剂立法有很大不同，1972年的《杀虫剂控制法》的立法主旨是管控杀虫剂对环境的有害影响，保护公众健康。环保署署长拉克尔肖斯这样评论："新法将联邦的管理权和控制权扩展到消费者对杀虫剂的实际应用上。""旧法只是管理杀虫剂产品的跨州流通和销售，而新法包含了对

① Richard Nixon, *Statement on Signing the Federal Environmental Pesticide Control Act of 1972*, 1972.10.21, http://www.presidency.ucsb.edu/ws/index.php?pid=3642（2015年12月16日）。

滥用杀虫剂的处罚。”[①]

《杀虫剂控制法》规定对违法行为进行民事罚款和刑事处罚。法案规定：对于任何违法的杀虫剂登记厂商、批发商、销售商、商业性质的使用者等课以 5 千美元以下的民事罚款；对于连续违法的任何私人使用者在收到警告通知后仍不停止违法行为的，将被课以每次不超过 1 千美元的民事罚款。任何杀虫剂登记厂商、批发商、销售商、商业性质的使用者等如知法犯法但认罪态度良好者，将受到不超过 2.5 万美元的处罚；或处以入狱不超过 1 至 2 年的刑事处罚；或两者并处。任何私人使用者如知法犯法但认罪态度良好者，将受到不超过 1 千美元的处罚；或处以入狱不超过 30 天的刑事处罚，或两者并处。[②] 它明确规定任何法人（包括公司、厂商和政府机构）和个人等如若违反了法律规定都将受到民事或刑事处罚。这些处罚规定有效地保证了对杀虫剂的管控，增强了对公众健康的保护力度。

法案还规定了信息公开和数据披露制度。规定在杀虫剂通过登记后 30 天内，公众有权接触和了解该杀虫剂产品的相关数据和信息，这在一定程度上保障了公民的环境知情权，从而加强了公众对化学杀虫剂产品制造和销售厂商及使用者的监督，使其自觉遵守法律法规，对环保署等政府机构更好地履行其保护环境的职责也会起到一定的约束作用。

在《杀虫剂控制法》颁行之前，美国的杀虫剂管理部门是农业部，而农业部一直将杀虫剂视为单纯的农业问题，杀虫剂政策的制定和修订历来偏向农业行业利益，当因使用杀虫剂而造成的环境问题与农业经济利益发生冲突时，农业部总是把农业部门的经济利益置于优先考量地位，而选择无视其环境危害的做法。在 1970 年环保署成立并设立专门管理杀虫剂问题的部门之后，对杀虫剂的监管权正式由农业部转归环保署。1972 年的《杀虫剂控制法》明确规定，监管杀虫剂问题的管理机构是环保署。与先前农业部主导杀虫剂政策立法并主要从农业经济利益的角度考虑不同，环保署以公众健康与环境的保护者身份与角色发声，并在一定程度上推动将环保理念添加到杀

---

① Environmental Protection Agency, *EPA to Ask for Comment on New Pesticides Law*, 1972. 11. 8, http: //www2. epa. gov/aboutepa/epa-ask-comments-new-pesticides-law（2015 年 12 月 6 日）。

② *Federal Environmental Pesticide Control Act of 1972*, P. L. 92 – 516, 78 Stat. 190, 1972. 10. 21, pp. 992 – 993.

虫剂政策立法中，这无疑是一种历史性转变，对日后美国的杀虫剂政策走向有着深刻和深远的影响。

根据《杀虫剂控制法》，环保署获得了监管杀虫剂生产、销售和使用等多方面的权力。法案规定，环保署有权力制定杀虫剂产品的环境标准，有权处理杀虫剂问题。环保署副署长多米尼克表示："新法涵盖了杀虫剂的市场流通和使用两个方面，这使我们有权力去管理那些使用不当的行为，能够做一些我们以前从未做过的事。"① 由此，该法改变了过去联邦机构不作为的情况，通过登记管理、民事和刑事处罚等，来保护公众健康。

1972 年的《杀虫剂控制法》将上述内容添加进来，主要是环保组织以及那些致力于保护公众健康的各派人士共同努力的结果。在此前相当长的时期内，主导与控制杀虫剂政策的一直是农业与化学工业等行业利益集团及美国农业部，它们竭力维护部门经济利益。《杀虫剂控制法》的发起者是新设立的，其主旨是保护公民健康和环境的环保署，推动力量是日益发展壮大的环保组织和环保主义者，它们积极推动将保护公众健康的理念纳入杀虫剂立法中。环保力量介入杀虫剂政策与立法的博弈舞台，改变了传统上由农业部和杀虫剂利益集团主导杀虫剂政策立法的政治格局，不但实现了以环保理念主导修订杀虫剂政策立法程序，也为日后环保力量参与和影响杀虫剂政策走向奠定了基础。

第二，1972 年的《杀虫剂控制法》也是环保组织、环保署、农业与化工业界等相关利益各方辩论、博弈、妥协与折中的产物，在很大程度上，这是一部妥协的法案。正如约翰·布洛杰特（John Blodgett）指出的那样："这部法案发生在（环保）立法活动最活跃的两年里……它是农业部门与健康和环保主义者之间妥协的产物。"② 因此，该法也存在很大局限。

在这场环保力量与杀虫剂利益维护方的较量中，后者占据了明显的优势——比如在赔偿问题上，尽管环保派据理力争，但最后通过的法案还是添加了赔偿规定。法案规定将给予任何拥有一定数量某种违禁杀虫剂产品的人

① House of Representives, *Review of FEPCA*, Ninety-Third Congress, First Sesssion, Serial No. 93 - HHH, p. 2.

② John Blodgett, *Pesticides: Regulation of an Evolving Technology*, *in the Legislation of Product Safety*, Cambridge, Mass.: MIT Press, 1974, p. 265.

因暂停或取消登记而遭受的损失以赔偿。[①] 由政府赔偿违禁杀虫剂产品的持有者，以保证其利益不受损害，这令环保派极为不满。

从某种角度看，1972 年的《杀虫剂控制法》的确不能说是环保派的一次彻底胜利。弗利彭指出：环保主义者完全有理由不庆贺，因为国会中的农业利益集团依然掌握着杀虫剂政策的支配大权，大量有害杀虫剂产品在新法条款下依然被认可。[②] 环保派发现，因关乎其切身利益，要农业与化工等行业利益集团做出让步并不是一件容易的事。根深蒂固且拥有强大经济实力和政治影响力的农业利益集团和工业组织不断游说国会议员，促使其做出有利于它们自身利益的政策选择。国会中一直存在的众多化工与农业利益代表依然在很大程度上掌控着杀虫剂政策的走向。因农业与化工业是国家的重要经济支柱，杀虫剂政策的改变将会使农业与化工业遭受重大经济损失，因此以农业部为代表的某些政府部门也在顽固地维护杀虫剂生产和销售厂商及使用者的利益。至于农民和农场主，他们既是杀虫剂产品的受益者也是受害者，权衡利弊，他们最终还是选择了经济利益。在这场事关杀虫剂政策走向的斗争与博弈中，环保主义者“占据更多的只是道德上的优势”。

第三，在《杀虫剂控制法》立法过程中，作为专事保护公众健康和环境的联邦机构——环保署的态度和立场左右摇摆，这令环保派极为失望和不满。其实，作为尼克松政府的新设机构，环保署的态度在很大程度上反映了尼克松总统的环境政策取向。尼克松更多地从政治角度考虑和处理环保问题。为了赢得大选，尼克松希望尽快通过杀虫剂法案以拉拢环保力量支持自己。当环保署接到尼克松总统的授意之后，马上起草了一个带有浓厚环保意识的杀虫剂提案，环保署在立法初期积极支持哈特的修正案。但当尼克松发现并未达到预想的结果时，他便退却了。对尼克松而言，他并不在乎通过的法案是否利于保护环境，他只希望尽快通过法案，他只是将《杀虫剂控制法》看作是竞选总统的一个筹码。

尼克松总统本意并不想与杀虫剂利益集团发生冲突，更无意开罪于农业

---

① *Federal Environmental Pesticide Control act of 1972*, P. L. 92 – 516, 78 Stat. 190, 1972. 10. 21, p. 993.

② J. Brooks Flippen, “Pests, Pollution and Politics: The Nixon Administration’s Pesticide Policy”, *Agricultural History*, Vol. 71, No. 4, p. 455.

和工业势力占优势的选区，这也能够解释环保署在立法进程中对农业势力表现出软弱与妥协的缘由。塞拉俱乐部的比林斯对环保署的表现十分不满，他指责“环保署完全出卖了我们”。[①] 事实上，环保署代表的是尼克松政府的政策立场，那就是面对强大的现代环保运动的压力，他必须有所回应；但他并不想在环保问题上走得太远，特别是当他发现其所做所为并未满足环保主义者的要求而获得多少选票之后，他便在先前的立场上退步了。[②]

第四，在美国化学杀虫剂监管史上，从保护环境与公众健康的角度来考量，1972 年通过的《杀虫剂控制法》是最重要的一部立法。

1972 年的《杀虫剂控制法》对杀虫剂的生产、销售和使用的监管并不彻底，是一部妥协法案。正如古德林所言：该法“是权衡我们经济的每个部门之后制定出来的，它是各方利益的集合体”。[③] 然而，这部法案确实添加了许多保护公众健康和环境的内容，并且该法改变了以往那种由农业和工业等利益集团主导杀虫剂政策立法的局面。环保主义者和环保力量不但介入了立法程序，而且获得了一定程度的话语权，这是不小的转变。一位律师曾这样评价：《杀虫剂控制法》现在是法律了，如果环保主义者没有得到他们想要的，他们至少得到了一个比以前更好的法律。[④] 美国环保署署长拉克尔肖斯对《杀虫剂控制法》的评价很高：“这部新法是自 1947 年通过的《杀虫剂、除真菌剂和灭鼠剂法》之后，在这个领域最重要的立法了。”[⑤]

自 1947 年《杀虫剂、除真菌剂和灭鼠剂法》颁行至 1972 年《杀虫剂控制法》通过其间，美国联邦杀虫剂管理政策的重点放在州际流通和运输中的杀虫剂登记上，要求正确标签和登记，对违规的处罚主要是取消产品登记或暂停登记。环保署成立后对诸如产品误用和环境危害等方面的管理权也是非常有限的。较之 1947 年法案，1972 的《杀虫剂控制法》最本质的差别在于

---

① Christopher J. Bosso, *Pesticides and Politics: The Life Cycle of a Public Issue*, University of Pittsburgh Press, 1987, p. 176.

② 金海：《20 世纪 70 年代尼克松政府的环保政策》，《世界历史》2006 年第 3 期。

③ *Congressional Record, House, 118 Cong., 1972. 10. 12*, p. 35544.

④ Christopher J. Bosso, *Pesticides and Politics: The Life Cycle of a Public Issue*, University of Pittsburgh Press, 1987, p. 177.

⑤ Environmental Protection Agency, *EPA to Ask for Comment on the New Pesticides Law*, 1972. 11. 8, http://www2. epa. gov/aboutepa/epa-ask-comments-new-pesticides-law（2015 年 12 月 6 日）。

立法主旨的不同。《杀虫剂、除真菌剂和灭鼠剂法》的颁行是为了确保杀虫剂产品的质量，规定杀虫剂产品必须提供标签和充分的产品信息说明，以确保产品的使用安全和有效性。[①] 该法主要目的是维护农业部保护下的农业利益集团的利益而要求提供最新的数据信息。[②] 而1972年的杀虫剂立法的主旨是保护美国公民的健康与环境安全，其主要内容以此为指引，由此也决定了该法的历史地位。

自1972年《杀虫剂控制法》颁行以来，该法虽经多次修订，但并未有大的变化。距今较近的2012年修订案基本上沿袭了1972年《杀虫剂控制法》的内容、框架和理念。然1972年的法案与1947年的法案相比却大不相同。可见，1972年的《杀虫剂控制法》在美国杀虫剂管理史上具有重要地位，该法是保护美国公众健康免于杀虫剂危害的一部基础性法案，是美国杀虫剂立法史上一个非常重要的拐点，说它具有里程碑意义也不为过。

① Mary Jane Large, "The Federal Environmental Pesticide Control Act of 1972: A Compromise Approach", *Ecology Law Quarterly* 3 - 2 Ecology L. Q. 277 (1973), p. 2.

② *Congressional Record*, *House*, *1947. 5. 12*, p. 5051.

第四章

1976年《有毒物质控制法》

1976年美国国会通过的《有毒物质控制法》，是一部专门管理在有毒物质生产、销售和使用中对生物特别是对人体及环境有害影响的专门立法。该法是美国有毒物质管理史上的一部重要立法，研究该法颇有价值。

一　1976年《有毒物质控制法》出台的时代背景

有毒物质指对生物体有直接或潜在有害影响的物质，这种有害影响具有致癌性、致畸性、诱变性、行为变体等。与有毒物质交合的一个概念是危险物质。危险物质的外延要大于有毒物质，危险物质可能是有毒的、有腐蚀性的、或有可燃性的。在很多情况下，有毒物质的有害影响并不直接明显，可能隐藏多年，并且有很大程度的不确定性。根据1976年国会通过的《有毒物质控制法》，有毒物质是指有机或无机的特定分子物质在生产、销售和使用过程中发生的全部或部分化学反应对生物体产生不利影响的物质。[①]

第二次世界大战后，伴随着科技进步和经济的发展，美国每年都会新增大量化学物质，化学物质的种类和总量一直在迅速增长，排放到环境中的有毒物质也在逐年增加。1971年4月，据联邦环境质量委员会提交的一份有毒物质报告：在美国被确认的化学物质已达200多万种，每年新增化学物质约25万种。[②] 据环保署估计，美国有毒有害废弃物排放量1974年为1000万吨，1979年为5600万吨，1989年仅化工企业排放的有毒物质就多达5800

① U. S. Congress, *Toxic Substance Control Act* (*TSCA*), Washington DC.: U. S. Congress, 1976, p. 5.

② Senate of Report, *Toxic Substances Control Act of 1972*, 92d 2d session, No. 92 – 783.

万吨以上。[①] 20 世纪 70 年代初，多氯联苯被广泛用作油墨和液压流体等，大量多氯联苯残留被排入环境。在 1961 年至 1971 年的 10 年时间里，美国多氯联苯产量高达 3.1 万吨，其残留以各种形式被排入环境中，数量十分巨大。仅 1970 年一年被排入内陆水系和海洋中的多氯联苯就多达 4000 吨以上，倒入垃圾场的达 1800 吨，挥发到大气中的有 2000 吨左右。从美国 50 个地点收集来的鱼类样本中，发现大约有 2/3 含有多氯联苯残留物质，残留含量远远超过滴滴涕残留量。[②] 1975 年，在哈德逊河的条纹鲈鱼体内检测到多氯联苯含量超标 7 倍。在南卡罗莱纳州湖泊的鱼类体内检测到多氯联苯含量超标 3 倍多。调查发现美国许多水系多氯联苯含量严重超标。[③] 有 33 个州调查发现在鱼类体内普遍检测出有毒化学物质，其中有 21 个州鱼类样本体内有毒化学物质浓度超过了食品和药物管理机构规定的标准。[④]

像多氯联苯、聚乙烯、氟利昂、亚硝胺、铅和石棉等很多化学物质会引发严重疾病。据世界卫生组织和美国国家肿瘤研究所估计：有 60% 到 90% 的癌症是由环境污染所致。而在环境污染因素中有毒物质占很大比重。一项对 1963 年至 1968 年间纽约市死亡率与有毒物质排放关系的研究发现，因有毒物质污染平均每天造成 28.63 人死亡，即每年大约有 1 万人因有毒物质污染而死亡，占该市死亡人口总数的 12%。[⑤] 在美国，有大约 2500 万工人在工作场所中不同程度地受到有毒物质的困扰，每年死于与有毒物质相关的并发症的工人估计在 5 万到 7 万间。[⑥] 因有毒物质污染导致“每年新增严重职业病患者达 35 万人”。[⑦] 美国国家野生生物协会的威尔森曾指出：在美国，化学制品使用量十分庞大，令人忧心的是我们对这些化学制品给人体和环境

---

① Andrew Szasz, *Ecopopulism: Toxic Waste and the Movement for Environmental Justice*, Minneapolis: University of Minnesota Press, 1994.

② Peter L. Ames, Winston E. Banko and David B. Peakall, *Report of the Committee on Conservation 1971 - 1972*, The Auk, Vol. 89, No. 4 (Oct., 1972), pp. 873 - 874.

③ *Congressional Record*, *House*, August 19, 1976: 4710.; August 23, 1976: 8803 - 8804.

④ Andrew Szasz, *Ecopopulism: Toxic Waste and the Movement for Environmental Justice*, Minneapolis: University of Minnesota Press, 1994, p. 32.

⑤ 中国科学技术情报研究所：《国外公害概况》，人民出版社 1975 年版，第 59 页。

⑥ Patrick Novotny, *Where We Live, Work, and Play: The Environmental Justice Movement and the Struggle for a New Environmentalism*, Westport, Conn.: Praeger, 2000, p. 42.

⑦ Ibid., p. 41.

造成的危害知之甚少。[①]

20 世纪 60 年代，科学的发展使人们越来越清楚地认识到有毒物质与疾病之间的密切关联，不断增加的污染事件和日益上升的疾病发生率为这种认识提供了佐证。20 世纪 70 年代初，通过大量检测和科学试验，人们发现大约有 600 至 800 种化学物质对人体有极高的致癌性。[②] 威斯康星大学医学院研究员詹姆斯·艾伦指出，多氯联苯的泄漏可以导致灵长类动物面部肿胀、脱发，孕妇容易流产，婴儿死亡率较高等。美国食品药品管理局承认多氯联苯已经渗透到食物、牛奶、水和肉类中。[③] 20 世纪 60 年代末，全国普遍关注由某些剧毒化合物有机汞引起的食物、水和土壤的广泛污染。1975 年，暴露于氯乙烯单体的工人与一种罕见的肿瘤——肝脏血管肉瘤间的联系得到了证实。基于大量科学试验和实证，有毒物质对人体健康的危害在 20 世纪 60、70 年代引起美国社会的普遍关注。1962 年出版的《寂静的春天》一书引发了美国民众对化学合成物质导致环境危害的恐惧，而生态学的发展又加剧了人们对整个食物链和生态安全的担忧。在很大程度上，对有毒物质危害的关注促成了现代环境保护主义并推动了美国环境管制的发展。到 20 世纪 70 年代初，美国人逐渐认识到：对有毒物质进行立法是非常急需的。

在 1976 年的《有毒物质控制法》颁布之前，在美国并无管理有毒物质的专门立法。对有毒物质的管理规定分散于其他专门立法中，比如《清洁空气法》第 112 条、《水污染控制法》第 307 条、《职业安全与卫生法》第 6 条等，都对有毒物质的管理作了相应规定。这种规定和管理体制存在很多问题，适用范围有限——比如《清洁空气法》和《水污染控制法》规定必须是排入空气或水体中的废弃物才能适用上述法案。联邦政府权限界定模糊，例如《清洁空气法》和《水污染控制法》规定管理直接排入环境中的汞，但对于各种汞化合物的环境影响检测等，联邦政府的权限没有明确的规定，

① United State. Congress. House, Committee on Interstate and Foreing Commerce, *Toxic Substance Control Act 1975*. Hearings, Ninety-fourth Congress. First Session, on H. R. 7229, H. R. 7548, H. R. 7664.

② *New York Time*, April 23, 1980, 转引自 *Conservation Foundation*, *State of the Environment*: *A View toward the Nineties*, Washington, DC.: Conservation Foundation, 1987, p. 136.

③ *Congressional Record*, *Senate*, December 19, 1975: 22872.; February 20, 1975; 2279.; September 28, 1976: 16802.

强制检测的化学品种有限。20 世纪 70 年代初，在美国每年新增化学品多达 25 万种，其中有大约 1000 种作为商品进行批量生产，而这 1000 种只有一小部分遵守了相关农药法案或食品药品与化妆品法案所规定的强制检测要求。诸如《职业安全与卫生法》和《消费品安全法》等仅仅是管理现行化学品的一个方面或某个环节，一种化学品从生产到销售和使用，中间经历的环节非常多，联邦政府管理整个环节的权力支离破碎。像《清洁空气法》和《固体废物处理法》等都是根据环境媒介来分类制定的法案，而没有对有毒物质实施统一综合管理的法案。种种问题使 20 世纪 70 年代继空气和水污染立法后，有必要制定一部专门针对有毒物质的立法。

如前所述，第二次世界大战结束以后，随着经济的发展和物质生活水平的提高，以及受教育程度及环境意识的提升，美国民众越发重视生活质量，诸如清新的空气、安全的饮用水和食物等与人们健康息息相关的环境问题成为普遍关注的焦点。提高环境安全，提升生活质量成为时代的要求。20 世纪 60 年代在美国发生的空前规模的现代环保运动就是这种诉求的集中反映。这场运动进一步推进了美国民众的环境安全意识。联邦政府开展的一项有关化学品上市前是否应当进行检测的问卷调查显示，有 83% 的公众认为化学产品上市前检测是必要的，而只有 17% 的人认为等到上市后产品出现问题时再采取行动。[①] 这一问卷题头做了这样的提示：筛选化学制品非常昂贵，可能会阻止有用化学品的生产。另一项民意调查显示，选择支付更高的产品价格以确保产品安全性的人数高于忽视产品毒性风险而选择支付更低的产品价格的人数三倍之多，被调查人数中有 65% 对环境中的大量有毒化学物质表示担忧。[②] 这些都说明加强对有毒物质管理是民意所向。

20 世纪 60 年代在美国兴起的现代环保运动，其关注的主要问题是环境污染。环保组织在这一时期发展迅速，成为一种不容忽视的社会力量，对联邦政府与国会形成了强大的政治与舆论压力。正是在这样的历史背景下，尼克松就任总统后积极推进环保立法，并宣布 20 世纪 70 年代为“环境的十年”。

---

① Council on Environmental Quality（U. S），*Public Opinion on Environmental Issues*: *Results of a National Public Opinion Survey*，1980，p. 28.

② Ibid.，p. 17.

在这10年中，国会积极推进环保立法，美国主要环保法案如《清洁空气法》《水污染控制法》等大都在这一时期获得重大修订和通过。国会在20世纪70年代初关注的焦点是空气和水体污染立法，在《清洁水法》和《水污染控制法》修正案通过之后，有毒物质控制就成为重心之一，经过激烈辩论，最终于1976年通过了管理有毒物质的专门立法——《有毒物质控制法》。

二　国会围绕《有毒物质控制法》立法辩论的焦点

1970年，总统环境质量委员会建议授权环保署长“限制使用或销售他认为对人体健康或环境有害的任何物质”。这一建议被编入1971年1月的总统有关环境的国会咨文中。1971年，环境质量委员会提交了一份关于有毒物质的研究报告，该报告提到了几种对环境和健康有显著负面影响但未加控制的物质，建议制定一部综合性的法律来管制有毒物质。1971年初步制定了一部《有毒物质控制法》，要求所有新出的化学物质在投入生产之前必须进行毒性检测，国会授权环保署禁止任何对健康和环境有不合理影响的化学物质的制造和使用。自1971年开始，国会围绕有毒物质管理立法展开了辩论。1976年9月28日，国会通过了《有毒物质控制法》（*Toxic Substances Control Act*），同年10月11日法案由总统签署生效。

自1971年法案的提出至1976年法案通过，环保组织代表与化学制造厂商等相关利益方代表围绕化学制品检测、相关信息披露、化学品制造和销售等问题展开辩论，最终达成了妥协，并通过了《有毒物质控制法》。

第一，有毒化学制品检测一直是最具争议的问题，在听证会上，环保组织代表和化工产品制造和销售厂商代表各陈其词，意见和立场尖锐对立。

环保组织和一些职工联合会主张实施严格的准入制度，建议对将投入生产和市场的化学制品的毒性进行检测。医疗环境研究所代表罗伊·阿尔伯特（Roy Albert）认为对化学品应当实施检测，这是保护工人健康的需要。他指出，早在1974年8、9月份他们曾做过一次调查，证实有毒物质的致癌性，但此次调查涉及的6个公司无一承认其生产活动的致癌性。塞拉俱乐部代表琳达·比林斯（Linda Billings）主张应加强包括检测在内的各个环节。她说，我们需要这样一部立法，不仅为了保护野生动物，也是为了保护我们人类自身免于有毒和放射性物质造成的各种危害。全国野生生物保护联盟代表威尔森（Willson）认为关于有毒物质立法的最好建议就是对产品进入市场前进行检测。卫生、教育与福利部部长罗伯特·芬奇（Robert Vinci）针对氯化烯监管漏洞指出，以往我们只是通过死亡率和病人遭受的痛苦了解到氯化烯的致癌性，但如果我们在氯化烯被开发和生产之前实施检测等措施，我们就完全有可能避免这些痛苦的发生。[①]

化学品制造和销售厂商反对产品生产和上市之前的检测规定。他们认为这将会增加生产成本。制造业化学师协会代表拉塞尔·彼得森（Russell Peterson）强烈反对实施化学制品营销前检测，认为这将会增加化学公司的运营成本，他希望国会重视因检测而给化学公司带来的经济损失，声称检测不但需要支付巨额成本，而且在上市前的检测也不会起到任何有效作用。另一位代表谢弗·博伊德（Shafler Boyd）反对实行过度严格的检测制度，反对强制扩大有毒物质管制范围。他讲到，立法应当谨慎，以避免不必要的经济损失。罗姆—哈斯公司代表文森特·格雷戈里（Vincent Gregory）也反对在产品上市前进行检测，认为这样的检测会干扰企业的生产计划，声称上市前的检测将会使公司蒙受重大经济损失。[②] 他说，化学品数量非常庞大，完成检测任务不现实，如果我们用动物去检测每一种市场上存在的化学品，那我们将找不到足够的老鼠，也不会有足够的毒理专家。[③]

美国纺织工人协会代表乔治·皮克尔（George Perkel）针对工业界十分看重和强调的经济损失，指出检测实际上不会成为一种新负担，而将会成为一种负担方式转换的契机。有毒物质的污染代价不应当由那些遭受污染危害的人承担，而应当由生产这些有毒制品的厂商负责。健康调查组织代表沃尔夫（Wolfe）认为，对化学品上市前实施检测是最基本的正当要求，化学工业没有理由阻碍和推迟检测要求。[④]

---

① United State. Congress. House. Committee on Interstate and Foreing Commerce, *Toxic Substance Control Act 1975*. Hearings, Ninety-fourth Congress. First Session, on H. R. 7229, H. R. 7548, H. R. 7664.

② Ibid.

③ United States. Congress. Senate. Committee on Commerce, Subcommittee on The Environment, Washington, D. C, *Toxic Substance Control Act 1975*, Hearing, Ninety-fourth Congress, First Session, on Session. 776.

④ United State. Congress. House. Committee on Interstate and Foreing Commerce, *Toxic Substance Control Act 1975*, Hearings, Ninety-fourth Congress. First Session, on H. R. 7229, H. R. 7548, H. R. 7664.

再从国会参众两院讨论《有毒物质控制法》的备忘录来看，化学品生产和上市之前的检测问题仍然是讨论的重点，也是各方矛盾的焦点之一。

加利福尼亚州参议员约翰·滕尼（John Tunney）认为，鉴于美国人因有毒物质导致的癌症发生率、出生缺陷及其他遗传疾病的快速上升比率，对化学品上市前实施检测和监管十分紧迫和必要。由于过去未能对新入市的化学品实施充分检测和限制，结果导致了灾难性后果。他讲到，对可能产生有害影响的化学制品提供早期检测，比危害发生后再实施控制要容易得多。《有毒物质控制法》的核心是对化学品入市前实施检测和筛选。由于利益所在，化学品制造商提供的检测数据往往缺乏客观性和科学性，因此有必要加强环保署对化学品检测的监督。[①] 议员马格努森指出：这项立法的目的是提供一种预防危害的手段，而不仅仅是事后反应。新的化学品制造商必须在化学制品入市前90天内向环保署提供化学制品的相关检测数据就体现了这一原则。美国化工产业每年的销售额高达1000多亿美元，为保护美国公众的健康和环境，付出一些成本和代价也是非常合理的。[②]

也有一些议员不赞同入市前的检测规定，认为虽然在上市前对产品进行检测会保障美国民众的健康与安全，但这也会给美国的经济结构、企业发展造成很大影响，因为高昂的检测费可能导致大型化学公司垄断市场。议员克劳森认为，对化学品入市前实施检测，可能会导致开发和生产新的化学品越发困难，特别是对小公司而言困难更大，因为它们难以承担高额的检测费用，很难与大型化学公司竞争。[③]

第二，听证会上另一颇具争议的问题是有毒化学品相关信息的公开和披露。

塞拉俱乐部代表比林斯认为，实施信息公开制度对有效控制有毒化学物质至关重要，她认为迄今为止对有毒化学物质信息的公开是远远不够的。医疗环境研究所代表罗伊·艾伯特认为化学工厂通常会隐瞒不利于其经济利益的信息。公益科学研究中心执行官艾伯特·弗里奇（Albert Fritsch）赞同实

① *Congressional Record*, Senate, December 19, 1975: 22872.; February 20, 1975; 2279.; September 28, 1976: 16802.

② Ibid.

③ *Congressional Record*, House, August 19, 1976: 4710.; August 23, 1976: 8803－8804.

施有毒化学物质信息公开化，认为政府对化学制造商强制获取化学品信息是极其合理的，商业秘密保护与公司忠诚条例严重限制了有毒化学物质相关信息的获得。环境保护基金会代表杰奎琳·沃伦（Jacqueline Warren）指出高效的有毒物质管理应当建立在信息公开化基础上。①

化学工业代表反对信息公开化，认为这会增加企业的成本，影响美国经济的发展。菲克化学公司代表埃尔默·菲克（Elmer Fike）强烈反对公开披露化学制品成分的规定。他认为这会增加企业成本、降低企业效益和竞争力，最终影响经济发展和就业，强调不切实际的数据公开甚至会致使企业破产。他指出化学工业是推动经济发展的主要产业之一，实施信息公开会减缓许多新化学制品的生产和销售，不利于经济增长。“我们花费很多资金研制新产品，但因检测原因，我们的竞争对手会轻易获得我们新产品的详细信息。”制造业化学师协会代表谢弗·博伊德认为信息披露规定会给化学工业，甚至美国经济造成重大负面影响。“我们担心这些措施会严重损坏美国化工业在世界市场中的竞争地位。这也会增加消费者的支出，因为化学制品的价格因实施检测和报告等程序而增加的成本最终还是要由消费者来买单的。”罗姆—哈斯公司代表格雷戈里认为产品上市前实施检测可能会导致商业信息泄露，从而有利于竞争对手，强调法案应有保障企业信息安全的规定。②

针对化学公司的陈由，医疗环境研究所代表罗伊·艾伯特指出，信息披露制度不会损坏化学公司的利益，因为这些数据信息不是提供给其他化学公司以及在化学公司从事化学工作的个人，而是联邦职能机构环保署。③

第三，听证会上第三个争论较大的问题是企业内部管理及环保署的管理权限问题。

环保组织代表在听证会上呼吁制定更严格、更科学的企业内部管理制度和规定，以保障职工的合法权益与职业环境安全，要求法案赋予环保署更大更多的权力，使其在管理有毒物质问题上发挥重要作用。对于化学物质制造商和销售商而言，实施更严格的管理和监管制度意味着更高的成本，因为这

---

① United State. Congress. House. Committee on Interstate and Foreing Commerce, *Toxic Substance Control Act 1975*. Hearings, Ninety-fourth Congress. First Session, on H. R. 7229, H. R. 7548, H. R. 7664.

② Ibid.

③ Ibid.

需要聘用更多的毒理病理学专家和律师等，另外，改善工人的工作环境也会增加成本。塞拉俱乐部代表比林斯指出：对有毒物质的生产、销售和使用应当建立包括检测、强化管理、信息披露和监测等多个相关联的环节。为了保护野生生物和我们自身免于有毒和放射性物质的危害，我们需要这样一部立法。[①] 参议员托尼提及罗门—哈斯公司发生的致癌事件，认为有必要加强对企业的管制，促使其加强内部管控安全的规章制度建设。健康研究组织代表安德里亚·赫里科（Andrea Hricko）针对罗门—哈斯公司雇员因长期工作在有毒环境中而导致癌症死亡率升高的个案，来说明有毒化学品公司疏于管理所造成的严重后果，认为加强企业内部管理，规范企业行为十分必要。纸业国际工人联合会代表路易斯·戈登（Louis Gordon）建议加强对有毒物质的管理，特别是有毒物质登记制度。[②]

针对化学污染致癌的指控，罗门—哈斯公司代表格雷戈里否认因公司监管漏洞而导致25名雇员死亡。迫于形势和压力，他表示赞同加强企业内部监管的规定，但他附加了一些限制条件。医疗环境研究所代表罗伊指出：化学公司在讨论这个问题的时候，变得极端自我保护，他们感受到了极大的威胁。[③] 围绕这一问题，各方各陈其词，争论十分激烈。

立法中颇具争议的还有环保署的监管权等问题。议员派尔认为应给予环保署监管化学品制造和销售厂商更大的监管权。他指出，目前市场上有超过30000种化学物质，其中只有几千种接受了检测。每年新出现的化学品有1000多种，没有办法要求所有新出现的化学物质都要在生产前进行测试和检测，有限的监管权没有办法对化学品毒性进行评估。[④]

从听证会和国会参众两院讨论的焦点问题及代表成分来看，大体可分为代表公众的环保组织代表与代表化学制造商等的利益集团代表，前者要求加强对有毒物质的管制，控制有毒物质和有毒化学制品对人体健康和环境的危

① United State. Congress. House. Committee on Interstate and Foreing Commerce, *Toxic Substance Control Act 1975*, Hearings, Ninety-fourth Congress. First Session, on H. R. 7229, H. R. 7548, H. R. 7664.

② United States. Congress. Senate. Committee on Commerce, Subcommittee on The Environment, Washington, D. C, *Toxic Substance Control Act 1975*, Hearing, Ninety-fourth Congress, First Session, on Session. 776.

③ Ibid.

④ *Congressional Record*, House, August 19, 1976: 4710. ; August 23, 1976: 8803 - 8804.

害，主张对化学制品投入生产和销售之前实施申报制度并进行毒性检测试验，化学品制造商要向环保署提供产品的相关信息，授予环保署广泛的监管权责，加强企业内部的管理等；而后者迫于形势和压力，虽然也表示认同加强对有毒化学物质监管的必要性，但他们更多地还是从自身利益考虑，抵制甚至强烈反对环保组织提出的建议，其理由是由此会增加企业成本、影响经济增长和就业等。我们可以看到，围绕《有毒物质控制法》的辩论，实际上反映了相关企业或利益集团的经济利益与公众利益，发展经济与保护环境特别是保护公众健康之间的深刻矛盾。历史地看，发展经济似乎是永恒的主题，但健康安全的环境也是人类所必需。当因经济的发展和科技新产品的应用严重危害环境之时，对其实施限制也势在必行。在美国，其具体的制度安排为各方力量提供了发表诉求和相互博弈的平台，最终会达成一种妥协和平衡，《有毒物质控制法》就是这种妥协与平衡的结果。

三 《有毒物质控制法》的历史地位

卡特总统在签署《有毒物质控制法》时这样评价："我相信我签署的是美国历史上最重要的环境立法。"《有毒物质控制法》授予环保署广泛的权力来保护公众健康与环境安全。在政府、国会、化工企业、劳工、消费者、环保组织的共同努力下，最终颁布的《有毒物质控制法》将是一个强有力的环保法案。

《有毒物质控制法》把对有毒物质的管理以法律形式固定下来，使保护公众健康与环境免于有毒物质的"过度危害"有了专门的法律依据。

《有毒物质控制法》的核心是化学品进入市场前的申报和检测制度。它规定制造商在生产一种新的化学品之前 90 天必须向环保署申报。若环保署长认为上报的材料"不足以做出合理评估"，且该化学品可能对人体健康和环境造成过度危害，它可以限制甚至禁止该化学品的生产和销售。该法还规定：若对人体健康和环境有过度危险之嫌，环保署有权要求任何化学物质，无论是新的还是旧的化学物质都要进行毒性检测试验。《有毒物质控制法》有关申报和检测试验的规定显然是环保组织代表努力争取的结果。不过，在具体的实施和实践操作中，因存在大量商用化学物质，而且每年新增化学物质多达1000至2000种，环保署只能选择其中一部分进行毒性检测试验，这使该法的实际效果打上很大折扣。①

如前所述，有毒化学物质信息公开是另一个争论的焦点，环保组织代表坚持披露有毒化学品的相关信息，而化学品制造商则以各种理由反对。《有毒物质控制法》的主要内容之一是收集有关化学物质的各方面的信息资料，这自然涉及所谓的“商业秘密”，因此也最具争议。总体来看，《有毒物质控制法》体现了支持信息披露的“强烈倾向”。比如该法规定不禁止披露涉及公众健康和安全的内容；不禁止在履行职责（监管有毒物质）时向联邦政府官员透漏情报；在司法诉讼过程中，为“防备对人体健康和环境的过度危害”，有关有毒物质的信息资料是可以披露的；不禁止披露任何有关化学物质或混合物的研究日期、任何化学物质或混合物在此法要求和规定的测试方法下获得的数据报告等。② 不过奈于化工业界的压力，《有毒物质控制法》也做了一些折中和妥协，比如规定环保署不得披露据《情报自由法》规定的任何非义务性情报等。

为了更有效地管理和规范有毒物质的生产、销售和使用，《有毒物质控制法》授予环保署以广泛的权力，允许其采取必要措施以限制那些可能对人体健康和环境构成危害的化学物质。法案对危害的概念做了界定：显示或将要显示对人体健康或环境有过度危险的损害。环保署的权限不限于禁止某种化学物质的出售，还包括限制该化学品的生产数量，禁止或限制被认为最危险的特殊使用，要求给化学制品贴上标签或标明注意事项等，以及命令做详细的生产和检测记录等。如果环保署检测证明某种新的或已有的化学物质确实具有危险性，那么它可以通过对此披露以促使其他管制条例对其实施管理；若环保署将其纳入《有毒物质控制法》的框架内管理，它可以要求加贴标签、设置工作环境安全警告或禁止使用该物质。值得注意的是：法案做出这些规定，同时要求环保署对其措施选择进行成本考量。在行使管理权时，“不应过分干扰、制造毫无必要的经济障碍干扰技术创新”，这种既要

---

① Paul R. Portney and Robert N. Stavins, *Public Policies for Environmental Protection*, Washington, DC.: Resources for the Future, 2000.

② U. S. Congress, *Toxic Substance Control Act* (*TSCA*), Washington DC.: U. S. Congress, 1976, pp. 71 –72.

考量成本和保护技术创新，又要确保环境安全的相互矛盾的规定，实际上反映了环保组织和环保主义者与化工等企业界之间的矛盾与妥协。[①]

在环保组织和社会舆论的压力下，《有毒物质控制法》也规定了实施中的处罚制度。该法规定：如自然人或法人违反了《有毒物质控制法》生产和使用被禁止的有毒化学物质，可处以2.5万美元以下的民事罚款。若化学品制造商蓄意生产和使用已被禁止的化学物质，除实施民事处罚以外，可以判处1年以下有期徒刑。法案同时规定，在实施处罚时，应考虑该有毒物质的危害程度、被处罚者的支付能力；是否有过违反《有毒物质控制法》的行为、是否涉及环境不公正问题等。此外，对化学品制造商的处罚必须以原告受到直接损害为前提，而且有时效限制。如受害人不服环保署的处置结果，可以向法院提起上诉，或通过其他途径解决。[②] 由此可见，对有关对违法行为实施民事处罚的规定同样反映了化工界等相关行业利益集团的要求和影响，带有温和与折中色彩。

同20世纪70年代通过的《水污染控制法》《杀虫剂控制法》等许多环保法案一样，《有毒物质控制法》也制定了公民诉讼条款。公众参与《有毒物质控制法》的行政管理和司法诉讼是允许的，甚至受到鼓励。法案规定：任何化学物质或混合化学物质在制造、加工过程中如被发现违反了《有毒物质控制法》，均可被提起公诉。[③] 对涉嫌违反该法的当事人，任何公民都有权提起民事诉讼。受到有毒物质污染的公民向当地法院提起诉讼不受当事人国籍限制。[④] 任何人均可根据该法第21条第4至第8条规定，要求环保署署长采取行动，环保署长有90天期限来决定要么同意、要么否决。如果他否决了这一要求，公民可以向联邦地方法院提起民事诉讼。法案添加了公民诉讼条款，显然是环保组织斗争的结果。

1976年的《有毒物质控制法》的主要目的和特点有三：其一是确立了

---

① Paul R. Portney and Robert N. Stavins, *Public Policies for Environmental Protection*, Washington, DC.: Resources for the Future, 2000.

② U. S. Congress, *Toxic Substance Control Act* (*TSCA*), Washington DC.: U. S. Congress, 1976, pp. 77－78.

③ Ibid., p. 79.

④ Ibid., p. 84.

联邦政府在管理有毒物质中的主导地位，具体职权授予环保署，环保署会同其他相关部门共同实施对有毒物质的管理；其二是收集有关有毒化学物质的信息，也即获得充分的有关化学品毒性信息情报，以甄别和评价由这些化学品引起和导致的对人体健康和环境的潜在危害；其三是根据需要，在依法获得授权的情况下对这些有过度危险的物质实施管制。[①] 由此可见，该法的立法目标和主旨是比较明确的，从该法的具体内容和该法实施以来的具体情况来看，这三大目标基本上达到了。

从具体实践来看，该法的实施取了一定成效。1976 年，美国有毒物质排放清单显示，当年工业排放的有毒物质总量达 52 亿磅。到了 1987 年其总量下降了大约 60%。[②] 根据该法第 8 条第 2 款规定，环保署要编制一个在美国生产和加工的化学物质一览表。当法案通过时，环保署已编制了一部包括国内生产或进口的化学物质详细目录清单，该清单共收录了 62000 多种化学物质，评估了 45000 种新化学物质，对 18000 种新化学物质制定了相应的管理措施。[③] 目录清单后来几次更新，这个目录清单对于更好地对有毒物质实施监管发挥了很好的信息指引作用，这也是该法的主要价值所在。

有毒物质的管理所面临的困难及其复杂性可能远远超过其他环境问题与环境立法。首先，因为每年不断有大量新的化学物质问世并进入市场，对其甄别和检测试验的任务自然会相当庞大。据统计，《有毒物质控制法》颁布后一段时间里，在美国又有大约 1 万种新化学物质进入商业领域，而科学家对其中大多数物质的毒性知之甚少。国家研究委员会在 1984 年估计，有 78% 的物质其毒性数据不得而知。[④] 由于存在大量商用化学品，且每年有 1000—2000 种新化学物质出现，环保署只能选择其中一些作为检测对象。[⑤] 1976 年至 1996 年间环保署对 540 种化学品进行了检测（U. S. EPA，1996c）。

---

① Paul R. Portney and Robert N. Stavins, *Public Policies for Environmental Protection*, Washington, DC.: Resources for the Future, 2000.

② http://www.epa.gov/tri/tridata/tri99/pdr/execsummary-final.pdf 2015（2016 年 1 月 16 日）。

③ Public Policies for Environmental Protection, "Toxic Substances Control Bill Cleared", *Congressional Quarterly Almance*, 1976. Vol. 32, p. 120.

④ Paul R. Portney and Robert N. Stavins, *Public Policies for Environmental Protection*, Washington, DC.: Resources for the Future, 2000.

⑤ Ibid.

其次，鉴于有毒物质毒性的隐蔽性和不确定性，牵涉的利益关系的复杂性，管理资源的有限性（如有毒物质管理和毒性试验需要技术专家、管理和法律人才，以及经费等），环保署执行该法的管理责任非常艰巨和沉重，由此决定了实施的效果不甚理想。由于对有毒物质的检测面临的资金技术限制以及来自化工制造业的强大阻力，环保署在执法过程中越来越依靠与化学品制造商达成妥协，这也导致有毒物质控制绩效打上了很大折扣。[①]

总体来看，《有毒物质控制法》在美国环境立法史上具有重要地位，它是美国历史上第一部管理、控制有毒物质生产和使用的专门立法。如前所述，1976年的《有毒物质控制法》通过之前，在美国对有毒物质的管理大多分散于其他相关法案中，缺乏管理有毒物质的综合性专门立法，《有毒物质控制法》的通过填补了这一空白。《有毒物质管理法》解决了两个最重要的问题：即明确管理有毒物质的权责所属和确立产品投入生产和市场之前的毒性检测试验制度，确保了环保署在管理有毒物质中能够发挥更大作用。该法还针对当时最急迫的多氯联苯毒性污染问题制定了具体的规定，这样专为多氯联苯立法是前所未有的。此法在1986年和1988年经历了两次重要的修订，前者针对学校、公共场所及商业大厦中的石棉危害做了规定，后者就控制室内氡污染做了规定。历史地看，自1976年的《有毒物质控制法》通过以来，因时代的发展和情况的变化，该法虽历经多次修订，但主体内容未变，这本身也说明该法具有的重要地位和重要价值。

① Paul R. Portney and Robert N. Stavins, *Public Policies for Environmental Protection*, Washington, DC.: Resources for the Future, 2000.